新工科暨卓越工程师教育培养计划电气类专业系列教材
普通高等学校"双一流"建设电气专业精品教材

HIGH MAGNETIC FIELD TECHNOLOGY AND ITS APPLICATION

强磁场技术与应用

U0362814

■ 主　编／韩小涛

华中科技大学出版社
http://press.hust.edu.cn
中国·武汉

内 容 简 介

本书由华中科技大学国家脉冲强磁场科学中心工程技术团队在脉冲强磁场实验装置国家重大科技基础设施多年建设和运行的实践基础上编写而成。强磁场技术方面,简要介绍了产生稳态强磁场的超导磁体和水冷磁体技术,重点阐述了产生脉冲强磁场的脉冲磁体、脉冲电源及电磁参数测量技术等。强磁场应用方面,主要介绍了基于洛伦兹力的电磁成形、电磁冶金和电磁制动等应用,基于磁场力(矩)的整体充磁、磁靶向、磁控软体机器人和负磁泳悬浮等应用,以及磁制冷、磁刺激和轨道交通磁悬浮等其他磁场应用。

本书可作为高等学校电气工程专业的高年级本科生和研究生教材,亦可供强磁场下前沿基础科学研究、电磁材料加工和生物电磁等领域的专业人员参考。

图书在版编目(CIP)数据

强磁场技术与应用/韩小涛主编. —武汉:华中科技大学出版社,2022.6
ISBN 978-7-5680-8548-9

Ⅰ.①强… Ⅱ.①韩… Ⅲ.①强磁场 Ⅳ.①O441.4

中国版本图书馆 CIP 数据核字(2022)第 131584 号

强磁场技术与应用　　　　　　　　　　　　　　　　　　　　　　韩小涛　主编
Qiangcichang Jishu yu Yingyong

策划编辑:祖　鹏　汪　粲
责任编辑:余　涛
封面设计:廖亚萍
责任监印:周治超
出版发行:华中科技大学出版社(中国·武汉)　　　电话:(027)81321913
　　　　　武汉市东湖新技术开发区华工科技园　　　邮编:430223
录　排:武汉市洪山区佳年华文印部
印　刷:武汉开心印印刷有限公司
开　本:787mm×1092mm　1/16
印　张:21.5
字　数:520 千字
版　次:2022 年 6 月第 1 版第 1 次印刷
定　价:58.00 元

序

强磁场可以实现无接触地能量传递,是物理、化学、材料、生物医学等领域前沿科学研究不可替代的极端实验条件,近 40 年来,与强磁场相关的诺贝尔奖达到 10 项。"十一五"期间,我国投资建设了强磁场大科学设施,其中稳态部分由中科院合肥物质科学研究院承建,而脉冲部分由华中科技大学承建,是教育部直属高校承建的首个国家重大科技基础设施。

大科学设施具有科研和工程的双重属性,对于高校的学科建设和立德树人可以发挥重要作用。欣喜的是,国家脉冲强磁场科学中心研究团队作为高校建设大科学设施第一个吃螃蟹的队伍,他们不仅出色完成了大科学设施的建设任务,而且始终牢记大学立德树人的初心和使命,充分发挥大科学设施科研育人功效,率先将大科学设施的工程实践融入本科生和研究生教学中,组织编写了这本《强磁场技术与应用》教材。作为同领域的学者,有幸第一时间见到并通读了该教材,让我印象深刻。

首先,教材内容丰富,深入浅出,兼顾了基础性、高阶性和创新性,很好地将强磁场领域的科研成果转化为系统性的教学资源。该书概要地介绍了超导、水冷等稳态磁场系统的基础知识,专业性和可读性强;同时,围绕脉冲强场磁设施中的关键技术,重点阐述了脉冲磁体、电源和测量等技术。以脉冲磁体为例,从基本原理入手,逐步深入到磁体的多级结构、屈曲破坏及快速冷却等,有利于培养学生解决复杂问题的综合能力和创造性思维能力。为满足培养强磁场科研领域高年级学生开展探究性和个性化的学习需要,该书还介绍了强磁场诱导的磁效应、力效应和热效应等在物质宏微观方面的诸多创新性应用,反映了学科的前沿性和时代性。

其次,教材育人理念强,特色鲜明,很好地实现了思政元素与专业知识的结合。从介绍我国古代四大发明之一的指南针开始,到我国创造的强磁场设施多项性能指标世界纪录,体现了我国强磁场技术与应用领域的原创性研究成果和最新研究进展,不仅体现了"精益创新"的工匠精神和"爱国奉献"的科学家精神,更展现了我国强电磁领域近年来在科技领域重大进展和自立自强创新精神,这对于激发当代学生科技报国的家国情怀以及使命担当具有重要的现实意义。

最后，该教材的出版，可以满足电气工程专业学生对于强磁场理论与技术的学习需要，也为强电磁应用领域的学者提供了系统性知识介绍，相关内容对于强电磁装备与系统的设计实现或有启发，对于推动强磁场技术及其应用发展大有裨益。

二〇二二年六月　北京

前言

　　"强磁场技术与应用"是高等学校工科电类专业的一门面向前沿跨学科选修课,既涉及电类专业学生应具备的电磁场、电力电子和电磁测量等知识内容,同时也关联到材料加工、生物医学和化学等领域的交叉应用。学习这门课程有助于开阔学生视野,增强适应能力和创新能力。

　　本书是新工科暨卓越工程师教育培养计划电气类专业系列教材之一,主要阐述强磁场产生技术及各种应用,包括基本原理、关键技术和应用实例。全书共分9章。第1章磁场技术基础,主要介绍了物质的磁性、磁现象以及电磁技术的发展简史,概述磁场产生技术与应用。第2章超导磁体技术,简要阐述了超导材料和超导磁体基础知识,超导磁体系统原理与设计方法,给出了超导磁体的典型应用。第3章水冷磁体技术,重点介绍了比特磁体结构与设计方法,以及相应的直流稳态电源供电系统。第4章脉冲磁体技术,阐述非破坏性脉冲磁体的结构、耦合分析模型、弹塑性力学行为及冷却分析与设计,并介绍以单匝线圈和磁通压缩为代表的破坏性脉冲磁体设计与实例。第5章脉冲电源技术,介绍了电容器、脉冲发电机和蓄电池等三类脉冲电源系统,阐述以实现平顶脉冲强磁场为代表的脉冲强磁场调控技术。第6章强磁场电磁参数测量技术,分析介绍了磁感应强度的测量与标定,脉冲大电流和直流测量技术,以及应力应变、阻抗等磁体状态监测技术。第7章基于洛伦兹力的强磁场应用,重点对电磁成形、电磁冶金和电磁制动等三类典型应用系统进行阐述。第8章基于磁场力/力矩的强磁场应用,以整体充磁、磁靶向、磁控软体机器人和负磁泳悬浮等四个典型应用为例,阐述相关磁场技术原理、设计及应用情况。第9章其他磁场应用,围绕磁热效应、磁生物效应及第Ⅱ类超导体的量子化磁通钉扎效应等,介绍了磁制冷、经颅磁刺激和轨道交通磁悬浮三种应用系统。

　　磁场技术与应用涵盖内容十分丰富,编者在教材内容的选择上,一方面考虑内容的完整性,较为全面地介绍各种磁场系统和应用实例;另一方面又有所侧重,以脉冲强磁场及其应用为重点,兼顾稳态场的相关内容。本书可作为高等学校电气工程专业的高年级本科生和研究生教材,亦可供强磁场下前沿科学研究、电磁材料加工、生物电磁等领域的专业人员参考。

　　本书受湖北高等学校教学研究项目"基于脉冲强磁场大科学装置的课程思政实践"

（项目编号：2021042）和湖北高校一流本科课程建设"脉冲强磁场实验装置虚拟仿真实验"等项目的资助。本书由华中科技大学国家脉冲强磁场科学中心工程技术团队在脉冲强磁场实验装置国家重大科技基础设施多年建设和运行的实践基础上编写而成，主要内容曾在华中科技大学电气与电子工程学院本科生课程"磁场技术与应用"（2016—2020 年秋季学期）以及研究生课程"强磁场技术及其工程应用"（2020—2022 年秋季学期）中讲授并收集意见。正如脉冲强磁场实验装置一样，本书的内容及编写也是由强磁场工程技术团队合作完成的：初稿第 1 章由韩小涛老师编写，第 2 章由耿建昭老师编写，第 3 章由肖后秀老师、张绍哲老师编写，第 4 章由宋运兴老师、赖智鹏老师编写，第 5 章由张绍哲老师、许赟老师编写，第 6 章由韩小涛老师、谢剑峰老师编写，第 7 章由韩小涛老师、赖智鹏老师编写，第 8 章由曹全梁老师、吕以亮老师编写，第 9 章由刘梦宇老师、许赟老师和谭运飞老师编写，曹全梁和张绍哲老师做了大量前期素材整理工作，全书由韩小涛老师策划和组编定稿。此外，国家脉冲强磁场科学中心李亮主任、彭涛老师、王俊峰老师、丁同海老师、丁洪发老师、施江涛老师和李潇翔老师等诸位同仁也对本书提出了很多宝贵意见，强磁场中心的研究生张竞文、刘沁莹、陈威霖、王曾文、杨春辉、董芃欣、姜涛、陈遥、邱志宇、尹卓磊、巨雨薇和孙宇轩等参与了部分图表、公式的编辑工作，在此一并致以深切的谢意。

　　强磁场技术与应用涉及多学科领域，应用广泛，作者水平与经验有限，错误和不妥之处在所难免，敬请读者批评指正。

编　者

2022 年 6 月

于华中科技大学国家脉冲强磁场科学中心

目　录

1

磁场技术基础

　　磁场是一种看不见、摸不着但客观存在的特殊物质。从地磁场到人们日常生活中的发电机、电磁炉、电话、收音机等，以及诸如加速器、热核聚变装置、强磁场实验装置等重大科技基础设施，无不与磁现象和磁场技术有关。本章将从物质磁性入手，重点介绍磁场的产生技术及典型应用，让读者对本书主要内容有一个基本认识和了解。

1.1　磁性起源、磁现象

　　磁性是物质的基本属性之一。三千多年前，物质磁性的研究和应用就受到人们的广泛关注，中国是最先应用磁性的国家。早在公元前四世纪，聪明智慧的中国人民利用磁石制作了司南，这是世界上最早的指南针，如图 1-1 所示。在《鬼谷子》一书中记载着："故郑人之取玉也，必载司南之车，为其不惑也。"《论衡》中也明确地指出"司南之杓，投之于地，其柢指南"，其中有掌握方向之意的司南就是指南针的前身。

图 1-1　中国古代司南

　　指南针是中国古代的四大发明之一，相关历史文献详细记载了从司南到指南针的发展历程。例如，北宋时期沈括《梦溪笔谈》就详述了当时指南针的制作及其使用方法。书中提到："方家以磁石磨针锋，则能指南，然常微偏东，不全南也。水浮多荡摇，指抓及碗唇上皆可为之，运转尤速，但坚滑易坠，不若缕悬之最善。其法取新纩中独茧缕，以芥子许蜡，缀于针腰，无风处悬之，则针常指南"，此为磁性应用的最早记载。后来，古人在指南针基础上对其加以改进完善，发明了能够同时测量方向、倾向、倾角的罗盘，极大地推动了全球航海事业的发展。美国学者卡特（T. F. Carter，1882—1925 年）曾说"指南针的发明导致发现美洲，从而使世界全局代替欧洲一隅"。指南针这一利用磁性的伟大发明，闪耀着中华民族的智慧之光。

　　指南针的磁性从何而来？物质的磁性从何产生？原子物理学告诉我们，组成物质的最小单元是原子，物质的磁性便起源于原子磁矩。原子由电子和原子核组成，原子中的电子同时具有两种运动形式，即电子绕原子核的轨道运动，以及电子绕自身轴的旋转。前者称为电子轨道运动，后者称为电子自旋。处于旋转运动状态下的电子，相当于一个电流闭合回路，必然伴随有磁矩产生。所以，电子轨道运动产生电子轨道磁矩，电子自旋产生电子自旋磁矩。在原子系统内,原子核也具有核磁矩,但是核磁矩非常小,几乎对原子磁性不起作用,故原子的总磁矩通常指电子轨道磁矩和电子自旋磁矩的总和。

1.1.1 物质的磁性

19 世纪以前,人们认为仅有极少数物质具有磁性,而绝大多数物质无磁性。到了 19 世纪中叶,随着电学和磁学的发展,人们在科学实验观测中发现,许多物质在磁场中都会受到磁力作用。有些物质受到很弱的磁力,而且受力方向是沿着磁场强度减弱的方向,如同是与磁场对抗,因此这种磁性被称为抗磁性。还有一些物质受到的磁力也很弱,但其受力方向是沿着磁场强度增强的方向,好像是顺着磁场作用,因此这种磁性被称为顺磁性。只有铁、钴、镍以及它们的合金等少数物质,会在磁场中受到很强的磁力吸引,由于这类物质的强磁性首先是在铁和含铁合金中观测到的,因此称这种磁性为铁磁性。此时人们对磁性的认识已从有无磁性,转变为将物质的磁性分为抗磁性、顺磁性和铁磁性。到了 20 世纪 30 年代,人们对磁性的认识从抗磁性、顺磁性和铁磁性这三种,扩展为抗磁性、顺磁性、铁磁性、亚铁磁性和反铁磁性这五种磁性。随着高新技术的出现,各种新磁性材料的研究得到迅速发展,磁性种类也有了很大的扩展和细分。本节主要对抗磁性、顺磁性、铁磁性、亚铁磁性和反铁磁性这五种磁性做较为详细的介绍。

1. 抗磁性物质

原子磁矩是磁性的来源。抗磁性是一种原子系统在外磁场作用下,获得与外磁场方向相反的磁矩的现象。抗磁性的特征是磁化率为负值(即 $\chi < 0$),且与磁场的强弱及温度的高低无关,图 1-2 所示的为抗磁性物质的磁化曲线和磁化率随温度变化的曲线。

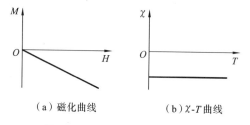

(a) 磁化曲线　　　　　(b) χ-T 曲线

图 1-2 抗磁性物质的特性曲线

抗磁性物质的电子壳层填满了原子,在没有磁场作用时,其自旋磁矩和轨道磁矩均为零,因此不显出磁性,但如果将抗磁性物质放在外磁场中,便会感生磁矩。感生磁矩可看作绕轨道运行的电子受外磁场作用的感应电流所致,根据楞次定律,在原子里的电子轨道中,只要外加磁场存在,感应电流就会永久持续下去。由于外加磁场方向与感应电流的磁场方向相反,因此感应电流产生的磁矩是抗磁性磁矩。从这种意义上说,抗磁性是普遍存在于所有物质中,但由于磁矩很小,一般 $|\chi|$ 为 10^{-5} 数量级,因而只有在轨道磁矩和自旋磁矩均为零的抗磁性物质中才能观察出来。

在自然界中,大多数物质都具有抗磁性,尤其是一些有机材料和生物材料。例如,丙酮、乙炔的磁化率分别为 -33.7 和 -12.6;人喉正常组织、人喉肿瘤组织的磁化率分别为 -7.16 和 -7.67。有些抗磁性物质的 $|\chi|$ 特别大,如铋和石墨,属于反常抗磁性物质,它们的 χ 在很低温度下随着外磁场的变化而周期性振荡,称为德哈斯-范阿尔芬

效应。

处在超导态的物体完全排斥磁场,即磁力线不能进入超导体内部,从而具有保持体内磁场为零即 $\chi=-1$ 的特征,因此超导体可以看作理想的抗磁体。这一特征叫完全抗磁性,通常也叫迈斯纳效应,是超导态的一个基本特征。水分子具有抗磁性,当磁场足够强时(20 T),产生的斥力足以使水滴克服地球重力悬浮起来。1997 年,荷兰物理学家安德烈-盖姆在一个长 18 cm、直径为 6.4 cm 的螺线管中产生 16 T 的磁场,成功将青蛙悬浮在半空中(见图 1-3),并获得 2000 年"搞笑诺贝尔奖"。这是由于生物体内绝大多数都是水,其具有抗磁性,梯度磁场便可以让青蛙悬浮。脑洞大开的安德烈-盖姆在 2004 年突发奇想,在一张涂满铅笔笔迹的纸上,用透明胶带反复粘贴,如此一来,竟剥离出仅由一层碳原子构成的薄片,也就是石墨烯。

图 1-3　青蛙悬浮实验

他也因为发现石墨烯获得 2010 年诺贝尔物理学奖,成为全球唯一双料诺奖得主。

2. 顺磁性物质

顺磁性是指在外磁场作用下,物质的原子系统获得与外磁场方向相同的微弱磁性

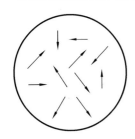

图 1-4　方向混乱的元磁矩

的性质。其特征是磁化率 $\chi>0$,其数值在 $10^{-5}\sim10^{-3}$ 数量级。顺磁性物质的原子或离子具有未被抵消的磁矩,称为元磁矩。无磁场作用时,元磁矩的方向是混乱的,如图 1-4 所示,因而不表现出宏观磁性。在外磁场作用下,元磁矩转向外磁场方向,因而产生了与外磁场同方向的磁化强度,这种磁性称为朗之万顺磁性。顺磁性物质的 H-M 曲线和 χ^{-1}-T 曲线在图 1-5 中给出,除少数顺磁性物质的磁化率与温度无关外,大多数顺磁性物质的 χ 随 T 的上升而下降。这是因为随着温度上升,原子的热运动加剧,原子热运动的能量增大,要使原子转矩转向外磁场方向变得更加困难,从而磁化率下降。属于顺磁性的物质很多,许多稀有金属和铁族元素的盐类、碱金属,如钠、钾等都是顺磁性物质。

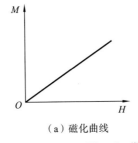

（a）磁化曲线

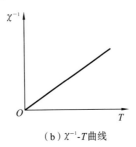

（b）χ^{-1}-T 曲线

图 1-5　顺磁性物质的特性曲线

物质的顺磁性在很多高新技术和科学研究中具有重要的作用。例如,在磁共振技术中,物质的磁矩系统在恒定磁场和一定频率的交变磁场同时作用下,磁矩系统从交变磁场吸收电磁能量并发生共振和弛豫现象,而在各种磁共振中,最早被发现的就是顺磁共振。除此之外,利用顺磁共振还可以研究含顺磁离子的功能材料的某些微观结构、动

态性能和涨落过程。顺磁共振在应用方面也有很大发展,如目前医学上利用顺磁共振技术研究癌症患者和正常人的全血试样顺磁共振谱,观测发现两者自由基谱线强度具有显著差异,为推进解决医学难题提供了有效的手段。

3. 铁磁性物质

铁磁性物质与抗磁性、顺磁性物质不同,具有非常强的磁性,磁化率 χ 一般为 $10\sim10^6$ 量级。在没有外磁场作用的情况下,其元磁矩便平行有序排列,形成强的磁化,如图 1-6 所示。这种磁化是自发磁化的结果,而并非由外磁场产生的,因此称为自发磁化。相应的磁化强度也称为自发磁化强度,用 M_s 表示。常用的铁磁性物质有铁、钴、镍及它们的合金(硅钢片、铁钴合金、坡莫合金等)。

铁磁性物质有一个磁性转变温度 T_c,称为居里温度。当 $T<T_c$ 时,物质为铁磁性,随着温度升高,自发磁化强度 M_s 逐渐降低。当到达 T_c 时,原子磁矩的有序排列被破坏,自发磁化强度变为零,物质的磁性消失。当 $T>T_c$ 时,物质的铁磁性转变为顺磁性,并服从居里-外斯定律,即 $\chi=C/T-T_p$(C 是居里常数,T_p 是铁磁性物质的顺磁性居里温度)。图 1-7 所示的为顺磁性物质的 M_s-T 曲线和 χ^{-1}-T 曲线。

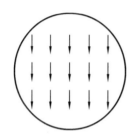

图 1-6 同向有序排列的元磁矩

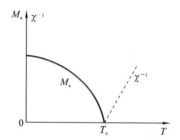

图 1-7 铁磁性物质的特性曲线

4. 亚铁磁性物质

与铁磁性物质同向有序排列的元磁矩不同,亚铁磁性物质的元磁矩具有反向平行排列的特点,如图 1-8 所示。但由于两个方向的元磁矩大小和数目不等,自发磁化产生差额,故也具有较强的磁性。为区别于铁磁性物质,称它为亚铁磁性物质。具有代表性的亚铁磁性物质是铁氧体以及石榴石等化合物。

亚铁磁性物质的自发磁化强度随温度变化有各种各样的形状,如图 1-9 所示,有 P 型、R 型、N 型等。当 $T=0$ 时,亚铁物质的有序排列是完善的,随着温度升高而逐渐破坏,到 $T>T_c$ 时变成混乱排列,T_c 称为居里点或居里温度。当 $T<T_c$ 时,R 型亚铁磁性物质的 M_s 随 T 上升而单调下降,P 型有峰值,而 N 型在低于 T_c 的补偿温度 T_{COM} 点过零。当 $T>T_c$ 时,表现为顺磁性,χ^{-1} 与 T 成曲线关系,而在高温下,则接近于直线,其渐近线的延长线与温度轴线的截点 T_c 称为渐近居里点,在许多情况下 T_c 是一个负值。

5. 反铁磁性物质

反铁磁性物质的磁化率 $\chi>0$,但数值很小,在这一特性方面与顺磁性的类似,属于弱磁性物质。但反铁磁性物质的原子之间有强的相互作用,形成元磁矩有序排列,如图 1-10 所示。由于两个方向的元磁矩彼此对等反平行,所以宏观磁性为零。只有在很强的外磁场作用下,元磁矩才勉强地转向外磁场方向,表现出微弱的磁性。典型的反铁磁性物质有 MnO、NiO 和 FeS 等。

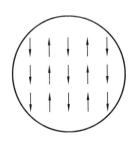

图 1-8　亚铁磁物质的反向
平行排列元磁矩

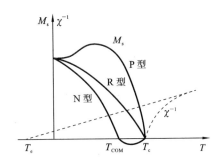

图 1-9　亚铁磁物质的 M_s-T
和 χ^{-1}-T 曲线

反铁磁性物质的磁性与温度有关,当 $T=0$ K 时,元磁矩整齐有序反平行排列。随着温度的升高,有序排列的元磁矩由于热振动而逐渐变得紊乱起来,到了 $T=T_N$ 时,变得完全混乱。T_N 是有序排列的转变点,称为奈尔温度。当 $T>T_N$ 时,表现出居里-外斯型顺磁性。图 1-11 给出了反铁磁性物质的 χ^{-1}-T 曲线。当 $T<T_N$ 时,χ 显出各向异性,当垂直于元磁矩轴向磁化时,其磁化率 $\chi_\perp$ 不随温度的变化而变化;而平行于元磁矩轴向磁化时,$\chi_{//}^{-1}$ 非线性下降,意味着其磁化率 $\chi_{//}$ 随着 T 上升而线性上升。对于多晶的磁化率 χ 的变化取这两者之间。到 $T=T_N$ 点,χ 趋于定值,当 $T>T_N$ 时,χ 随 T 的变化与顺磁性的相似,若将其延长与温度轴线交于 T_e 点,T_e 称为渐近居里点,在许多情况下 T_e 为负值。

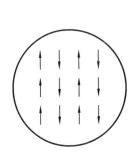

图 1-10　反铁磁物质的对等反平行排列元磁矩

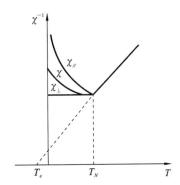

图 1-11　反铁磁性物质的 χ^{-1}-T 曲线

1.1.2　常见磁现象

现代科学技术的发展,已经揭示出磁的普遍性,即一切物质都具有磁性,磁性所呈现出的磁现象也普遍存在于各个领域。以下为三种有趣的磁现象。

1. 地球磁偏角

在《梦溪笔谈》中,作者沈括记载了一个重要的发现。他曾写道:"方家以磁石磨针锋,则能指南,然常微偏东,不全南也。"在以前,人们都以为指南针是指向正南的,而沈括第一次发现,磁针虽然朝南方,但不是正南,而是略有些偏东。这一现象,在科学上称为"磁偏角"。磁偏角的产生,是因为地理上的南、北极和地球上的磁极并非重合,而稍许有些偏差(见图 1-12)。这一发现在当时确实是一件了不起的事情。在西

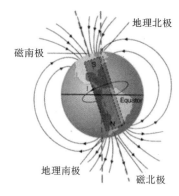

地理北极

磁南极

Equator

地理南极

磁北极

图 1-12 磁偏角

方,直到公元 1492 年哥伦布横渡大西洋时才发现地磁场的磁偏角存在,比我国沈括晚 400 多年。一般来讲,地磁场是指在地面测量的地磁场,地磁场为 $0.35\sim0.65$ 高斯。两个磁极的磁轴与地球的自转轴大约成 $11.3°$ 的倾斜。

2. 磁生物学

鸽子被放飞到数百公里以外,它们会自动归巢。如果在鸽子的头部绑上一块磁铁,鸽子就会迷航;如果鸽子飞过无线电发射塔,强大的电磁波干扰也会使它们迷失方向。科学家们对于这种不可思议的磁场感受能力已探究了几十年,他们好奇的是,生物到底是怎样感知到强度弱到 $0.35\sim0.65$ 高斯量级的地磁场?并且如何从地磁场中获取信息(如磁极方向、磁场强度和磁偏角等)来进行长距离迁徙?这一研究领域称为磁生物学研究,相关议题引起了国内外众多生物医学研究人员的关注。

2015 年,北京大学谢灿等研究人员在 Nature Material 上发表了一篇生物感磁研究领域的热点论文。作者首先提出了一个基于蛋白质的生物指南针模型,如图 1-13 所

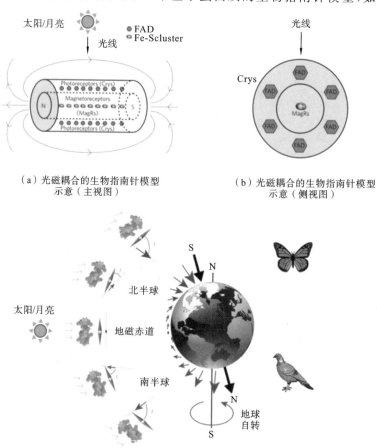

(a) 光磁耦合的生物指南针模型
示意(主视图)

(b) 光磁耦合的生物指南针模型
示意(侧视图)

(c) MagR可沿地球磁场排列

图 1-13 生物导航示意图

示。该模型认为,存在一个铁结合蛋白作为磁感受器(magnetoreceptor,MagR),该蛋白通过线性多聚化组装,形成一个棒状的蛋白质复合物,就像一个小磁棒一样有南北极。而前人推测的感磁相关蛋白(cryprtochrome,Cry)和磁感受器通过相互作用,在MagR棒状多聚蛋白的外围,缠绕着感光蛋白Cry,从而实现"光磁耦合"。谢灿等人关于MagR蛋白的报道,揭示了一个磁蛋白的发现、一种新的感磁机理以及一个新的动物迁徙与生物导航理论的建立。上述工作作为前沿科学研究,其发现和机理研究还有待进一步深入和完善,但生物感磁机制的研究及其磁生物学的发展对于人类认识自身和世界无疑将产生深远影响。

3. 电磁力效应

电磁相互作用力是生活中常见的物理现象,在人类发现磁性材料之初便将其简单理解为磁铁的"同极相斥、异极相吸"。更为一般地,磁铁与载流导线之间,相互临近的载流导线之间,相对运动的磁铁与金属之间,时变的磁场与金属之间都存在电磁力的作用,其本质都是洛伦兹力,即磁场与运动电荷之间力的作用。电磁力效应在科学研究、生活生产中有着极其广泛的应用。例如,粒子加速器和磁约束核聚变等大科学装置利用了带电粒子在洛伦兹力下的偏转效应;感应涡流产生的斥力可应用于金属材料的成形加工、悬浮和电磁制动等系统;载流导体在磁场中受力加速可用于电磁弹射,等等。

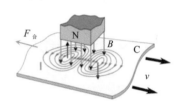

图 1-14　电磁涡流制动原理

图 1-14 所示的为电磁涡流制动现象的基本原理。根据楞次定律,闭合导体中感应的涡流永远阻碍磁通的变化。当金属板与磁铁之间存在相互运动时,在板中靠近磁铁的部分感应涡流产生的磁场与磁铁磁场方向相反、相互排斥;在板中远离磁体的部分感应涡流产生的磁场与磁铁磁场方向相同、相互吸引,其合力表现为制动效应。

1.2 电磁学的发展简史

古人通过对静电和自然磁力现场的观察研究,开启了电磁学的发展历史。人类很早就观察到电现象,雷电就是大自然中的静电放电现象。我国东汉时期的王充,在其著作《论衡》中有"顿牟掇芥、磁石引针"的记载。顿牟是指琥珀,掇是拾取,芥是轻而小的物,整体意思是,琥珀可以吸引芥末这种轻小的物体,而磁石可以吸引铁针。公元 1600年,英国的吉尔伯特创造了"电"这个词。接着,马德堡的盖利克制造了第一台摩擦式静电起电机。1752 年,富兰克林进行了关于雷电性质的著名实验,并于 1754 年发明了避雷针。1785 年,库仑发表了著名的库仑定律,为静电学的发展打下了基础。随后,泊松(1823 年)、高斯(1839 年)等人又发展了静电位的理论。在库仑定律的基础上,高斯对电量做出定义。随着伽伐尼、伏打(伏特)的工作,电池问世,动电(电流)得到发展。1831 年,法拉第发现了电磁感应现象,感应电机随之产生,电磁现象在电工技术上的应用得到越来越快的发展。在理论上,逐步总结出著名的麦克斯韦方程组,为解决各类复杂工程问题中的电磁场数值计算奠定了坚实的基础,包括应用于微分方程型数学模型的有限差分法、有限元法和蒙特卡罗法,以及应用于积分方程型数学模型的模拟电荷量法、矩量法和边界元法等。

1.2.1　经典磁学的发展

在探索磁本质方面，古希腊的泰勒斯迈出了第一步。但他把琥珀的摩擦带电吸引碎屑情况和磁石吸引铁屑现象等同看待，把"电"与"磁"混为一谈。在之后的两千年，泰勒斯这一错误见解一直统治着科学界。直到 15 世纪末，这一错误观点被英国的医生吉尔伯特推翻。他于 1600 年出版了《论磁石》，书中指出吸引轻小物体的电力和吸引铁屑的磁力是两种不同性质的力，磁石随时可以吸引铁屑，但琥珀等物须使劲摩擦后才能吸引轻小物体。《论磁石》一书以实验为基础，可以说是第一本对磁场进行正式科学研究的著作。吉尔伯特指出了泰勒斯把电与磁看成一码事的错误，但他把"电"与"磁"分开的观点，又导致此后三个世纪磁学研究的停滞。在这段时间里，磁被人们看成是物质本身具有的特性，谁也弄不清磁的来源，物质的磁性也不能被解释清楚。吉尔伯特把人们从黑暗引向光明，殊不料，又把人们误导于黑暗。

1820 年，电流对磁针的作用现象以四页纸的短文形式被丹麦物理学家奥斯特公布，这一现象称为"电流的磁效应"，这一实验结果使历经数百年的电与磁无关的错误结论得到纠正，从而开辟了电磁两者相互结合的研究道路。这一空前的发现成果，让众多科学家放弃了原先对两者孤立研究的错误方法，进而得以陆续发现了更多有关电与磁之间的密切关系。在奥斯特公布电流的磁效应两个月后，法国科学家安培发现了两条通电导线之间也有相互作用力，并且正确得出该力与两个电流元的乘积成正比，与两个电流元之间的距离的平方成反比的科学结论。但对每个电流元受力的方向，却只能提出某种假定。这一问题的解决最后由毕奥和萨伐尔两人于同年完成。早期电磁领域相关物理学家如图 1-15 所示。

吉尔伯特　　　　　奥斯特　　　　　安培

图 1-15　早期电磁领域相关物理学家

从磁学的发展历程来看，正确的认识和结论是极为不易得到的，往往需要经过长期实践、多次反复实验的曲折过程。但当人们一旦掌握了真理，就会推动科学技术大踏步前进。1831 年，法拉第发现了电磁感应定律，这是时变电磁场所具有的规律之一。磁场的变化可以产生电场，这不仅在理论上为电磁场完整方程的建立打下了基础，而且在工业应用上为设计发电机、电动机和变压器等电工设备提供了理论依据，推动了机械能转化为电能相关产业的快速变革，极大地促进了电力工业和电气化的发展。1862 年，麦克斯韦系统地总结了前人的成果，尤其是总结吸收了从库仑到安培、法拉第等人电磁学说的全部成果，并在此基础上加以发展，提出了"位移电流"与"涡流电场"的假设，说明电场的变化也会产生磁场，进而将电磁场理论归结为四个微分方程式，即麦克斯韦方程组(1873 年)。同时,他预言了电磁波的存在。1887 年,赫兹实验证实了麦克斯韦电磁理论的正确性以及电磁波的确切存在。由此,电磁波和光被统一起来,使人类对光的本质和物质世界普遍联系的认识不断深入。电磁场领域杰出科学家如图 1-16 所示。

法拉第 　　　　　 麦克斯韦

图 1-16　电磁场领域杰出科学家

麦克斯韦电磁场理论在一定范围内相当完善与成熟,一度达到了电磁学研究的顶峰,具有重大的实用价值并深刻影响着科学技术的发展。然而,麦克斯韦方程组并不是终极的电磁场理论,还需要继续发展完善,比如方程组中场源缺乏对称性,一直受到物理学家的关注。一根磁棒被分割成两部分,这两部分都会有南极和北极。自然界是否存在磁单极?1931 年,量子电动力学奠基者——英国物理学家狄拉克首次用精美的公式预言磁单极子是可以独立存在的。他认为,既然电有基本电荷——电子存在,磁也应有基本磁荷——磁单极子存在,这样,电磁现象的完全对称性便可以得到保证。由此,他根据量子力学和电动力学原理的合理推演,磁单极子前所未有地作为一种新粒子被提了出来。然而,证实磁单极子存在的实验探测依然是当今物理学界的一个重大难题。

1.2.2　现代计算电磁学的发展

麦克斯韦给出了求解电磁场问题的数学模型,然而由于工程电磁场问题的复杂性,导致用于电磁场计算的各种解析方法,如分离变量法、保角变换法、镜像法和格林函数法等,已经无法满足广泛的工程分析需求。随着计算机技术的飞速发展,为解决复杂的工程电磁场问题,属于近似计算范畴的电磁场数值计算方法得到了长足发展。

将数值方法应用于求解电磁场的问题,始于 20 世纪 50 年代初期。首先被提出的是"有限差分法"(当时称之为电位网络法),该方法以其概念清晰、方法简单直观的特点,在电磁数值分析领域得到了广泛的应用。为求解由偏微分方程定解问题所构造的数学模型,有限差分法的基本思想是利用网格线特定解区域(场域)离散化为网格离散节点的集合,然后,基于差分原理的应用,以各离散点上函数的差商来近似替代该点的偏导数,这样待求的偏微分方程定解问题可转化为一组差分方程问题。1964 年,美国加州大学学者 Winslow 利用矢量位并运用差分方程离散求解泊松方程,从而求解了二维非线性磁场问题。其后该校 Colonias 与 Dorst 等学者又在同步加速器的磁场设计方面,取得了重要的成果。基于此,他们将其设计成软件包,在诸如高饱和电机领域内也取得了广泛的成果。

20 世纪 60 年代末期,德国慕尼黑工业大学学者 Steinbigler 提出了一种类似镜像法的模拟电荷法。对于高压电气设备中的电场计算,其计算精度在当时来说已相当令人满意。然而这种方法从现今来看,还有一定的局限性,它仅仅限于线性媒质中静态电场的求解,还不能成为一种更为普遍的方法。20 世纪 70 年代初期,加拿大麦吉尔大学学者 Silverster 等将有限元方法从力学领域中引入电磁场的计算之中。以变分原理为基础建立起来的有限元法,因其理论依据的普遍性,被成功应用于解决各种复杂工程领

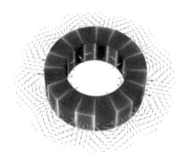

图 1-17　COMSOL Multiphysics 软件下的 Halbach 转子静磁场

域的问题。计算机技术的快速发展使得大容量的存储和数据处理成为现实,以有限元法为代表的数值解法随之受到越来越多的关注和应用,尤其是 ANSYS HFSS、COMSOL Multiphysics 等多种大型商用有限元软件的出现,为复杂电磁过程的模拟提供了方便可靠的仿真手段。有限元法的核心思想是将求解空间划分为若干个区域,实现微分方程的离散化,利用近似函数来无限逼近待求函数,通过迭代计算得出各个节点上的解,最后插值推广到整个求解域。有限元法因具有原理简单、易于实现的优点已被广泛应用于电磁过程的仿真模拟中,如图 1-17 和图 1-18 所示。

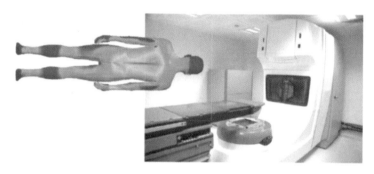

图 1-18　ANSYS HFSS 下用于磁共振成像的人体比吸收率仿真

在天线、微波技术和电磁波发射等方面,矩量法是近年来广泛应用的一种方法。从这些涉及开域、激励场源分布形态较为复杂的实际工程问题出发,矩量法将待求的积分方程问题转化为一个矩阵方程问题,借助计算机求得其数值解,从而在所得激励源分布的数值解基础上,即可算出辐射场的分布及其阻抗等特性参数。

近几十年来,电磁场的数值计算方法越来越多,如最小二乘法、矩量法、蒙特卡罗法、神经网络法、小波分析等。这主要是由于电子计算机的出现,它吸引着大量科技工作者进行多领域、多角度、多方面的开发工作,特别是应用数学方面所出现的繁荣局面,为电磁场的数值计算发展提供了重要的机遇。

1.3　磁场的产生技术

磁场的产生是开展磁场技术探索及应用的前提。不同应用场合对磁场形式的需求不同,从而催生了多种多样的磁场产生技术。按照磁场产生的方式分类,磁体可粗略分为永磁体和电磁体。其中,永磁体在工作时无需供电系统,磁场长期稳定,然而其场强不高。电磁体是通电产生磁场的一种装置,由于其所产生的磁场与电流大小直接相关,因此理论上可以产生任意大小的磁场,但受高磁场下电磁体自身的热、结构稳定性限

制,且磁场特性与磁体结构及实现方式直接关联,使得其所能产生的最大磁场值可远高于永磁体但仍存在上限。目前,对于高磁场电磁体来说,其主要包括超导磁体、水冷磁体以及脉冲磁体三类。

1.3.1 永磁体

永磁体是指能够长期保持其磁性的磁体,其主要特点是无需消耗电能即可产生较强的稳定磁场,且磁密大。因此,永磁体具有体积小、使用方便的优点,已广泛运用于汽车、家用电器、工业电机、核磁共振成像仪、音响设备、消费电子等方面。不足之处是相关的永磁设备所能产生的磁场值及作用空间有限。例如,一般医用永磁体成像设备场强在 1.0 T 以下。

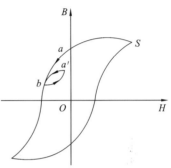

永磁设备的磁路通常由磁轭、永磁铁芯、磁极和气隙组成。磁轭和磁极采用软磁材料,而铁芯采用永磁钢,如铝钴镍或稀土钴等。这类材料的特点是具有较宽的磁滞回线,材料在经过外磁场磁化后,即使去掉外磁场也能保持很强的磁性。然而,永磁体的磁场值不容易灵活地改变,改变之后,也很难得到良好的重复。这可以用图 1-19 所示的磁滞回线来说明。要改变永磁体气隙中的磁场强度,唯一的办法是改变气隙长度。假设永磁体原气隙状态对应于退磁曲线上的 a 点,若增大气隙的长度,磁体内部的磁状态便从

图 1-19 永磁体气隙变化对剩磁的影响

a 点沿退磁曲线下降到 b 点,如果再减小到原气隙长度,则永磁体的磁化状态就不再回到 a 点,而是变化到退磁曲线下面的 a' 点。如果再增大气隙,也不能再回到 b 点。若要回到 b 点,必须重新将永磁体充磁到饱和,然后,慢慢将充磁电流减小到零,一切回到开始使用永磁体的原气隙状态,再增大气隙,才能回复到 b 点。如不经过这些过程,仅靠增减气隙的大小,磁场强度的大小是不能重复的,而且反复调节气隙的幅度越大,次数越多,则气隙磁场强度的变化越大,所以要保持磁场的稳定性,永磁体的气隙最好不要调节。在制造永久设备时,选择性能优良的永磁材料和进行合理的磁路设计是很重要的环节。

目前市场上制作永磁体的材料主要分为合金永磁材料(包括稀土永磁材料(钕铁硼 $Nd_2Fe_{14}B$)、钐钴(SmCo)、铝镍钴(AlNiCo))和铁氧体永磁材料(Ferrite),且当前稀土类永磁材料的产值已大大超过铁氧体永磁材料,稀土永磁材料的生产已发展成一大产

图 1-20 由巨大环形永磁体构成的阿尔法磁谱仪

业。中东有石油,中国有稀土。稀土资源丰富是中国得天独厚的优势,我国目前已成为永磁材料生产大国,是被誉为"永磁王"的钕铁硼永磁体发明国之一。

2011 年 5 月,中国制造的阿尔法磁谱仪随着美国国家航空航天局的"奋进号"航天飞机进入太空,固定在国际空间站,每 90 分钟绕地球一周,捕捉宇宙射线中暗物质和反物质的"蛛丝马迹"。这是人类送入宇宙的第一个大型磁谱仪,其进行了精确的粒子物理实验。阿尔法磁谱仪如图 1-20 所示,其从设计到制造,再到测试,整个过

程均在中国完成,是百分之百的中国制造。而阿尔法磁谱仪的核心部分便是一个内径 1.1 m、外径 1.4 m、厚 0.8 m、重 2.6 t 的巨大环形永磁体。

永磁体所产生的磁场强度最高只有 2 T 左右,若想获得具有更高磁场强度且便于调节的磁场,需要通过电磁体来实现。常规电磁体一般具有铁芯,受铁芯材料饱和磁感应强度和温升的限制,其产生磁场值大多为 3 T 以下。更高磁场则需采用无铁芯的空芯螺线管线圈或者特殊结构的线圈来实现。接下来主要讲述三种典型的高场电磁体,分别是水冷磁体、超导磁体和脉冲磁体。

1.3.2 水冷磁体

一般的常温磁体,放电的能量大部分都消耗在磁体内部,产生巨大的焦耳热,制约着常温稳态磁体的磁场场强和连续工作时间。为解决这一问题,研究人员提出了基于液体介质的快速冷却技术,以提高磁体的冷却速率,减少焦耳热的积累,而采用了该技术的磁体又被称为水冷磁体。

第一台大功率水冷磁体是由美国麻省理工学院教授 Bitter(见图 1-21)于 1939 年研制的,称为 Bitter 型水冷磁体。该磁体为一组沿半径开槽的薄钢圆环导体板叠堆成的螺线管,堆叠的导体板之间加绝缘盘,相叠的导体板和绝缘盘上有位置相同的小孔,形成沿轴向通水冷却的循环管道(见图 1-22)。这种磁体电流在径向上的分布与半径成反比,效率比具有均匀电流密度的磁体高。因此,到目前为止,Bitter 型水冷磁体仍得到广泛应用。然而水冷磁体往往具有功耗大的缺陷,使磁场强度难以继续提升,且运行成本高。

图 1-21　MIT 教授 Francis Bitter

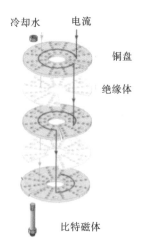

冷却水　电流

铜盘

绝缘体

比特磁体

图 1-22　Bitter 磁体构造

在研制水冷磁体时,必须注意以下三个主要问题。

1. 电源问题

要产生强磁场,必须具备大功率电源。目前世界上常采用的直流大功率电源有三种:第一种是直流发电机,它的容量大,利用调节发电机的励磁电流或调节串联在磁化回路中的电阻,可以改变磁化电流的大小,但由于电极铁芯有剩磁,输出电压不能连续调至零;第二种是蓄电池组供电,蓄电池的稳定性最好,但其容量有限,维护较麻烦;第三种是可控硅整流电源,这种电源是以小的控制自流调节大的激磁电流,能够连续调节,但当输出电压较低时,纹波较大,需要采用良好的滤波电路。

2. 冷却问题

水冷磁体中的大电流会产生大量的热量,因此,需要进行强迫冷却。最常用的冷却剂是循环水,水的获取虽然很方便,但是对线圈结构的要求相当严格,且水循环所需要的动力很大。此外,还需要制备高纯度的去离子水以免材料被腐蚀,因此设备费用和维护费用都很高。近几十年来,随着低温技术的发展,水冷磁体已经广泛采用低温液体作为冷却剂。如液氮、液氢、液氦等都是较为理想的冷却剂,它们不但可以排热,而且导电体在低温下电阻率大大下降,从而可以用较细的导线绕制磁体,这样既节省了材料,又减小了体积。

3. 电磁力问题

恒定大电流的水冷磁体可产生很强的磁场,强磁场与大电流相互作用可导致磁体中的导体受到很大电磁力作用,该力与磁感应强度的平方成正比,从而易带来磁体结构失稳问题。例如,当磁体所产生的磁场达 25 T 时,电磁力已超过常见导体材料(铜)的机械强度,需对磁体进行加固工艺的开发方能安全运行。

1.3.3　超导磁体

早在1911 年,荷兰物理学家"低温超导学之父"卡末林·昂内斯(见图 1-23)发现,将水银冷却到稍低于 4.2 K 时,其电阻急剧下降到零,这种奇异的现象引起人们极大的重视。这种具有超导态的物体称为超导体,转变时对应的温度称为临界温度。

图 1-23　荷兰物理学家卡末林·昂内斯(1853—1926 年)

超导磁体一般是指使用超导导线绕制的能产生强磁场的超导线圈。超导磁体与普通永磁体、常规导线电磁体相比,具有非常大的优势。一般永磁体两极附近的磁场在几千高斯以内,要想再提高它的磁场强度非常困难。常规电磁体在产生强磁场时,因需要在线圈中通入很大的电流,磁体电阻上产生的焦耳损耗和磁路损耗导致大量电能因转化为热能而被浪费。相比而言,超导磁体的特点在于可在大的空间范围内产生很强的磁场,且所需的励磁功率很小,也不需要水冷磁体那样庞大的供水和净化设备。它重量轻、体积小、稳定性好、耗能少,能长期运转。虽然超导磁体需要用制冷剂如液氦加以冷却,励磁过程需消耗一定电能,但一旦通电后,原则上不需要再追加电能,而普通电磁体每时每刻都要消耗大量电能。

超导磁体是高能加速器和核聚变装置不可缺少的关键部件。以核聚变为例,聚变能研发被我国列为"战略性前瞻性重大科学问题",被美国工程院评为 21 世纪十四大科技挑战之一。2006年，欧盟、美、日、俄、中、韩、印七方签订协议，共同实施当今世界最大的多边国际科技合作项目ITER（国际热核聚变实验堆）计划，研制超导核聚变托卡马克装置。其中，超导磁体是聚变堆的核心部件，用于提供约束和控制等离子体的磁场。而承载超导磁体的磁场Poloidal环所用超导磁体由中俄欧联合制造，目前由中国负责制造的导体已全部交付ITER国际组织。

1.3.4 脉冲磁体

与前文所述的超导磁体、水冷磁体及混合磁体提供的恒定磁场不同，脉冲磁体产生的磁场为瞬变磁场，其持续时间在微秒到毫秒量级。脉冲磁体技术显著地弱化了恒定磁场中的焦耳热问题，允许在控制温升的前提下通入幅值更高的电流。根据磁体本体在放电过程中是否保持其完整性，脉冲磁体技术又可分为以下两类。

第一类为非破坏性脉冲磁体技术。1922年，苏联科学家P. L. Kapitza在英国剑桥大学卡文迪什实验室研究α粒子能量变化时，采用蓄电池作为电源对螺线管进行毫秒级放电，在获得强磁场的同时避免了焦耳热造成的螺线管烧毁，非破坏性脉冲磁场由此诞生。随着在磁体材料和加固技术方面的突破，在2012年，美国国家强磁场实验室（NHMFL）利用四线圈磁体实现100.75 T的世界纪录。此外，德国德累斯顿强磁场实验室和我国华中科技大学国家脉冲强磁场科学中心，磁场强度也相继突破了90 T大关。

第二类为破坏性脉冲磁体技术。破坏性磁体不再追求磁体本体在磁场发生后保持其完整性，转而追求其在破坏前尽可能达到更高磁场强度。自20世纪60年代起，各国科学家通过单匝线圈、电磁磁通压缩、爆炸磁通压缩等技术手段（见图1-24），相继突破100 T、1000 T磁场大关，2001年由俄罗斯科学家实现了2800 T最高磁场世界纪录并维持至今。

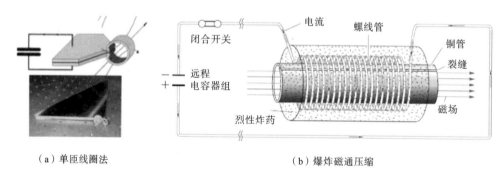

（a）单匝线圈法　　　　　　　　　　　（b）爆炸磁通压缩

图1-24　破坏性脉冲强磁场的典型产生方法

然而随着磁场强度的提高，脉冲磁体的温升和应力问题也愈发严重。对于非破坏性磁体技术，制约场强提升的关键是磁体的结构加固优化问题。针对这一问题，目前主流的技术手段为多线圈、分层加固方案。对于破坏性磁体技术，除了磁体本体的结构优化之外，电源技术也极为关键，通常要求电源系统的阻抗限制在毫亨级别，而放电电流需要达到兆安级别。

脉冲磁体的供电电源以电网或者电池等为初级能源部分，以电容储能、电感储能、惯性储能（飞轮发电机）等为储能部分，以放电开关和调控电路（如整流器等）为波形调控部分,这三部分组成了高功率脉冲强磁场电源系统。对于脉冲强磁场电源系统,电容储能型电源结构简单,适用面最广;脉冲发电机型电源储能大,波形可控,适合应用于对磁场波形有特殊要求的科学实验;蓄电池型电源相比前两种电源,储能密度最大,适合应用于产生长脉冲的脉冲强磁场。

我国的脉冲强磁场装置建设起步较晚,但发展迅速。2001 年,潘垣院士向教育部和国家发展改革委建议"在我国建设脉冲强磁场实验装置";2007 年,国家发展改革委批准由华中科技大学承建脉冲强磁场实验装置,同年国际知名脉冲磁体专家李亮教授回国主持项目建设;2013 年,脉冲强磁场实验装置建设完成并接受国际评估,验收委员会认为"装置总体性能达到国际先进水平,部分指标实现了国际领先,成为国际上最好的脉冲强磁场装置之一"。2014 年 10 月,脉冲强磁场实验装置通过国家验收并对外开放运行,结束了我国相关研究长期依赖国外装置的历史。目前我国的脉冲磁场峰值场强达到 94.8 T,是世界上仅有的三个突破 90 T 大关的国家之一(另外两个分别是美国和德国),装置建设水平和速度得到了国际同行的高度评价。

1.4　强磁场应用

磁场作为一种可控性极强的能量形态,其应用已渗透到社会生活的各个角落。其中,强磁场对物质磁矩有强烈作用,可利用其诱导的磁效应、力效应和热效应等实现物质微观和宏观空间形态及位置调控,在支撑世界科技前沿、经济主战场、国家重大需求和人民生命健康等方面都可发挥重要的作用,具有广阔的应用前景。

1.4.1　世界科技前沿

强磁场对物质的磁矩和电荷均具有强烈作用,能够从微观层面诱导自旋、轨道有序,改变电子能态和电子间的相互作用,进而调控宏观物性,使之出现全新的物态。强磁场为物理、材料、化学和生物等基础科学研究提供了高效的测量调控手段,也为发现新效应、调控新物性、揭示新规律、验证理论提供了重要的极端实验条件,还为重大原始创新突破提供了机遇。近 40 年来,与强磁场相关的诺贝尔奖已达到 10 项。

概而言之,强磁场的主要功能作用如下。

首先,强磁场是探索物质微观世界及其相互作用规律的"调制器"。强磁场既是操控物质量子态的重要参量,也是研究超导态到正常态转变的物理过程、调控量子自旋物态和拓扑量子物态、发现高性能磁性功能材料和半导体材料、确立玻璃态形成微观机制的重要实验手段和不可或缺的实验条件。

例如,铜氧化物 YBCO 超导体在脉冲强磁场下的相图表明,随着磁场强度的升高,超导转变温度 T_c 逐渐被压制,在 30 T 以上出现 $\rho \approx 0.08$ 和 $\rho \approx 0.18$ 两个量子临界区域,在 82 T 以上则被完全压制到 $\rho = 0.18$ 的量子临界点(见图 1-25)。通过强磁场下的舒勃尼科夫-德哈斯振荡(Shubnikov—de Haas oscilation)效应测量发现,在量子临界点附近,准粒子的有效质量及体系的电子关联作用得到显著增强。这些问题的研究为揭示高温超导机理,获得更高临界温度的超导体,引发电能传输和电动机工作效能革命提供了重要机遇;也为制备高性能量子器件、存储器件,实现量子计算提供了坚实的理论基础。

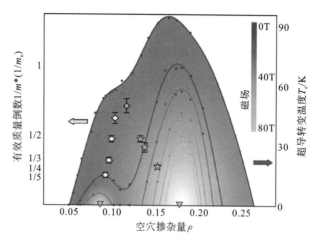

图 1-25 强磁场有助于揭示高温超导机理

其次,强磁场是研究材料本征特性的"放大镜"。强磁场可以显著改变物质材料中电荷、自旋、轨道、晶格之间的耦合,以及原子、分子间的相互作用,使之出现全新的物性。强磁场还是研究磁性材料及其自旋相互作用的有力工具。磁性材料中的磁交换场高达几十甚至上百特斯拉,利用脉冲强磁场(>70 T)可获得磁性体系中的磁结构与交换相互作用等非常重要的信息。超强磁场的磁长度可达到纳米尺度(100 T~2.3 nm),这是研究纳米尺度材料性能最有效的手段之一,对二维量子阱、一维纳米线、准零维量子点等纳米材料体系的物性与输运行为的研究,为验证新理论、探索新现象提供支撑。强磁场可同步增大朗道能隙、电子间相互作用、塞曼劈裂等能量尺度,为揭示新型二维半导体材料强关联物态的机理提供捷径,如利用 60 T 脉冲强磁场揭示了二维 WSe2 中载流子自发能谷-自旋极化现象的机理,这为探索二维半导体材料丰富物性(见图 1-26),发展新型低能耗微纳电子器件提供了思路。

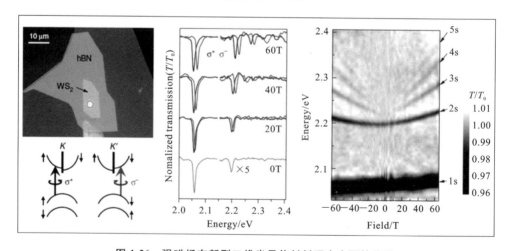

图 1-26 强磁场在新型二维半导体材料研究方面的作用

最后,强磁场既是判定分子结构的"指示器",也是调节化学变化的重要手段。它可以通过控制电子状态改变其特性,使原子和分子改变其形状,以及改变分子与电磁辐射的相互作用,甚至产生新的键合机制。此外,强磁场为分子的结构及其变化提供了新的观察视角,如 Mn12 单分子磁体拥有高自旋和强的磁各向异性,通过强磁场磁化和磁共振测试可以确定它的自旋值和零场分裂能,还可以表征其动力学变化(见图 1-27)。这些问题的研究为单分子的种类判别、性能优劣、动力学演化、高密度存储等研究奠定基础。

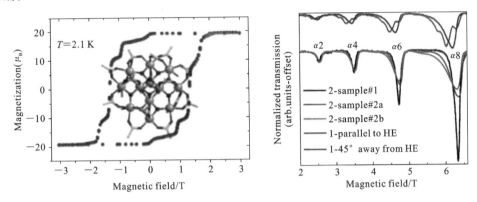

图 1-27 强磁场在单分子磁体方面的作用

由此可见,强磁场是重要的极端实验条件,在支撑前沿科学研究方面具有独特优势,而强磁场实验装置作为产生高强磁场的有效手段,得到了世界各国的重视。自 20 世纪 60 年代起,美国、德国、法国和日本等国家相继建立 30 多个强磁场设施。我国在"十一五"期间也规划建设了自己的强磁场设施(脉冲强磁场实验装置建在湖北武汉,稳态强磁场实验装置建在安徽合肥),实现了我国大型强磁场设施从无到有、从跟跑到引领的跨越式发展。此项工程建设的成功,对增强和提升我国凝聚态物理、材料物理等前沿科学研究能力和水平方面发挥着重要作用。

1.4.2 经济主战场

能源、钢铁冶金、高铁等国民经济领域的重大装备关系到国计民生,一直受到世界各国的高度关注,成为大国科技竞争的战略制高点。而强磁场技术及装置往往是实现上述领域关键装备性能进一步提升的共性需求。

在能源领域,当前"碳中和"已经从全球共识变成全球行动。世界各国纷纷按下快进键,以光伏、风能为代表的新能源产业成为新的竞争焦点,与之相关的永磁电气装备亦正向着大型化、复杂化方向发展。以风力发电机机组为例,我国风电机组单机容量已从 5 MW(2010 年,湘电)发展到目前的 13 MW(2022 年,东方电气),国际行业巨头丹麦维斯塔斯公司于 2021 年已推出 15 MW 风电机组。随着风电机组容量和功率密度的提升,相关强磁场技术在风电装备制造中的重要性不断凸显(包括通过磁性材料和磁路设计来大幅提升气隙磁场强度),进而显著降低风机重量;通过具有可控磁场位形的高参数磁化装置研发来实现风机装备的高性能整体充磁(见图 1-28),进而显著提升大型风机装备磁极制造的安全性、精度及效率等。

在钢铁冶金领域,由于磁场具有独特的非接触力能效应,其对钢铁、有色金属及其他特殊金属材料,在冶金、凝固、形变过程均具有重要影响。随着超导磁体和水冷磁体技术的进步,相关电磁设备所产生的磁场水平得到了显著提升,与之相应的力能效应更为显著,即使对于非铁磁性物质亦可产生达到甚至超过物质重力水平的磁力,为冶金及

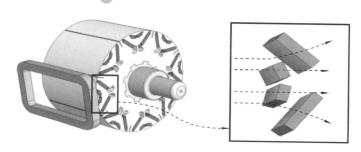

图 1-28 永磁电机转子整体充磁示意图

材料制备过程提供独特的、高效的非接触调控手段,并由此催生了与冶金相关联的电磁搅拌(见图 1-29)、电磁铸造等多种电磁技术及大型电磁装备的产生。这些实例都与强磁场技术紧密关联。

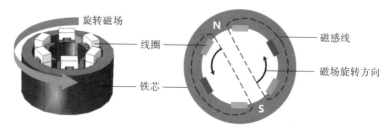

图 1-29 电磁搅拌示意图

在高铁领域,更快捷、更舒适、更低能耗不仅是广大群众对出行的迫切需求,更是各大国之间竞相角逐的目标,而强磁场技术对高铁的性能提升发挥着重要作用。传统的高铁采用机械摩擦制动方式,不仅制动噪声大、不平稳,且刹车系统磨损严重,需要经常更换。早在 2013 年,我国便掌握了时速 500 km 高铁的涡流制动技术(见 1-30(a)),利用感应涡流产生的电磁力非接触制动,可极大减小制动噪声,极大提高制动器使用寿命。与传统高铁相比,磁悬浮列车与轨道之间无机械摩擦,不仅可以极大提升运行速度,且运行更平稳、噪声更小,同时可将能耗降低 20% 以上,具有广泛的应用前景和重要的经济、社会、科技价值。磁悬浮列车结合了磁力悬浮、电磁力导向、电磁推进等核心子系统,而强磁场技术是每个子系统的基石。2021 年 7 月,由中国中车承担研制、具有完全自主知识产权的我国时速 600 km 高速磁悬浮交通系统在青岛成功下线(见图 1-30(b)),标志着我国掌握了高速磁悬浮成套技术和工程化能力,在高速磁悬浮列车铁路领域走在世界前列。

(a)我国NELHSR自主研制的
高铁涡流制动系统

(b)我国CRRC自主研制的时速600 km
的高速磁浮列车

图 1-30 高铁技术

1.4.3 国家重大需求

先进武器装备是军队现代化的重要标志,是国家安全和民族复兴的重要支撑,是国际战略博弈的重要砝码。近年来随着"战场电气化"概念的提出,武器装备电气化受到世界各国高度关注,众多国防武器装备正迅速向全面高效利用电磁能的方向发展。以电磁技术为基础的电磁武器和作战系统(如电磁炮和电磁弹射器等)正在加速改变现代战争攻防体系和作战样式,而相关电磁武器的作战能力与强磁场技术及装置息息相关,势必成为加速未来战争变革的催化剂。以电磁炮为例,利用强磁场对强电流的强大推力将炮弹以极快的速度发射出去,也即利用加速炮弹的力与磁场和电流之积成正比的原理(见图 1-31)。在实际应用中,如果磁场不够强,则只能让炮弹通过足够大的电流来提高加速

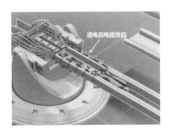

图 1-31　电磁炮原理示意图

能力,但这会带来大电流发热和炮身烧蚀等问题,从而极大影响电磁炮的使用寿命及作战能力。

在航空航天运载器关键构件制造领域,强磁场技术同样发挥着重要作用。当前,轻量化已成为国防科技领域先进制造技术的重要发展方向,是提高运载器件承载极限能力、实现节能减排的重要技术手段。而轻质材料板管零件及其制造技术是实现装备轻量化以达到提升性能、节能环保的重要保障之一。例如,美国第四代战机 F22 研制中,通过结构设计优化减重了 300 kg,通过采用铝、钛等轻合金材料减重了 600 kg,其效果十分明显。因此,发展高性能轻质材料板管零件及其制造技术对于促进我国航空航天运载器(新一代战机、高推重比发动机、大运载器等)技术发展具有重大支撑作用。由华中科技大学国家脉冲强磁场科学中心研究人员提出的多时空脉冲强磁场成形技术,可通过利用多级电磁场的强力及高速率效应,大幅提高材料的成形极限以及降低残余应力和回弹,有望突破传统制造技术无法解决的关键难题,实现制造过程中宏观控形与微观控性的无隙协同,对于实现我国轻质材料板管零件成形制造能力的突破具有重要意义。

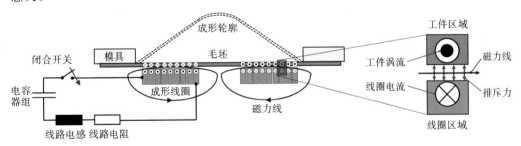

图 1-32　电磁成形原理示意图

1.4.4 人民生命健康

生物电磁信号携带有生物活体各种生理、病理信息,检测这些生物电磁信号并据此分析其内部电磁过程,以及这些电磁过程与生命活动的关系,对于揭示生命活动本质和医学诊断治疗都具有重要意义。此外,通过外加磁场直接或者间接作用于生物体,对生

物系统进行调控和干预,对于维护人民生命健康具有重要作用。

强磁场是研究脑功能、生物大分子动态特性以及活体肿瘤代谢机制等的"显微镜"。磁共振技术(包括磁共振成像 MRI 和核磁共振波谱 NMR)是强磁场在生命科学中最重要的应用。MRI 是临床影像诊断及脑科学研究的重要工具,NMR 波谱能提供生物大分子原子分辨率的三维结构和分子间相互作用的位点,以及大时间尺度的动态过程等信息,是研究生物大分子(包括蛋白质、核酸等)的结构、功能、动态等不可替代的有力工具。根据磁共振物理学原理,无论是磁共振波谱还是成像,其信噪比几乎都与磁场强度平方成正比,分辨率与磁场强度成正比。因此,超强磁场下的磁共振波谱和成像能显著提升谱图的信噪比和分辨率,为生命科学研究提供更精细的原子分辨率结构分析影像工具:强磁场下的磁共振成像(MRI)可将现有常规 MRI 图像分辨率由 $1\ mm^3$ 组织分辨提升至 $50\sim100\ \mu m^3$ 的亚细胞分辨,为脑科学相关研究提供有力工具;超高场磁共振波谱可克服 NMR 在微量样品的蛋白质结构功能研究中的局限性,将检测灵敏度由 $10\sim30\ mg$ 提升到 $1\ mg$,为解析蛋白结构、开发小分子及多肽类药物,分析药效及代谢产物等研究提供了重大机遇;基于强磁场和大功率太赫兹技术的磁共振新方法,可将常规的[1]C 原子核信号提升 5 个数量级,直接动态地观测[13]C 标记的葡萄糖分子及下级代谢产物在活体内的空间、时间分布,为肿瘤糖脂代谢机制及代谢流原位分析研究提供有效工具,具有广泛且十分重要的科学意义和应用前景。不同磁场强度下的成像效果及疾病诊断能力如图 1-33 所示。

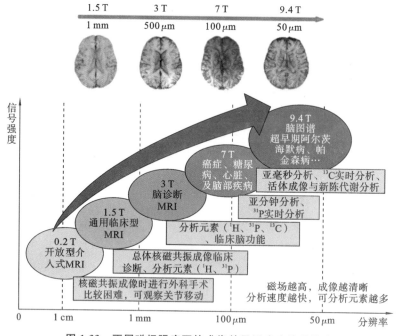

图 1-33 不同磁场强度下的成像效果及疾病诊断能力

在医疗领域,强磁场技术与装置一直是高端电磁医疗装备的核心,包括磁共振成像系统 MRI 和医用加速器等。以医用加速器为例,基于超导回旋加速器的质子治疗装备是目前最先进的癌症治疗设备,利用超导磁铁强磁场技术可以大大减小回旋加速器的体积、重量和造价。采用 8.5 T 的超导磁铁同步回旋加速器重量 17 t,不到常温回旋加速器重量的 8%,而且加速器的运行效率和可靠性得到大幅提高。用于同位素生产的超导低能回旋加速器,其中心磁场达到 4.5 T,重量只有 2.3 t,不但重量降低到 1/10,功耗也减少一半,同时由于体积的缩小,降低了安装、运行、维护等成本。由此可以看出,超导强磁场系统技术与装置在医用加速器领域具有巨大优越性和发展潜力。超导回旋加速器和常温回旋加速器的对比如图 1-34 所示。

图 1-34　超导回旋加速器和常温回旋加速器的对比

此外,高压脉冲、电刺激、磁刺激等电磁形态可直接或者间接作用于人体,在治疗肿瘤、癫痫与抑郁症等方面均展现出巨大应用潜力,部分治疗方式已逐步走向临床,发挥着独特而重要的作用。

习题

1.1　物质依其在外磁场作用下的磁性表现可分为几类? 它们各有什么特点? 各有什么用途?

1.2　磁场的产生方式有哪些? 它们具有什么特点? 其优点和局限性是什么?

1.3　什么是自发磁化? 为什么铁磁物质自发磁化会有许多磁化方向不同的磁畴?

1.4　超导磁体有哪些基本特性? 它与常规磁体有什么不同?

1.5　什么是霍尔效应? 你能用霍尔元件测量哪些物理量?

1.6　你知道哪些磁效应? 它们有哪些应用?

1.7　通过调研,了解强磁场有哪些科学应用和工程应用。

参考文献

[1] 宛德福. 磁性物理学[M]. 成都:电子科技大学出版社,1994.

[2] 李国栋. 无所不在的磁粒子磁矩与固体磁性[M]. 上海:上海科技教育出版社,2001.

[3] 王德芳,叶妙元. 磁测量[M]. 北京:机械工业出版社,1990.

[4] Qin S Y, Yin H, Yang C, et al. A magnetic proteinbiocompass[J]. Nature Materials,2016,15(2):2-26.

[5] 倪光正. 电磁场数值计算[M]. 北京:高等教育出版社,1996.

[6] 夏平畴. 永磁机构[M]. 北京:北京工业大学出版社,2000.

[7] Herlach F, Perenboom J A. Magnet laboratory facilities worldwide-an update[J]. Physica B:Condensed Matter,1995,211(1-4):1-16.

[8] Herlach F, Miura N. High Magnetic Fields: Science and Technoligy[M]. World Scientific Publishing CO. Pte. Ltd, 2003.

[9] Han X T, Peng T, Ding H F, et al. The pulsed high magnetic field facility and scientific research at Wuhan National High Magnetic Field Center[J]. Matter and Radiation at Extremes, 2017, 2(6): 278-286.

[10] Shearer J W. Interaction of Capacitor-Bank-Produced Megagauss Magnetic Field with Small Single-Turn Coil[J]. Journal of Applied Physics, 1969, 40(11): 4490-4497.

[11] Nakamura D, Ikeda A, Sawabe H, et al. Record indoor magnetic field of 1200 T generated by electromagnetic flux-compression[J]. Review of Scientific Instruments, 2018, 89(9): 095106.

[12] Boyko B A, Bykov A I, Dolotenko M I, et al. Generation of magnetic fields above 2000 T with the cascade magnetocumulative generator MC-1[C], Proc. 8th Int. Conf. Megagauss Magnetic Field Generation and Related Topics, Tallahassee, 1998.

[13] Ramshaw B J, Sebastian S E, McDonald R D, et al. Quasiparticle mass enhancement approaching optimal doping in a high-Tc Superconductor[J]. Science, 2015, 348(6232): 317-320.

[14] Li J, Goryca M, Wilson N P, et al. Spontaneous Valley Polarization of Interacting Carriers in a Monolayer Semicondutor[J]. Physical Review Letter, 2020, 125(14): 147602.

[15] Chakov N E, Lee S C, Harter A G, et al. The properties of the [$Mn_{12}O_{12}$ (O_2CR)$_{16}$(H_2O)$_4$] single-molecule magnets in truly axial symmetry: [$Mn_{12}O_{12}$(O_2 CCH_2Br)$_{16}$(H_2O)$_4$]4CH_2Cl_2[J]. Journal of the American Chemical Society, 2006, 128(21): 6975-6989.

[16] 周省三, 张文灿, 杨宪章. 电磁场的应用[M]. 北京: 高等教育出版社, 1991.

[17] 王继强, 王凤翔, 孔晓光. 高速永磁发电机的设计与电磁性能分析[J]. 中国电机工程学报, 2008(20): 105-110.

[18] Asai S. Electromagnetic processing of materials[M]. Switzerland: Springer, 2012

[19] 王强, 赫冀成, 刘铁. 电磁冶金新技术[M]. 北京: 科学出版社, 2015.

[20] 魏庆朝, 孔永健. 磁悬浮铁路系统与技术[M]. 北京: 中国科学技术出版社, 2003.

[21] 王群, 耿云玲. 电磁炮及其特点和军事应用前景[J]. 国防科技, 2011, 32(02): 1-7.

[22] 李亮. 我国多时空脉冲强磁场成形制造基础研究进展[J]. 中国基础科学, 2016, 18(04): 25-35.

[23] 王秋良. 磁共振成像系统的电磁理论与构造方法[M]. 北京: 科学出版社, 2018.

2

超导磁体技术

　　稳态强磁体不仅可以为凝聚态物理、材料科学、生物等基础学科的研究提供必要的强磁条件，而且对于能源、交通、医疗等应用领域至关重要。超导磁体相比于电阻磁体具有能耗低、体积小、磁场稳定性高、均匀性好等优点，逐步得到广泛的开发和应用。同时，随着高温超导材料的生产工艺日趋成熟，超导磁体的研究和应用进一步得到前所未有的发展。

　　本章旨在为读者简要介绍超导材料和超导磁体的基础知识，主要内容包括超导体的基本性质和常见的工程超导材料，超导磁体的系统构成和设计方法，超导磁体在科研用强磁场、加速器、核聚变以及磁共振等领域的应用，此外对超导磁体技术的发展前景进行了展望。

2.1　超导材料

2.1.1　超导体的基本性质

1. 零电阻特性

　　1908 年，荷兰物理学家卡末林·昂内斯（Kamerlingh Onnes）成功地液化了地球上最后一种"永久气体"氦气，得到了低于 4.2 K 的超低温度。在三年之后的 1911 年，昂内斯在实验中发现金属汞的电阻率在 4.2 K 附近突然降为零（见图 2-1），并在之后发表的一篇论文中首次用"超导"一词描述这种新现象。超导体从电阻态到超导态转变的温度称为临界温度（critical temperature，T_c）。

2. 迈斯纳效应

　　在昂内斯发现汞的超导性之后的许多年里，尽管很多超导体陆续被发现，人们对超导体的认识一直囿于电阻为零的理想导体状态，直到 1933 年德国物理学家瓦尔特·迈斯纳（Walther Meissner）和罗伯特·奥森菲尔德（Robert Ochsenfeld）共同发现了超导体的另一个极为重要的性质——完全抗磁性，即当金属从常态转变为超导态时，会将原本与其交链的磁感线完全排斥到体外，使内部净磁通恒为零，人们将这种现象称之为"迈斯纳效应"。图 2-2 展示了理想导体和超导体在场冷（先加磁场再冷却）和零场冷（先冷却再加磁场）两种情况下的磁通分布。对于理想导体，其内部电场永远为零，即磁通变化为零,因此在零场冷条件下内部净磁通永远为零,而在场冷条件下移除外加磁场后其内部净磁通等于冷却前所施加的总磁通量;而对于超导体而言,无论是零场冷还是场冷情况下,其内部磁通永远为零。简而言之,在理想导体中 $d\Phi/dt = 0$,而在超导体中 $\Phi \equiv 0$。

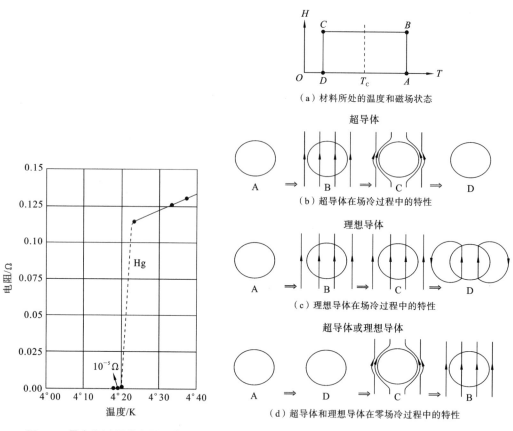

（a）材料所处的温度和磁场状态

超导体

（b）超导体在场冷过程中的特性

理想导体

（c）理想导体在场冷过程中的特性

超导体或理想导体

（d）超导体和理想导体在零场冷过程中的特性

图 2-1 昂内斯测得的金属汞的
电阻率随温度变化特性

图 2-2 理想导体和超导体的磁化特性对比

3. 低温超导体与高温超导体

在超导现象被发现之后的数十年间,全世界的研究者们不断努力尝试发现新的超导材料。在此期间,众多超导材料被发现,然而临界温度最高仅为铌锗合金（Nb_3Ge）的 23 K。直到 1986 年,IBM 的科学家约翰内斯·贝德诺尔茨（Johannes Bednorz）和卡尔·米勒（Karl Müller）发现 LaBaCuO 超导体,揭开了氧化物超导体的新纪元。通常情况下,人们把 LaBaCuO 的临界温度 30 K 作为一个标准温度,临界温度低于 30 K 的超导体被定义为低温超导体（low-temperature superconductors,LTSs）,临界温度超过 30 K 的超导体被定义为高温超导体（high-temperature superconductors,HTSs）。图 2-3 展示了一些典型的超导体临界温度与发现时间。

4. 临界磁场

在昂内斯发现超导电性不久,他就意识到超导材料零电阻的特性可以用作产生强磁场,然而其发现当超导材料产生的磁场仅为数十毫特斯拉时,超导态就会被破坏。由此人们得到超导体的第二个重要参数——临界磁场强度 B_c（或 H_c）。仅当超导体受到

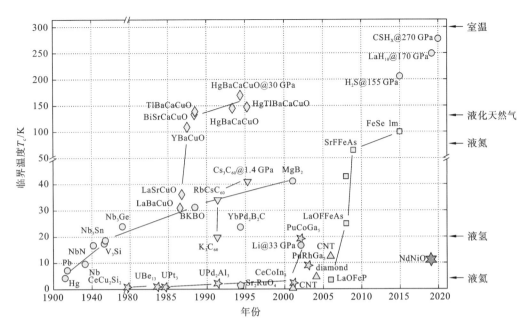

图 2-3 超导体的临界温度与发现时间

的磁场小于 B_c,它才可能呈现超导态。

在寻找合金超导体的过程中,人们发现一些超导体在外磁场超过一定数值后会出现部分磁通穿透,而非失去超导性。起初人们以为这种现象是由于样品不纯导致,直到 1957 年苏联物理学家阿布里科索夫(Abrikosov)指出这是一类全新的超导体,被称为第Ⅱ类超导体,而之前发现的众多金属超导体被称为第Ⅰ类超导体。第Ⅱ类超导体与第Ⅰ类超导体不同,第Ⅰ类超导体只有一个临界磁场参数 B_c,而对于第Ⅱ类超导体,当外磁场低于下临界磁场 B_{c1} 时,超导体处于迈斯纳态;当外磁场超过 B_{c1} 且低于上临界磁场 B_{c2} 时,超导体处于混合态(mixed state),此时磁场能够部分穿透超导体,以磁通涡旋(magnetic flux vortices)形式存在于超导体中,但超导体仍然能够无损耗地传输一定量的电流,超导体处于部分抗磁状态;当外磁场大于 B_{c2} 时,超导体转变为常态。第Ⅰ类超导体和第Ⅱ类超导体的相图对比如图 2-4 所示。

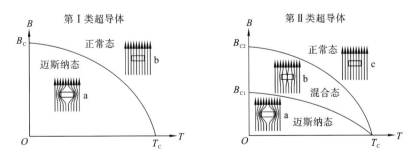

图 2-4 第Ⅰ类超导体和第Ⅱ类超导体的相图对比

第Ⅰ类超导体的临界磁场仅为 mT 量级,远远不能达到磁体工程实用要求;而第Ⅱ类超导体的上临界磁场一般可达数 T 至上百 T。因此,磁体应用中的超导体均为工作在混合态的第Ⅱ类超导体。

5. 超导体的临界面

除临界温度 T_c、临界磁场 B_c 外,超导体还有第三个临界参数:临界电流密度 J_c,即超导体不能无损耗地传输无限大的电流密度,当载流密度超过 J_c 时超导体失去超导态。临界温度 T_c、临界磁场 B_c、临界电流密度 J_c 这三个参数之间互相影响,在三维空间构成了一个临界面,如图 2-5 所示。只有运行区域低于该临界面,超导体才处于超导态。

6. 第Ⅱ类超导体的伏安特性及其交流损耗

对于处于混合态的理想Ⅱ类超导体,比恩(Bean)指出其电流密度取值仅可能为 $\pm J_c$ 和 0;而对于实际的Ⅱ类超导体,由于存在磁通蠕动(magnetic flux creep),其伏安特性可由指数(E-J power law)表示:

$$E = E_0 \left(\frac{J}{J_c}\right)^n \tag{2-1}$$

其中,E_0 为工程定义值 10^{-4} V/m,指数 n 在不同运行条件下的不同超导体取值为 $10 \sim 80$。图 2-6 展示了不同 n 值下的伏安特性。由图 2-6 可见,n 值越小,超导的伏安特性曲线越平滑,而 n 值越大,伏安特性曲线越陡峭,当 n 趋近于无穷时,式(2-1)与比恩描述的理想第Ⅱ类超导体一致。

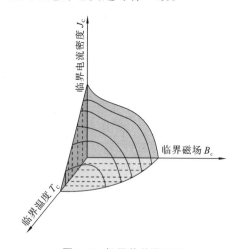

图 2-5   超导体的临界面

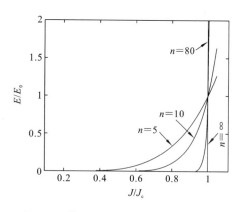

图 2-6   第Ⅱ类超导体的伏安特性曲线

由式(2-1)可知,第Ⅱ类超导体在传输直流电流小于临界电流时,其磁通蠕动所产生的损耗极小,可忽略不计。而当其传输交变电流或者其处在交变磁场中时,会产生损耗,理想情况下每个交流周期的损耗不随频率变化,总损耗与频率成正比。传输交流电流产生的损耗称为传输交流损耗,由交变外磁场引发的损耗称为磁化交流损耗。传输交流损耗一般可以用四线法测量,而磁化交流损耗一般可用感应方法测量。同时交流损耗也可以用有限元方法进行仿真分析。

2.1.2   磁体常用的超导材料

作为超导磁体使用的超导材料一般要求在较高磁场下有较为理想的临界电流密度,同时材料要相对易于加工且有较好的机械性能。众多的第Ⅱ类超导体中,在磁体应用中比较有价值的有低温超导材料 NbTi、Nb_3Sn,高温超导材料 REBCO、BSCCO、

MgB_2 以及 $Ba_{1-x}K_xFe_2As_2$（Ba122）等。

1. 铌钛合金超导体

铌钛（NbTi）超导体是一类典型的低温超导体,其临界温度和上临界磁场随两种金属的比例不同而有所变化,如图 2-7 所示。NbTi 超导体具有较高的上临界磁场强度,外磁场下具有较高的临界电流密度,机械强度和延展性较好且价格相对低廉,成为应用最广泛的商业化超导体。NbTi 超导线材一般由 NbTi 超导体和铜稳定基材构成,写作 NbTi/Cu 线材,其中铜的作用主要是改善线材的导热特性和失超下的导电性能。NbTi/Cu 线材为多丝结构,如图 2-8 所示。NbTi/Cu 线材的生产主要包括三个步骤:① 生产 NbTi 合金锭;② 将 NbTi 锭装入铜坯内挤压形成单芯方坯;

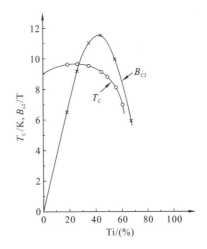

图 2-7 NbTi 超导体的临界温度和上临界磁场随 Ti 含量的变化趋势

③ 多次拉伸扭绞形成多丝结构。多丝结构的 NbTi/Cu 线材可降低交流损耗,减小屏蔽电流增强电流分布的均匀性,同时使 Cu 与 NbTi 更良好地接触,有助于增强线材的电热稳定性。NbTi 超导线材广泛应用于 10 T 以下的磁体应用场合,包括核磁共振成像（MRI）仪、加速器磁体、高场核磁共振（NMR）波谱仪和高场科研用磁体的外部线圈等。在不同的应用场合线材中 Cu 和 NbTi 的比例介于 1 至 10 之间。

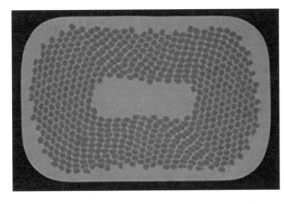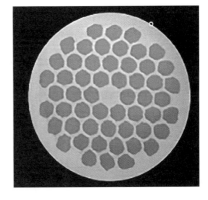

图 2-8 西部超导生产的方形截面和圆形截面 NbTi 超导线材（感谢西部超导供图）

2. 铌三锡超导体

NbTi 超导体的上临界磁场强度仅有 12 T 左右（4.2 K）,对于更高磁场的需求,NbTi/Cu 线材无法满足。以铌三锡（Nb_3Sn）和铌三铝（Nb_3Al）为代表的 A15 型金属化合物超导体的上临界磁场可达 20 T 以上,临界温度也接近 20 K,成为 10 T 以上强磁体中广泛应用的材料。下面以 Nb_3Sn 为例对相关材料进行简要介绍。与 NbTi/Cu 线材类似,Nb_3Sn 使用高纯铜或其化合物作为稳定基体材料,制成细丝。与 NbTi 超导体不同的是,Nb_3Sn 材料具有脆性、机械加工性能差。因此,在制造 Nb_3Sn 线材的过程中并不首先反应生成超导相,而是将 Nb 和 Sn 金属锭按照一定比例装入铜管内,采用挤压、拉伸等工艺形成细导线或者扭绞成电缆,然后将导线绕制成磁体,最后经过高温热处理生成 Nb_3Sn 超导磁体。Nb_3Sn 超导线材的制造工艺包括青铜法（bronze process）、内锡法（internal tin process）、MJR 法（modified jelly roll）和粉末装管法（PIT）等，其中内锡法的过程如图 2-9 所示。

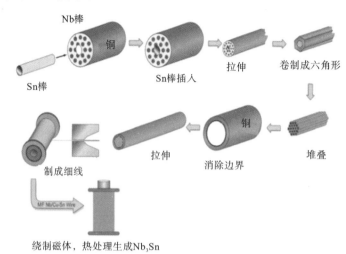

图 2-9 内锡法制造 Nb$_3$Sn 超导线材流程

Nb$_3$Sn 超导线材的单位价格是 NbTi 线材的数倍，这一方面是由于 Nb$_3$Sn 导线的制作工艺更为复杂，另一方面是因为 Nb$_3$Sn 超导线材的产量远小于 NbTi 超导线材。Nb$_3$Sn 超导线材最主要的商业应用为高场 NMR。

3. 铋系超导体

尽管 NbTi 和 Nb$_3$Sn 低温超导导线早已实现了商业化，但由于其较低的临界温度，由其绕制的磁体一般多运行在液氦环境。而高温超导导线的出现，使无液氦超导磁体逐渐普及。铋系超导导线是最早达到技术成熟的商业化高温超导材料，主要包括 Bi$_2$Sr$_2$Ca$_2$Cu$_3$O$_x$（Bi2223）和 Bi$_2$Sr$_2$Ca$_1$Cu$_2$O$_x$（Bi2212）。Bi2223 超导带材被称为第一代高温超导带材，采用粉末装管法制备，稳定基体一般采用银。为了提高带材的机械强度，一般采用不锈钢或铜合金进行加强，如图 2-10 所示。

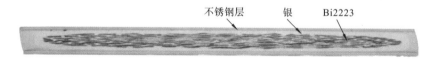

图 2-10 Simutomo 公司不锈钢加固的银基底 Bi2223 带材（感谢 Simutomo 公司供图）

Bi2223 超导体的临界温度高达 110 K，部分厂商如 Simutomo、美国超导和我国的英纳超导、西北有色金属研究院可生产长达千米的带材，短样在 77 K 自场下的临界电流密度接近 1 kA/mm^2。然而 Bi2223 带材在液氮温度下临界电流密度随外场衰减十分明显（见图 2-11），同时呈现很强的各向异性，因此 Bi2223 带材作为磁体材料时一般工作在 20～30 K，由制冷机传导冷却。由于具有较高的临界温度和较大的自场临界电流密度，Bi2223 带材也会被当作电流引线使用，用以从液氮温度以上的温度向更低温度传输电流，在这种情形下带材的基体材料一般为金银合金，而非纯银，以降低带材的热导率。

Bi2212 超导体的临界温度为 96 K 左右。Bi2212 超导线材以银包套作为基体材

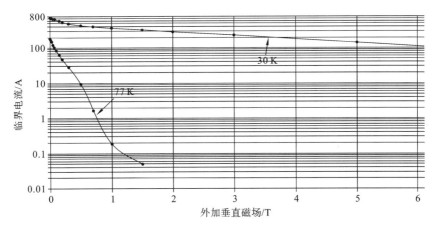

图 2-11 英纳公司的 Bi2223 带材临界电流-外磁场特性

料,采用 PAIR(pre-annealing and intermediate rolling)工艺制成。与 Bi2223 带材不同,Bi2212 导线一般制作成圆形截面,如图 2-12 所示。其临界电流密度在外磁场下衰减效应小于 Bi2223,且呈现各向同性,成为强磁体应用的理想材料。在 2014 年以前,由于传统工艺中的 Bi2212 含量仅为 60% 左右,会在超导丝中形成大量气泡,使线材的临界电流密度无法达到工程需求。在此之后美国国家强磁场实验室提出了加压的方法,通过施加 100 个大气压的 Ar/O_2 混合气体,成功制备了临界电流密度高达 2.5 kA/mm² (4.2 K,20 T) 的 Bi2212 线材。

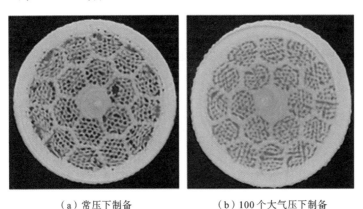

(a) 常压下制备　　　　　　　(b) 100 个大气压下制备

图 2-12 NHMFL 研制的 Bi2212 线材

4. REBCO 超导体

REBCO 是另一类铜基氧化物超导体,其中 RE 代表稀土元素,常用的有 YBCO 和 GdBCO 等。REBCO 超导体在液氮温区(63~77 K)具有较强的钉扎力,因此其外场下有较高的临界电流密度,是液氮温区唯一实用化的磁体用超导材料。REBCO 一般制作成块材(bulk)或带材使用。块材一般采用籽晶引导的熔融织构法,用 MgO 等材料作为籽晶,引导 REBCO 进行熔化生长成大尺寸单晶,如图 2-13 所示。

REBCO 块材具有极高的工程电流密度,其理论上能俘获的磁场是相同尺寸永磁体的数十倍以上,因此是作为超导电机、磁悬浮、超导轴承等应用的理想材料。然而在实际应用中,REBCO 块材需要施加极高的外磁场才能够有效磁化。目前常见的磁化

图 2-13　西北有色金属研究院制造的直径 30 mm YBCO 块材

REBCO 块材的方法有场冷法、零场冷法和脉冲场磁化法，以上方法在块材的实际应用中都存在一定的困难。

REBCO 更常见的是被加工成带材使用，被称为第二代超导带材。由于其一般采用镀膜的方法生产，因此也被称为涂层导体（coated conductor）。REBCO 超导薄膜的载流能力主要受晶间电流的限制，为提升晶间电流，需要让超导体的晶格朝同一方向有序排列，因此第二代超导带材采用多层结构，如图 2-14 所示，主要包括基底层、氧化物阻隔层（种子层、缓冲层）、超导层、稳定层等。基底层一般采用不锈钢或者镍合金，厚度为 $30\sim80~\mu m$，占带材厚度的大部分；用离子束辅助沉积技术（IBAD）或轧制辅助双轴织构技术（RABiTS）加工，主要作用是用于生长具有双轴织构的种子层、缓冲层等，同时提升带材的临界应力。氧化物阻隔层的主要作用是传递结构和承担阻止 REBCO 和金属间的渗透，一般包括 Y_2O_3、MgO、CeO_2 等多层结构，总厚度为 $0.1\sim0.2~\mu m$，主要工艺包括物理沉积（PVD）技术和化学溶液沉积（CSD）技术等。超导层一般为 $1\sim3~\mu m$ 厚度的 YBCO 或 GdBCO，常用的生长工艺有脉冲激光沉积法（PLD）、金属有机物分解法（MOD）和金属有机物化学气相沉积法（MOCVD）等。在超导层和基底层外侧一般

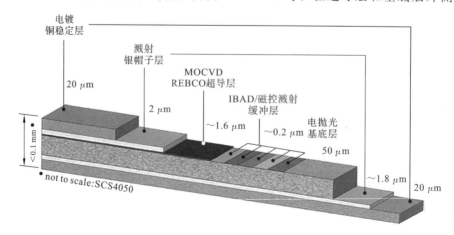

图 2-14　美国 SuperPower 公司的第二代超导带材的结构示意图

会各镀一层 2 μm 左右的银层,在银层外视需求还会再铠装不同厚度的铜层和不锈钢层,用以提高带材的电稳定性、热稳定性和机械强度。最终的带材厚度一般为 50~150 μm。

由于 REBCO 的氧化物晶体属性,第二代超导带材的临界电流随外磁场的衰减呈现各向异性:当外磁场平行于 c 轴(近似垂直带材表面)时,临界电流衰减最为明显;当外磁场方向与 c 轴呈 90°(平行于带材表面)时,临界电流衰减最小。典型的带材临界电流与外磁场角度的关系如图 2-15 所示。

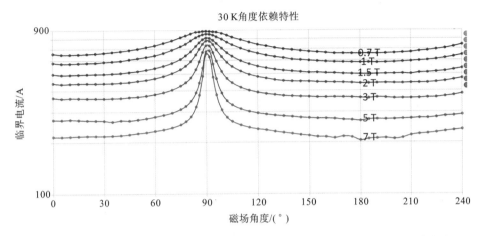

图 2-15 上海超导公司的第二代超导带材在 30 K 下临界电流随外场衰减特性曲线

第二代超导带材具有极高的工程电流密度,在 4.2 K、45 T 平行磁场下可超过 1000 A/mm^2;具有极高的上临界磁场,在 4.2 K 下上临界磁场超过 100 T;具有非常优秀的机械性能,临界拉伸应力超过 500 MPa,同时回弯直径可低至 10 mm,适合绕制极小孔径磁体。以上优点使第二代超导带材非常适合应用于高场磁体的开发。第二代超导带材的主要缺点包括:由于多层结构,工程应用上无损超导接头难以实现,焊接接头的电阻率一般为 10~100 $n\Omega \cdot cm^2$,无法满足核磁共振磁体恒流运行的需求;带材超导层的宽度厚度比很大,会导致:电流分布不均匀、带材在变化电流或磁场下产生的交流损耗显著、垂直场下会产生屏蔽电流而引起额外的不对称应力,带材在垂直场下的临界电流衰减特性有待进一步改善。相对于低温超导导线,第二代超导带材的价格依旧较为昂贵,特别是 km 级别的长线,价格超过 3000 元/千安培米(77 K,自场)。

5. 二硼化镁超导体

二硼化镁(MgB_2)超导体于 2001 年被发现,其临界温度为 39 K,上临界磁场可达 18 T。虽然相比于氧化物超导体 MgB_2 的临界温度较低,但其仅由 Mg 和 B 两种化学元素构成,化学成分和晶体结构都十分简单,具有较好的化学稳定性和较高的晶界电流密度。MgB_2 有较大的相干长度,这意味着其更容易引入钉扎中心,提高临界电流密度。相比于 REBCO 二代超导带材,MgB_2 有价格低廉、易于加工、质量轻的优点。相比于 NbTi 和 Nb_3Sn 等低温超导体,MgB_2 可工作在 20~30 K,并可由液氢冷却或者制冷机传导冷却,不需要使用昂贵的液氦。MgB_2 的制备可分为连续包覆焊管加工(CTFF)技术和粉末装管法(PIT)技术。CTFF 技术的特点是直接将 MgB_2 粉末通过连续包覆焊管的方法制备线材,采用 Nb 作为阻隔层,Cu/Ni 合金作为稳定体,然后在氩气保护下进行热处理。PIT 技术制备 MgB₂ 线带材工艺类似于 Bi2223 高温超导带材,该方法的技术流程简单,已经成为 MgB₂ 线带材主要的制备技术之一。目前 PIT 技术制备 MgB₂ 线带材主要有 in-situ 和 ex-situ 方法,二者主要区别在于 in-situ 方法采用 Mg+B 粉作为先驱粉末,加工成材后进行热处理,而 ex-situ 方法采用 MgB₂ 作为先驱粉末。CTFF 和 PIT 方法制备的 MgB₂ 线带材如图 2-16 所示。

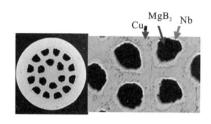

图 **2-16** MgB₂ 线材

图 2-17 总结了实用的超导材料的工程电流密度与磁场强度的关系,可见从性能上讲在大于 25 T 的磁场范围,REBCO 和 Bi2212 是比较理想的超导磁体材料。

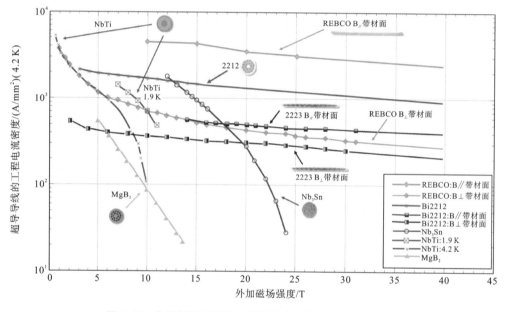

图 **2-17** 常见超导材料的工程电流密度与磁场强度的关系

6. 大电流超导电缆

对于超大电流的超导磁体,一般将超导导线做成电缆再绕制磁体,常见的电缆包括卢瑟福电缆(Rutherford cable)、CICC(cable-in-conduit conductor)和 CORC(conductor on round core)等。

卢瑟福电缆主要应用于环形加速器磁体,其结构如图 2-18 所示。首先采用多丝的低温超导导线做成单股,再将多股交叉编织获得。由于环形加速器磁体的磁场要快速变化,因此采用多芯扭绞结构的卢瑟福电缆可以极大减小交流损耗。典型的 CICC 电缆截面如图 2-19 所示,由液氦冷却的超导电缆和包围电缆的导管组成。超导电缆一般采用低温超导材料,由超临界氦冷却;导管通常采用不锈钢材料。CICC 电缆具有可靠性高、交流损耗较低、冷却较为简单、机械性能良好等优点,成为高场磁体、可控核聚变

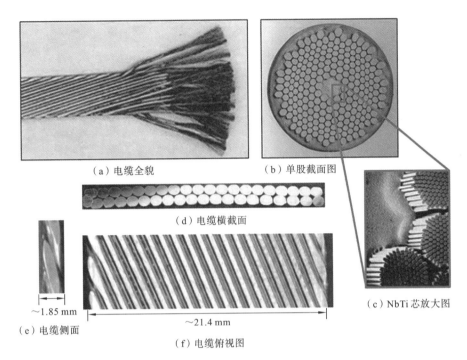

（a）电缆全貌　　　（b）单股截面图

（d）电缆横截面

～1.85 mm

（e）电缆侧面

～21.4 mm

（f）电缆俯视图

（c）NbTi 芯放大图

图 2-18　NbTi/Cu 卢瑟福电缆

磁体的首选导体。CORC 电缆是近几年发展起来的基于第二代高温超导带材的电缆结构,如图 2-20 所示,其将几根至几十根第二代超导带材编织在圆形的铜或不锈钢管表面形成电缆。该电缆拥有各向同性的外磁场下临界电流衰减特性,使得磁体的电磁设计较为简单;由于多根带材的相互扭绞,大大降低了交流损耗,使其尤其适用于加速器磁体等需要磁场快速变化的情形。CORC 电缆的缺点主要在于扭绞大大浪费了带材的有效长度和载流能力,使得其成本过高;另外电缆的最小回弯半径也较大,不适宜于用作小孔径磁体。

图 2-19　CICC 电缆

图 2-20　Advanced Conductor Technologies 公司开发的应用于加速器磁体的 CORC 电缆

7. 铁基超导带材研究进展

以上介绍的超导导线均已实现商业化,下面介绍一种近几年来发展迅速、具有良好应用前景的超导材料——铁基超导导线。2008 年 2 月,日本东京工业大学 Hosono 研究组发现了 LaFeAsO$_{1-x}$F$_x$ 在 26 K 以下具有超导电性,由此拉开了铁基超导体的序幕。迄今为止已经有上百种铁基超导体被发现。相比于 NbTi、Nb$_3$Sn 和 MgB$_2$ 超导体,铁

图 2-21 中科院电工所研制的世界首根百米量级铁基超导长线

基超导体的上临界磁场很高,超过 100 T;同时相比于 BSCCO 和 REBCO 等铜氧化合物超导体,其外磁场下的各向异性较低。但铁基超导体本身硬度较大且具有脆性,因此铁基超导导线一般采用粉末装管法和涂层导体制备法制备,其中粉末装管法工艺简单、易于实现量产。中科院电工所用粉末装管法在 2016 年率先制备出百米长度的 $Sr_{0.6}K_{0.4}Fe_2As_2$ 带材,在 4.2 K、10 T 外场下临界电流密度达到 1.84×10^4 A/cm²;在 2018 年将百米长度的带材临界电流密度提升至 3×10^4 A/cm²。相信在不久的未来,铁基超导带材将逐渐走向实用化。

2.2 超导磁体系统的原理与设计

2.2.1 超导磁体的系统构成

超导磁体系统主要包括超导磁体、冷却系统、电源及电流引线、超导开关、失超检测与保护等系统。

1. 磁体绕制工艺

超导磁体的空间结构根据不同需求多种多样,在后文中将予以介绍,下面仅针对螺线管磁体进行详细说明。超导螺线管磁体的绕制工艺主要有两种:层绕(layer wound)和饼绕(pancake coil),分别如图 2-22(a)、(b)所示。圆形截面超导导线一般用层绕方式绕制磁体,而扁平截面的带材(如第一代、二代带材)或方形截面导体(如 CICC)则多用饼绕方式绕制磁体。饼绕方式首先从内到外把导线绕制成单饼或双饼,再将多个单饼或双饼堆叠,将线圈端部焊接串联构成磁体。而层绕磁体由一根连续的导线首先从上到下将最内层绕满,进而绕制下一层,直至最外层。层绕方式与饼绕方式各具优缺点:饼绕方式所需的单根超导带材长度短,一般为数十米至数百米;而层绕方式所需的单根带材长度长,一般需要数千米甚至数十千米;长度短意味着带材的加工难度低。饼绕方式可实现磁体的模块化,局部缺陷或故障仅需更换单个或几个饼,而层绕磁体可能需要整体更换;饼绕磁体更加灵活,可以根据磁场的位形需求排布每个模块,容易实现磁体的优化。饼绕磁体的缺点是需要饼与饼之间的接头连接,目前工程上多采用焊接的方式,存在显著的接头电阻损耗,进而产生热,磁场的稳定性难以满足 MRI、NMR 磁体的需求;同时相比于层绕磁体,饼绕磁体的磁场均匀性也相对较低。为增强机械强度,完成绕制的超导螺线管还需要加固,常见的方法有树脂浸泡和外层加不锈钢带固定等方式。

2. 磁体冷却系统

超导磁体需要工作在低温环境才能保持超导态,因此冷却系统对超导磁体系统至关重要。常见的超导磁体冷却方式可以分为湿冷和干冷两大类。湿冷是用液体冷却剂对超导磁体进行冷却,干冷是用固体热传导的方式冷却超导磁体。常用的液态制冷剂

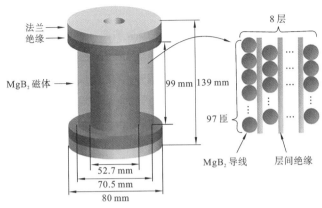

（a）层绕 MgB₂ 磁体

（b）双饼线圈示意图和堆叠双饼线圈 REBCO 磁体

图 2-22　层绕磁体和双饼线圈示意图

包括液氦、液氢、液氖和液氮等,每种制冷剂在标准大气压下的沸点和单位体积汽化热如表 2-1 所示。

表 2-1　常用液态制冷剂的沸点以及汽化热与水对比

物　　质	标准大气压下沸点/K	单位体积汽化热/(J/cm³)
液氦	4.22	2.6
液氢	20.39	31.3
液氖	27.09	104
液氮	77.36	161
水	373.15	2255

湿冷超导磁体的方法通常有:制冷剂浸入超导磁体内部,通过制冷剂的对流和汽化吸热冷却磁体中的所有超导导线;制冷剂仅接触超导磁体表层,通过由内到外热传导的方式冷却整个磁体;强迫制冷剂流动冷却,多应用于 CICC 类导体绕制的磁体。典型的湿冷式 MRI 磁体系统如图 2-23 所示,其中超导线圈磁体被完全浸泡在液氦中。为减少传导、对流热损耗,液氦采用双层杜瓦壁封装,内层杜瓦壁工作在 4.2 K,外层杜瓦壁工作在室温,内外层杜瓦壁之间为高真空。内层杜瓦壁中的液氦用以冷却超导磁体,产生的氦气由制冷机二级冷头冷却液化,实现循环。为减少内外杜瓦壁之间的辐射漏热,在内外杜瓦壁之间通常还设置有辐射屏蔽层,辐射屏蔽层一般由制冷机的一级冷头冷

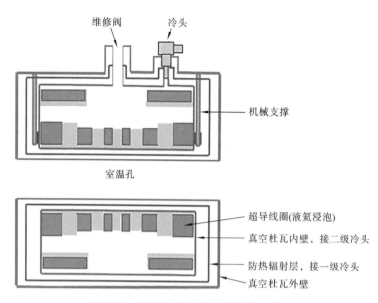

图 2-23 液氮冷却的 MRI 磁体的示意图

却,工作在 30～60 K。

超导磁体常用的干冷方法有用制冷机对超导磁体直接传导冷却,或者用被制冷机冷却成固态的冷却剂传导冷却。常用的固态制冷剂包括固态氮(熔点 64 K)、固态氖(熔点 24 K)、固态氩(熔点 84 K)。图 2-24 所示的为一个典型的由制冷机冷却的干冷磁体系统。磁体放置于杜瓦中,杜瓦通过分子泵组抽气保持高真空(压强小于 10^{-9} bar),杜瓦壁工作在室温环境,超导磁体通过热导率很小的材料(如环氧树脂),以尽可能小的接触截面积悬挂于杜瓦壁。超导磁体由温度为 3 K 的制冷机的二级冷头冷却;而电流引线的高温端、环氧树脂等支撑结构则由制冷机的一级冷头冷却至 30 K,以减少其与超导磁体的温度差,从而减少热传导。

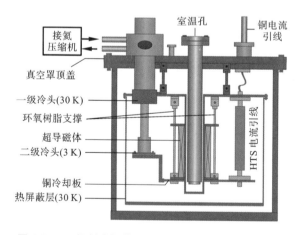

图 2-24 二级制冷机传导冷却的超导磁体系统示意图

常见的制冷机包括 GM(Gifford-McMahon)制冷机、脉冲管(pulse-tube)制冷机和斯特林(Stirling)制冷机等,其中以 GM 制冷机最为常用。二级 GM 制冷机的冷头和制冷曲线如图 2-25 所示。各种制冷机的工作原理可参考相关文献。

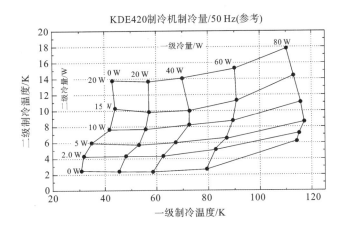

图 2-25　中船重工鹏力超低温公司的二级 GM 制冷机冷头照片与制冷量曲线

3. 磁体电源与电流引线

大多数超导磁体需要外电源供电。超导磁体电源与普通直流电源区别较大:超导磁体电源输出电流大,一般可达数百安至数十千安,而输出电压相对较小;电源工作在恒流模式(电流可控)而非恒压模式;电源需要能够适应负载从超导态纯感性到失超之后阻性的快速转变;电源需要能够四象限运行以吸收磁体的能量。

超导磁体电源一般工作在室温环境,而超导磁体工作在 77 K 甚至 4.2 K 及以下温度。电源和超导磁体之间需要通过一对电流引线连接,电流引线横跨室温环境和低温环境,产生大量低温热负载,需要进行优化。在高温超导体出现之前,电流引线多采用单一式引线结构,由金属铜制成。单一式引线产生的热负载主要来源于两个方面:一是传导漏热,正比于冷热两端的温差、引线的截面积和热导率,反比于引线的长度;二是焦耳热,正比于引线的电阻率、长度,反比于引线的截面积。对于不同的金属材料,电阻率和热导率基本呈正比,因此无法通过优化所用金属材料来同时减小传导漏热和焦耳热。

对于选定的引线材料,传导漏热和焦耳热呈负相关关系,其和存在最小值,可以通过求解传热方程获得引线最佳的长度和截面积。在实际的设计中,为减少低温热负载对制冷剂的消耗,一般会充分利用冷却剂气化后产生的气体冷却电流引线。在工程上一般通过将低温气体引入管状通道,使气体产生紊流和增加引线表面积的方法,达到引线和低温气体之间充分热交换的效果,如图 2-26 所示。

得益于高温超导材料的实用化,目前的电流引线多采用二级结构。一级为金属铜导线,负责连接室温到中间温度(低于高温超导带材的临界温度,多为 77 K 以下);二级为高温超导材料,多为 Bi2223 或 REBCO 带材,负责连接中间温度到低温(如 4.2 K)。二级的高温

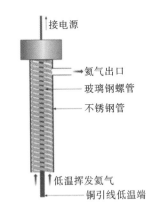

图 2-26　低温气体热交换式电流引线

超导材料一般通过热导率低的环氧树脂或不锈钢等材料加固以增强机械强度,如图2-27 所示。由于高温超导带材的焦耳损耗接近于零,且截面积和热导率远低于铜,所以二级电流引线的低温热负载要远远低于传统的单一式引线。

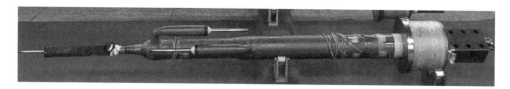

图 2-27   我国生产的用于 ITER 的 70 kA 二级高温超导电流引线

4. 超导开关和恒流运行模式

用电流引线为磁体供电的方式不但会产生低温热负载问题,同时使超导磁体的磁场稳定度受到外接电源的限制。在 MRI 和 NMR 等系统中,一般要求主磁场的时间稳定度达到每小时百万分之一(1 ppm/h)至十亿分之一(1 ppb/h),外接电源模式一般难以满足如此高的磁场稳定性的要求,而恒流模式(persistent current mode)可以解决该问题。恒流模式仅限于低温超导磁体,其工作原理如图 2-28 所示。超导磁体通过恒流开关(persistent current switch,PCS)形成闭合回路。当磁体励磁时,外电源通过可拔插的电流引线与 PCS 并联,同时加热器加热 PCS 超过临界温度,使 PCS 处于开断状态,电源两端的电压施加于超导磁体两端为其充电;当励磁结束后,加热器断开,PCS 被冷却到超导态,磁体中的电流流经 PCS,同时电流引线与低温环境脱离接触以减小传导热损耗。由于 PCS 在超导态的电阻可达 10^{-13} Ω 以下,磁体电流衰减速率可低于每小时亿分之一。

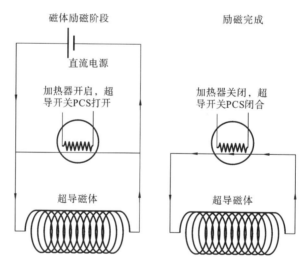

图 2-28   恒流模式运行的低温超导 MRI、NMR 磁体示意图

5. 高温超导磁通泵

对于高温超导磁体,其接头电阻多在 10^{-8} Ω 以上,同时由于超导体本身存在磁通蠕动损耗,使得闭环高温超导磁体的电流和磁场存在显著衰减,不能像低温超导磁体那样工作在恒流模式。因此,传统上高温超导磁体不得不依赖电流引线供电,造成相当大的低温热负载,同时磁体的磁场的时间稳定性受制于外接电源。

近些年来一种被称为高温超导磁通泵(HTS flux pump)的无线励磁新技术被提出和应用。该技术通过外加交变磁场于高温超导薄膜或回路,在闭合的超导磁体回路感应出直流电压,为超导磁体供电,补偿由于接头电阻和磁通蠕动造成的电流衰减,使高温超导磁体也能工作在恒流模式。图 2-29 所示的为旋转永磁体型行波磁通泵和直线型行波磁通泵及其等效电路。

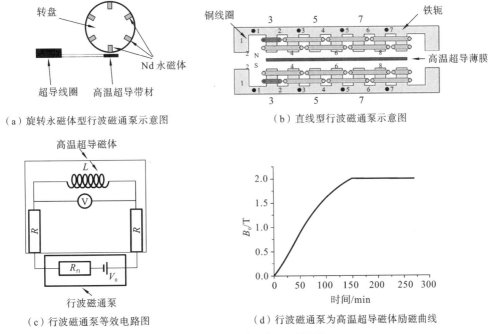

（a）旋转永磁体型行波磁通泵示意图　　　　（b）直线型行波磁通泵示意图

（c）行波磁通泵等效电路图　　　　（d）行波磁通泵为高温超导磁体励磁曲线

图 2-29　行波高温超导磁通泵

　　行波磁通泵通过交变磁场在超导薄膜中感应出直流电场,看似违背法拉第电磁感应定律,但本质上,其可等效成一个超导变压器-整流器系统,交变磁场在超导薄膜中感应出交流电动势,同时局部改变超导薄膜的特性产生开关整流效果,把交流电动势整流成直流电场。出于对该原理的深刻认识,多种超导整流器被提出和实现,其中基于交流磁场开关的整流器如图 2-30 所示。超导整流器型磁通泵相比于行波磁通泵具有电路结构清晰、可控性好、效率高、输出功率大、输出电流稳定等优点。

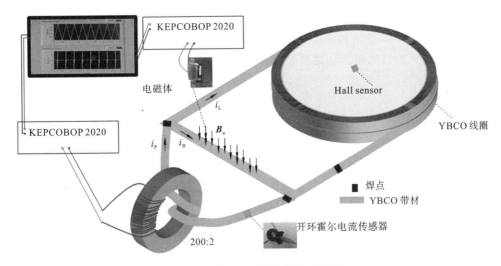

图 2-30　高温超导整流器型磁通泵

　　磁通泵技术特别是超导整流器技术可以代替传统的电流引线供电方式,能够使接头电阻相对较大的高温超导磁体工作在恒流模式,有望革新高温超导磁体的运行方式,因此成为高温超导磁体领域的一个热门研究方向,在 NMR、高场磁体、超导电机和电磁推进领域有诸多应用尝试。

　　失超检测和保护系统对超导磁体的安全运行至关重要,该部分内容将在 2.2.3 小节详细分析。

2.2.2　超导螺线管磁体的电磁和应力分析与设计

1. 超导螺线管的电磁设计

　　螺线管磁体是超导强磁体中最常见的一种,下面仅以载流均匀的单层螺线管为例,简述超导磁体的电磁及应力计算与设计方法。假设一个螺线管磁体的内直径为 $2a_1$,外直径为 $2a_2$,长度为 $2l$,超导导线的载流密度均匀记作 J,超导导线绕制的紧凑系数(超导导线总截面积/磁体的截面积)为 λ,如图 2-31 所示。

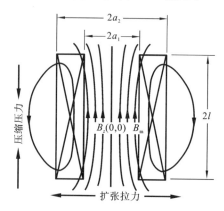

图 2-31　螺线管磁体的截面尺寸以及磁感线分布和受力示意图

　　根据毕奥-萨伐尔定律,距离磁体中心平面高度 z、半径为 r 的圆环微元在磁体中心点所产生的轴向磁场强度为

$$dB_z(0,0) = \frac{\mu_0 r^2 \lambda J dA}{2(r^2 + z^2)^{3/2}} \tag{2-2}$$

其中:dA 为微元的截面积。如果将式(2-2)对整个磁体截面积分,可以得到磁体中心点的轴向磁场,即

$$B_z(0,0) = \mu_0 \lambda J a_1 F(\alpha, \beta) \tag{2-3}$$

$$F(\alpha, \beta) = \beta \ln \left[\frac{\alpha + \sqrt{\alpha^2 + \beta^2}}{1 + \sqrt{1 + \beta^2}} \right] \tag{2-4}$$

其中:$\alpha = a_2/a_1$;$\beta = l/a_1$。之所以这样表示是因为在实际的磁体设计中一般内径 a_1 为给定值,而磁体的外径和高度为变量。由式(2-3)、式(2-4)可以看出,在磁体内半径 a_1 和平均工程电流密度 λJ 确定的情况下,磁体的中心磁场随磁体的外径和高度变化。不同的 α、β 组合可以得到相等的中心磁场值,如图 2-32 中的虚线所示。

　　磁体所需超导导线的总体积可以表示为

$$V_{sc} = 2\pi \lambda a_1^3 (\alpha^2 - 1)\beta \tag{2-5}$$

　　在理想情况下,确定了中心磁场强度和磁体内径后,可以通过调整 α 和 β 的数值,

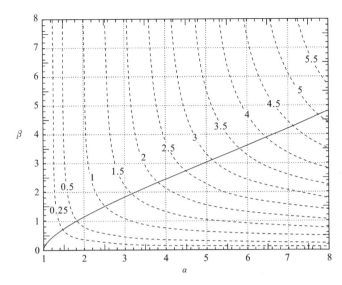

图 2-32　螺线管磁体系数 F 随 α，β 变化趋势，实线为最小超导用量线

得到 V_{sc} 的最小值，即做到最节约超导导线以降低成本。图 2-32 中的实线表示不同场强下超导磁体用超导带材量最小曲线。然而在实际的磁体设计中必须考虑外磁场对超导导线临界电流特性的影响，保证一定的安全裕度，由式(2-3)和式(2-5)联合得到的并不一定是最优值，下面结合实例说明。

图 2-33 所示的为各向同性(临界电流与磁场角度无关)超导导线绕制的超导磁体的运行特性。其中曲线表征超导导线的临界电流随磁场强度的衰减特性，过原点的实直线(称为"负载线")代表无背景磁场的情况下磁体的中心磁场 $B_z(0,0)$ 与超导导线传输电流的关系，过原点的虚线代表无背景磁场的情况下磁体中可能出现的最高磁场 B_m 与超导导线传输电流的关系，而过点 $(B_0,0)$ 的实线和虚线分别代表在背景磁场 B_0 下的磁体中心磁场和最高磁场与超导导线传输电流的关系。图中两条虚线与临界电流衰减特性的交点分别代表了磁体在自场和外加背景场下的最大运行电流和最高磁场。在实际磁体中，运行电流必须小于最大运行电流且留有足够裕度。

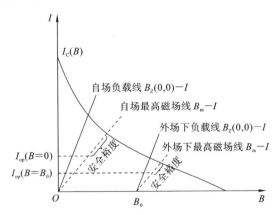

图 2-33　各向同性超导导线绕制螺线管磁体的运行特性

必须注意的一点是，图 2-33 中的负载线与磁体最高磁场线(虚线)并不重合，即磁体的最高磁场并不出现在中心轴线处，一般情况下出现在磁体中心平面的内表面，如图

2-31 中的 B_m 所示(可由毕奥-萨伐尔定律数值积分求得)。而 B_m 与 $B_z(0,0)$ 的比值随 β 单调递减,如图 2-34 所示,只有在 β 无限大的情况下 $B_m = B_z(0,0)$。由此可知,如果 β 过小(螺线管过短),磁体的最大磁场远大于中心磁场,导致磁体的运行电流密度必须大幅减少,需要更多的超导导线才能达到设计的中心磁场。

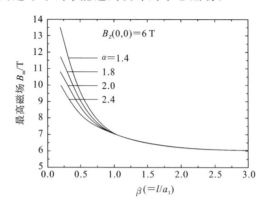

图 2-34　螺线管磁体最大磁场与中心磁场随几何参数变化的关系

以上分析仅考虑了超导导线临界电流随外磁场各向同性的衰减特性,对于 Bi2223、REBCO 等高温超导带材,其临界电流受磁场的角度影响非常明显,在磁场平行于 c 轴(近似垂直于带材表面)时,临界电流衰减最为明显。因此,在校核磁体的工作电流时,不仅要像图 2-33 那样考虑磁体磁场最大的点,还要考虑垂直磁场最大点(一般在磁体端部),必须保证磁体的运行电流小于最大可能的垂直磁场下超导带材的临界电流,并留有足够裕度。

2. 超导螺线管的受力分析

超导磁体设计中不仅要考虑磁体的电磁稳定性,且磁体的结构稳定同样至关重要。对于螺线管磁体,超导体会同时受到径向的扩张拉力和轴向的压缩压力作用,如图 2-31 所示。而径向的扩张拉力又会转化为对超导线材的环向拉应力(hoop stress)。

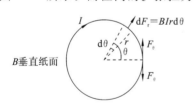

图 2-35　垂直磁场下载流超导环受力分析图

一般超导材料的抗压特性远高于抗拉特性,因此磁体的环向拉应力是分析的重点。下面的简化分析中不考虑超导导线在外力下的弹性形变,同时不考虑内外层间的相互作用力。

如图 2-35 所示,在垂直磁场 B 下,载流 I 的超导圆环单位微元受到的沿半径向外的洛伦兹力为

$$\mathrm{d}F_r = BIr\mathrm{d}\theta \tag{2-6}$$

其竖直方向的分量可表示为

$$\mathrm{d}F_{ry} = BIr\mathrm{d}\theta\sin\theta \tag{2-7}$$

注意到超导环的环向拉力 F_θ 要与洛伦兹力平衡,可以得到:

$$2F_\theta = \int_{\theta=0}^{\pi} \mathrm{d}F_{ry} = \int_0^{\pi} BIr\sin\theta\mathrm{d}\theta = 2BIr \tag{2-8}$$

如果超导环的截面积为 A,载流密度为 J,可以得到环向应力为

$$\delta_\theta = F_\theta/A = BJr \tag{2-9}$$

由式(2-9)可以得出结论,螺线管超导磁体所受的环向拉应力与磁场强度、超导导

体中的电流密度以及磁体的半径呈正比。如果拉应力超过阈值,则会使超导导线产生较大应变,致使超导导线的临界电流急剧衰减,如图 2-36 所示。因此,在磁体设计中必须保证超导导线受到的应力和应变在安全范围。

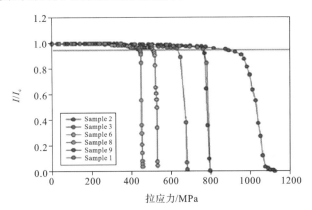

图 2-36　不同类型上海超导 REBCO 超导带材临界电流与拉应力的关系(感谢上海超导公司供图)

在上面的简化分析中,假设了超导导线中的电流密度在导线截面均匀分布,这种假设仅对多丝结构的超导导线适用。对于 REBCO 第二代超导带材,由于其超导层的宽度厚度比可达 3000～10000,因此在垂直磁场下会产生显著的屏蔽电流(screening current)现象,导致带材的电流密度分布不均匀,且远大于传输电流密度。由于在螺线管磁体端部的磁场垂直分量较大,因此屏蔽电流效应最为明显。屏蔽电流产生的应力要远远大于式(2-9)的计算结果。同时屏蔽电流密度的方向与传输电流反向,还会对带材产生剪切应力。因此,在 REBCO 超导磁体的设计中,初步计算完成后还需要用有限元方法进行仿真计算,求得电流密度和应力分布。有限元仿真的主要步骤包括:设定磁体形状,进行空间剖分离散化,设定求解的方程和材料特性,设置边界条件和初始条件,设置求解时间步长和允许误差等。其核心问题是求解麦克斯韦方程组和超导的临界态方程,如式(2-10)～式(2-13)所示。

$$\mu \frac{\partial \boldsymbol{H}}{\partial t} + \boldsymbol{\nabla} \times \boldsymbol{E} = \boldsymbol{0} \tag{2-10}$$

$$\boldsymbol{J} = \boldsymbol{\nabla} \times \boldsymbol{H} \tag{2-11}$$

$$\boldsymbol{E} = \rho \boldsymbol{J} \tag{2-12}$$

对超导:

$$\boldsymbol{E} = E_0 (\boldsymbol{J}/J_c(B))^n \tag{2-13}$$

在磁体制造中,如果对超导导线的环向拉应力接近或超过临界值,必须设法降低环向拉应力,常见的方法有磁体绕制时预加拉应力(磁体受到向圆心方向的压力可部分平衡背向圆心的洛伦兹力)、高温超导线与不锈钢带并绕或在线圈的最外层绕制不锈钢带加固等。

2.2.3　磁体的失超特性、失超检测与保护

1. 超导磁体失超特性

超导磁体在扰动的影响下其运行参数可能超过临界参数,导致超导材料失去超导电性,该现象称为超导磁体失超(quench)。超导磁体的失超通常始于局部,进而扩散到

整体。引发超导磁体失超的扰动因素包括：导体的微小运动，励磁过程中的磁通跳跃（flux jump），交流损耗，以及辐射、电流引线和信号线的漏热导致的温升等。低温超导磁体在不同扰动下的失超时间谱图如图 2-37 所示。

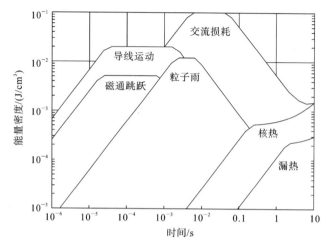

图 2-37   低温超导磁体在不同扰动下的失超时间谱

尽管我们可以通过降低运行电流和增强冷却系统的方式来减小磁体失超的发生，但是导体在强大洛伦兹力下的微小运动以及导体形变释放的能量都有可能使磁体失超，这种现象在低温超导磁体首次励磁时非常明显。如果超导磁体初始失超的局部体积很小，热量将迅速传导到周边区域，使温度降低到临界温度以下，超导磁体失超将自动恢复；而如果初始失超的局部体积过大，焦耳热将累积使温度进一步升高，导致不可恢复的失超；这种现象通常用最小传播区域（minimum propagating zone，MPZ）的概念来描述。假设如图 2-38 所示的一维传热情形，初始时局部失超区域的长度为 l，导线截面积为 A，电流密度为 J，失超后的电阻率为 ρ，则持续产生的焦耳热为

$$Q_{gen} = J^2 A l \rho \qquad (2-14)$$

不考虑超导线与相邻匝的横向传热以及与冷却介质的传热，假设热量仅沿导线传播，则热传导方程可以写作：

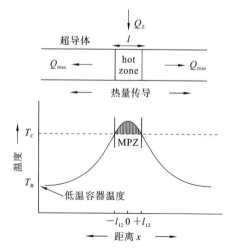

图 2-38   超导失超最小传播区域示意图

$$Q_{\text{Diss}} = 2kA(T_\text{C} - T_\text{B}) \tag{2-15}$$

式中：T_B 为低温运行温度；k 为导线的热导率。由产热和传热相等可得：

$$l = \left[\frac{2k(T_\text{C} - T_\text{B})}{J^2 \rho}\right]^{\frac{1}{2}} \tag{2-16}$$

即如果局部失超的长度小于 l，局部失超现象可自行消失，否则失超将会扩散导致磁体失超。由式(2-16)可知，提高导线的热导率，降低运行电流密度，降低失超后导线的电阻率都可以降低磁体失超的概率。因此，超导线通常采用超导材料加稳定基底材料(如 Cu)的形态。

超导磁体在失超后所达到的最高温度 $T_{\max}$ 是磁体结构及运行参数设计的一个重要考量，$T_{\max}$ 必须限制在一定的范围内以防止磁体损坏。在磁体设计中，普遍使用最保守的假设，即超导线圈与周围完全绝热。通过单位体积绕组的热平衡方程可以得到：

$$\int_0^\infty J^2(t)\,\mathrm{d}t = \int_{T_\text{b}}^{T_{\max}} \frac{\gamma_\text{c}(T)}{\rho(T)}\mathrm{d}T = Z(T_{\max}) \tag{2-17}$$

式中：J 为磁体的运行电流密度；T 为超导磁体的温度；ρ 为失超后导线的平均电阻率；γ_c 为导线的热容，是温度的函数；$T_{\max}$ 为热点的最高温度；T_b 为超导磁体的起始运行温度。考虑到失超保护的动作，式(2-17)左侧积分限并不是无穷，可近似为失超检测的时延 t_{delay} 加失超保护动作后在取能电阻作用下的放电时间常数：

$$t_\text{d} \geqslant \frac{2W_{\max}}{U_{\max} I_{\text{opt}}} \tag{2-18}$$

式中：$W_{\max}$ 为磁体储能；$U_{\max}$ 为超导磁体两端最大允许端电压；I_{opt} 为运行电流。在 $T_{\max}$ 为定值的情况下，可以得到：

$$J_{0\text{Cu}}^2\left(t_{\text{delay}} + \frac{t_\text{d}}{2}\right) = Z(T_{\max}) \tag{2-19}$$

式中：$J_{0\text{Cu}}$ 是失超初始时刻铜中的电流密度。由式(2-17)和式(2-19)可知，为提升超导磁体运行的热稳定性和保证失超后磁体的安全，需要失超后超导线的平均电阻率小、热容大、热导率高，且平均电流密度不能过大。铜的热导率比超导材料的高很多，且失超后铜电阻率比超导材料的小很多，但是铜的比热要远小于超导材料，因此超导导线的铜超比(Cu/SC)的优化对磁体的稳定和安全非常重要。在 NbTi 超导线中，Cu/SC 一般为 1～10。

2. 磁体失超检测与保护

由式(2-18)可知，快速的失超检测对于限制磁体失超后最高温升、保护磁体安全至关重要。基于不同原理的众多失超检测方法被提出，包括电学法、光纤测温法、声学法等。其中电学法又以电桥法和感应法最为常用，下面分别予以介绍。电桥法失超检测的电路如图 2-39 所示，其中线圈 1 和线圈 2 是超导磁体的两个部分，L_1 和 L_2 分别为解耦合之后两个线圈的等效电感，R_1 和 R_2 为检测电阻(可同时做保护用)，$r(t)$ 为局部失超后的等效电阻。线圈的端电压可表示为

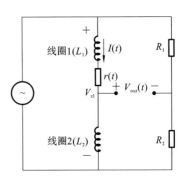

图 2-39　电桥法检测超导磁体失超电路示意图

$$V_{cl}(t) = L_1 \frac{\mathrm{d}I(t)}{\mathrm{d}t} + rI(t) + L_2 \frac{\mathrm{d}I(t)}{\mathrm{d}t} \qquad (2\text{-}20)$$

电桥的输出电压 $V_{out(t)}$ 可表示为

$$V_{out}(t) = L_1 \frac{\mathrm{d}I(t)}{\mathrm{d}t} + rI(t) - R_1 i_R(t) \qquad (2\text{-}21)$$

如果 R_1 和 R_2 的电阻值满足：

$$R_2 L_1 = R_1 L_2 \qquad (2\text{-}22)$$

则式（2-21）可以简化为

$$V_{out}(t) = \left(\frac{R_2}{R_1 + R_2}\right) rI(t) \qquad (2\text{-}23)$$

理想情况下，如果选择检测电阻值和桥路电感值相互匹配，磁体失超电压仅与失超电阻有关，而与电感的感应电压无关，因此可以较为灵敏地检测磁体的失超。然而在实际的磁体中，L_1 和 L_2 的值并不容易确定，在高温超导体中 L_1 和 L_2 的值可能并不恒定，而是与励磁电流相关，R_1 和 R_2 的值也容易随温度的变化而变化，因此电桥法会存在一定误差。

感应法检测超导磁体失超的电路如图 2-40 所示。该方法需要将检测线圈与磁体线圈并联绕制（相互绝缘），最大限度地提升两个线圈的耦合系数。在完全耦合的情况下，磁体线圈的感应电压与检测线圈的感应电压完全相等，因此两个线圈的电压之差 V_{dcw} 即为磁体的阻性电压分量。该方法受温度和磁体的运行状态影响较小，但并绕检测线圈使磁体的绕制变得更加复杂。

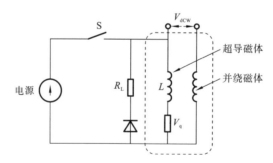

图 2-40　感应法检测超导磁体失超的电路图

在检测到超导磁体失超后，为了防止磁体的磁能全部释放到故障部分产生局部热点而烧坏磁体，需要将磁能快速释放，一般由保护电路实现。一种方法是用取能电阻将磁体的能量快速释放，取能电阻的连接方法有外接电阻、外接二极管、次级耦合、分段外接电阻、二极管和电阻组合等保护方法，其中次级耦合法的电路如图 2-41 所示。对于高储能的大型超导磁体，其取能电阻一般放置在室温环境；而储能小于兆焦级别的小型磁体，取能电阻多放置在低温环境。取能电阻阻值的选取一般需考虑磁体的温升和端电压。一方面取能电阻的阻值越大，磁体 RL 回路的时间常数越小，磁能能够快速被吸收，磁体的温升越小；另一方面取能电阻过大会使磁体的端电压 $L\mathrm{d}i/\mathrm{d}t$ 过大，易损坏磁体的绝缘，因此阻值的选取需要综合考虑。另一种主动保护方法是使磁体的磁能均匀地释放在整个磁体，避免局部温升过高。该方法采用加热器加热的方式使磁体整体失超，加热器如图 2-42 所示。

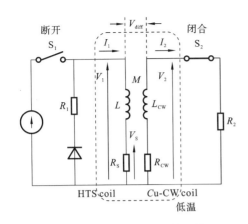

图 2-41 次级耦合法连接取能
电阻的失超保护电路

图 2-42 美国 NHMFL 32 T 全超导磁体
主动失超保护所用加热器

除了失超检测和保护系统外,对低温超导磁体进行失超锻炼,对于提升磁体的临界电流和可靠性至关重要。由于超导磁体中的不同材料在低温环境中的收缩性不同,磁体中会存在应变能,在经历几次失超之后,该应变能会得到充分释放,使得磁体的临界电流能够大幅提升。类似地,由于绕制误差,磁体中的超导导线会在励磁时洛伦兹力的作用下产生微小位移,导致磁体失超,经过几次失超锻炼之后,磁体趋于稳定。

2.3 超导磁体的应用

2.3.1 科研用强磁体

稳态科研用强磁体(research magnets)对于凝聚态物理、材料、化学等基础学科的研究至关重要,每次磁体技术的变革带来的磁场强度的提升,都能引发一大批重要的科学发现。在众多应用超导材料的稳态高场科研用强磁体中,以下几个最有代表性:美国国家强磁场实验室(NHMFL)的 45 T 低温超导-电阻混合用户磁体、NHMFL 的 36 T 串联供电低温超导-电阻混合磁体、我国中科院合肥物质科学研究院的 40 T 低温超导-电阻混合用户磁体、NHMFL 的 45.5 T 电阻-高温超导混合测试磁体、NHMFL 的 32 T 全超导用户磁体和我国中科院电工所开发的 32.35 T 全超导测试磁体。下面分别予以介绍。

1. 美国 NHMFL 45 T 混合用户磁体

为了降低运行成本和获得较高的稳态强磁场,现阶段国内外许多强磁场实验室已经或正在建设混合磁体——即采取水冷磁体和超导磁体组合的方式提高磁体的中心场强,这是目前获得较高稳态磁场最有效的方式。美国 NHMFL 的 45 T 用户磁体于 1999 年建成,已经开放运行超过 20 年,依然是当前世界上磁场最高的稳态用户磁体,其剖面如图 2-43 所示。该磁体的室温孔径 32 mm,高 6.7 m,重达 35 t。该磁体采用低温超导-电阻磁体混合结构,由 NbTi 和 Nb_3Sn 构成的超导螺线管分布在磁体的外层,工作在 1.8 K,而水冷磁体位于磁体的中心位置,这样设计的原因是使超导磁体处于磁场较低的区域,以免超过其上临界磁场。水冷磁体采用 Bitter 线圈的设计,Bitter 线圈由美国 MIT 的 Francis Bitter 发明,其结构为在导电金属盘上预留冷却孔,将 Bitter 盘与绝缘片叠加起来,通过绝缘片间的缺口导电。Bitter 磁体属于电阻型磁体,需要大功率的电源系统供电,在运行过程中会产生大量的热量,通过冷却通道内的冷却水进行冷却。除此之外,水冷磁体的体积巨大,电流密度也较低,这些都是限制水冷磁体应用的因素。关于 Bitter 磁体的详细介绍请参考第 3 章。起初设计时,超导磁体总共贡献 14 T 磁场,而电阻磁体在功耗 24 MW 的情况下贡献 31 T;然而目前超导磁体仅产生了 11.5 T 的磁场,电阻磁体贡献 33.5 T,功耗约 30 MW。该磁体的超导部分具体参数如表 2-2 所示。

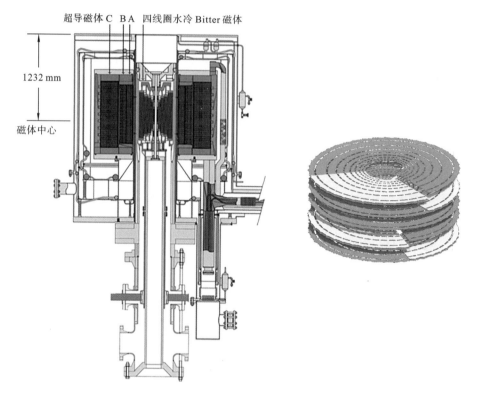

图 2-43　NHMFL 45 T 混合磁体的结构剖面图和水冷 Bitter 磁体示意图

表 2-2　NHMFL 45 T 混合用户磁体超导部分主要参数(对应图 2-43)

参数	单位	线圈 A	线圈 B	线圈 C
线圈材料		Nb₃Sn		NbTi
线圈结构		CICC 层绕		CICC 饼绕
内径	mm	710	908	1150
外径	mm	888	1115	1680
高度	mm	869	868	992
运行电流	kA	53.1		
对中心磁场贡献	T	2.7	2.9	5.9
总电感	H	1.96		
总储能	MJ	63		

2. NHMFL 36 T **串联供电混合磁体**

水冷和超导组合的混合磁体系统是同时采用电阻磁体技术和超导磁体技术的磁体系统，长期以来都是在直流电源和其他资源的制约下产生最高稳定磁场的重要途径。自其诞生后很长一段时间，电阻磁体和超导磁体都是分开供电的，就像上述 NHMFL 的 45 T 混合磁体。这是由于大电流的超导体的生产制造很困难，以及使用大电流的电流引线会造成更多的发热，从而影响低温系统的工作。通常混合磁体的超导磁体所使用的工作电流都会比电阻磁体的低很多。而在 1996 年，NHMFL 的 J. R. Miller 就在《High Magnetic Fields：Applications，Generation and Materials》一书中提出了一种串联混合磁体（SCH）系统的概念，即电阻磁体和超导磁体采用单个电源供电方式。与传统的混合磁体相比，SCH 的设计约束明显低于传统混合（电阻磁体和超导磁体具有单独的电源）的要求，这是因为：① 基本上排除了来自电阻磁体跳闸导致的外部过电流；② 自然地限制了来自电阻磁体故障的应力；③ 由于始终存在来自电阻磁体的返回磁通，电阻磁体和超导磁体的内在充电同步确保了超导磁体的峰值磁场显著减少。

2017 年，NHMFL 设计研制的用于核磁共振（NMR）的 36 T 串联混合磁体正式投入使用，如图 2-44 所示。该磁铁外部使用 20 kA CICC 超导电缆绕制而成，内部电阻磁体使用铜合金 Florida-Bitter 片制成。其中电阻和超导磁体系统在相同的电流下运行，允许它们串联并连接到相同的电源上。该磁体通过电流密度分级以及铁磁垫片和电阻垫片的组合，以满足 1 ppm 以上的均匀度。电阻和超导线圈串联连接的大电感与

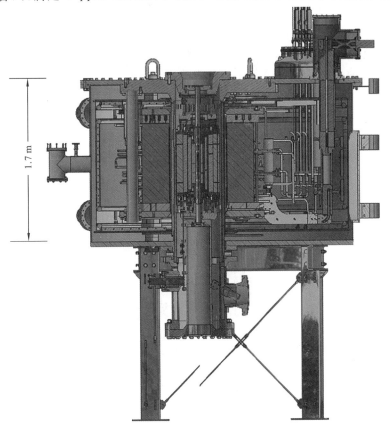

1.7 m

图 2-44 NHMFL 36T SCH **混合磁体剖面图**

NMR 锁定相结合,实现了 1 ppm 的稳定性。这些系统允许在比以前使用超导磁体高 50％的场强下进行固态核磁共振实验。该磁铁还将服务于凝聚态物理界,特别是需要在高场下长时间进行的实验,如热容量测量等领域。

3. 我国 40 T 混合用户磁体

我国在"十一五"期间,由中国科学院合肥物质科学研究院和中国科学技术大学共同建成一台 40T 稳态混合磁体实验装置及一系列不同用途的高功率水冷磁体、超导磁体实验装置,为开展凝聚态物理、化学材料科学等学科前沿研究提供强磁场平台,也使我国的强磁场水平跻身于世界先进行列。图 2-45 所示的 40 T 混合磁体系统主要由外超导磁体和内水冷磁体,真空系统、电源系统、低温系统,测量控制保护系统,去离子水系统和氦泄放系统组成。其中内水冷磁体由 Florida-Bitter 片组成,最高工作在 39.8 kA 电流下,在磁体中心可以产生 34 T 的中心场;外超导磁体由 Nb$_3$Sn CICC 导体组成,工作在 13.8 kA 电流时可以产生 11.3 T 的中心场。超导磁体和水冷磁体在系统中相对位置如图 2-46 所示。混合磁体的设计在保证 40 T 稳态磁场的总体项目要求下,具备冲击美国强磁场实验室保持的 45.5 T 稳态最高磁场世界纪录的能力。

图 2-45   我国 40 T 混合磁体系统示意图

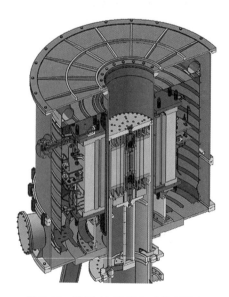

图 2-46   我国 40 T 混合磁体剖面图

4. NHMFL 45.5 T 混合测试磁体

由于 REBCO 超导带材极高的上临界磁场以及在外磁场下有极高的临界电流密度,内插式电阻-REBCO 混合强磁体结构也成为稳态强磁体的一种可能结构。NHMFL 的研究人员通过在 31.1 T、50 mm 室温孔径的电阻磁体中心内插 14.4 T REBCO 超导螺线管的方式,实现了 45.5 T 的世界上最强的稳态磁场,打破了保持近 20 年的 45 T 稳态磁场的世界纪录。该超导内插磁体如图 2-47 所示,采用了匝与匝之间无绝缘的结构,从而省却了绝缘层的厚度,使磁体具有更高的工程电流密度;同时由于相邻匝间相互短路,在带材出现瑕疵或者失超时相邻层的带材可以进行分流,从而极大提高了磁体的电稳定性和抵抗缺陷的能力;由于匝与匝之间直接接触,使得磁体的导热性能有极大提升,增强了磁体的热稳定性。REBCO 内插磁体的具体参数如表 2-3 所示。

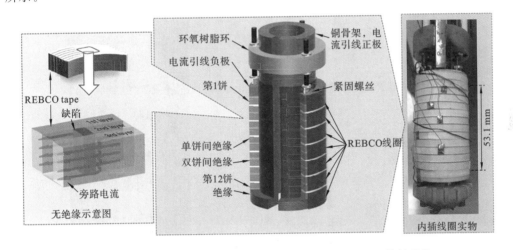

图 2-47　45.5 T 混合测试磁体中的 14.4 T 内插 REBCO 磁体的结构

表 2-3　14.4 T REBCO 内插磁体的主要参数

参　　数	单　　位	数　　值
带材宽度	mm	4.02
带材厚度	mm	0.043
磁体内径	mm	14
磁体外径	mm	34
磁体高度	mm	53.1
总饼数		12
磁体自感	mH	50.4
运行电流	A	245@14.4T

尽管这个 45.5 T 的磁体是测试磁体而非能稳定运行的用户磁体,但至少证明了 REBCO 二代高温超导带材在产生前所未有的稳态强磁场中的适用性。

5. NHMFL 32 T 全超导用户磁体

尽管超导-电阻混合磁体能够提供 40 T 以上的稳态磁场,但水冷的电阻磁体需要耗费大量的电能,运行成本极高,同时电阻磁体的磁场稳定性远不及超导磁体,因此全超导磁体一直是各大稳态强磁场实验室研发的重点。NHMFL 于 2009 年开始了 32 T 全超导用户磁体开发项目,于 2017 年成功励磁至目标磁场,并于 2021 年开始对用户开放。该磁体设计寿命为不少于 20 年,励磁次数不少于 5 万次。如图 2-48(a)所示,该磁体为低温-高温超导混合磁体。低温超导磁体由两个 NbTi 线圈和三个 Nb_3Sn 线圈嵌套构成,中心磁场强度为 15T,拥有 250 mm 超大低温孔径,由英国牛津仪器公司研发制造。高温超导磁体由双侧 REBCO 内插线圈构成,如图 2-48(b)所示,对中心磁场贡献为 17 T,低温孔径为 34 mm。该磁体采用低温超导线圈和高温超导线圈独立供电但同时励磁的运行方式,低温超导线圈的额定运行电流为 268 A,高温超导线圈的额定运行电流为 174 A。磁体的主要技术参数如表 2-4 所示,高温超导线圈的技术参数如表 2-5 所示。

REBCO 线圈
Nb_3Sn 线圈
NbTi 线圈

变温插件 VTI

(a) NHMFL 32T 全超导用户磁体的结构示意图

(b) REBCO 高温超导线圈的照片

图 2-48   NHMFL 32T 全超导用户磁体

表 2-4   NHMFL 32 T 全超导用户磁体的主要参数

参　　数	单　　位	数　　值
中心磁场	T	32
低温超导线圈		15 T/250 mm
高温超导线圈		17 T/34 mm
低温孔径	mm	34
1 cm DSV 均匀度		5×10^{-4}
励磁时间	h	1
运行温度	K	4.2
磁体储能	MJ	8.3
磁体重量	t	2.6

表 2-5　NHMFL 32 T 全超导磁体中 REBCO 线圈技术参数

参　　数	单　　位	线圈 1	线圈 2
磁场贡献	T	10.7	6.3
双饼个数		20	36
内径	mm	40	164
外径	mm	140	232
高度	mm	178	318
额定电流	A	174	174
工程电流密度	A/mm²	200	170
带材总长度	km	2.9	6.8
线圈自感	H	2.6	9.9
绕线方式		不锈钢绝缘并绕	
并绕层厚度	μm	25	50

6. 我国中科院电工所 32.35 T 全超导测试磁体

我国的超导强磁体技术虽然起步较晚,但发展十分迅速。中科院电工所王秋良院士团队在 2019 年实现了 32.35 T 的低温-高温混合超导测试磁体,是迄今为止世界上磁场强度最高的稳态全超导磁体。该超导磁体同样为低温-高温超导混合磁体,低温超导磁体提供 15 T 的背景磁场,高温超导磁体由双层 REBCO 超导线圈构成,如图 2-49 所示。与 NHMFL 的 32 T 磁体不同,该磁体的高温超导线圈采用了无绝缘结构,在励磁电流为 155 A 时,产生了 17.35 T 磁场,中心总磁场达到了 32.35 T。尽管此磁体的高温超导线圈采用了无绝缘结构导致励磁时间超过 16 小时,但其可能适用于高场

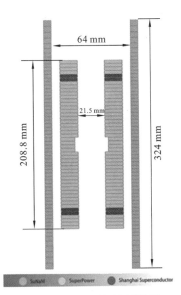

（a）内插高温超导线圈结构图

（b）内插高温超导线圈照片

图 2-49　中科院电工所 32.35 T 全超导测试磁体

NMR 等不需要磁场经常变化的应用。

2.3.2 加速器磁体

加速器和对撞机是研究粒子物理的重要手段。按照加速器的轨道形状分,加速器主要包括环形加速器、直线加速器和回旋加速器。超导磁体在各种加速器中都起着至关重要的作用。

环形加速器是目前最流行的一种,其中包含的超导磁体多种多样,最主要的是二极磁体(dipole magnets)。二极磁体的主要作用是产生一个垂直于加速器圆环平面的磁场,用于使粒子束产生偏转。如图 2-50 所示,二极磁体一般由两个做成马鞍形的长线圈构成,两线圈除端部的电流反向外在其他部分保持同向,同时线圈会随离子束空腔的曲率略微弯曲。带电的粒子束以一定速度通过垂直于运动平面的磁场时会受到洛伦兹力的作用,使运动轨迹产生弯曲,在对粒子束不断加速的过程中要相应调节二极磁体的磁场强度,使粒子束的偏转半径保持恒定,这样就能保证粒子在圆环内不断被加速。

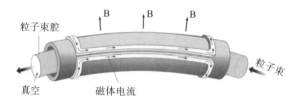

图 2-50　环形加速器中二极磁体偏转粒子束示意图

除二极磁体外,环形加速器中还有四极磁体和其他高极磁体,四极磁体的主要作用是实现粒子束的聚焦,而高极磁体主要用来修正二极磁体和四极磁体的误差。磁场误差的主要来源是二极磁体和四级磁体磁场变化过程中产生的屏蔽电流剩磁场和制造误差。理想的二极磁体和四极磁体的截面如图 2-51 所示。理想的二极磁体可以通过两个载流密度均匀且电流密度方向相反的圆或者椭圆相截取后剩下的部分构成,与四极磁体的结构类似。

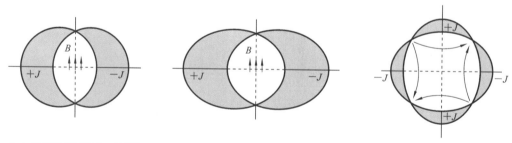

（a）圆形截面相交产生二极磁体　　　（b）椭圆截面相交产生二极磁体　　　（c）椭圆截面相交产生四极磁体

图 2-51　理想的二极磁体和四极磁体截面图

在实际的制造过程中,以上所述的截面形状的磁体难以制造,因此多采用均匀厚度的壳体,如图 2-52 所示。对于二极磁体,角度 φ 一般取 $60°$,以减少高极磁场成分;对于四极磁体 φ 一般取 $30°$。如果想进一步消除高极磁场,需要采用双层电流壳结构。

对于实际的环形加速器,粒子束能够获得的最终能量可由经验公式 $E = 0.3B_{\text{dipole}}R$ 近似确定,其中 E 的单位为 TeV,B_{dipole} 的单位为 T,R 的单位为 km。可见想要增大粒

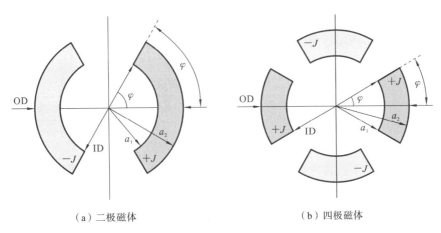

（a）二极磁体　　　　　　　　　　（b）四极磁体

图 2-52　实际的二极磁体和四极磁体截面图

子束的能量需要增加磁场强度和加速器环的半径。对于如图 2-52 所示的二极磁体,磁场 B_{dipole} 与电流密度 J 以及壳的厚度 a_2-a_1 成正比,在厚度受限的情况下需要通过增加电流密度来增强磁场。

目前世界上主要的环形加速器包括美国的 Tevatron、SSC 和 RHIC,德国的 HE-RA,以及欧洲 CERN 的大型强子对撞机（large hadron collider,LHC）。LHC 是目前世界上最大的加速器,坐落于法国和瑞士边境。LHC 处于地下 50～175 m 深,总周长 27 km。LHC 使用了超过 6000 个超导磁体,其中 1232 个沿粒子束环路的二极磁体、400 个四极磁体和众多其他磁体。LHC 的二极磁体照片和截面分别如图 2-53 和

图 2-53　CERN LHC 的二极磁体截面图

图 2-54所示。单个二极磁体长 15 m,产生最大磁场 8.34 T,内直径 56 mm,采用的超导

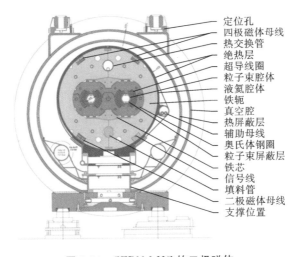

定位孔
四极磁体母线
热交换管
绝热层
超导线圈
粒子束腔体
液氦腔体
铁轭
真空腔
热屏蔽层
辅助母线
奥氏体钢圈
粒子束屏蔽层
铁芯
信号线
填料管
二极磁体母线
支撑位置

图 2-54　CERN LHC 的二极磁体

材料为由 NbTi/Cu 超导线材制成的卢瑟福电缆,由 1.9 K 的超流氦冷却,其他参数如表 2-6 所示。LHC 的独特之处在于两个离子束腔体紧密平行排列,约束粒子束的两套二极磁体被固定在同一个铁轭中,这样可以极大简化冷却系统。

表 2-6　CERN LHC 二极磁体的主要参数

参　数	单　位	数　值
额定磁场	T	8.33
额定电流	kA	11.85
工作温度	K	1.9
内径	mm	56
两套二极磁体轴距	mm	194
每个二极磁体储能	MJ	3.5@8.33T
低温腔长度	m	15.18
低温腔外直径	mm	570

直线加速器和回旋加速器中的超导磁体在此不做深入介绍,有兴趣的读者请参考文献[1]。

2.3.3　聚变磁体

氢的同位素氘和氚可以通过聚变反应产生大量的热量,同时生成无污染的氦。可控核聚变能够产生取之不尽用之不竭的能源,是人类解决能源和环境危机最有前景的手段。然而核聚变反应需要极高的温度,如氘-氚聚变反应需要至少三千万摄氏度,而氘-氘反应则需要一点五亿摄氏度,远远超过人类制造的所有材料能够耐受的温度。用磁场约束高温等离子体从而实现可控核聚变的想法最早在 20 世纪 50 年代由苏联科学家提出。磁场约束等离子体的基本原理如图 2-55 所示,在磁场施加的洛伦兹力的作用下等离子体中带正电的原子核和带负电的电子沿相反方向垂直于磁场旋转,同时沿磁场方向或反方向行进。在磁场的位形和强度都满足要求的前提下,等离子体会被约束在闭合的环内。

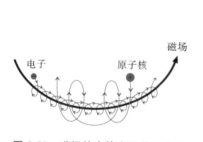

图 2-55　磁场约束等离子体示意图

图 2-56　Stellarator 聚变反应器示意图

最为经典的磁场约束等离子体核聚变的结构有两种:星型反应器(Stellarator)和轴向磁场的环形腔体反应器 Tokamak。Stellarator 的结构如图 2-56 所示,通过复杂形状的磁体环的组合,可以实现对等离子体的完全约束。其优点在于在等离子体开始放电以后反应器可以稳定运行,超导磁体的磁场不需要脉冲变化,且等离子体电流不会间断,同时不需要其他线圈来控制磁场的位形。然而由于磁体的形状过于复杂,stellarator 型反应器在 20 世纪 70 年代后逐步淡出了舞台。

  Tokamak(来自俄文"Toroidalnaya Komnetas Magnetiymi Katushkami"缩写)反应器是目前最流行的可控核聚变装置。国际热核聚变实验堆 (international thermonuclear experimental reactor,ITER)是目前世界上在建的最大 Tokamak 装置,该装置由欧盟、中国、美国、俄罗斯、日本、韩国和印度七方投资建设,选址在法国的 Cadarache。ITER 设计输出聚变功率 500 MW,是输入功率的 10 倍($Q=10$)。ITER 是一个全超导的 Tokamak,包含了 18 个环向磁场(toroidal field,TF)线圈、6 个极向磁场(poloidal field,PF)线圈、1 个中心螺线管和 9 对矫正线圈,其结构如图 2-57 所示。中心螺线管类似于变压器的一次侧,通过其快速变化的磁场在环形腔体内感应加热等离子体。TF 线圈的重要作用是产生与等离子体流向相同的磁场,用于产生磁约束力,设计为 D 形结构,如图 2-58 所示。PF 线圈的主要作用是稳定等离子体的位置以及改变等离子的

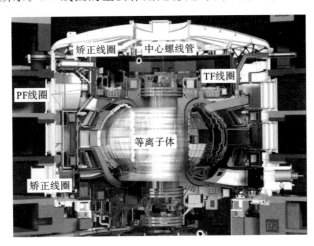

图 2-57 ITER 的结构示意图

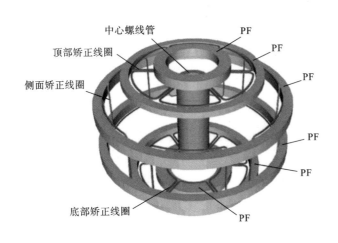
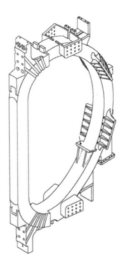

(a)PF线圈、中心螺线管和矫正线圈（TF线圈未显示）   (b)单个TF线圈

图 2-58 ITER 的各个超导线圈示意图

形状,设计为环形且与等离子体电流环平行。矫正线圈用以修正其他线圈由于制造和装配误差造成的磁场偏差。TF 线圈的最大设计磁场为 11.8 T,中心螺线管的最大设计磁场为 13.5 T,因此 Nb_3Sn CICC 超导电缆用于制造该两类磁体。PF 线圈的最大磁场设计为 6 T,矫正线圈的磁场设计为 4.8 T,因此该两类磁体由 NbTi CICC 电缆绕制而成。所有的超导磁体都由 4.5 K 的液氦强迫循环冷却。ITER 各个线圈的主要参数如表 2-7 所示。

表 2-7   ITER 各个线圈的主要参数

参　　数	单　　位	TF 线圈	PF 线圈	中心螺线管
线圈数量		18	6	6
超导材料		Nb_3Sn	NbTi	Nb_3Sn
运行温度	K	4.5	4.5	4.5
最大运行电流	kA	68	45	45
最大额定磁场	T	11.8	6.0	13.0
总储能	GJ	41	4	7
线圈中心线长度	m	34.1	25～27	10.7
线圈总重量	t	5364	2163	954

值得一提的是,我国自 2006 年加入 ITER 计划,依靠自主创新,为其建设做出了卓越的贡献:我国为 ITER 提供了七成的 PF 线圈及导体,其中位于底部的 PF6 线圈是目前国际上研制成功的重量最大、难度最大的超导磁体;提供了全部的电流引线,创下了高温超导电流引线载流能力的世界最高纪录;提供的大电流超导铠装导体一次性通过严苛的国际验证,性能居 ITER 各方之首;提供了全部的矫正线圈;提供了全部的脉冲高压变电站;承担了变流器超过一半的工作;参与了 TF 线圈的建设和磁体的故障诊断。

中国国际核聚变能源计划执行中心指出:"ITER 计划是目前我国以平等、全权伙伴身份参加的规模最大的国际科技合作计划。参与 ITER 计划,展现了我国面对人类共同面临的现实和未来能源问题负责任的大国形象。通过参加 ITER 装置的建造和运行,切实履行我国在 ITER 计划中的权利和义务,全面掌握 ITER 计划相关的知识产权和产生的成果,培养、稳定一批高水平的人才队伍,将加快推动我国核聚变能的研究发展。"

除了 ITER 之外,很多国家正在自行研制 Tokamak 装置,这其中就包括了中国的 EAST、日本 JT-60 SA、印度的 SST-1、韩国的 KSTAR、法国 Tore Supra、俄罗斯 T-15 等。其中我国的 EAST 是世界上第一个全超导 Tokamak 装置,创造了多个世界第一。

2.3.4   核磁共振磁体

核磁共振(nuclear magnetic resonance,NMR)是质子数或中子数为奇数的原子核处在恒定外磁场中可以吸收和辐射电磁波的现象。在没有外磁场的作用下,上述原子核的自旋磁矩随机排列,在恒定外加磁场的作用下自旋磁矩沿磁场方向或反方向排列,沿磁场方向排列的磁矩处于低能级状态,反向排列的磁矩处于高能级状态。此时如果在与磁场垂直方向施加拉莫（Larmer）频率的射频磁场，原子核会共振吸收射频能量，跃迁到高能级状态；此时若除去外加射频磁场，原子核会逐渐回到低能级状态并辐射电磁能。每种原子核的拉莫频率与外加恒定磁场的幅值成正比，在外磁场恒定的情况下只取决于原子核自身。因此，通过恒定磁场下的核磁共振现象，可以探索物质的结构。

1. 核磁共振波谱仪

核磁共振波谱仪是常用的物质结构检测的手段，其主要构成如图2-59所示。NMR波谱仪的最核心部分是稳态主磁场磁体，其产生空间均匀度极高和时间稳定性极高的主磁场，一般要求在样品空间（mm^3 级别）的磁场均匀度达到1 ppb，磁场时间稳定性达到1 ppb/h。由2.2.1小节可知磁场的时间稳定度依赖超导主磁体工作在闭环恒流模式，而磁场的均匀度单单通过主磁体本身无法满足，需要外加匀场装置（shimming）。匀场主要分为主动匀场和被动匀场：主动匀场通过设计特定位置和形状的通电线圈提供修正磁场实现，又可分为超导匀场线圈和金属匀场线圈；被动匀场采用设置特定形状和位置的磁性材料薄片实现。

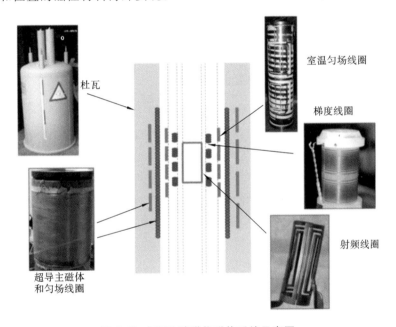

图 2-59 NMR 波谱仪磁体系统示意图

由于NMR频率与主磁场的幅值成正比，因此提高主磁场的强度有助于提升NMR的频谱分辨率，这对于解析大分子物质至关重要。NMR波谱仪的频率一般是指氢原子核的共振频率，如500 MHz NMR波谱仪对应主磁场场强为11.7 T，而1 GHz NMR波谱仪对应的主磁场场强为23.5 T。在高温超导材料成熟以前，受限于NbTi和Nb_3Sn的上临界磁场，NMR波谱仪的共振频率一般在900 MHz以下；而随着高温超导导线的实用化，超过1 GHz的NMR波谱仪陆续被研制。最近Bruker公司已成功商业化了1.2 GHz NMR波谱仪，该NMR波谱仪应用了第二代高温超导带材帮助实现28.2 T的主磁场。

2. 核磁共振成像仪

核磁共振现象的另一个广泛应用是医学成像，即 MRI（magnetic resonance imaging）。MRI 主要通过探测生物体内氢的共振信号，通过重建算法实现成像。与 NMR 系统不同，MRI 需要实现断层扫描和局部成像，因此除了主磁场外，还需要三维的梯度线圈产生梯度磁场叠加于主磁场，实现局部共振探测的效果。除此之外，MRI 系统的主磁体和 NMR 主磁体的主要区别有：MRI 系统的孔径远大于 NMR 系统，全身 MRI 一般要求磁场均匀区域直径数十厘米，但对磁场均匀性要求较低，一般为 ppm 级别；MRI 的主磁场强度要求较低，目前医用 MRI 一般以 1.5 T 和 3 T 居多，医学研究用 MRI 一般以 7 T 居多；NMR 主磁体一般为长螺线管，而 MRI 磁体为了节省材料，一般采用分布式多线圈结构，如图 2-60 所示。由于 MRI 对磁场强度要求较低，考虑到材料成本和技术成熟度，NbTi/Cu 导线主导了 MRI 磁体。目前医用 MRI 的生产商主要有 GE、西门子、飞利浦以及我国的联影公司。

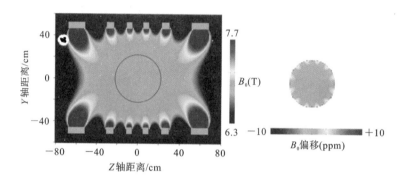

图 2-60　6 线圈式 MRI 主磁体在 50 cm 球径区域产生 ppm 级别均匀磁场示意图

2.3.5　超导磁体的其他应用

除了科研装置和医学成像外，超导磁体在能源与交通领域也有重要应用。下面简介超导电机、超导磁储能和超导感应加热系统，超导轨道交通磁悬浮系统将在第 9 章详细介绍。

1. 超导电机

超导电机按原理可以分为超导同步发电机/电动机、超导感应电机和超导单极电机等，按照所用材料可以分为全超导电机和部分超导电机。超导电机与传统电机相比主要有如下优点：损耗小，转子直流磁场超导磁体损耗接近于零，而超导定子磁场线圈主要产生交流损耗，理论效率可以达到 99% 以上；能量密度大，传统电机多采用铁磁材料作为电机的导磁回路，不仅重量重，而且气隙磁场受到铁芯饱和影响很难超过 2 T，而超导电机可以省去铁磁材料，不仅可以减轻重量，还能用很小的线圈在气隙产生 3 T 以上的磁场，使电机的能量体积比和能量重量比都显著提高。超导电机的研究始于 20 世纪 60 年代，所用材料多为 NbTi 超导导线，但并没有在商业上取得成功，主要原因有：4.2 K 制冷系统昂贵；运行温度范围仅为 4.2～5.5 K，可靠性差。随着高温超导材料的技术趋于成熟，高温超导电机技术有望

图 2-61　丹麦 EcoSwing 3.6 MW 级高温超导风电机

在船舰推进、电动飞机、风力发电等诸多场合得到实际应用。图 2-61 展示了世界上首台兆瓦级超导风力发电机。

除了传统的超导线圈定子绕组磁体电机外,用高温超导块材磁化之后产生的"永磁体"电机是另外一种技术路线。图 2-62 展示了新型的轴向气隙超导块材转子电机。与高温超导线圈磁体相比,块材的能量密度更大且价格非常有吸引力;但超导块材的有效磁化和克服磁场衰减一直存在一定技术难度。

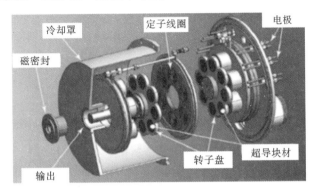

图 2-62 轴向气隙超导块材转子电机

2. 超导磁储能

超导磁储能(superconducting magnetic energy storage,SMES)系统利用超导材料传输直流电流时损耗极小的特性,用超导线圈储存磁场能量,如图 2-63 所示。其能量可以表示为 $1/2Li^2$,其中 L 为超导线圈的电感,i 为线圈的传输电流。相比于电化学储能等其他储能方式,SMES 储存的能量较小,且较为昂贵,因此并不适用于大规模的电能存储。然而 SMES 的功率极大,响应速度极快,因此非常适用于补偿电力系统的暂态电压跌落等改善电能质量的场合,有助于提升电力系统的稳定性。

图 2-63 日本的 5MW SMES 系统

3. 超导感应加热

感应加热技术在金属加工中非常常见,如在铝材加工中通常需要预先把铝锭加热使其软化。传统的交流感应加热方式采用线圈产生交变磁场在工件中产生涡流的方法加热,如图 2-64 所示,该方法的主要缺点是集肤效应导致加热不均匀,同时通电线圈损耗大导致加热效率低。超导感应加热技术采用超导磁体产生直流强磁场,工件通过在磁场中旋转切割磁感线的方式加热,由于磁场强度高、频率较低,因此加热更加均匀,同时由于超导体产生的是直流磁场,因此损耗小、效率高。我国的联创超导公司率先实现了兆瓦级的高温超导感应加热装置。

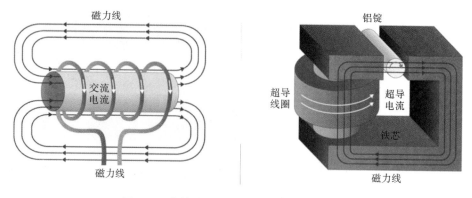

图 2-64　传统感应加热与超导感应加热对比

2.4　超导磁体的发展展望

科学研究和工程应用对磁场强度提升的需求从未止步。美国国家强磁场实验室已经开始了下一代 40 T 全超导用户磁体的研制工作,如果成功将大幅提高超导用户磁体的磁场强度。相比于相同磁场等级的电阻磁体,其磁场的稳定性和均匀度有明显优势。在可控核聚变方面,以美国 MIT 的 CFS 和英国的 Tokamak Energy 为代表的公司正在探索用高温超导磁体取代低温超导磁体应用于 TF 线圈,以期显著提高等离子体约束磁场,提高系统的能量密度,目前两公司技术发展迅猛,均展示了中心磁场超过 20 T 的高温超导 TF 线圈模型。在加速器方面,人们正在探索用高温超导 CORC 电缆代替传统的低温超导卢瑟福电缆,开发更高磁场强度的二极磁体和四极磁体,以增大粒子束的能量,减小环形加速器所需的直径。美国 MIT 的 Francis Bitter 磁体实验室正在研发 1.3 GHz (30.5 T) NMR 系统,用以解析蛋白质等大分子有机物。在医学成像领域,9.4 T 和 11.7 T 的全身扫描 MRI 样机已经励磁成功;专门用于脑部研究的功能性(functional)MRI 同样发展迅猛。

除了提升磁场强度,超导磁体的新应用同样值得关注。磁体的小型化、便携化是一个发展趋势。目前能用卡车搭载的可移动式 MRI 已经实现产品化,体积、重量更小的用于头部扫描的便携式、穿戴式 MRI 也正处于研发当中。在全球多国倡导节能减排的大背景下,电动飞机已经成为美、俄、欧洲等多方研究的重点,高能量密度的超导电机是其中的关键技术。

超导磁体的发展离不开超导材料的进步和革新,尽管总体而言高温超导导线的技术成熟度还远低于 NbTi 和 Nb_3Sn 等低温超导导线,但在高场超导磁体应用中高温超导是必然的发展趋势。目前 REBCO 二代超导带材的生产工艺正趋于成熟,无论是载流能力、临界电流均匀性,还是单根带材的长度都达到了可应用的程度。相比于 REBCO,Ba122 等铁基超导材料在外磁场下各向异性更低,制备工艺更加简单,价格有明显优势,同时临界电流密度也可接受,相信随着其技术工艺的成熟,必将在未来的超导强磁体中占有一席之地。

新型的绕制工艺对超导磁体的发展同样重要,以无绝缘线圈、金属绝缘线圈为代表的高温超导磁体绕制新技术有效提高了磁体的稳定性,减小了磁体失超的风险和危害,有希望在不久的将来得到实际应用。

高温超导材料在强磁场应用中还面临一些困难,如屏蔽电流造成的应力问题、磁场均匀度和稳定性变差问题,磁体的失超传播速度较慢问题,中子辐射使超导材料临界电流降低问题等,同时 REBCO 超导带材的成本还相对较高。相信科研人员通过共同努力,在不久的将来会解决这些难题,使超导磁体技术得到更广泛的应用。

习题

2.1　简述超导体的物理特性并说明第Ⅰ类超导和第Ⅱ类超导体的区别。

2.2　简述常见的磁体用超导材料及其特性。

2.3　简述超导磁体系统的构成。

2.4　简述超导磁体的冷却方法。

2.5　推导式(2-4)。

2.6　简述超导磁体都有哪些应用。

参考文献

[1] Sharma R G. Superconductivity：Basics and Applications to magnets[M]. Switzerland：Springer，2015.

[2] Iwasa Y. Case Studies in Superconducting Magnets：Design and Operational Issues[M]. Second Edition. Switzerland：Springer，2009.

[3] Wikipedia[OL]. https://upload. wikimedia. org/wikipedia/commons/b/bb/ Timeline_of_Superconductivity_from_1900_to_2015.svg.

[4] 王秋良. 高磁场超导磁体科学[M]. 北京：科学出版社,2008.

[5] Robinson Research Institute HTS-wire-database[OL]. https://www. wgtn. ac. nz/robinson/hts-wire-database.

[6] NHMFL[OL]. https://nationalmaglab. org/magnet-development/applied-superconductivity-center/research-areas/bscco.

[7] 周廉,甘子钊,朱道本,等. 中国高温超导材料及应用发展战略研究[R]. 北京：中国工程院化工、冶金与材料工程学部,2005.

[8] Superpower[OL]. https://www. superpower-inc. com/specification. aspx.

[9] NHMFL Applied Superconductivity Center[OL]. https://fs. magnet. fsu. edu/~lee/plot/plot. htm.

[10] Roy S S, Potluri P, Canfer S,et al. Braiding ultrathin layer for insulation of superconducting Rutherford cables[J]. Journal of Industrial Textiles，2018，48(5)：827-847.

[11] Advanced Conductor Technologies[OL]. https://www. advancedconduc-

tor. com/corccable/accelerator-cables-and-wires/.

[12] 张现平，马衍伟. 铁基超导带材研究现状及展望[J]. 物理，2020，49（11）：737-746.

[13] Kim Y G. Enhancement of charging and discharging rates for partially insulated MgB_2 magnets composed of Cr-coated MgB_2 superconducting wires[J]. Results in Physics，2019，15：120754.

[14] Yoon S，Kim J，Cheon K，et al. 26T 35mm all-$GdBa_2Cu_3O_7$-x multi-width no-insulation superconducting magnet[J]. Superconductor Science and Technology，2016，29：04LT04.

[15] Webb A G. Magnetic Resonance Technology：Hardware and System Component Design[M]. UK：Royal Society of Chemistry，2016.

[16] 中船重工鹏力超低温[OL]. http://www. 724pridecryogenics. com/.

[17] Iter[OL]. https://www. iter. org/newsline/-/3235.

[18] Hoffmann C，Pooke D，Caplin A D. Flux pump for HTS magnets[J]. IEEE Transactions on Applied Superconductivity，2011，21(3)：1628-1632.

[19] Bai Z M，Yan G，Wu C L，et al. A novel high temperature superconducting magnetic flux pump for MRI magnets[J]. Cryogenics，2010,50(10)：688-692.

[20] Walsh R M，Slade R，Donald P，et al. Characterization of current stability in an HTS NMR system energized by an HTS flux pump[J]. IEEE Transactions on Applied Superconductivity，2014，24(3)：4600805.

[21] Geng J Z，Coombs T A. Mechanism of a high-Tc superconducting flux pump：Using alternating magnetic field to trigger flux flow[J]. Applied Physics Letters，2015,107：142601.

[22] Ariyama T，Takagi T，Nakayama D，et al. Quench Protection of YBCO Coils：Co-Winding Detection Method and Limits to Hot-Spot Temperature[J]. IEEE Transactions on Applied Superconductivity，2016，26(3)：4702205.

[23] Toriyama H，Nomoto A，Ichikawa T，et al. Quench protection system for an HTS coil that uses Cu tape co-wound with an HTS tape[J]. Superconductor Science and Technology，2019，32：115016.

[24] Miller J R. A new series-connected hybrid magnet system for the National High Magnetic Field Laboratory[J]. IEEE Transactions on Applied Superconductivity，2004，14(2)：1283-1286.

[25] Bird M D，Brey W，Cross T A，et al. Commissioning of the 36 T Series-Connected Hybrid Magnet at the NHMFL[J]. IEEE Transactions on Applied Superconductivity，2018，28(3)：4300706.

[26] 房震. 40T 混合磁体中外超导磁体结构性能仿真分析[D]. 合肥:中国科学技术大学,2018.

[27] Weijers H W. The NHMFL 32 T superconducting magnet[R]. Geneva：EUCAS，2017.

[28] Hahn S，Kim K，Kim K，et al. 45. 5-tesla direct-current magnetic field gen-

erated with a high-temperature superconducting magnet[J]. Nature, 2019, 570: 496-499.

[29] Liu J H, Wang Q L, Qin L, et al. World record 32.35 tesla direct-current magnetic field generated with an all-superconducting magnet[J]. Superconductor Science and Technology, 2020, 33: 03LT01.

[30] Iter[OL]. https://www.iter.org/news.

[31] 中科院等离子体物理所网站[OL]. http://ipp.cas.cn/dakexuegongcheng/iter/.

[32] 中国国际核聚变能源执行中心网站[OL]. https://www.iterchina.cn/zfcy/index.html.

[33] Song X W, Buhrer C, Molgaard A, et al. Commissioning of the World's First Full-Scale MW-Class Superconducting Generator on a Direct Drive Wind Turbine [J]. IEEE Transactions on Energy Conversion, 2020, 35(3):1697-1704.

[34] Haran K S, Kalsi S, Arndt T, et al. High power density superconducting rotating machines—development status and technology roadmap[J]. Superconductor Science and Technology, 2017, 30: 123002.

[35] Nagaya S, Hirano N, Katagiri T, et al. The state of the art of the development of SMES for bridging instantaneous voltage dips in Japan[J]. Cryogenics, 2012, 52: 708-712.

[36] 联创超导[OL]. http://advancedhts.com/proread/37.html.

3

水冷磁体技术

在科学研究中,实验通常需要高磁场强度且高重复频率的磁场作为实验条件,如中子散射实验、X射线衍射实验等。常温磁体可以产生比超导磁体更高的磁场,但工作时产生的巨大焦耳热限制着磁体连续工作时间或重复频率。为解决这一问题,研究者提出了基于液体介质的快速冷却技术(一般是去离子水),用以提高磁体的冷却速率,减少焦耳热的积累,这类磁体又称为水冷磁体。

3.1 水冷磁体

传统的水冷磁体一般有两种结构形式,一种是Bitter(比特)磁体结构,另一种是Polyhelix磁体结构。比特磁体是最常用的常温水冷磁体的形式,它最早是由美国麻省理工大学(MIT)于1936年提出的,目前已在世界各国的强磁场实验室中广泛应用。

3.1.1 比特磁体基本结构和特点

比特磁体是由穿孔的宽圆环形式导体板构成的,这种导体板被称为"比特盘",比特盘与绝缘材料加工成的绝缘盘交错放置,层层相叠,如图3-1所示。每个比特盘需要切开一条狭长的缝隙,用以断开盘内的电流回路,而两盘片间绝缘盘的覆盖角度要求小于360°,上、下两层比特盘片通过未覆盖绝缘的交叠部分进行导电。比特盘和绝缘盘通过开孔和拉杆固定位置,由拉杆和两个端板将比特盘和绝缘盘夹在一起,提供接触压力和足够的机械强度,磁体的导电回路完整性通过摩擦接触实现。相叠的比特盘和绝缘盘上有位置相同的小孔,形成冷却通道,水在高压下沿冷却通道流动,带走磁体内部产生的焦耳热。比特盘通常是由铜或铜合金的金属板制成,一般利用冲压模具保证比特盘形状、直径、缝隙和冷却孔的一致性。

基于等电位线沿半径分布的合理假设,比特盘中电流密度在径向上的分布与半径成反比,比特磁体效率比均匀电流密度分布的磁体更高效,相同的能量下能产生更高的磁场,如图3-2所示。比特磁体的另一个优点是其冷却通道贯穿导体内部,焦耳热产生的温升更容易控制。此外,比特磁体由许多相同的部件层叠组成,可批量制造、易组装,这使比特磁体成为一种广泛采用的产生高稳态磁场的可靠手段。

然而,比特磁体也存在一定的缺陷:① 电流密度分布在内半径处达到最大,导致该位置的高功率密度和应力,对强度和冷却区域的要求相互矛盾;② 由于圆盘的外部膨

图 3-1　Bitter 磁体构造

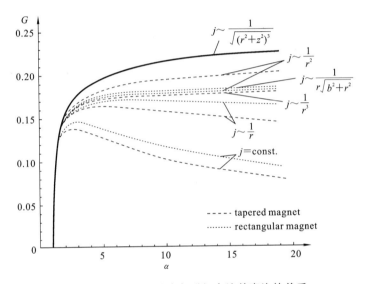

图 3-2　电流密度分布与磁场电流效率比的关系

胀大,使得内半径处的环向应力增加;③ 冷却孔导致圆盘的电阻增加,并使得电流和应力集中;④ 圆盘的径向狭缝削弱了结构稳定性;⑤ 环向应力将通过圆盘之间的摩擦传递。以上缺陷在 20 T 以上时会越来越突出,从而限制了磁场水平的提升。

多年来,人们研究了不同的方法来改进比特磁体结构,克服原有磁体的缺陷,实现尽可能高的磁场或更具成本效益。改进结构的比特磁体主要有径向冷却比特磁体、长孔比特磁体和佛罗里达比特磁体等。

为了减轻比特磁体内半径处高电流密度带来的局部温升,在 20 世纪 60 年代初,研究者发明了径向冷却的比特磁体。在这种结构中,冷却水从内半径处引入,并在径向向外的浅水道中流动,可以在内半径处实现更强的冷却效果。但同时,该设计使得冷却路径复杂化,增大了磁体内孔径和导体之间的空间,降低了磁场产生效率。此外,该结构对内半径处的环向应力没有明显改善作用。

巨大功耗是严重限制比特磁体性能的因素之一。为此,1981 年,研究者提出长冷却孔的概念,通过修改比特磁体冷却孔形状和分布来减少功耗。热通量可以表示为一个与水速和冷却面积相关的函数,水速最大值不能超过空蚀现象的临界速度。而从导体到冷却水的单位面积热通量实际上是恒定的,约为 5 W/mm^2。例如,一个 10 兆瓦的线圈需要大约 2 m² 的冷却面。增加线圈内部区域的冷却面可以加快冷却,进而可实现更高的磁场或使用具有更高电阻率的高强度材料。传统比特盘上的冷却孔是圆形,具有最小的冷却液接触表面。经改进后,比特盘冷却孔变为长弧形狭缝,沿环向分布,如图 3-3(b) 所示,增加冷却表面的同时不会改变冷却孔占空比,即不会改变比特盘的电阻。相关实验表明,长冷却孔的比特磁体可以安全可靠地运行在高达 15 W/mm² 的热通量环境中。

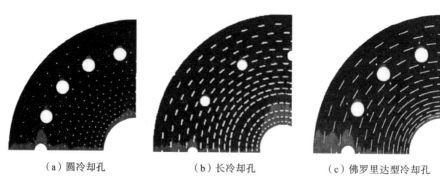

（a）圆冷却孔   （b）长冷却孔   （c）佛罗里达型冷却孔

图 3-3 不同冷却孔形状的比特盘

长孔比特磁体可以提高散热效率,但没有解决应力集中问题。为此,研究人员采用孔径向交错排列分布方案,替代了之前的孔沿径向平行分布方案,即佛罗里达比特盘（见图 3-3(c)）。这种结构考虑了磁体的径向应力分布,大大降低有效径向杨氏模量,径向应力被抑制,但导体材料在圆周方向的杨氏模量仍保持不变。由于比特磁体最大应力一般分布在内半径附近的一圈环向薄带,其数值会受到冷却孔形状及其分布的影响。与圆形冷却孔相比,交错排列的狭缝式冷却孔使磁体最大应力几乎减少到原来的一半。而由于电流密度的改变和应力集中问题通常发生在冷却孔和拉杆孔上,这样的局部应力集中关系到裂纹的发展,对磁体的疲劳寿命有重要影响。特别是对于伸长率有限的冷加工导体而言,其影响尤为显著。交错排列的狭缝式冷却孔对改善局部应力集中的情况同样有效,与圆形冷却孔相比,局部应力峰值也几乎降至原来的一半。与传统的比特磁体相比,这一改进减少了 30%～50% 的环向应力,并使功率密度增加了 3 倍。在美国塔拉哈西的国家强磁场实验室（NHMFL）,佛罗里达比特磁体已经发展成为一种高度可靠的研究工具。

3.1.2 电流分布和磁场计算

1. 电流分布

比特磁体中磁场由电流产生,而电流由电压产生。对于均匀厚度的比特盘,电压在径向是一个等位面,由此可知,r 处的电流密度分布遵从:

$$j(r) = \frac{J_0 r_1}{r} \tag{3-1}$$

式中:r_1 为比特盘内半径;J_0 为 r_1 处的电流密度。

2. 磁场计算

比特磁体的磁场计算同样可以将磁体等效为同轴的电流环来进行分析。电流产生的磁场可以采用 Biot-Savart 定律进行分析。

根据 Biot-Savart 公式,导体电流在空间任意一点 P 产生的磁感应强度为

$$\boldsymbol{B}(P) = \frac{\mu_0}{4\pi} \iiint\limits_V \frac{\boldsymbol{j}(P') \times \boldsymbol{e}_r(P', P)}{\left[r(P', P)\right]^2} \mathrm{d}V \tag{3-2}$$

式中:μ_0 为真空中的磁导率;$\boldsymbol{j}(P')$ 为导体中任一点 P' 的电流密度;$\boldsymbol{e}_r(P', P)$ 是从源点 P' 到场点 P 的单位矢量;$r(P', P)$ 是两点之间的距离;上述公式的积分域是整个导体体积 V。

根据磁场的基本方程 $\boldsymbol{\nabla} \cdot \boldsymbol{B} = 0$,可以引入满足 $\boldsymbol{\nabla} \cdot (\boldsymbol{\nabla} \times \boldsymbol{A}) = 0$ 的磁矢势

$$\boldsymbol{A}(P) = \frac{\mu_0}{4\pi} \iiint\limits_V \frac{\boldsymbol{j}(P')\mathrm{d}V}{r(P', P)} \tag{3-3}$$

则磁感应强度 $\boldsymbol{B}$ 可以表示为磁矢势 $\boldsymbol{A}$ 的旋度

$$\boldsymbol{B} = \boldsymbol{\nabla} \times \boldsymbol{A} \tag{3-4}$$

当导体中的电流密度均匀,即 $\boldsymbol{j}(P')$ 为常矢量时,由于

$$\boldsymbol{j}\mathrm{d}V = \boldsymbol{j}(\mathrm{d}s \cdot \mathrm{d}\boldsymbol{l}) = I\mathrm{d}\boldsymbol{l} \tag{3-5}$$

所以,式(3-3)可以改写为

$$\boldsymbol{A}(P) = \frac{\mu_0}{4\pi} \oint_l \frac{I\mathrm{d}\boldsymbol{l}}{r(P', P)} \tag{3-6}$$

对于单个电流环产生的磁场,如图 3-4 所示,空间中任一点的磁矢势 $\boldsymbol{A}$ 是

$$\boldsymbol{A}(r_P, \theta_P, z_P) = \frac{\mu_0 I}{4\pi} \int_0^{2\pi} \frac{a\left[\sin(\theta - \theta_P)\right]\boldsymbol{e}_r + \cos(\theta - \theta_P)\boldsymbol{e}_\theta]\mathrm{d}\theta}{\sqrt{r^2 + r_P^2 - 2r_P\cos(\theta - \theta_P) + (z - z_P)^2}} \tag{3-7}$$

其中,圆环中心点的坐标为 $(0, 0, h)$,磁矢势的径向分量为零。定义 $\theta - \theta_p = \pi - 2\alpha$,磁矢势的角向分量为

$$A_\theta(r_P, \theta_P, z_P) = \frac{\mu_0 Ia}{\pi} \int_0^{2\pi} \frac{(2\sin^2\alpha - 1)\mathrm{d}\alpha}{\sqrt{(r_P + a)^2 + (z_P - h)^2 - 4r_P a\sin^2\alpha}} \tag{3-8}$$

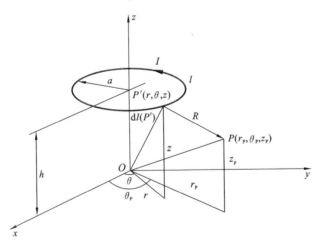

图 3-4 电流环的磁场计算分析

令 $k = \{4r_P a/[(r_P + a)^2 + (z_P - h)^2]\}^{1/2}$,则式(3-8)可以写为

$$A_\theta = \frac{\mu_0 I}{\pi k}\sqrt{\frac{a}{r_P}}\left[\left(1 - \frac{1}{2}k^2\right)K(k) - E(k)\right] \tag{3-9}$$

其中

$$K(k, \phi_1 = 0, \phi_2 = \pi/2) = \int_0^{2\pi} \frac{\mathrm{d}\alpha}{\sqrt{1 - k^2 \sin^2 \alpha}}$$

$$E(k, \phi_1 = 0, \phi_2 = \pi/2) = \int_0^{2\pi} \sqrt{1 - k^2 \sin^2 \alpha} \, \mathrm{d}\alpha \tag{3-10}$$

分别是第一类和第二类椭圆积分。对式(3-9)进行微分,磁感应强度可以表达为

$$\begin{cases} B_r(r_P, z_P) = -\frac{\mu_0 I}{2\pi} \frac{z_P - h}{r_P \sqrt{(r_P + a)^2 + (z_P - h)^2}} \left[K(k) - \frac{r_P^2 + a^2 + (z_P - h)^2}{(r_P - a)^2 + (z_P - h)^2} E(k) \right] \\ B_z(r_P, z_P) = \frac{\mu_0 I}{2\pi} \frac{1}{\sqrt{(r_P + a)^2 + (z_P - h)^2}} \left[K(k) - \frac{r_P^2 - a^2 + (z_P - h)^2}{(r_P - a)^2 + (z_P - h)^2} E(k) \right] \end{cases}$$

$$\tag{3-11}$$

特别地,磁轴上的磁感应强度为

$$B_z = \frac{\mu_0 I a^2}{2[a^2 + (z_P - h)^2]^{3/2}} \tag{3-12}$$

比特磁体可视作一个螺线管线圈,如图 3-5 所示。其产生的磁场分布可以通过对电流环的积分来获得

$$\begin{cases} B_r(r_P, z_P) = -\frac{\mu_0 j(r_P, z_P)}{2\pi} \int_{-l}^{l} \int_a^b \frac{z_P - h}{\sqrt{(r_P + a)^2 + (z_P - h)^2}} \\ \qquad \cdot \left\{ K(k) - \frac{r_P^2 + a^2 + (z_P - h)^2}{(r_P - a)^2 + (z_P - h)^2} E(k) \right\} \mathrm{d}a \mathrm{d}h \\ B_z(r_P, z_P) = \frac{\mu_0 j(r_P, z_P)}{2\pi} \int_{-l}^{l} \int_a^b \frac{1}{\sqrt{(r_P + a)^2 + (z_P - h)^2}} \\ \qquad \cdot \left\{ K(k) - \frac{r_P^2 - a^2 + (z_P - h)^2}{(r_P - a)^2 + (z_P - h)^2} E(k) \right\} \mathrm{d}a \mathrm{d}h \end{cases}$$

$$\tag{3-13}$$

其中,$2a$ 和 $2b$ 分别为螺线管圆柱壳体高度和径向厚度,R_0 为其平均半径。采用高斯积分方法求解式(3-13),可求解得磁体的磁场空间分布。

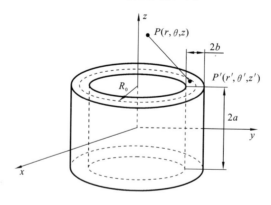

图 3-5 等效螺线管线圈

3.1.3 冷却系统设计

高场磁体的功耗高达数十兆瓦甚至更高,由此产生的功率密度在 $10 \sim 15$ W/mm³ 范围内。因此,如果一个冷却通道被阻塞,磁体将迅速熔化。显然,高效可靠的冷却是任何磁体成功设计的必要条件。由于功率密度高,冷却剂必须与导体直接接触,一般采

用具有高电阻率的去离子水。除此之外,有效的冷却还需要大流量、高水速和强湍流等条件。

本节将提出一些基本的水冷设计考虑因素,然后引用相关的方程来确定比特磁体的冷却参数。

1. 动量转移

冷却水道是由比特盘上的冷却孔环所形成的,由通道尺寸、几何形状、各部位粗糙程度及水流状态等众多参数决定。在工程应用中,水道表面结构对水流的影响用摩擦系数 C_F 来描述。C_F 将壁面的剪应力 τ 与水流动态(由流体密度 ρ 与平均流动速度 v 的平方的乘积)联系起来:

$$C_F = \frac{\tau}{0.5\rho v^2} \tag{3-14}$$

在一个长度为 l、半径为 r 的长直圆管内,通过摩擦传递到管壁的力($K=2\pi r l \tau$)等于管中水压降产生的力($K=\Delta p \pi r^2$),因此

$$C_F = \frac{\Delta p r}{l \rho v^2} \tag{3-15}$$

通常,定义 $D=2r$ 为冷却通道的水力直径。可得:

$$C_F = \frac{\pi^2 D^5 \rho \Delta p}{32\omega^2 l} \tag{3-16}$$

其中,ω 为质量流率。

式(3-16)强调了冷却通道的水力直径对流量参数的主导影响。对于一个圆周,水力直径等于几何直径。其他形状的水力直径可以通过力平衡来确定,因为 K 取决于截面面积 A 与湿润周长 U 的比值,即

$$D = \frac{4A}{U} \tag{3-17}$$

当惯性力与黏滞力的比值(雷诺数 Re)相同时,水流的流体力学特性是相似的。

$$Re = \frac{\rho v D}{\upsilon} \tag{3-18}$$

式中:ρ 是流体密度;υ 是运动黏度;v 是平均水流速度。

图 3-6 显示了以相对粗糙度因子为参数,摩擦系数与雷诺数 Re 的函数关系。管道、通道或环的相对粗糙度因子定义为粗糙度 e 与水力直径 D 的比值。比特磁体中的粗糙结构是由冲压或刻蚀冷却孔的误差及叠加比特盘时的误差产生的。对于 $1\sim 2$ mm 直径的冷却孔,粗糙度的典型值为 $0.05\sim0.1$ mm,即相对粗糙度因子约为 5%。在比特磁体中,冷却水的雷诺数在 $10^4\sim10^5$ 数量级。从图 3-6 中对应的流动状态可以得出两个重要的结论:① 水流完全处于湍流状态;② 摩擦系数与雷诺数无关,只与相对粗糙度系数有关。工程手册提供了利用相对粗糙度系数计算摩擦系数的各种各样的公式。其中两个对于比特磁体计算有用的方程为

$$C_{F1} = \frac{2}{(3-2.5\ln e/D)^2} \tag{3-19}$$

$$C_{F2} = \left[4\log\left(\frac{3.175}{e/D}\right)\right]^{-2} \tag{3-20}$$

这些关系分别为式(3-19)所示的砂石粗糙度和式(3-20)所示的工业粗糙度,通常

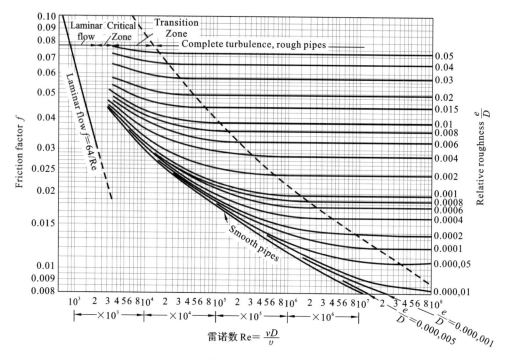

图 3-6　Moody 图

适用于比特磁体。砂石粗糙度是一种人工粗糙度,用于在确定的条件下研究和建立摩擦规律。它是通过在管道表面覆盖一层直径一定的砂层来获得的。工业粗糙度的特征是由制造过程确定的粗糙度谱。

为了准确测定摩擦系数,特别是考虑到热对流参数,建议在比特磁体特定粗糙度的摩擦系数和砂石摩擦系数之间建立关联。摩擦系数 C_F 可由式(3-15)通过实验得到。经过几个水力直径后,压降得到充分发展。为了得到精确的结果,必须直接在冷却通道上测量压降,并注意进出口损耗以及直径变化对流型的影响。

2. 热传递

本节将把磁体的水力参数,特别是冷却通道的粗糙度,与焦耳热的传递和耗散联系起来。为此必须考虑三个温度梯度来确定磁体的最高温度,包括:① 导体内的温度梯度,在一个比特盘上,与最近的冷却表面的距离决定了最热点的位置;② 在冷却表面的温度梯度,即在导体壁与局部混合平均流体之间的梯度;③ 在流体主体中的温升。由于磁体中耗散功率的疏散分布特征,液体温度几乎随磁体长度线性增加。因此,磁铁中最热点在其低压端,其温度是上面列出的三个梯度加上进水温度的总和(见式(3-32))。

线圈工作的平均温度决定了最终的磁体电阻,故需要通过其与磁体和电源进行匹配,以实现最大的功率传输。

1) 导体温升

在一维热流和恒定热沉积的假设下,导体内温升为

$$\Delta T_c = \frac{W_V l^2}{2\lambda} \tag{3-21}$$

其中,λ 是导体的导热系数;l 是到最近冷却表面的距离;$W_V(\mathrm{W/m^3})$ 是单位体积的输入

功率。对于铜导体,上式变为

$$\Delta T_c = \frac{W_V l^2}{770} \tag{3-22}$$

2)热对流

穿过壁面的热流,即从温度为 T_W 的导体表面到温度为 T_m 的平均冷却剂的转变,由下式定义:

$$q = h(T_W - T_m) = h\Delta T_W \tag{3-23}$$

其中,$q(\mathrm{W/m^2})$ 为热流,$h(\mathrm{W/(m^2 \cdot K)})$ 为传热系数。

斯坦顿数是一个无量纲的传热系数,定义为

$$C_H = \frac{q}{v\rho C_p \Delta T_W} \tag{3-24}$$

式中:v 为平均速度;ρ 为密度;C_p 为比热。

当以水作为冷却媒质时,可得:

$$C_H = 2.4 \times 10^{-7} \frac{q}{v\Delta T_W} = 2.4 \times 10^{-7} \frac{h}{v} \tag{3-25}$$

式中:v 的单位为 m/s。壁面粗糙度在湍流的产生中起着重要的作用,特别是对于流体(以及热量)从壁面向水流主体的输送。数值研究的目标是模拟边界层(即完全湍流形成时的半径与壁面之间)中复杂的过程,以获得摩擦系数和传热之间的相互依存关系。壁面处冷却剂的速度为零,向内是速度不断增加的层流层,直到它变成湍流。层流边界层的厚度可估计为

$$\delta = \sqrt{\frac{\eta D}{\rho v}} = \frac{D}{\sqrt{Re}} \tag{3-26}$$

式中:η 是动态黏度。由此可知,水冷磁体的层流边界层厚度约为 $10~\mu\mathrm{m}$,比通道粗糙度小 5 倍。然而,高功率磁体的主要温度梯度(通常为 40 K)就是在这个边界层中产生的。了解粗糙度结构对层流层的影响非常有助于改善水冷磁体的传热和性能。

下面的关系式被用来估算粗糙通道和湍流中的传热:

$$C_{H1} = \frac{0.125 C_F}{1 + 34.5\sqrt{\frac{C_E}{8}}} \tag{3-27}$$

$$C_{H2} = \frac{C_F}{8 Pr^{\frac{2}{3}}} \tag{3-28}$$

其中,$Pr = \frac{\eta C_p}{\lambda}$ 为普朗特数(对于 30 ℃的水,典型值为 6)。使用管道与不同砂石粗糙度进行的精密实验研究推导出了传热相似定律,允许对完全粗糙条件下的传热进行计算:

$$C_{H3} = \frac{C_{F1}/2}{1 + \left(\frac{C_{F1}}{2}\right)^{\frac{1}{2}}\left[6.37\left(\left(\frac{C_{F1}}{2}\right)^{\frac{1}{2}}\frac{e}{D}\right)^{0.2} Pr^{0.44} - 8.48\right]} \tag{3-29}$$

对于水冷磁体,正确的处理方法是根据不同的粗糙度结构建立摩擦相似定律:

$$A(\varepsilon^*) = \left(\frac{C_{F1}}{2}\right)^{-\frac{1}{2}} + 2.5\ln\frac{2e}{D} + 3.75, \quad \varepsilon^* = Re\sqrt{\frac{C_{F1}}{2}}\frac{e}{D} \tag{3-30}$$

其中,对于完全粗糙区域,A 为常数,即在 $\varepsilon^* > 70$ 处,可使用式(3-29)。图 3-7 所示的

为传热系数 C_H 作为式(3-27)～式(3-29)摩擦系数 C_F 的函数。这些传热系数存在明显差异,需进一步实验验证。迄今为止,NHMFL 使用 $C_F=0.02$ 估算的工作经验表明不应使用 C_{H1} 进行估算。

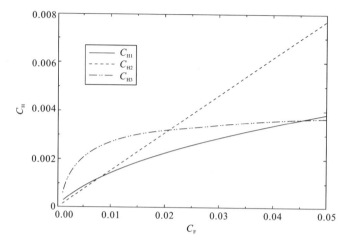

图 3-7 三种不同的无量纲传热系数(斯坦顿数)作为摩擦系数的函数,
其中普朗特数为 5.8(水温为 26 ℃)

3. 能量等效

在磁体中耗散的总能量必须由冷却水来排除。通过导体加热产生的电能 P(单位为 W)导致体流量 Q(单位为 m^3/s)在通过磁体的过程中温升 ΔT_B(单位为 K)为

$$\Delta T_B=2.39\times10^{-7}\frac{P}{Q} \tag{3-31}$$

为了冷却一个 20 MW 功率耗散的磁体,需要每秒 200 L 的冷却水,水的温度将增加 24 K。现在,最高导体温度 T_{Cu} 可以计算为所有温度梯度的总和。当进水温度为 T_i 时,可以得到:

$$T_{Cu}=T_i+\Delta T_B+\Delta T_W+\Delta T_c \tag{3-32}$$

式中:ΔT_B 为冷却剂(水)温升;ΔT_W 为导体表面温度与水体温度之差;ΔT_c 为导体温度增量。

对于设计者来说,磁体应在尽可能低的温度下工作。因为导体的疲劳和退火随温度升高而增加,许多材料的机械强度将因此降低。同时,应避免冷却剂沸腾,虽然其可显著增加传热,但经验表明这种操作模式是不稳定的。

3.1.4 磁体应力计算

比特磁体磁感应强度的上限受到诸多因素的限制,如磁体结构、电源功率、电流密度分布、冷却效率、电磁和热应力分布等。其中,磁体的热应力分布是一个占主导地位的影响因素。过高的热应力水平不仅会使磁体本身结构及其冷却水通道发生变形,影响磁场位形和散热效率,严重情况下还会使磁体的导体材料进入塑性屈服阶段,导致不可逆的塑性变形和磁体疲劳损伤,最终发生磁体失效事故。因此,在设计比特磁体时,除了要保证磁体的磁场和冷却效率符合要求之外,还必须对磁体进行相应的热应力分析。

与其他数学物理问题一样,比特磁体的热应力分析也分为解析方法和数值方法两大类。由于早在 1936 年 F. Bitter 就已经提出了比特磁体的结构,在计算机和有限元仿真软件尚未普及的时候,人们主要通过解析方法进行比特磁体的热应力分析。而随着磁体技术的不断发展,解析方法越来越难以满足科研人员的研发需要,如冷却水通道的优化改进和椭圆形内孔结构等问题,因此与有限元软件结合的数值求解方法得到了越来越广泛的应用。

1. 解析方法

在不考虑冷却水通道及热应力、绝缘层厚度的前提下,比特磁体可以看作由一个个比特盘堆叠而成的空心圆柱体。环向上分布着随半径大小变化的电流密度 $j(r)$,圆柱体的内半径为 R_1,外半径为 R_2,高度为 h。因此,力学问题可以放在圆柱坐标系 (r, θ, z) 下求解。考虑比特磁体产生的磁场分布,除了在磁体端部有部分磁场径向分量之外,磁场主要分量是轴向分量,并与沿着环向的电流密度相互作用产生沿径向向外的径向电磁力,而比特磁体径向的膨胀又会产生相应的环向伸长效果。以此为依据,在柱坐标系下,考虑连续介质力学中的应变-位移关系,可以得到磁体应变的两个非零分量,即径向应变和环向应变,分别为

$$\varepsilon_r = \frac{\mathrm{d}u}{\mathrm{d}r}, \quad \varepsilon_\theta = \frac{u}{r} \tag{3-33}$$

而剪切应变和轴向应变均为零。

记比特磁体的导体材料杨氏模量为 E,泊松比为 μ,将应力-应变关系代入式(3-33),可以得到比特磁体两个非零应力分量为

$$\sigma_r = \frac{E}{1-\mu^2}\left(\frac{\mathrm{d}u}{\mathrm{d}r} + \mu\,\frac{u}{r}\right), \quad \sigma_\theta = \frac{E}{1-\mu^2}\left(\frac{u}{r} + \mu\,\frac{\mathrm{d}u}{\mathrm{d}r}\right) \tag{3-34}$$

两个分量所合成的等效应力为

$$\sigma_{\mathrm{eqv}} = \frac{1}{\sqrt{2}}\sqrt{(\sigma_r - \sigma_\theta)^2 + \sigma_r^2 + \sigma_\theta^2} \tag{3-35}$$

因此,考虑应力平衡方程,则有

$$\frac{\mathrm{d}(h\sigma_r)}{\mathrm{d}r} + h\,\frac{\sigma_r - \sigma_\theta}{r} + F = 0 \tag{3-36}$$

其中,F 是沿半径方向单位长度上分布的洛伦兹力,其大小为

$$F = hB(r)j(r) \tag{3-37}$$

通过整个比特磁体的总电流为

$$J_0 = \int_{R_1}^{R_2} hj(r)\,\mathrm{d}r \tag{3-38}$$

根据比特磁体的结构,由于圆周的长度与半径成正比,因此,环向电阻与半径成正比,其电流密度与半径成反比,即

$$j(r) = \frac{a}{r} \tag{3-39}$$

其中,a 是常量,取决于总电流 J_0。总电流的大小是可以通过调整电源任意给定的。显然,总电流越大,比特磁体产生的磁感应强度就越大,磁体的焦耳热功率和机械应力也越大。

联立式(3-38)和式(3-39),可得

$$a = \frac{J_0}{h\ln K}, \quad j(r) = \frac{J_0}{hr\ln K} \tag{3-40}$$

K 是 R_2 与 R_1 之比,$B(r)$ 是磁体在 r 处的磁感应强度,由 r 到 R_2 上的电流密度提供:

$$B(r) = \int_r^{R_2} h \frac{\mu_0 j(r)}{2r} \mathrm{d}r = \frac{\mu_0 J_0}{2r\ln K}\left(1 - \frac{r}{KR_1}\right) \tag{3-41}$$

式中:μ_0 是真空下的磁导率常数。

将式(3-34)和式(3-37)代入式(3-36),有

$$-r^2 \frac{\mathrm{d}^2 u}{\mathrm{d}r^2} - r \frac{\mathrm{d}u}{\mathrm{d}r} + u + \left(K - \frac{r}{R_1}\right)f = 0 \tag{3-42}$$

其中:

$$f = \frac{\mu_0 J_0^2 (\mu^2 - 1)}{2EhK(\ln K)^2} \tag{3-43}$$

式(3-42)的通解为

$$u = \left(\frac{r}{4R_1} - K - \frac{r}{2R_1}\ln r\right)f + c_1 r + \frac{c_2}{r} \tag{3-44}$$

两个待定常数 c_1 和 c_2 可以通过边界条件确定。在比特磁体中,由于径向的内外边界均无约束,由平衡条件可知这两处的径向应力均为零,则有

$$\begin{cases} c_1 = f\{2(K^2 - 1)(1 + \mu)\ln R_1 + \mu[K^2(3 + 2\ln K) + 1 - 4K] + K^2 - 1 + 2K^2\ln K\} \\ c_2 = fR_1 \dfrac{K^2}{2(K^2 - 1)(1 - \mu)}[2\mu(1 - K) + (1 + \mu)\ln K] \end{cases}$$

$$\tag{3-45}$$

将式(3-44)式(3-45)代入式(3-34),即可得到径向应力和环向应力沿径向的分布:

$$\begin{cases} \sigma_r = \dfrac{E}{1 - \mu}c_1 - \dfrac{E}{1 + \mu}\dfrac{c_1}{r^2} + \dfrac{Ef}{r(\mu^2 - 1)R_1}[\mu(2\ln r + 4KR_1 - r) + r(1 + 2\ln r)] \\ \sigma_\theta = \dfrac{E}{1 - \mu}c_1 - \dfrac{E}{1 + \mu}\dfrac{c_1}{r^2} + \dfrac{Ef}{r(\mu^2 - 1)R_1}[2\ln r + 4KR_1 - r + \mu r(1 + 2\ln r)] \end{cases} \tag{3-46}$$

比特磁体的导体材料是各向同性的金属材料,校核其材料强度指标是否满足应力水平的方法是,将式(3-35)中的等效应力与材料的屈服应力进行比较,如果等效应力小于材料的屈服强度,则可以判断在比特磁体放电时,材料始终处于线弹性阶段;而未进入塑性屈服阶段,即不会有塑性形变的累积效应。将式(3-46)代入式(3-35),可知比特磁体在内半径 R_1 处具有最大的等效应力:

$$\sigma_{\mathrm{eqv}}(R = R_1) = \frac{\mu_0 J_0^2}{4hR_1}\frac{\mu(-2K^3 + 3K^2 - 2K + 1 + 2K^2\ln K) - 2K^3 + K^2 + 2K - 1 + 2K^2\ln K}{K(K^2 - 1)(\ln K)^2}$$

$$\tag{3-47}$$

由此可见,比特磁体的应力解析计算是非常烦琐的。若要考虑冷却通道的设计,情况将更加复杂以至于无法精确求解。而由于电流密度与半径成反比的缘故,半径越小的地方电流密度就越高,相应的焦耳热效应也就越严重,带来的热应力也就越大,冷却通道也就越密集。而由力学常识可知,在冷却通道的附近会出现明显的应力集中效应,通道边缘的应力往往会超出在该半径处的平均值。因此,要有足够的安全裕度来保证局部应力不会超标。

2. 有限元分析方法

应用解析法、经验法对低场比特磁体应力分析是能够满足要求的。但是随着磁场强度的提升,无法忽视电磁场、热场和应力场等多个物理场的耦合问题,它们之间的关系变得十分复杂,此时解析法已不能用于高性能比特磁体的设计过程中。采用有限元分析高场强下的比特磁体能够很好地解决上述问题。有限元方法(FEM)的基本求解思想是把计算域划分为有限个互不重叠的单元,变量改写成插值函数组成的线性表达式,借助于变分原理或加权余量法,将微分方程离散求解。有限元方法适用性强,它最早应用于结构力学,后来随着计算机的发展以及各个学科理论研究的深入,慢慢用于流体力学、电动力学、土力学、热力学等领域。

在比特磁体放电过程中,电流、集肤效应及磁阻效应会引起导体电阻率、温升及温度梯度变化,这几种因素反过来又影响电磁场过程。电磁场与热分析相互耦合。磁体前圈电阻是连接这两个耦合分析的纽带。因此,利用有限元方法对比特磁体进行应力分析主要分为电磁场和温度场的耦合场计算、电磁应力计算以及热应力计算。

1)耦合场建模及计算

比特磁体的有限元多物理场模拟中,结构力学方面的分析计算必须在电路-磁场-传热耦合计算结果的基础上进行。其分析计算的精度直接取决于电路-磁场-传热等多物理场耦合计算的结果。首先,脉冲磁体的放电电路方程为

$$\begin{cases} u_c = u_m + L_c \dfrac{\partial i_m}{\partial t} + R_e i_m \\ i_c = -C \dfrac{\partial u_c}{t} \\ i_m = i_c + i_d \\ i_d = -u_c(u_c < 0)/R_d \end{cases} \tag{3-48}$$

式中:C 为电容器组电容值;R_d 为续流电阻值;L_e、R_e 为线路电感和电阻值;i_c、i_m 和 i_d 分别为电容器电流、磁体线圈电流和续流回路电流;u_c、u_m 为电容器电压和磁体线圈端电压。磁体线圈电流 i_m 和磁体线圈端电压 u_m 为电路和磁场分析的耦合变量,可分别看作磁场分析模型的激励和输出。磁场模型求解式为

$$\begin{cases} \nabla \times (\mu_0^{-1} \nabla \times A) = J \\ B = \nabla \times A \\ J = J^e + K^i = \sigma(E_c + E_i) = \sigma(-\nabla V - \partial A/\partial t) \end{cases} \tag{3-49}$$

其中,矢量磁位 A 为求解自由度;J 为电流密度,包括外加激励电流密度和感应电流密度两部分;E 为电场强度,包含时变电荷产生的库仑电场分量 E_c 和时变磁场产生的感应电场分量 E_i。

在脉冲放电过程中,电流在导线中产生焦耳热,引起导线温度升高,同时,受涡流效应和磁致电阻效应的影响,导体绕组内部各处的温升并不相同,不同区域间将产生热传导现象。采用热传导模型分析上述过程,模型求解的瞬态方程为

$$\rho C_p \partial T/\partial t + \nabla \cdot (-k \nabla T) = Q \tag{3-50}$$

式中:ρ 为密度;T 为温度;k 和 C_p 分别表示导热系数和比热;Q 为磁场计算中的电磁热源,计算表达式为 $Q = J^2/\sigma$,J 表示总电流密度,为感应电流密度与外加激励电流密度之和。

利用有限元方法对电磁场和温度场同时进行分析,反复迭代,整个计算分若干步。首先根据初始条件求解电流、磁场;再根据电流焦耳定律、集肤效应和磁致电阻效应计算导线发热量和温度分布;然后根据温度矫正线路电阻;最后将新的电阻值作为初始条件重复上述计算过程,直至完成全脉宽的分析,如图 3-8 所示。

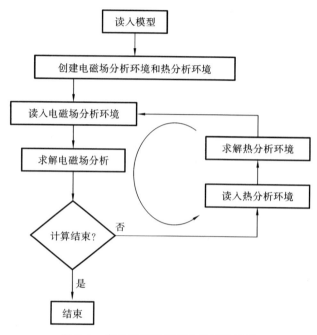

图 3-8 电磁场与热场耦合分析流程图

2) 电磁应力计算

对磁体导体材料中任一小段环状单元进行受力分析,其主要受到 3 个力的作用,分别是洛伦兹力 f_B、两边单元对它的环向作用力 f_t、上下相邻单元对它的径向作用力 f_p。根据该单元径向方向的受力平衡可导出应力分析的基本公式为

$$Hjr + \frac{\mathrm{d}}{\mathrm{d}r}(r\sigma_r) = \sigma_t \tag{3-51}$$

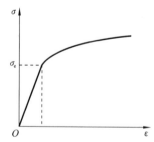

图 3-9 材料应力-应变曲线示意图

导体材料中的各应力之间关系通过式(3-51)给出。对于加固材料,只需将电流密度 j 设置为零,式(3-51)同样适用。在脉冲比特磁体放电中,导体材料可能达到了塑性变形范围,因此,分析中必须考虑塑性过程。根据计算得到的电流分布和温度分布,读入材料的属性,计算材料的应力大小,并判断材料是否进入塑性状态。如果没有,则采用弹性力学方程计算,$\sigma = E\varepsilon$,E 是杨氏模量。如果进入塑性状态,则根据应力-应变曲线(见图 3-9)采用查表法找对应的应力-应变关系,然后进行塑性应变计算。

3) 热应力计算

当物体温度发生变化时,物体的各微小部分将由于膨胀或收缩而产生线应变 $\alpha\Delta T$,其中 α 为材料的线膨胀系数,ΔT 表示弹性体内任一点的温度变化量(从整个物体处于初始均匀温度状态算起）。如果物体各部分的温度分布不均匀或表面与其他物体相联系,热变形不能自由地进行,就将产生热应力。如果考虑热应力,物理方程将具有以下形式:

$$\{\sigma\}=[D](\{\varepsilon\}-\{\varepsilon_0\}) \tag{3-52}$$

其中,$\{\varepsilon_0\}$为由于温度变化引起的变形,在三维情况下:

$$\{\varepsilon_0\}=\alpha\Delta T[1\ 1\ 1\ 0\ 0\ 0]^{\mathrm{T}} \tag{3-53}$$

将应力-应变关系代入虚位移原理的表达式,由最小位能原理得到包含温度应变在内的用以求解热应力问题的表达式:

$$\prod_p(u)=\int_\Omega\left(\frac{1}{2}\varepsilon^{\mathrm{T}}[D]\{\varepsilon\}-\{\varepsilon\}^{\mathrm{T}}[D]\{\varepsilon_0\}-\{u\}^{\mathrm{T}}f\right)\mathrm{d}\Omega-\int_{\Gamma_\sigma}\{u\}^{\mathrm{T}}\{p\}\mathrm{d}\Gamma \tag{3-54}$$

式中:f为体积力;p为边界面力。

将求解域 Ω 进行有限元离散,根据 $\delta\prod_p=0$ 即可得到有限元求解方程 $ka=P$。一般而言,磁体的热应力相对磁应力比较小,磁应力是在磁体设计时要考虑的重点。

图 3-10 所示的为使用商用有限元软件 ANSYS 对一个比特磁体进行有限元仿真的结果,可以看到磁体的等效应力确实是由内向外逐渐递减的,且在冷却通道附近出现了明显的应力集中效应。比特磁体的应力问题制约着其磁场强度的进一步提高,必须采取措施加以解决,比如优化比特磁体的结构设计,采用强度和模量更高的导体材料等。

（a）洛伦兹力

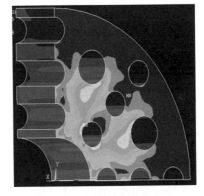

（b）等效应力

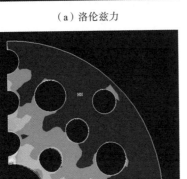

（c）等效应变

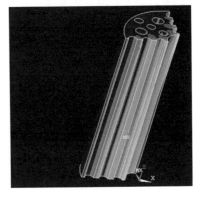

（d）等效应变（3D）

图 3-10　有限元仿真结果

为了获得较高的电导率,传统的比特磁体往往采用纯铜作为导体材料,这样做的好处是可以有效减小电源的功率和工作时的焦耳热功率,降低连续工作时的能量损耗。但是纯铜的极限抗拉强度(UTS)只有200~300 MPa,在各种类型的常见金属导体材料中处于较低的水平,无法耐受较高的应力;而更高的极限抗拉强度又往往意味着电导率的降低,即热功率的提高。因此,在考虑通过调整比特磁体的导体材料以实现更高的磁场强度时,设计者需要在焦耳热功率和导体材料强度之间进行取舍和平衡,并选择一个合适的材料以同时满足两方面的要求。除了纯铜之外,铜银合金、铜锆合金和铜铬合金等材料也可以用于比特磁体的导体材料,以纯铜材料的电导率(IACS)为标准值,铜银合金的电导率能达到80%~90%,同时屈服强度可以提高到500~750 MPa,这种材料已经在中科院强磁场实验室的一系列水冷和水冷-超导混合磁体、美国国家强磁场实验室的水冷磁体和日本东北大学的水冷-超导混合磁体等稳态水冷磁体中得到诸多应用。

此外,改变比特磁体的结构也是一个可行的办法。传统结构的比特磁体是由若干个厚度均匀的比特盘堆叠而成的,这种结构会导致电流密度沿着半径方向逐渐减小,又由于磁通量密度也是沿着半径方向减小的,所以外侧的导体材料的机械强度并未得到充分的应用。图3-11所示的是一种变厚度比特盘构成的比特磁体,可以看到每个比特盘的厚度都是沿半径逐渐增大的,各个比特盘中间用绝缘材料填充。这种设计的好处是可以得到较为均匀的电流密度分布和应力分布,而且能为内侧的导体提供更大的散热空间。而对于一些特定的科学实验,实验样品在长、宽两个方向上的尺度未必接近,而是有数量级上的差别,因此也可以将比特磁体设计成内孔为椭圆形的结构。这种结构通过对椭圆外边界上适当位置和适当长度的支撑,可以将整体的应力缩减到相应圆形内孔比特磁体的0.85倍。

 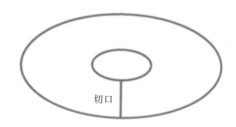

（a）变厚度比特磁体　　　　　　　（b）椭圆内孔比特磁体

图 3-11　新型比特磁体

3.2　稳态强磁场装置电源系统

直流稳态电源分为普通稳态电源和高稳定度电源。普通稳态电源稳定度为0.1%~1%,能满足绝大多数应用场合。高稳定度电源是一种具有稳定控制的二次电源,它与普通稳定电源的区别在于其输出电压(或电流)高度稳定,至少优于100 ppm,在目前的高稳定度电源中输出稳定度最高达0.001 ppm。高稳定度电源用于医疗设备、精密仪器和科学研究等场合。由安培环路定律可知,磁场和电流呈正比,故产生高稳定度磁场即是产生高稳定度电流,因而高稳定度电源是稳态强磁场的关键部件。综合而言,水冷稳态磁体对高稳定度电源主要有如下要求。

(1) 大电流、高功率:磁场强度与电源输出电流成正比,电流高达数十千安,功率等级达数十兆瓦;

(2) 宽调节范围:科学实验需要改变磁场大小,要求磁体电流从很小(甚至从 0)调到 100% 额定值;

(3) 电流稳定度、低纹波:一般在 1~100 ppm 量级;

(4) 切换:要求改变电源极性,以实现磁场方向的控制;

(5) 磁化电源的电流输出按照一定的流程输出,满足磁体励磁的要求。

世界上各稳态强磁场实验室的高稳定度电源性能参数如表 3-1 所示。

表 3-1 高稳定度电源性能参数对比

实验室所在地	Tallahassee 美国	Grenoble 法国	Tsukuba 日本	Nijimegen 荷兰	Hefei 中国
功率(MW)/组数	40/4	25/4	15/2	20/2	20/2
电压/V	500	420	430	500	500
电流/kA	4×20	4×15	2×17.5	2×20	2×20
纹波(ppm)	10	50	100	10	50
稳定度(ppm)/时间	10/12 h	10/8 h	100/4 h	5/8 h	10/8 h
过载能力(%)/过载时间	70/10 min	10/10 min			25/10 min

水冷磁体电源系统主要由无功补偿装置、10 kV 交流高压开关、整流变压器、可控硅整流器、无源滤波装置、有源滤波装置和换向开关等组成,如图 3-12 所示。水冷磁体电源系统容量大,一般由 110 kV 以上电压等级的专线直接供电。主变压器负责将 110 kV 或以上电压等级降低为 10 kV 左右,变压器的高压绕组带分接头实现调压。为防止主变压器高低压侧之间耦合电容的影响,需要在高低压绕组之间进行有效的屏蔽隔离。主变压器的低压侧经开关室引入整流变压器,由整流变压器再次将电压降低至数百伏,直接供给整流器。整流之后经过无源滤波和有源滤波产生高稳定度电流,为水冷磁体供电产生稳态磁场。

3.2.1 交流-直流变换器

交流-直流(AC-DC)变换器包括整流变压器和整流桥两个部分。整流电路的脉波数越多,相邻整流元件的导通电角度间隔越小,则直流输出谐波含量也越小,同样对电网的干扰越小。综合考虑装置性能和实现难度,国内外强磁场装置大都选用 12 或 24 脉波整流。

根据整流电路基本原理,24 脉波整流器输入侧为 12 脉冲对称交流电,可以通过变压器绕组的设计实现,但是结构十分复杂。三相交流电整流为 6 脉波整流,脉波数 $P>6$ 时,一般采用多重化整流电路,即按照一定的规律将两个或数个相同结构的整流电路进行组合。脉波数 $P=12$ 的整流器组通常由两台 6 脉波整流器构成,6 脉波整流器各脉冲相角为 60°,所以构成 12 脉波整流器的两台 6 脉波整流器的移相角需为 30°,如图 3-13 所示。同理,脉波数 $P>12$(一般为 12 的倍数)的整流电路组则由 $P/12$ 台整

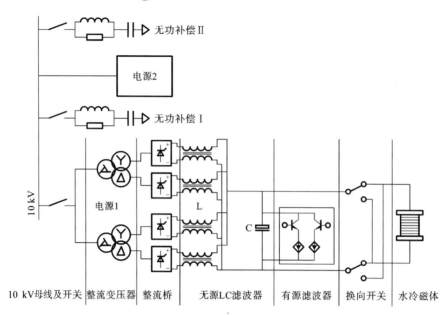

图 3-12　水冷磁体电源装置电路拓扑结构图

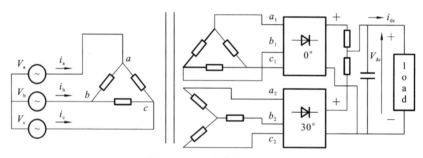

图 3-13　12 脉波整流电路

流器组并联构成,各整流器组间依次形成 $360°/P$ 移相角,等效形成多脉波。

如图 3-14 所示,24 脉波整流单元由四组三相桥式整流桥并联组成,其中每两组分别连接在同一整流变压器的低压侧,构成 12 脉波整流器。两台变压器的高压侧接于同

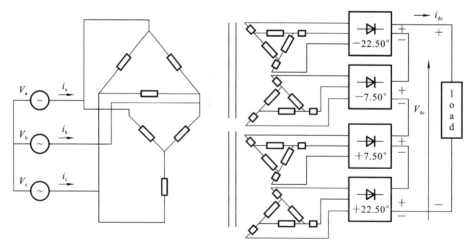

图 3-14　24 脉波整流电路

一段母线上,其绕组相差 $7.5°$,而二次侧的低压绕组两两之间互差 $30°$,这样构成 4 个移相 $15°$ 的三相整流桥并联的整流形式,从而获得直流侧 24 脉波的直流输出电压。

然而,如图 3-14 所示,让 4 组整流单元之间直接并联运行,虽然也能够达到 24 脉波整流的目的,但是不能保证四路同时导通,变压器利用率低。为克服上述弊端,通常需要在两组不同的整流输出之间安装平衡电抗器,消除相互钳位。两组整流器同时导通,共同为负载供电,如图 3-15 所示。理想情况下,平衡电抗器两端的电压平均值为零,不产生有功损耗。同时,平衡电抗器还可以作为无源滤波器的平波电感。

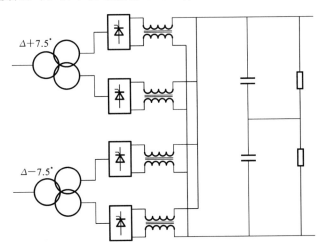

图 3-15　有平衡电抗器的 24 脉波整流电路

3.2.2　交流侧功率因数校正及谐波抑制装置

磁体为大电感负载,无功能量大。为将强磁场电源装置对电网造成的影响降至最小,交流侧需要安装并联电容器进行无功功率补偿,提高电网进线的功率因数。交流侧的功率因数随着整流控制角的变化而变化,一般需要在最大负荷时将交流侧的功率因数补偿到 0.9 以上。

采用多重化的 24 脉波整流结构,由两套 12 脉波整流器并联实现,磁体电阻为 R_{m},电流为 I_{m},视在功率为 S,有功功率为 P,无功功率为 Q,当 $\mathrm{d}Q/\mathrm{d}I_{\mathrm{m}}=0$ 时,电源无功功率最大,此时有

$$I_{\mathrm{m}}=\frac{1}{\sqrt{2}}\frac{U_{\mathrm{d0}}}{R_{\mathrm{m}}} \tag{3-55}$$

式中:U_{d0} 为 $\mathrm{d}Q/\mathrm{d}I_{\mathrm{m}}=0$ 时的磁体端电压。

功率因数与交流侧线电流的有效值 I_2 和直流侧工作电流 I_{m} 密切相关。简单的三相全桥整流,对于阻感负载有 $I_2=\sqrt{2/3}I_{\mathrm{m}}$,对于 24 脉波整流,可视为 12 脉波整流的组合。由图 3-16 所示的 12 脉波整流电路输出波形分析可知,12 脉波整流电路交流侧线电流的有效值 I_2 和直流侧工作电流 I_{m} 关系为

$$I_2=\sqrt{\frac{1}{2\pi}\times\left[\left(\frac{\sqrt{3}}{6}\right)^2\times\frac{2\pi}{3}+\left(\frac{3+\sqrt{3}}{6}\right)^2\times\frac{2\pi}{3}+\left(\frac{3+2\sqrt{3}}{6}\right)^2\times\frac{2\pi}{3}\right]}I_{\mathrm{m}}$$

$$=\sqrt{\frac{1+\sqrt{3}/2}{3}}I_{\mathrm{m}}=0.7886I_{\mathrm{m}} \tag{3-56}$$

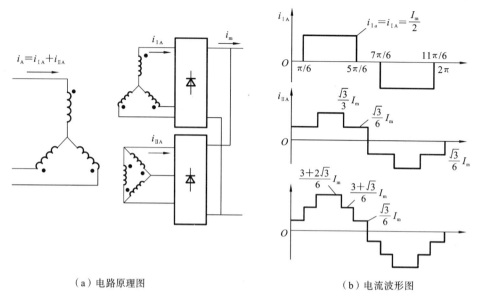

（a）电路原理图　　　　　　　　　　　（b）电流波形图

图 3-16　12 脉波整流电路及其波形

同理,24 脉波整流电路交流侧线电流的有效值 I_2 和直流侧工作电流 I_m 关系为

$$I_2 = 0.787 I_m \tag{3-57}$$

设需要补偿的容性无功为 Q_c(MVA),补偿前的功率因数及需要补偿的无功功率为

$$\cos\phi = \frac{P}{S} = \frac{I_m^2 R_m}{\sqrt{3} U_2 I_2} = \frac{1.35 U_2 \cos\alpha}{\sqrt{3} \times 0.7817 U_2} = 0.997 \cos\alpha \tag{3-58}$$

$$Q_c = P(\tan\phi - \tan\phi_c) \tag{3-59}$$

式中:α 为整流控制器触发角;ϕ 和 ϕ_c 分别为补偿前后功率因数角。

理想情况下,24 脉波整流电路交流侧的谐波主要是 23、25 次谐波。但实际上,整流变压器绕组因星形和角形匝数比不为整数,输出电压和阻抗难以一致等问题,导致负荷分配不均,需要通过晶闸管相控来纠正这种偏差,从而导致三相桥晶闸管两两之间的导通相位差不能严格地保持为 30°,造成网侧仍然存在一定的低次谐波电流。目前交流侧的无功补偿和谐波抑制技术非常成熟,且可以将两者组合在一套装置中。读者可自行查阅电力滤波有关书籍,本书不再对相关技术展开讨论。

3.2.3　直流侧有源电力滤波器方案

24 脉波整流之后的电压纹波主要包含 24 次整数倍(1200 Hz)的特征谐波,除此之外,还含有一定的低次非特征纹波,其中包含 50 Hz 及 100 Hz 的纹波。无源滤波器一般由滤波电容器、电抗器和电阻器构成。理论上,电抗器电感越大,电流纹波越小,电容器容值越大,电压纹波越小,电源输出越平坦。但从工程实现上,器件则是越小越好。通过对其具体参数进行适当的选择,可使截止频率小于基波频率 50 Hz,对高次谐波具有较大的抑制倍数,能够保证将直流侧的大部分纹波分量滤除。一般将截止频率设为 30 Hz 左右。然而,无源滤波器难以实现稳态磁场电源的 100 ppm 以内的纹波要求,必须通过检测电流纹波,控制附加电源对纹波反向补偿,进一步减小纹波。这种主动补偿纹波的方式称为有源滤波或主动滤波,纹波补偿装置称为有源电力滤波器(APF),基本思想如图 3-17 所示。

1．谐波分析

由于线性电源效率低和全控型器件容量、成本的限制,大功率场合下 AC-DC 变换通常由晶闸管相控整流和无源滤波器实现。然而,由于输入电源电压不平衡,整流器件触发角不一致,器件特性不理想等诸多因素使得交、直流侧会产生一定的特征谐波和非特征谐波。应用开关函数法,可以对各种非理想情况下直流侧非特征谐波成分及其含量进行定性定量的分析。

整流设备的工作具有离散采样和调制的开关特性,可以用简单的三角变换来代替区段积分,使整流设备的波形分析简化。这种对整流设备稳态工作进行分析的方法,称为开关函数法。图 3-18 为开关函数的波形示意图。

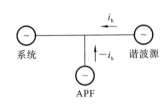

图 3-17　APF 基本思想

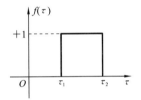

图 3-18　开关函数波形示意图

开关函数定义为

$$f(t) = f(\tau) = \varepsilon(\tau - \tau_1) - \varepsilon(\tau - \tau_2) \tag{3-60}$$

如果令 $\tau = \omega_t$，$\tau_1 = \alpha$，$\tau_2 = \alpha + \alpha_0$，$\alpha$ 为晶闸管控制角，α_0 为晶闸管导通区间,将图3-18的开关函数分解为傅里叶级数,得：

$$f(\omega t, \alpha_0) = A_0 + \sum_{k=1}^{\infty} A_k \cos(k\omega t - \psi_k) \tag{3-61}$$

式中：$A_0 = \alpha_0 = \dfrac{\alpha_0}{2\pi}$；$A_k = \dfrac{2}{k\pi} \sin \dfrac{k\alpha_0}{2}$；$\psi_k = k\alpha + \dfrac{k\alpha_0}{2}$。

根据开关函数的定义和整流设备具有离散采样及调制的开关特性,其输入电流波形和输出电压波形可以用许多开关函数与正弦函数的调制波形来表示,调制波形经过三角变换之后即可以得到谐波特性。

2．整流电路特征谐波分析

理想情况下,三相全波(六脉波)整流器的各个晶闸管开关函数波形如图 3-19 所示。

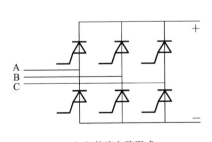

（a）整流电路形式

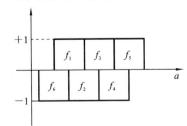

（b）整流电路中各开关的开关函数波形

图 3-19　整流电路形式及其开关函数波形

图 3-19 所示的六脉波开关函数,其傅里叶级数为

$$f_1 = \frac{1}{3} + \sum_{n=1}^{\infty} \frac{2}{n\pi} \cdot \sin\frac{n\pi}{3} \cdot \cos n\left[\omega t - \alpha - \frac{(2i+1)\pi}{6}\right] \tag{3-62}$$

式中:$i = 1 \sim 6$,分别对应 6 个晶闸管的开关函数;α 为整流角。

开关函数 $f_{(1\sim6)}$ 调制三相交流电压 u_a、u_b、u_c 形成输出电压 u_d:

$$u_d = (f_1 - f_4)u_a + (f_3 - f_6)u_b + (f_5 - f_2)u_c \tag{3-63}$$

$$u_d = \frac{3\sqrt{6}}{\pi}U_m\cos\alpha$$
$$+ \frac{3\sqrt{6}}{\pi}U_m\sum_{k=1}^{m}\sqrt{\frac{1}{(6k+1)^2} - \frac{2\cos2\alpha}{(6k+1)(6k-1)} + \frac{1}{(6k-1)^2}}\cos[6k(\omega t - \alpha) + \beta] \tag{3-64}$$

其中,$\beta = \arctan(6k\tan\alpha)$。

式(3-64)右边第一项为输出电压直流分量,第二项为谐波项。正常运行时输出电压仅包含 $n = 6k$ 次的谐波,当整流角 $\alpha = 0°$ 时,各次谐波含量最小,当 $\alpha = 90°$ 时,各次谐波含量最大。

3. 整流电路非特征谐波分析

1)整流器触发信号不对称

整流器的相控触发电路难以保证所有触发信号绝对对称,若某一个触发信号偏离正常值,整流后输出必定含有一系列低次谐波。假定晶闸管 1 的导通角滞后于正常导通角 2δ,受此影响,晶闸管 5 的导通时间将延长 2δ,其开关函数波形图 3-20 所示。

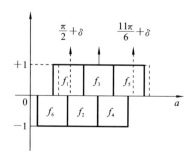

图 3-20 整流电路中某一触发信号滞后 2δ 的开关函数波形

晶闸管 1 和 5 的开关函数变为

$$f_1 = \left(\frac{1}{3} - \frac{\delta}{\pi}\right) + \sum_{k=1}^{\infty}\frac{1}{k\pi}\left[\sin k\left(\omega t - \alpha - \frac{\pi}{6} - 2\delta\right) + \sin k\left(\frac{5}{6}\pi - \omega t + \alpha\right)\right] \tag{3-65}$$

$$f_5 = \left(\frac{1}{3} + \frac{\delta}{\pi}\right) + \sum_{k=1}^{\infty}\frac{1}{k\pi}\left[\sin k\left(\omega t - \alpha - \frac{3\pi}{2}\right) + \sin k\left(\frac{1}{6}\pi - \omega t + \alpha + 2\delta\right)\right] \tag{3-66}$$

当 n 为偶数时,直流侧出现奇数次谐波,其具体表达式为

$$U_{2k+1} = M_{2k+1}\cos\left[(2k+1)\left(\omega t - \alpha - \delta - \frac{2\pi}{3}\right) - \gamma\right] \tag{3-67}$$

式中:

$$M_{2k+1}=\frac{\sqrt{6}U_{\mathrm{m}}}{\pi}\sqrt{\left[\frac{\sin(2k+2)\delta}{2k+2}\right]^2+\left[\frac{\sin(2k\delta)}{2k}\right]^2-\frac{2\sin(2k\delta)\sin\left[(2k+2)\delta\right]}{2k(2k+2)}\cos2(\alpha+\delta)}$$

$$(3\text{-}68)$$

由式(3-67)可知,当 α 由 $0°$ 增加到 $90°$ 时,直流输出电压基波分量($k=0$)的幅值单调递增。也就意味着,当输出直流电压较低时,因为触发角不对称造成的直流输出电压纹波系数恶化愈加显著。

同理,可以分析出 n 为奇数时,直流输出电压 2 次谐波幅值的大小以及随 α 的变化规律,总的来说,与 n 为偶数时规律类似。

对 6 脉波整流桥而言,因触发信号不对称造成直流侧各次非特征谐波有效值占交流侧线电压有效值的比例如表 3-2 所示。总的来说,由触发信号不对称产生的低次谐波幅值(如基波和二次谐波)几乎没有区别,谐波含量随着不对称显著程度和触发角的增大而增大。

表 3-2　某一触发脉冲不对称直流侧非特征谐波含量

2δ \ $U/U_2/(\%)$ \ α	$15°$		$30°$		$60°$		$75°$	
	f	$2f$	f	$2f$	f	$2f$	f	$2f$
$1°$	0.148	0.148	0.282	0.282	0.484	0.484	0.538	0.538
$2°$	0.306	0.306	0.572	0.572	0.972	0.972	1.078	1.0718
$3°$	0.473	0.473	0.871	0.871	1.465	1.465	1.621	1.621
$4°$	0.649	0.649	1.178	1.178	1.963	1.963	2.166	2.166

2) 交流侧电压不平衡

国家标准规定,电力系统公共连接点正常运行方式下不平衡度允许值为 2%,短时间不得超过 4%,电压的不平衡必将在直流侧产生一定的非特征谐波分量,因相电压的不平衡,将会造成自然换相点偏离原有固定的值,且此偏移角度与电压的不平衡度有一定关系。假设 B 相电压高于 A、C 两相 m 倍,即

$$u_{\mathrm{i}}=\begin{bmatrix}u_{\mathrm{a}}\\u_{\mathrm{b}}\\u_{c}\end{bmatrix}=\sqrt{2}U_{\mathrm{m}}\begin{bmatrix}\sin\omega t\\n\sin\left(\omega t-\frac{2\pi}{3}\right)\\\sin\left(\omega t+\frac{2\pi}{3}\right)\end{bmatrix}$$

$$(3\text{-}69)$$

自然换向点偏移 δ 后,有下式成立:

$$\sqrt{2}U_{\mathrm{m}}\sin\left(\frac{5}{6}\pi-\delta\right)=m\sqrt{2}U_{\mathrm{m}}\sin\left(\frac{5}{6}\pi-\delta-\frac{2}{3}\pi\right)$$

$$(3\text{-}70)$$

当 $m=1.05$ 时,$\delta=0.81°$,由触发脉冲不对称的分析可知,在如此小的角度下其非特征谐波成分相对较小。为不影响电压不平衡造成的谐波分量的分析,可以合理假设触发脉冲三相完全对称。

$$u_{\mathrm{d}}=\frac{3\sqrt{6}}{\pi}U_{\mathrm{m}}\cos\alpha+\frac{2\sqrt{2}(m-1)}{\pi}U_{\mathrm{m}}$$

$$\times\sum_{n=1}^{\infty}\frac{\sin\frac{n\pi}{2}\sin\frac{n\pi}{3}}{n}\left\{\cos\left[(n-1)\left(\omega t-\frac{2\pi}{3}\right)-n\alpha\right]-\cos\left[(n+1)\left(\omega t-\frac{2\pi}{3}\right)-n\alpha\right]\right\}$$

$$(3\text{-}71)$$

由式(3-71)可知,交流侧电压不平衡,将会在直流侧中产生附加的偶次谐波分量,直流侧的任一偶次谐波 $2k$ 都可以视为由 $n=2k+1$ 和 $n=2k-1$ 时产生谐波的合成,其表达式如下:

$$u_{2k} = \frac{2\sqrt{2}(m-1)}{\pi} U_m$$

$$\times \left\{ \begin{array}{l} \dfrac{\sin\dfrac{(2k+1)\pi}{2}\sin\dfrac{(2k+1)\pi}{3}}{2k+1}\cos\left[2k\left(\omega t-\dfrac{2\pi}{3}-\alpha\right)-\alpha\right]+ \\ \dfrac{\sin\dfrac{(2k-1)\pi}{2}\sin\dfrac{(2k-1)\pi}{3}}{2k-1}\cos\left[2k\left(\omega t-\dfrac{2\pi}{3}-\alpha\right)+\alpha\right] \end{array} \right\} \tag{3-72}$$

分析式(3-72)可知,对于三相桥式整流而言,交流电压的不平衡造成的偶次非特征谐波分量仅仅受幅值不平衡程度的影响,对于特征谐波将产生附加的分量 U'_{6k},同时将产生附加的直流分量 U'_d。

$$U'_{6k} = \frac{\sqrt{6}(m-1)\cos\alpha}{\pi} U_m \sqrt{\frac{1}{(6k-1)^2}+\frac{1}{(6k+1)^2}+\frac{2\cos2\alpha}{(6k+1)(6k-1)}} \tag{3-73}$$

$$U'_d = \frac{\sqrt{6}(m-1)\cos\alpha}{\pi} U_m \tag{3-74}$$

由此可知,谐波含量仅仅受交流电压幅值不平衡程度的影响,而且也对输出电压中的直流分量产生一定的影响。

3) 交流侧电压的谐波畸变

电网中含有大量非线性负载(如电力电子装置、传动装置等),产生大量谐波给电网造成污染,这些谐波分量经过整流器的调制,在直流侧产生相应的非特征谐波。

通常认为谐波电势远小于平均换相电势幅值,因此在一般的触发角 α 下,不影响各个晶闸管的正常导通。假定谐波造成的交流侧电压畸变不改变自然换相点,应用开关函数法对其进行分析,可得直流侧非特征谐波由两个集合构成:

第一个谐波集合的次数为

$$n = 6k-1+m \tag{3-75}$$

其幅值为

$$U_{dn} = \frac{3\sqrt{3}}{|6k-1|} \cdot \frac{U'_m}{\pi} \tag{3-76}$$

第二个谐波集合的次数为

$$n = 6k+1-m \tag{3-77}$$

其幅值为

$$U_{dn} = \frac{3\sqrt{3}}{|6k+1|} \cdot \frac{U'_m}{\pi} \tag{3-78}$$

式中:m 表示交流侧谐波电势的次数;k 为使 n 取非负值的整数。

由上述分析可知,电网中的谐波经过整流器将会在其直流侧产生各次谐波,具体幅值主要与交流侧谐波的成分及其含量有关,不受整流触发角的影响。

4. 直流有源滤波器

通过上一节的分析可知,电源系统实际运行过程中,输出量包含一定的特征以及非特征谐波分量,仅靠无源滤波网络难以达到水冷磁体对谐波含量的要求,因此必须采用APF进行滤波,以实现电源系统 ppm 级低纹波稳定输出。

直流有源滤波器的基本工作原理是:检测并提取出电压(流)量的纹波分量,并将其作为控制信号,控制有源滤波器的输出抵消流过负载的纹波分量,使输出电压(流)量的谐波分量满足性能指标要求。直流有源滤波器按照接入系统的方式,可以分为并联型和串联型。

串联型 APF 和负载串联,通过检测整流器输出的电压或者电流,由高通滤波器将纹波信号分离,并控制有源滤波器的输出电压,相当于一个受控电压源。串联型 APF直接补偿负载的电压纹波,负载电流穿过补偿电源,因此,更适合输出电流较小的装置,基本结构如图 3-21(a)所示。

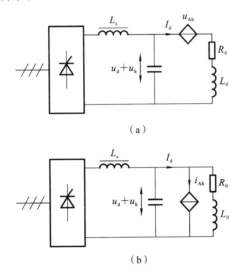

图 3-21　串并联有源滤波器基本原理

并联型 APF 和负载并联,可以认为是一个受控电流源,产生与电源纹波大小相等、相位一致的旁路电流,理论上就可以将纹波完全旁路。并联型 APF 将承受全部负载电压。鉴于稳态强磁场电源的输出电压不高(一般为数百伏),需补偿的纹波电流一般不会很大,但直流分量高达数十千安。因此,采用并联形式的直流有源滤波器在成本及功耗方面具有较大的优势。

1) 串联型直流有源滤波器

串联型有源滤波按照实现方式,可以分为串联线性调整有源滤波和串联耦合变压器有源滤波。其中,线性调整有源滤波是使调整管工作在线性区,通过直接控制其基极或栅极即可起到电流补偿作用,具有响应快、精度高的特点。耦合变压器有源滤波通过耦合变压器将补偿电源耦合到主回路,调节耦合变压器主回路侧的端电压,起到滤波作用。

(1) 串联线性调整有源滤波。

串联线性调整有源滤波将工作在线性区的大功率半导体器件串联在主回路,利用负反馈组成一个闭环控制系统,如图 3-22 所示。其中,整个有源滤波调整管系统由线性调整管阵列、直流采样电流互感器(DCCT)、基准电流参考值、比较放大控制器等主要环节组成。调整管阵列在反馈信号的作用下,将输出电流调整在设定值并保持不变。

美国国家强磁场实验室的四组输出功率为 40 MW 的高稳定度电源即采用了该方案，实现了电源连续 12 小时工作输出电流稳定度优于 10 ppm。为使得线性调整部分传输数十千安的电流，使用了 336 个 400 V/200 A 大功率晶体管，并为每个支路串联 15 mΩ 均流电阻。

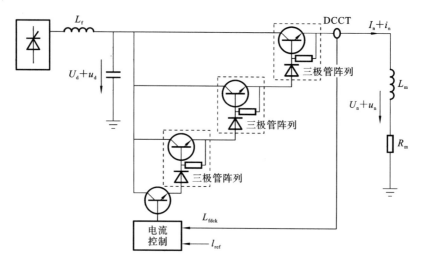

图 3-22 串联线性调整管原理示意图

为保证调整管在允许纹波电压 $\pm V_{pp}$ 范围内仍可以可靠工作在线性区，需要将额定磁体电流工况下集-射极电压维持在

$$V_{sa} + V_{ppm} < V_{ce} < V_{cl} - V_{ppm} \qquad (3\text{-}79)$$

式中：V_{sa} 为调整管饱和电压，由晶体管固有电气特性决定；V_{cl} 为箝位电压，由反并联齐纳二极管限幅以限制调整管功耗。采用了两级控制方式，整流桥的触发角由线性区晶闸管的端电压控制，在满足纹波调控的同时尽可能减小线性调整管的功耗。滤波控制框图如图 3-23 所示。

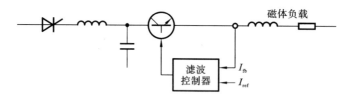

图 3-23 串联线性调整管控制示意图

（2）串联耦合变压器有源滤波。

根据串联型有源滤波的基本原理可知，电路串联有源滤波器是为了抵消难以消除的可控硅整流输出的纹波电压，同时希望其本身对直流输出电流没有影响。因此，也可以在回路中串联注入电感线圈实现滤波，利用电感线圈替代有源滤波中的调整管，其基本结构如图 3-24 所示。

当不计电流注入控制时，磁体上的纹波电流 i_m 由整流输出电压的纹波 u_d 产生：

$$i_m = \frac{u_d}{(R_m + R_2) + j\omega(L_m + L_2)} \qquad (3\text{-}80)$$

式中：R_2 和 L_2 分别表示耦合变压器副边的电阻和电抗。

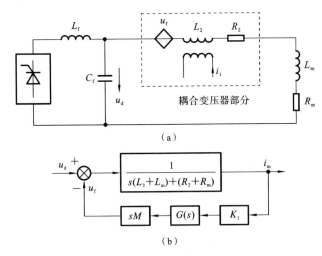

图 3-24　串联注入有源滤波等效电路

电流传感器检测到纹波电流 i_m 后,控制补偿电源在耦合变压器的原边产生纹波电流 i_1,耦合变压器的副边产生纹波电压 u_f 为

$$u_f = K_1 \cdot G \cdot j\omega M \cdot i_m = j\omega M \cdot i_1 \qquad (3\text{-}81)$$

式中:u_f 为加在耦合变压器副边上的补偿电压;K_1 为 DCCT 的采样变比;G 为电流注入控制器的放大倍数;M 为耦合变压器原副边的互感。

当系统处于平衡状态时,纹波电流复频域表达式为

$$i_m = \frac{u_d}{s[L_2 + L_m + K_1 \cdot G(s) \cdot M] + (R_m + R_2)} \qquad (3\text{-}82)$$

由此可知,只需将电流注入控制器的传递函数 G 设为一个比例环节,即可保证系统对外界纹波输入的有效抑制。该滤波方案对高频分量具有很好的滤波效果,而希望滤除低次纹波分量则需要加大控制器的比例系数。

（3）串联型有源滤波方案的比较。

串联注入法在一定程度上克服了串联线性法的不足。一方面,前者系统损耗明显小于后者,另一方面,在有源滤波器不工作时,耦合变压器相当于电感,同平波电抗器共同起到平波的作用,系统可靠性较高,同时,前者无需考虑直流侧电压降的调控问题,控制策略更简单。但耦合变压器无法传递直流分量,无助于电源稳定度的提高,同时,前者检测并无延时提取纹波电流,相较于后者检测纹波电压更难以实现,滤波效果较差。二者差别如表 3-3 所示。

表 3-3　两种串联型有源滤波方案比较

	串联调整管有源滤波	变压器型串联有源滤波
直流压降	5～10 V	约为 0
造价及运行费用	贵	较贵
滤波效果	理想	不甚理想
同整流器的控制	耦合	解耦
稳定性	高	较高
快速性	快	较快

为满足稳态水冷磁体供电需求,串联调整管有源滤波方案被美国、荷兰、日本等国的强磁场中心采用,而串联注入型仅在法国强磁场中心有所应用,虽然在一定程度上降低了功耗,但电源稳定度并没有提高。总的来说,虽然串联型有源滤波方案在强磁场实验室得到广泛应用,技术成熟、滤波效果好,但其有功耗巨大、成本极高的缺点。

2)并联型直流有源滤波器

(1)工作原理。

并联型直流有源滤波器和负载相并联,可视为一个受控电流源,其交流等效电路图 3-25 所示。其中,u_s 为电源侧的纹波电压;i_m 为负载纹波电流;i_C 为滤波电容支路的纹波电流;i_A 为有源滤波器提供的补偿纹波电流。其基本工作原理是:通过向系统中注入电流 i_A,旁路流经负载的纹波电流 i_m 和滤波电容的纹波电流 i_C,从而大大降低负载纹波,使负载的纹波电流满足技术要求。

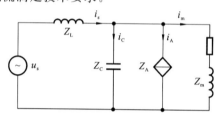

图 3-25 并联有源滤波交流等效电路

并联有源滤波器有不同的实现方案,但其滤波器支路的等效阻抗 Z_A 需要满足 $Z_A \ll Z_C$。未加有源滤波器时,因为磁体阻抗 $Z_m \gg Z_C$,磁体纹波电压近似为

$$u_{ab} = \frac{Z_C}{Z_L + Z_C} \tag{3-83}$$

加入有源滤波器后,纹波电压近似为

$$u'_{ab} = \frac{Z_A}{A_L + Z_A} \tag{3-84}$$

加入有源滤波器前后,二者之比为

$$\frac{u'_{ab}}{u_{ab}} = \frac{Z_A \cdot (Z_L + Z_C)}{Z_C \cdot (Z_L + Z_A)} = \frac{Z_A}{Z_C} \tag{3-85}$$

由式(3-85)可知,滤波的效果主要取决于有源滤波器支路等效阻抗和滤波电容阻抗之比,且随着有源滤波支路纹波阻抗 Z_A 的降低而加强。当 $Z_A = 0$ 时,理论上可以将磁体及滤波电容的纹波电流旁路。通过动态控制有源滤波器的注入纹波电流 i_A,从而动态地改变其等效阻抗 Z_A,即可大大降低负载两端的纹波电压,实现滤波的目的。有源滤波器支路的纹波等效阻抗主要由 i_A 控制,若有源滤波注入电流 i_A 由 PWM 逆变电路提供,即成为并联 PWM 有源滤波器,若其由线性调整管提供,则成为并联线性有源滤波器。

(2)并联 PWM 有源滤波。

强磁场电源系统及并联型 PWM 有源滤波电路结构如图 3-26 所示,其中有源滤波器选用的是全桥变换器,L_f、C_f 分别为电源系统的平波电抗器和滤波电容,R_m 和 L_m 分别为负载的电阻和电感,L_a 为有源滤波器与 C_f 的连接电感。兰州重离子研究所采用并联 PWM 有源滤波器实现了 600 A/8.87 ppm 的高稳定度电流源。

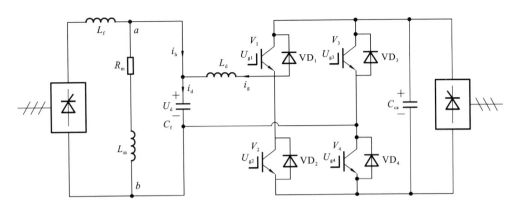

图 3-26　系统主电路结构示意图

（3）并联线性有源滤波。

PWM 并联有源滤波存在电磁干扰问题，其响应速度受到 H 桥内器件的开关频率的限制，且高频开关可能给待补偿支路引入额外谐波成分。同时，变化的负载电压给其参数的设计造成一定困难。为克服 PWM 并联有源滤波的缺点，借鉴串联线性调整有源滤波的思想，有如图 3-27 所示的并联线性有源滤波方案，该方案通过直接控制线性调整管的基（栅）极电流，为主回路注入双极性、快速响应的纹波补偿电流，实现较为理想的滤波效果，其中，L_f、C_f 分别为电源系统的平波电抗器和滤波电容，K_1、K_2 分别为两组工作在线性放大区的晶体管，另外设置两组辅助电源 APFSl 和 APFS2。

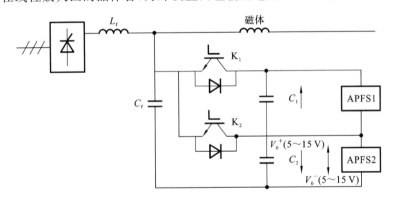

图 3-27　并联线性有源滤波电路

线性调整管 K_1、K_2 流过的补偿电流在较大范围内变化，可以视为双向推挽式的可控电流源，产生双向的补偿电流。为保证合理的热损耗并且使其分别可靠地工作在截止区和线性区，必须控制其管压降。由于其公共端并联到主回路输出端，调整管另一端的电压需要实时可调，因此设置两组辅助电源 APFSl 和 APFS2。

该系统的控制变量为无源滤波电容 C_f 上电流 i_C，通过检测其极性和大小，在正半轴导通 K_2，关闭 K_1，控制 K_2 上电流以"抽出"电容上的纹波电流，反之负半轴导通 K_1，关闭 K_2，控制 K_1 上的电流以注入纹波电流，抵消磁体两端电压纹波。

习题

3.1　请解释比特磁体的工作原理。

3.2 混合磁体相较于单纯的水冷磁体有什么优势? 适用何种应用场景?

3.3 稳态强磁场装置电源系统由哪几个部分构成? 分别起什么作用?

3.4 简述多脉波整流的优缺点,分析 36 脉波整流的谐波成分。

3.5 简述直流有源滤波的类型及优缺点。

参考文献

[1] Herlach F, Miura N. High Magnetic Fields: Science and Technoligy[M]. World Scientific Publishing Co. Pte. Ltd, 2003.

[2] Nakagawa Y, Miura S, Hoshi A, et al. Detailed Analysis of a Bitter-Type Magnet[J]. Japanese Journal of Applied Physics, 1983, 22(Part 1, No. 6): 1020-1020.

[3] Daversin C, Veys S, et al. A Reduced Basis Framework; Application to large scalenon-linear multi-physics problems[J]. Esaim Proceedings, 2013, 7: 1-10.

[4] 张宝裕, 刘恒基. 磁场的产生[M]. 北京: 机械工业出版社, 1987.

[5] 王秋良. 高磁场超导磁体科学[M]. 北京: 科学出版社, 2008.

[6] Moody L F. Friction factors for pipe flow[J]. ASME, 1944, 66(8): 671-677.

[7] Dipprey D F, Sabersky R H. Heat and Momentum Transfer in Smooth and Rough Tubes at Various Prandtl Numbers[J]. International Journal of Heat and Mass Transfer, 1963, 6(5): 329-353.

[8] Prestemon S. Development of a spectral element code for the study of heat and momentum transfer in turbulent flows through rough channels[D]. The Florida State University ProQuest Dissertations Publishing, 2001.

[9] Nikuradse J. Strömungsgesetze in Rauhen Rohren[J]. VDI forschungsheft B, 1933, 4: 361.

[10] Giedt W. Principles of Engineering Heat Transfer[M]. D. Van Nostrand Company, Inc, 1957.

[11] Caldwell J, Electromagnetic forces in high field magnet coils[J]. Applied Mathematical Modelling, 1982, 6(3): 157-160.

[12] Nguyen D N, Micheland J, Mielke C H. Status and Development of Pulsed Magnets at the NHMFL Pulsed Field Facility[J]. IEEE Transactions on Applied Superconductivity, 2016, 26(4): 1-5.

[13] Bitter F. The Design of Powerful Electromagnets Part I. The Use of Iron [J]. Review ofscientific Instruments, 1936, 7(12): 479-481.

[14] Kobelev V. Optimal Bitter Coil Solenoid[J]. arXiv e-prints, 2016.

[15] Witte H. Magnet design using finite element analysis[D]. University of Oxford, 2007.

[16] Skourski Y, Herrmannsdorfer T, Sytcheva A, et al. Finite-Element Simulation and Performance of Pulsed Magnets[J]. IEEE Transactions on Applied Super-

conductivity，2008，18(2)：608-611.

[17] Gao B J，Ding L R，Wang Z J，et al. Water-Cooled Resistive Magnets at CHMFL[J]. IEEE Transactions on Applied Superconductivity，2016：1-6.

[18] Bird M D，Bole S，Eyssa Y M，et al. Design of a poly-Bitter magnet at the NHMFL[J]. IEEE Transactions on Magnetics，1996，32(4)：2542-2545.

[19] Takahashi K，Awaji S，Sasaki Y，et al. Design of an 8 MW Water-Cooled Magnet for a 35 T Hybrid Magnet at the HFLSM.[J]. IEEE Transactions on Applied Superconductivity，2006.

[20] 林良真，张金龙，超导电性及其应用[M]. 北京：北京工业大学出版社，1998.

[21] Miller J R，Bird M D，Bole S，et al. An overview of the 45-T hybrid magnet system for the new National High Magnetic Field Laboratory[J]. IEEE Transactions on Magnetics，1994，30(4)：1563-1571.

[22] Miller J R. The NHMFL 45-T hybrid magnet system：past，present，and future[J]. IEEE Transactions on Appiled Superconductivity，2003，13(2)：1385-1390.

[23] Bitter F. The design of powerful electromagnets：part IV-the new magnet lab at M. I. T.[J].：Review of Scientific Instruments，1939，10(12)：373-381.

[24] Singh B，Gairola S，Singh B N，et al. Multipulse AC-DC Converters for Improving Power Quality：A Review[J]. IEEE Transactions on Power Electronics. 2008，23(1)：260-281.

[25] Li K，Liu J，Xiao G，et al. Novel load ripple voltage-controlled parallel DC active power filters for high performance magnet power supplies[J]. IEEE transactions on nuclear science. 2006，53(3)：1530-1539.

[26] 龙佼佼，吴景林，刘小宁，等. 有源电力滤波器中双向快速充放电 DC-DC 变换器设计及仿真[J]. 高电压技术. 2013，39(7)：1792-1797.

[27] 王伟利，刘小宁，王磊. 强磁场装置有源直流滤波器设计[J]. 电力自动化设备. 2007，27(03)：96-98.

[28] Song I H，Shin H S，Choi C H，et al. Development of highly stabilized and high precision power supply for KCCH cyclotron magnet[C]. IEEE International Pulsed Power Conference，2001(02)：1739-1742.

[29] 肖国春，裴云庆，姜桂宾，等. 高精度、低纹波稳定电源用直流有源滤波器研究[J]. 电工技术杂志. 2001(06)：4-6.

4

脉冲磁体技术

4.1 概述

与超导磁体、水冷磁体及混合磁体提供的随时间恒定的磁场不同,脉冲磁体可以在微秒到毫秒量级的持续时间里,产生远高于稳态磁场强度的瞬变磁场,是产生强磁场最为有效的手段,成为科学研究以及工程应用的重要研究工具。

脉冲磁体包括非破坏性脉冲磁体和破坏性脉冲磁体两大类。其中,非破坏性脉冲磁体所能产生的磁场远小于破坏性脉冲磁体,但其可以多次稳定重复使用,应用领域及场合更为广泛。为此,本章将系统介绍非破坏性脉冲磁体设计技术,包括脉冲磁体的磁体结构、电磁热多场耦合、多级脉冲磁体耦合补偿、磁体弹塑性力学行为以及快速冷却分析与设计等,重点关注脉冲大电流放电过程中脉冲磁体在复杂的电—磁—热—力效应下自身力学结构的稳定性问题。对于破坏性脉冲磁体,将主要针对与之相关的单匝线圈技术以及磁通压缩技术进行简要介绍。

4.2 非破坏性脉冲磁体技术

4.2.1 脉冲磁体结构

脉冲磁体是脉冲强磁场装置的核心装置,负责磁场的产生与应用。在非破坏性脉冲磁体发展过程中有两个具有里程碑意义的技术突破:一是在磁体材料方面的突破,1986 年美国麻省理工学院 S. Foner 教授首次将高强度铜铌合金线引入脉冲磁体,将磁场强度提升至 68 T;二是加固技术方面,比利时鲁汶大学 F. Herlach 教授以及当时的博士生李亮发明了脉冲磁体的分层加固技术,将磁场强度提升至 80 T。

最简单的脉冲磁体为单级结构,一般由导线反复叠绕而成,两个电极分别由最内层和最外层导线引出。图 4-1 是一个典型的脉冲磁体的轴向剖面图,磁体内部导线层和加固层交替排列,每层加固层主要由高强度纤维经过环氧固化而成,负责约束与其相邻的内层导线,即分层加固技术。纤维材料一般有 PBO 纤维(Poly-p-phenylene benzo-bisoxazole)、玻璃纤维和碳纤维等。由于纤维层的加固效果并不一直随着其厚度的增加而增大,若将其集中于磁体外部进行加固,则有一部分不能发挥加固作用。相比之下，逐层加固技术相当于将原本集中的纤维层分散至磁体内部，从而发挥了各纤维层的加固作用，使得磁体的稳定性得到显著提升，单级磁体结构所能产生的峰值场强一般低于 75 T。

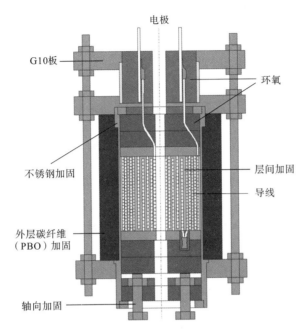

图 4-1 单级脉冲磁体结构示意图

尽管分层加固技术大幅提高了单级脉冲磁体的稳定性，但单级磁体在高磁场峰值区域的脉宽较长，对电源容量和功率的要求极高。同时，由于磁体半径的增加会使得磁体内部应力分布不均，对结构稳定性造成一定影响。为了解决该问题，2003 年欧盟依据"ARMS"计划在法国图卢兹强磁场实验室（Laboratoire National des Champs Magnétiques Intenses，LNCMI）利用两级磁体首次达到了 76 T 的磁场峰值，之后美国和德国也采用两级磁体分别实现了 88.9 T 和 91.2 T 的磁场峰值，我国研制的 94.8 T 脉冲磁体同样是两级结构。图 4-2(a)、(b)是我国首个 100 T 三级脉冲磁体的设计结构与各级磁体的磁场波形。由图 4-2 可知，该磁体实际上是通过各级磁体磁场峰值的叠加来实现目标场强的，故而能够灵活地分配有限的能量，以满足不同的应用需求。

4.2.2 电磁热多物理场耦合模型

脉冲磁体放电过程是一个电-磁-热多物理场耦合过程，涉及电路、磁场以及温度场的耦合。在对放电过程进行分析时，要充分考虑导体的热效应、磁致电阻效应以及涡流效应。本节首先介绍电磁热多物理场耦合数学模型，然后分析单级脉冲磁体和两级脉冲磁体的放电过程，最后分析多级脉冲磁体的耦合补偿模型。

1. 电磁热多物理场耦合数学模型

1）电路方程

n 级脉冲磁体的电路方程为

$$(L_i + L_{sxi}) \frac{di_{Li}}{dt} + \sum_{j \neq i}^{n} M_{ij} \frac{di_{Lj}}{dt} = u_i - (R_{Li} + R_{exi}) i_{Li} \tag{4-1}$$

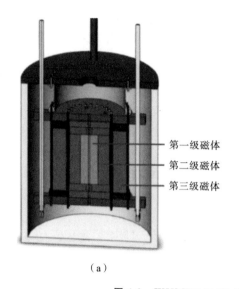 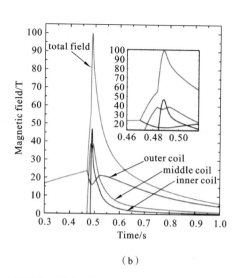

（a） （b）

图 4-2 WHMFC 100T 的三级磁体结构与磁场波形

式中：L_i 是第 i 级脉冲磁体的自感；L_{exi} 是第 i 级脉冲磁体的线路电感；i_{Li} 是通过第 i 级脉冲磁体的电流；M_{ij} 是第 i 级脉冲磁体和第 j 级脉冲磁体之间的互感；u_i 是第 i 级脉冲磁体的外接电源电压；R_{Li} 是第 i 级脉冲磁体的电阻；R_{exi} 是第 i 级脉冲磁体的直流线路电阻。电路原理图如图 4-3 所示。

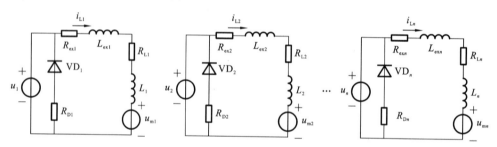

图 4-3 n 级脉冲磁体的电路原理图$\left(\text{其中第 } i \text{ 级的感应电压为：} u_{mi} = \sum\limits_{j \neq i}^{n} M_{ij} \dfrac{\mathrm{d}i_{Lj}}{\mathrm{d}t}\right)$

为了求解电路方程，需要计算磁体的电感矩阵和电阻。

脉冲磁体的电感计算有两种方法：能量法和磁通法。

（1）能量法计算电感矩阵。

能量法计算电感矩阵公式如下：

$$L_i = \frac{2}{i_{Li}^2} \int_{\Omega} W_m \mathrm{d}\Omega, \quad i_{Lj} = \begin{cases} 0, & j \neq i \\ i_{Li}, & j = i \end{cases}$$

$$M_{ij} = \frac{1}{i_{Li}i_{Lj}} \int_{\Omega} W_m \mathrm{d}\Omega - \frac{1}{2}\left(\frac{i_{Li}}{i_{Lj}}L_{Li} + \frac{i_{Lj}}{i_{Li}}L_{Lj}\right), \quad i_{Lk} = \begin{cases} 0, & k \neq i,j \\ i_{Li}, & k = i \\ i_{Lj}, & k = j \end{cases} \quad (4-2)$$

式中：W_m 为磁能密度；Ω 为整个有限元计算空间体积。

（2）磁通法计算电感矩阵。

磁通法计算电感矩阵公式如下：

$$L_i = \frac{n_i \int_{\Omega_{cdi}} A_\phi \mathrm{d}\Omega}{i_i A_{cdi}}, \quad i_i = \begin{cases} 0, & j \neq i \\ i_i, & j = i \end{cases}$$

$$M_{ij} = \frac{n_j \int_{\Omega_{cdi}} A_\phi \mathrm{d}\Omega}{i_i A_{cdi}}, \quad i_j = \begin{cases} 0, & j \neq i \\ i_i, & j = i \end{cases}$$

(4-3)

式中：n_i 为第 i 个脉冲磁体的匝数；A_ϕ 为向量磁位；A_{cdi} 为脉冲磁体中导体截面积；Ω_{cdi} 为脉冲磁体导体区域体积。

脉冲磁体的电阻计算有两种方法：一种方法是采用直流电阻的定义；另一种方法是采用焦耳定律。

（1）直流电阻计算。

直流电阻计算公式如下：

$$R_i = \frac{n_i \int_{cdi} \rho(B,T)\mathrm{d}\Omega}{A_{cdi}^2}$$

(4-4)

$$\rho(B,T) = \frac{1}{\sigma(B,T)} = \rho(T)\left\{1 + 10^{-3}\left[B\frac{\rho(273)}{\rho(T)}\right]^{1.1}\right\}$$

式中：$\sigma(B,T)$ 为脉冲磁体导体的电导率；B 为任一点磁场强度；T 为任一点温度。由于要考虑导体的热效应和磁致电阻效应，因此电导率 σ 是磁场强度 B 和温度 T 的函数。

（2）焦耳热定律计算电阻。

焦耳定律计算电阻公式如下：

$$R_i = \frac{\int_\Omega Q\mathrm{d}\Omega}{i_i^2}$$

(4-5)

$$Q = \sigma(B,T)J_i^2$$

式中：Q 为焦耳热；J_i 为导体内的电流密度分布，由下述的电磁方程 Ⅱ 获得。

由于涡流效应的影响，脉冲磁体中导体内的电流密度分布极不均匀，通流面积随时间变化，所以在使用式（4-4）时，无法得到准确的电阻。而采用式（4-5）就考虑了涡流效应的影响，可以获得准确的电阻。

2）电磁方程 Ⅰ

$$\nabla \times (\mu_0^{-1}\mu_r^{-1}\nabla \times A_{\phi 1}) = \bar{J}_{\phi i} = \frac{I_{Li}}{S_{cdi}}$$

(4-6)

式中：$A_{\phi 1}$ 为向量磁位；$\bar{J}_{\phi i}$ 为第 i 级脉冲磁体导体中的平均电流密度；S_{cdi} 为第 i 级磁体的导体不含绝缘层的导线截面积。导体以外区域中的电流密度为 0。该方程是为了获得导体表面及以外的磁场，导体内的磁场和电流密度分布由电磁方程 Ⅱ 获得。

边界条件：中平面为垂直边界条件，对称轴为对称边界条件，其他外边界为平行边界条件。边界条件的设定如图 4-4（a）所示。

3）电磁方程 Ⅱ

$$\sigma\frac{\partial A_{\phi 2}}{\partial t} + \nabla \times (\mu_0^{-1}\mu_r^{-1}\nabla \times A_{\phi 2}) = \bar{J}_\phi = \frac{I_{Li}}{S_{cdi}}$$

(4-7)

边界条件：该方程只求解导体区域，以电磁方程 Ⅰ 得到的导体表面的磁场作为电磁方程 Ⅱ 的边界条件进行求解，从而获得导体里面的磁场和电流密度分布。边界条件的设定如图 4-4(b)所示。

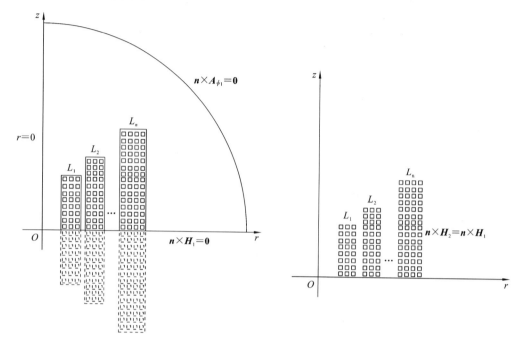

电磁场方程 I 的边界条件   电磁场方程 II 的边界条件

图 4-4   电磁方程 I 和 II 的边界条件设置情况，其中 L_i 表示第 i 级磁体

4）热传导方程

$$\rho C_{p} \frac{\partial T}{\partial t} + \mathbf{\nabla} \cdot (-k \mathbf{\nabla} T) = Q \tag{4-8}$$

式中：ρ 为密度；C_p 为热容；k 为热传导系数；T 为温度；Q 为热源。

边界条件：中平面设置为绝热边界条件，跟液氮接触的地方设置为第一类边界条件（$T=77$ K）。通常液氮在脉冲磁体表面会沸腾蒸发，已经不满足第一类边界条件，不过由于放电过程持续时间很短，因此对于放电过程来说，第一类边界条件是适用的。但在冷却计算的时候需要用第二类边界条件，不然就会过分夸大脉冲磁体表面和液氮之间的传热效率，边界条件的设定如图 4-5 所示。

式（4-1）～式（4-8）完整地描述了脉冲磁体放电过程中的电磁热多物理场耦合过程。为了提高收敛速度，减小对计算机内存的要求，根据式（4-1）、式（4-6）～式（4-8）的性质，可以采用顺序耦合的算法来完成电磁热多物理场耦合计算。

2. 单级脉冲磁体电磁热耦合分析

由电容器组供电的单级脉冲磁体的电磁热耦合数学模型由三个方程构成，即电路方程、磁场方程和热传导方程。单级脉冲磁体的电路图如图 4-6 所示。磁场方程和热传导方程已在前面详细描述，这里不再赘述。

电路方程为

$$(L_{\text{coil}} + L_{\text{exi}}) \frac{\mathrm{d} i_{\text{coil}}}{\mathrm{d} t} + (R_{\text{coil}} + R_{\text{exi}}) i_{\text{coil}} = u$$

$$i_{\text{coil}} = -C \frac{\mathrm{d} u}{\mathrm{d} t} - \frac{u}{R_{\text{D}}} \quad (u < 0) \tag{4-9}$$

式中：L_{coil}是脉冲磁体的线圈自感；L_{exi}是线路电感；i_{coil}是脉冲磁体的电流；u是脉冲磁体外接电源电压；R_{coil}是脉冲磁体线圈的电阻；R_{exi}是脉冲磁体外接电路的电阻；R_D是续流回路电阻。

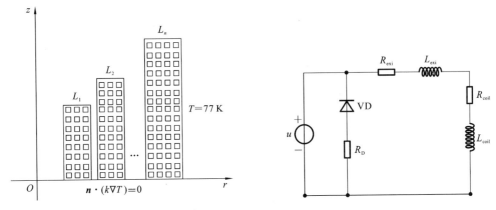

图 4-5　温度场方程边界条件设置　　　　　图 4-6　单级脉冲磁体的电路图

图 4-7 为数值计算得到的单级脉冲磁体在脉冲起始时刻和峰值时刻的磁场分布图。从图 4-7 可以看出，在脉冲开始阶段很短的一段时间内(0.01 ms)，磁场还没有渗透到导体内部，所以导体表面磁场强，越往导体内部磁场越弱，甚至为 0；而到了峰值时刻(4.6 ms)，磁场完全渗透到导体内部，磁场分布均匀，该现象称为脉冲磁体导体中的涡流效应。它直接导致脉冲开始阶段脉冲磁体的内自感为 0，而交流电阻为无穷大。

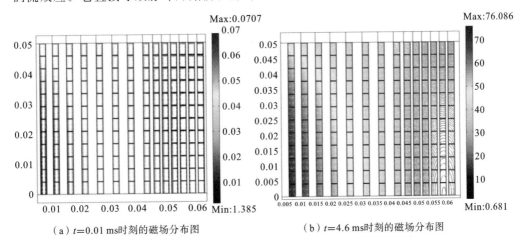

（a）$t=0.01$ ms时刻的磁场分布图　　　　（b）$t=4.6$ ms时刻的磁场分布图

图 4-7　单级磁体不同时刻磁场分布图

图 4-8 为单级脉冲磁体的电阻和电感随时间变化的波形图。从图 4-8 可以看出，在脉冲开始时刻，脉冲磁体的电阻无穷大而内自感为 0；随着放电过程的继续，涡流效应减弱，脉冲磁体的电感逐渐增加而电阻减小；等到了峰值时刻(4.6 ms)，电感已增加至稳态值而电阻减小至最小值；但是由于电阻热效应的增强，电阻迅速增加，最终达到初始直流电阻的 3 倍左右。

图 4-9 所示的为数值计算得到的 dB/dt 波形和中心磁场波形以及实验测量得到的中心磁场波形。从图 4-9 可以看出，仿真得到的中心磁场波形和实验测量得到的中心磁场波形吻合得很好；差别只是在脉冲尾部的地方，与数值计算得到的中心磁场相比，

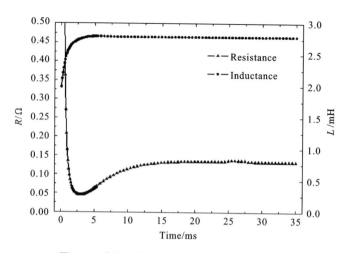

图 4-8 脉冲磁体放电过程中电阻和电感曲线

实验获得的中心磁场波形衰减得更快,这是由于在数值计算中没有考虑线路电阻和续流电阻的热效应所导致的。该脉冲磁体的磁场峰值为 75 T,上升时间为 4.6 ms,持续放电时间为 35 ms。从图 4-9 还可以看出,在脉冲初始时刻,dB/dt 出现了一个尖峰,这完全是由于放电初始时刻的涡流效应导致脉冲磁体内自感为 0 造成的结果。

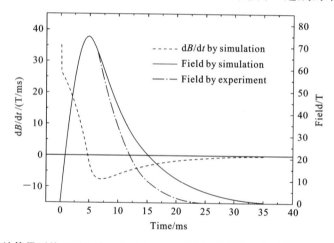

图 4-9 数值计算得到的 dB/dt 波形和中心磁场波形与实验测量得到的中心磁场波形对比图

图 4-10 为单级脉冲磁体不同时刻中平面处导体内部的电流密度分布图。从图 4-10 可以看出,在脉冲初始时刻,电流密度分布极不均匀。由电磁感应定律,为了阻止磁通变化,导体外侧的电流密度方向与内侧的相反。还可以发现最外层导体的外侧电流密度大于内侧的电流密度,这是由于脉冲磁体的磁场在接近磁体外层区域反向造成的。同样,当磁场衰减时,导体外侧的电流密度比内侧的大。导致的结果是:导体外侧的温度可能比内侧的温度更高。

图 4-11 所示的为单级脉冲磁体不同时刻中平面处的温度分布。从图 4-11 可以看出,在脉冲起始时刻,由于涡流效应导致电流密度分布极不均匀,导体内外侧的温差最大高达 50 K。由于涡流效应和磁致电阻效应的减弱以及热传导的作用,一开始极度不均匀的温度分布在脉冲快结束的时候趋于均匀。由于一些热量进入绝缘层和加固层,进而扩散到液氮中,所以导致的结果是:脉冲磁体的最高温度并不出现在脉冲结束

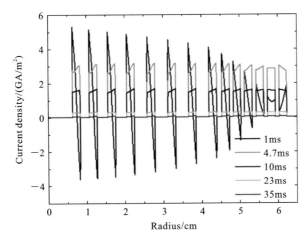

图 4-10　脉冲磁体导体线圈不同时刻电流密度分布

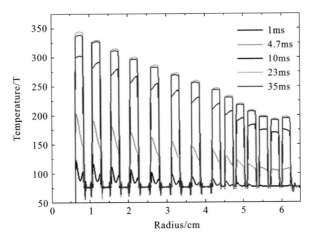

图 4-11　单级脉冲磁体不同时刻中平面处的温度分布图

时刻。

　　涡流效应减小了放电开始时刻的脉冲磁体电感,增加了放电开始时刻的脉冲磁体电阻,导致电流达到峰值时间提前,并使 dB/dt 在脉冲开始时刻出现一个很高的尖峰。磁致电阻效应和涡流效应导致温度分布极不均匀,不仅层与层之间的温度分布不均匀,同一层之间的温度分布也不一样,内外层最大温差高达 50 K。如果不对这种情况加以优化的话,脉冲磁体很容易因为局部温度过高而烧毁。所以需要采用多种导体材料搭配以及减小内层导体的脉宽来对这种情况加以优化,从而保证脉冲磁体内部温度分布尽可能均匀,而多级脉冲磁体就成为一个自然的选择。

3. 两级脉冲磁体电磁热多场耦合分析

　　本节分析对象为华中科技大学国家脉冲强磁场科学中心所开发的 80 T 级两级脉冲磁体,其实现的最高磁场达 83 T,创造了当时的亚洲纪录。内级脉冲磁体采用铜铌导线,由电容器组供电;外级脉冲磁体采用铜导线,由电容器组供电。两级脉冲磁体存在一个内外级脉冲磁体放电时序配合的问题。通常的做法是:内级脉冲磁体放电延时通过外级脉冲磁体磁场峰值时刻减去内级脉冲磁体上升时间来确定,内外级脉冲磁体磁场叠加形成超强磁场,两级脉冲磁体电路如图 4-12 所示。

对于由电容器供电的双级脉冲磁体,电路方程为

$$(L_1 + L_{ex1}) \frac{di_{L1}}{dt} + M_{12} \frac{di_{L2}}{dt} = u_1 - (R_{L1} + R_{ex1}) i_{L1}$$

$$(L_2 + L_{ex2}) \frac{di_{L2}}{dt} + M_{12} \frac{di_{L1}}{dt} = u_2 - (R_{L2} + R_{ex2}) i_{L2}$$

$$i_{L1} = i_{C1} + i_{D1} = -C_1 \frac{du_1}{dt} - \frac{u_1}{R_{D1}} \quad (u_1 < 0)$$

$$i_{L2} = i_{C2} + i_{D2} = -C_2 \frac{du_2}{dt} - \frac{u_2}{R_{D2}} \quad (u_2 < 0)$$

(4-10)

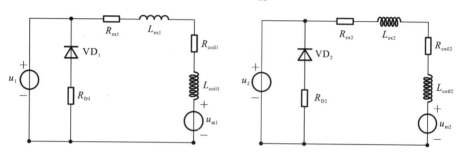

图 4-12　两级脉冲磁体电路图

图 4-13 为 80 T 级两级脉冲磁体实验测量与仿真计算得到的中心磁场波形对比图。从图 4-13 可以看出,仿真获得的结果跟实际测量的结果吻合得非常好。磁场波形尾部差异的原因与单级脉冲磁体一样:仿真的时候没有考虑线路电阻和续流电阻的热效应。外级脉冲磁体先被触发放电,等到放电到 $t_2 = 25$ ms 时刻,内级脉冲磁体被触发放电。从图 4-13 还可以看出,由于两级脉冲磁体之间互感的作用,每级脉冲磁体的磁场波形与单级脉冲磁体磁场波形略有不同。外级脉冲磁体磁场被削弱,内级脉冲磁体磁场被增强。外级脉冲磁体所产生的磁场最大值并不是出现在叠加磁场最大值的那一时刻,而是出现在内级脉冲磁体放电刚开始触发的时刻。所以在进行外级脉冲磁体应力计算时,不能用叠加磁场峰值时刻所对应的外级脉冲磁体磁场值来计算,而是要找到外级脉冲磁体磁场峰值来进行应力计算,否则可能导致外级脉冲磁体应力不满足要求。

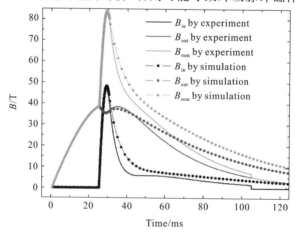

图 4-13　两级脉冲磁体实验测量与仿真计算中心磁场波形对比图

这种影响随着它们之间互感的增加而愈发明显。

图 4-14 所示的为该 80 T 级两级脉冲磁体放电结束时刻的温度分布。从图 4-14 可以看出,该 80 T 级两级脉冲磁体在放电结束时,最高温度不到 315 K,而前一节中的 75 T 级单级脉冲磁体最高温度接近 350 K,由此得知多级脉冲磁体可以降低磁体温升。

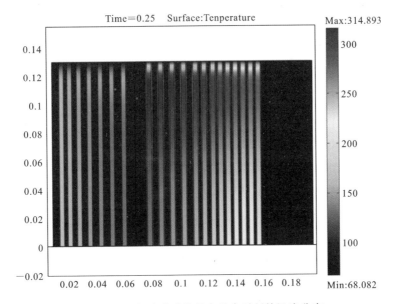

图 4-14　两级脉冲磁体放电结束时刻的温度分布

4. 多级脉冲磁体耦合补偿模型

多级脉冲磁体是实现超高脉冲磁场的主要手段,但由于线圈之间存在严重的电磁耦合效应,导致多级脉冲磁体存在严重的磁场跌落问题。如图 4-15 所示,由于线圈间的耦合作用,中线圈放电时会导致外线圈的磁场大幅跌落,而内线圈放电也会导致中线圈的磁场跌落。对此,目前主要通过串入去耦变压器来解决线圈间电磁耦合导致的磁场跌落。

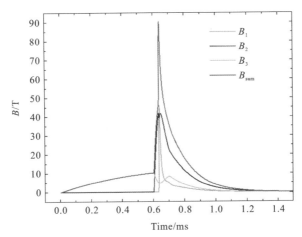

图 4-15　三级脉冲磁体中心磁场强度波形(B_i:第 i 级磁体产生的磁场,B_{sum}:叠加磁场)

图 4-16 为串联了去耦变压器之后的 100 T 磁体系统的电路拓扑图。去耦变压器

设计为内、中、外三层,分别与 100 T 磁体的三线圈对应,将去耦变压器的内、中、外三绕组分别串联在 100 T 磁体的内、中、外三线圈回路中。由于电磁耦合效应,不仅脉冲磁体线圈组之间会产生耦合现象,磁体线圈组和去耦变压器线圈间也会有电磁耦合效应,通过线圈间的互感大小优化以及同名端方向的控制,便可抵消线圈间的电磁耦合效应。

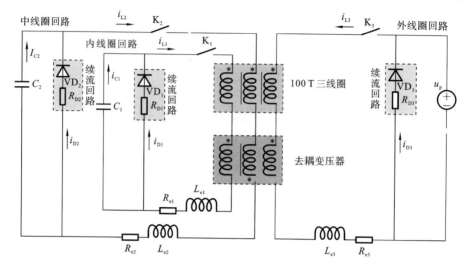

图 4-16 去耦合 100 T 磁体系统的电路拓扑图

假设磁体内、外线圈间的互感为 M,设计去耦变压器外、中绕组的互感为 $-M$,根据式(4-11)可知,通过去耦变压器能够抵消脉冲磁体线圈组间的耦合,由于磁体线圈组与去耦变压器绕组相距较远,所以可以忽略。

$$(R_{L3}+R_{e3}+R_{t3})i_{L3}+(L_3+L_{e3}+L_{t3})\frac{\mathrm{d}i_{L3}}{\mathrm{d}t}=u-(M_{23}-M_{t23})\frac{\mathrm{d}i_{L2}}{\mathrm{d}t} \qquad (4\text{-}11)$$

式中:M_{23} 为磁体外、中线圈的互感;M_{t23} 为去耦变压器外、中绕组的互感;R_{L3} 为外线圈的电阻;R_{e3} 为外线圈回路的线路电阻;R_{t3} 为去耦变压器外绕组的电阻;i_{L3} 为外线圈回路的瞬时电流;i_{L2} 为中线圈回路的瞬时电流;L_3 为外线圈的自感;L_{e3} 为外线圈回路的线路电感;L_{t3} 为去耦变压器外绕组的自感;u 为外线圈的电源电压。

当不串联去耦变压器时,即 $M_{t23}=0$,中线圈回路触发之后,由于电磁耦合效应会在外线圈回路中产生感应电动势 $M_{23}\mathrm{d}i_{L2}/\mathrm{d}t$,感应电动势的方向与电源的电压方向相反,等效于电源的供电电压降低,故外线圈回路的电流减小,外线圈产生的磁场也将降低。

当串联去耦变压器后,触发中线圈回路,去耦变压器中绕组由于电磁耦合效应会在外线圈回路中产生感应电动势 $-M_{t23}\mathrm{d}i_{L2}/\mathrm{d}t$,感应电动势的方向与电源的电压方向相同,等效于增大电源的供电电压,增大外线圈回路的电流,有效地缓解外线圈回路电流因磁体中线圈耦合而降低的程度。如果将去耦变压器外、中绕组的互感,设计为与磁体外、中线圈的互感相等,即 $M_{t23}=M_{23}$,则磁体中线圈和去耦变压器中绕组在外线圈回路产生的感应电动势大小相等、方向相反,其产生的电磁耦合效果互相抵消,即 $(M_{23}-M_{t23})\mathrm{d}i_{L2}/\mathrm{d}t=0$,则式(4-11)可简化为

$$(R_{L3}+R_{e3}+R_{t3})i_{L3}+(L_3+L_{e3}+L_{t3})\mathrm{d}i_{L3}/\mathrm{d}t=u \qquad (4\text{-}12)$$

由式(4-12)可知,通过接入去耦变压器可以有效抵消脉冲磁体线圈间的电磁耦合效应。同理,将去耦变压器中、内绕组的互感,设计为与磁体中、内线圈的互感相等,即

$M_{t12} = M_{12}$，则磁体内线圈和去耦变压器内绕组在中线圈回路产生的感应电动势大小相等、方向相反，其产生的电磁耦合效果互相抵消，中线圈回路和内线圈回路也实现了等效解耦。需要指出的是，由于在放电回路中串联了去耦变压器，使得三个回路的阻抗都增大，因此三线圈的磁场脉宽会相应增大。

4.2.3　弹塑性力学行为

本节在弹塑性力学的基础上，建立了完整的基于小应变条件的脉冲磁体二维轴对称静态弹塑性力学分析模型，并采用有限元法对脉冲磁体应力状态进行了全面的分析。

1. 弹塑性力学模型

目前脉冲磁体弹塑性力学模型都是基于小变形假设的静态弹塑性力学分析，脉冲磁体在变形过程中，最大位移不过几毫米，而它的尺寸却在数百毫米以上，应变远小于1，如图 4-17(b) 所示。因此，小变形的假设是成立的。另外，脉冲磁体的变形过程是一个动态过程，但由于加速度载荷项与洛仑兹力载荷项相比，小了将近 5 个数量级，基本上可以忽略加速度载荷项对脉冲磁体变形的影响，因此静态弹塑性力学分析也是合理的。

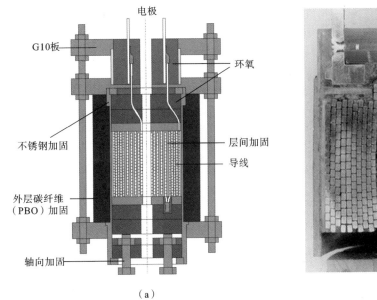

（a）　　　　　　　　　　　　　　（b）

图 4-17　脉冲磁体二维轴对称结构图

基于小变形假设的脉冲磁体静态弹塑性力学模型存在两种非线性问题：

（1）当脉冲磁体孔径较小导致导体弯曲变形过大或者磁场强度较高时，脉冲磁体导体等弹塑性材料将进入塑性，因此涉及材料非线性问题；

（2）当脉冲磁体外内径比 α 较大（$\alpha > 2$）时，脉冲磁体内层单元将出现自由分离的现象，因此又存在边界非线性问题（即接触非线性）。

1）平衡方程

对于圆柱形或者圆筒形的物体采用柱坐标比较方便，在圆柱坐标中，任一点的位置都是用坐标 r、θ、z 表示的，如图 4-18 所示。

在物体内任一点取一微元体,该微元体是由径向坐标增量 dr 和环向坐标增量 dθ 以及高度坐标增量 dz 所分割出来的。

设内表面的正应力为 σ_r,则作用于外表面的正应力,由于径向坐标的改变,按照连续型假定,可用泰勒级数表示为

$$\sigma_r + \frac{\partial \sigma_r}{\partial r} dr + \frac{1}{2!} \frac{\partial^2 \sigma_r}{\partial r^2} dr^2 + \cdots \tag{4-13}$$

略去二阶及更高阶的微量以后化简为

$$\sigma_r + \frac{\partial \sigma_r}{\partial r} dr \tag{4-14}$$

同理,其他各面正应力及切应力也可由此类推得到。

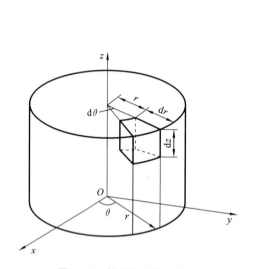

图 4-18　柱坐标下应力分析

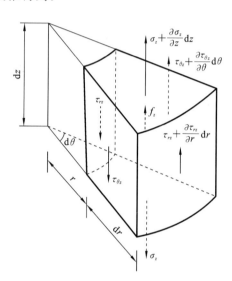

图 4-19　微元体在 z 方向的应力图

如图 4-19 所示,对微元体的 z 方向上列平衡方程,有:

$$\left(\sigma_z + \frac{\partial \sigma_z}{\partial z} dz\right)\left(r + \frac{dr}{2}\right)d\theta dr + \left(\tau_{rz} + \frac{\partial \tau_{rz}}{\partial r} dr\right)(r + dr)d\theta dz$$

$$+ \left(\tau_{\theta z} + \frac{\partial \tau_{\theta z}}{\partial \theta} d\theta\right) dr dz + f_z\left(r + \frac{dr}{2}\right)d\theta dr dz$$

$$- \sigma_z\left(r + \frac{dr}{2}\right)d\theta dr - \tau_{rz} r d\theta dz - \tau_{\theta z} dr dz = 0 \tag{4-15}$$

略去高阶项后,可得:

$$\frac{\partial \sigma_z}{\partial z} r dr d\theta dz + \frac{\partial \tau_{rz}}{\partial r} r dr d\theta dz + \tau_{rz} dr d\theta dz + \frac{\partial \tau_{\theta z}}{\partial \theta} r dr d\theta dz + f_z r dr d\theta dz = 0 \tag{4-16}$$

上式各项同除以 $r dr d\theta dz$ 后,有:

$$\frac{\partial \tau_{rz}}{\partial r} + \frac{\partial \tau_{\theta z}}{r \partial \theta} + \frac{\partial \sigma_z}{\partial z} + \frac{\tau_{rz}}{r} + f_z = 0 \tag{4-17}$$

分析另外两个方向的平衡,可以得到另两个平衡微分方程,由于推导方法一致,所以不再赘述。圆柱坐标的平衡微分方程为

$$\begin{cases} \dfrac{\partial \sigma_r}{\partial r} + \dfrac{1}{r} \cdot \dfrac{\partial \tau_{\theta z}}{\partial \theta} + \dfrac{\partial \tau_{zr}}{\partial z} + \dfrac{\sigma_r - \sigma_\theta}{r} + f_r = 0 \\[2mm] \dfrac{\partial \tau_{r\theta}}{\partial r} + \dfrac{1}{r} \cdot \dfrac{\partial \sigma_\theta}{\partial \theta} + \dfrac{\partial \tau_{r\theta}}{\partial z} + \dfrac{2\tau_{r\theta}}{r} + f_\theta = 0 \\[2mm] \dfrac{\partial \tau_{rz}}{\partial r} + \dfrac{1}{r} \cdot \dfrac{\partial \tau_{\theta z}}{\partial \theta} + \dfrac{\partial \sigma_z}{\partial z} + \dfrac{\tau_{rz}}{r} + f_z = 0 \end{cases} \tag{4-18}$$

当研究轴对称问题时,$\tau_{r\theta}=0$,而各应力分量都与 θ 无关,此时有:

$$\frac{\partial \sigma_r}{\partial r} + \frac{\sigma_r - \sigma_\theta}{r} + f_r = 0 \tag{4-19}$$

现在来求出线段 PA 与 PB 之间的直角的改变量,也就是把切应变 γ_{rz} 用位移分量来表示。由图 4-20 可见,这个切应变是由两部分组成的:一部分是由 z 方向的位移 w 引起的,即 r 方向的线段 PB 的转角 α;另一部分是由 r 方向的位移 u 引起的,即 z 方向的线段 PA 的转角 β。

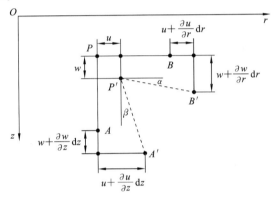

图 4-20　切应力分析图

设 P 点在 z 方向的位移分量是 w,则 B 点在 z 方向的位移分量是 $w+\dfrac{\partial w}{\partial r}\mathrm{d}r$。因此,线段 PB 的转角为

$$\alpha = \frac{\left(w + \dfrac{\partial w}{\partial r}\mathrm{d}r\right) - w}{\mathrm{d}r} = \frac{\partial w}{\partial r} \tag{4-20}$$

同样可得线段 PA 的转角为

$$\beta = \frac{\partial u}{\partial z} \tag{4-21}$$

于是可见,PA 与 PB 之间的直角的改变量(以减小时为正),也就是切应变 γ_{rz} 为

$$\gamma_{rz} = \alpha + \beta = \frac{\partial w}{\partial r} + \frac{\partial u}{\partial z} \tag{4-22}$$

则可知,脉冲磁体的平衡方程如下:

$$\boldsymbol{\nabla} \cdot \boldsymbol{\sigma} + f = 0 \tag{4-23}$$

其中,$\boldsymbol{\sigma}$ 为二阶应力张量,其矩阵形式为

$$\boldsymbol{\sigma} = \begin{bmatrix} \sigma_r \\ \sigma_z \\ \sigma_\theta \\ \tau_{rz} \end{bmatrix} \tag{4-24}$$

f 为体积力(单位体积所受的洛伦兹力),表达式如下:

$$f=\begin{bmatrix} f_r \\ f_z \end{bmatrix}=\begin{bmatrix} J\cdot B_z \\ -J\cdot B_r \end{bmatrix} \tag{4-25}$$

式中:J 为脉冲磁体导体内的电流密度,加固层中,J 为 0;B_r 为径向磁场分量;B_z 为轴向磁场分量。

根据小变形假设,在建立脉冲磁体的平衡方程时可以不考虑物体的位置和形状(简称位形)的变化。因此,在进行脉冲磁体的弹塑性行为研究时,不必区分变形前和变形后的位形。将式(4-19)在柱坐标下展开得到:

$$\begin{cases} \dfrac{\partial \sigma_r}{\partial r}+\dfrac{\partial \tau_{rz}}{\partial z}+\dfrac{\sigma_r-\sigma_\phi}{r}+f_r=0 \\[3mm] \dfrac{\partial \tau_{zr}}{\partial r}+\dfrac{\partial \sigma_z}{\partial z}+\dfrac{\tau_{zr}}{r}+f_z=0 \end{cases} \tag{4-26}$$

2)几何方程

在微小位移和微小变形的情况下,略去位移导数的高次幂,则脉冲磁体中的应变和位移间的几何方程为

$$\boldsymbol{\varepsilon}_{\text{total}}=\boldsymbol{\varepsilon}_{\text{el}}+\boldsymbol{\varepsilon}_{\text{th}}+\boldsymbol{\varepsilon}_0 \tag{4-27}$$

其中,二阶张量 $\boldsymbol{\varepsilon}_{\text{total}}$ 为总应变,其矩阵形式为

$$\boldsymbol{\varepsilon}_{\text{total}}=\begin{bmatrix} \varepsilon_r \\ \varepsilon_z \\ \varepsilon_\theta \\ \gamma_{rz} \end{bmatrix}=\begin{bmatrix} \dfrac{\partial u}{\partial r} \\[2mm] \dfrac{\partial w}{\partial z} \\[2mm] \dfrac{u}{r} \\[2mm] \dfrac{\partial u}{\partial z}+\dfrac{\partial w}{\partial r} \end{bmatrix} \tag{4-28}$$

二阶张量 $\boldsymbol{\varepsilon}_{\text{th}}$ 为热应变,是由于脉冲磁体的温度发生变化导致的,其矩阵形式为

$$\boldsymbol{\varepsilon}_{\text{th}}=\begin{bmatrix} \varepsilon_r \\ \varepsilon_z \\ \varepsilon_\theta \\ \gamma_{rz} \end{bmatrix}=\boldsymbol{\alpha}(T-T_{\text{ref}}) \tag{4-29}$$

式中:剪应变分量 γ_{rz} 为 0;$\boldsymbol{\alpha}$ 为脉冲磁体材料的热膨胀系数,根据材料的不同,热膨胀系数也可能是各向异性的;T 为脉冲磁体温度;T_{ref} 为脉冲磁体初始参考温度。

二阶张量 $\boldsymbol{\varepsilon}_0$ 为初始应变,是由于脉冲磁体绕制过程中导体弯曲造成的。为了获得初始应变 $\boldsymbol{\varepsilon}_0$ 的表达式,需要对弯曲变形做出如下假设。

(1)平面截面假设。

变形前为平面的横截面,变形后仍为平面,且垂直于变形后的轴线,仅绕其上某轴转一角度。

(2)忽略横截面在其面内产生的变形。

(3)忽略纵向线间的挤压。

(4)中性层既不伸长也不缩短,中心层的曲率半径为 ρ。

图 4-21 为脉冲磁体中任一层导体由于弯曲导致的应力分布示意图。

基于以上假设,初始应变 $\boldsymbol{\varepsilon}_0$ 只有环向分量,其矩阵形式为

$$\boldsymbol{\varepsilon}_0 = \begin{bmatrix} \varepsilon_r \\ \varepsilon_z \\ \varepsilon_\theta \\ \gamma_{rz} \end{bmatrix} = \begin{bmatrix} 0 \\ 0 \\ \dfrac{r-\rho}{\rho} \\ 0 \end{bmatrix} \quad (4\text{-}30)$$

式中:r 为脉冲磁体导体层中任一点的径向位置;ρ 为每层导体的中性层径向坐标。

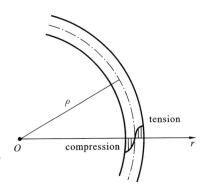

图 4-21　脉冲磁体中任一层导体由于弯曲造成的应力分布示意图

3)弹性本构关系(广义胡克定律)

当磁体孔径较大导致导体弯曲为弹性弯曲以及脉冲磁体产生的场强较低时,导体材料和加固材料将处于弹性阶段,其应力和应变间的本构关系如下:

$$\boldsymbol{\sigma} = \boldsymbol{D}\boldsymbol{\varepsilon}_{el} + \boldsymbol{\sigma}_0 = \boldsymbol{D}(\boldsymbol{\varepsilon}_{total} - \boldsymbol{\varepsilon}_{th} - \boldsymbol{\varepsilon}_0) + \boldsymbol{\sigma}_0 \quad (4\text{-}31)$$

式中:$\boldsymbol{\sigma}_0$ 为脉冲磁体绕制过程中绕线机施加给导体和加固材料的预应力。当只考虑环向方向分量时,其矩阵形式如下:

$$\boldsymbol{\sigma}_0 = \begin{bmatrix} 0 \\ 0 \\ \sigma_{0\theta} \\ 0 \end{bmatrix} \quad (4\text{-}32)$$

式中:$\sigma_{0\theta}$ 为环向方向应力分量。导体材料上的环向预应力记为 σ_{0cond},其值为绕线机施加的张力 t 除以导体横截面积 S_{cd};加固材料上的环向预应力记为 σ_{0reinf},其值为绕线机施加的张力 t 除以加固材料的横截面积 S_{reinf}。绕线机施加给导体或者加固层的张力 t 可以根据脉冲磁体优化设计的结果而进行调节,因此每层导体以及每层加固层上的 $\sigma_{0\theta}$ 都有可能存在差异。

$\boldsymbol{D}$ 为弹性矩阵,对于导体等各向同性材料,其表达式为

$$\boldsymbol{D} = \begin{bmatrix} \dfrac{1}{E} & -\dfrac{v}{E} & -\dfrac{v}{E} & 0 \\ -\dfrac{v}{E} & \dfrac{1}{E} & -\dfrac{v}{E} & 0 \\ -\dfrac{v}{E} & -\dfrac{v}{E} & \dfrac{1}{E} & 0 \\ 0 & 0 & 0 & \dfrac{1}{G} \end{bmatrix}^{-1}$$

$$= \dfrac{E}{(1+v)(1-2v)} \begin{bmatrix} 1-v & v & v & 0 \\ v & 1-v & v & 0 \\ v & v & 1-v & 0 \\ 0 & 0 & 0 & 0.5-v \end{bmatrix} \quad (4\text{-}33)$$

式中:E 为导体等各向同性材料的弹性模量;G 为导体等各向同性材料的剪切模量,其值为 $E/2(1+v)$;v 为导体等各向同性材料的泊松比。

对于正交各向异性的纤维加固材料,弹性矩阵 $\boldsymbol{D}$ 的表达式为

$$\boldsymbol{D} = \begin{bmatrix} \dfrac{1}{E_r} & -\dfrac{v_{zr}}{E_z} & -\dfrac{v_{\theta r}}{E_\theta} & 0 \\[2mm] -\dfrac{v_{rz}}{E_r} & \dfrac{1}{E_z} & -\dfrac{v_{\theta z}}{E_\theta} & 0 \\[2mm] -\dfrac{v_{r\theta}}{E_r} & -\dfrac{v_{z\theta}}{E_z} & \dfrac{1}{E_\theta} & 0 \\[2mm] 0 & 0 & 0 & \dfrac{1}{G_{rz}} \end{bmatrix}^{-1} \qquad (4\text{-}34)$$

式中：E_r、E_z 以及 E_θ 分别表示材料沿径向方向、环向方向以及轴向方向的弹性模量；v_{zr}、$v_{\theta r}$、v_{rz}、$v_{\theta z}$、$v_{r\theta}$ 以及 $v_{z\theta}$ 为材料的泊松比；G_{rz} 为剪切弹性模量，其值可用 $(E_r E_z)/(E_r + E_z + 2v_{rz}E_r)$ 来估算，或者通过测量获得。

由于 Green 张量的对称性要求，有：

$$\begin{cases} E_r v_{zr} = E_z v_{rz} \\ E_r v_{\theta r} = E_\theta v_{r\theta} \\ E_z v_{\theta z} = E_\theta v_{z\theta} \end{cases} \qquad (4\text{-}35)$$

由式(4-34)可知，当 $E_r = E_z = E_\theta$ 时，$v_{zr} = v_{\theta r} = v_{rz} = v_{\theta z} = v_{r\theta} = v_{z\theta}$；式(4-34)蜕化为式(4-33)。

4）弹塑性增量的应力-应变关系

按照法向流动法则，塑性应变增量可以表示为

$$\mathrm{d}\boldsymbol{\varepsilon}_{ij}^{\mathrm{p}} = \mathrm{d}\lambda \frac{\partial f}{\partial \boldsymbol{\sigma}_{ij}} \qquad (4\text{-}36)$$

式中：$\mathrm{d}\varepsilon_{ij}^{\mathrm{p}}$ 是塑性应变增量分量；$\mathrm{d}\lambda$ 是正的待定有限量，它的具体数值与材料硬化法则有关。

所以有：

$$\mathrm{d}\overline{\varepsilon_{\mathrm{p}}} = \left(\frac{2}{3} \mathrm{d}\boldsymbol{\varepsilon}_{ij}^{p} \mathrm{d}\boldsymbol{\varepsilon}_{ij}^{p} \right)^{1/2} = \mathrm{d}\lambda \left(\frac{2}{3} \frac{\partial f}{\partial \boldsymbol{\sigma}_{ij}} \frac{\partial f}{\partial \boldsymbol{\sigma}_{ij}} \right)^{1/2} = \frac{2}{3} \mathrm{d}\lambda \sigma_{\mathrm{s}} \qquad (4\text{-}37)$$

在小应变情况下，导体等弹塑性材料的应变增量分为弹性应变增量、塑性应变增量、热应变增量以及初始应变增量四部分，即

$$\mathrm{d}\boldsymbol{\varepsilon}_{ij} = \mathrm{d}\boldsymbol{\varepsilon}_{ij}^{\mathrm{e}} + \mathrm{d}\boldsymbol{\varepsilon}_{ij}^{\mathrm{p}} + \mathrm{d}\boldsymbol{\varepsilon}_{ij}^{\mathrm{th}} + \mathrm{d}\boldsymbol{\varepsilon}_{ij}^{0} \qquad (4\text{-}38)$$

因此，利用弹性应力-应变关系，可将 $\mathrm{d}\sigma_{ij}$ 表示为

$$\mathrm{d}\boldsymbol{\sigma}_{ij} = \boldsymbol{D}_{ijkl}^{\mathrm{e}} \mathrm{d}\boldsymbol{\varepsilon}_{kl}^{\mathrm{e}} = \boldsymbol{D}_{ijkl}^{\mathrm{e}} (\mathrm{d}\boldsymbol{\varepsilon}_{kl} - \mathrm{d}\boldsymbol{\varepsilon}_{kl}^{\mathrm{p}} - \mathrm{d}\boldsymbol{\varepsilon}_{kl}^{\mathrm{th}} - \mathrm{d}\boldsymbol{\varepsilon}_{kl}^{0}) \qquad (4\text{-}39)$$

代入式(4-36)，整理得到：

$$\mathrm{d}\lambda = \frac{\dfrac{\partial f}{\partial \sigma_{ij}} \boldsymbol{D}_{ijkl}^{\mathrm{e}} (\mathrm{d}\boldsymbol{\varepsilon}_{kl} - \mathrm{d}\boldsymbol{\varepsilon}_{kl}^{\mathrm{th}} - \mathrm{d}\boldsymbol{\varepsilon}_{kl}^{0})}{\dfrac{\partial f}{\partial \boldsymbol{\sigma}_{ij}} \boldsymbol{D}_{ijkl}^{\mathrm{e}} \dfrac{\partial f}{\partial \boldsymbol{\sigma}_{kl}} + \dfrac{4}{9} \sigma_{\mathrm{s}}^{2} E_{\mathrm{p}}} \qquad (4\text{-}40)$$

代入式(4-39)，得到弹塑性增量的应力-应变关系式：

$$\mathrm{d}\boldsymbol{\sigma}_{ij} = \boldsymbol{D}_{ijkl}^{\mathrm{ep}} (\mathrm{d}\boldsymbol{\varepsilon}_{kl} - \mathrm{d}\boldsymbol{\varepsilon}_{kl}^{\mathrm{th}} - \mathrm{d}\boldsymbol{\varepsilon}_{kl}^{0}) \qquad (4\text{-}41)$$

式中：$\mathrm{d}\boldsymbol{\sigma}_{ij}$ 为应力增量；$\boldsymbol{D}_{ijkl}^{\mathrm{ep}}$ 为弹塑性矩阵；$\mathrm{d}\boldsymbol{\varepsilon}_{kl}$ 为应变增量；$\mathrm{d}\boldsymbol{\varepsilon}_{kl}^{\mathrm{th}}$ 为热应变增量；$\mathrm{d}\boldsymbol{\varepsilon}_{kl}^{0}$ 为初始应变增量。

5）单轴状态下的应力-应变关系的理想化模型

在进行脉冲磁体弹塑性行为研究时，需要知道导体等弹塑性材料单轴状态下的应

力-应变模型。由试验得到的应力-应变曲线各种各样,必须建立若干材料物理模型来反映这一关系,并给予适当的数学描述,才能归纳总结出反映材料的应力与应变之间的物理方程。

建立应力-应变曲线的理想化模型时,既希望模型能符合材料性能的物理真实,又希望数学表达尽量简单。本书采用了两种常见的模型,即线性硬化弹塑性模型(或双线性模型)(bilinear model)和幂硬化弹塑性模型(power hardening model)。

(1)线性硬化弹塑性模型。

该模型考虑了材料的弹性应变和塑性应变硬化,用两段直线来近似材料的真实的应力-应变曲线,以屈服点 σ_Y 为一突然转折点代替光滑过渡曲线,开始的直线部分的斜率为杨氏模量 E,第二段直线部分以理想化方式描述强化阶段,斜率为 E_t,并远小于 E。对于单调拉伸载荷,应力-应变关系有如下形式:

$$\begin{cases} \varepsilon = \dfrac{\sigma}{E}, & \sigma \leqslant \sigma_Y \\[2mm] \varepsilon = \dfrac{\sigma_0}{E} + \dfrac{1}{E_t}(\sigma - \sigma_Y), & \sigma \leqslant \sigma_Y \end{cases} \tag{4-42}$$

(2)幂硬化弹塑性模型。

实际上脉冲磁体中的导体等弹塑性材料的硬化特性都是非线性的。因此,采用幂硬化弹塑性模型能更准确地反映材料特性,其表达式如下:

$$\begin{cases} \sigma = E\varepsilon, & \sigma \leqslant \sigma_Y \\[1mm] \sigma = k\varepsilon^n, & \sigma \leqslant \sigma_Y \end{cases} \tag{4-43}$$

其中,k 和 n 是与试验曲线拟合得最好的材料常数,且 k 和 n 这两个材料参数并不是独立的,因为应力-应变曲线在点 $\sigma = \sigma_Y$ 必须连续,也必须满足 $\sigma_Y = k(\sigma_Y/E)^n$。

图 4-22 所示的为铜的应力-应变曲线(经单向拉伸实验测试获得)、双线性模型以及幂硬化弹塑性模型。从图 4-22 可以看出,与双线性模型相比,幂硬化弹塑性模型与单轴拉伸实验得到的应力-应变曲线几乎重合,吻合得相当好。因此,后文的脉冲磁体的加载历史分析都将采用幂硬化弹塑性模型。

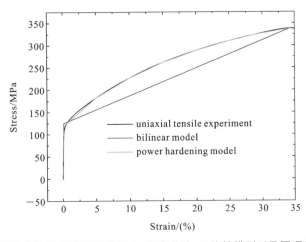

图 4-22 铜的单向拉伸实验测得的应力-应变曲线、双线性模型以及幂硬化弹塑性模型

6)屈服条件(或屈服准则)

对于导体等弹塑性材料,在一般应力状态下开始进入塑性变形的条件为

$$F^0 = F^0(\sigma_{ij}, k_0) = 0 \tag{4-44}$$

式中：σ_{ij} 为应力张量分量；k_0 为给定的材料参数；$F^0(\sigma_{ij}, k_0)$ 为初始屈服函数。

脉冲磁体中的导体等弹塑性材料多为金属或其合金，根据金属的一些重要试验，塑性理论分析存在以下三个基本假设。

（1）各向同性：在材料任一点的任何方向上，其初始的力学性能是相同的。

（2）不可压缩性：在塑性变形过程中塑性体积的改变很小，并可以被忽略。

（3）静水压力的不敏感性：静水压力对材料的塑性变形没有很大的影响，从而可以忽略其影响。在该情况下，剪切应力控制着材料的屈服。

基于以上假设，对于脉冲磁体中的导体等弹塑性材料，常用的屈服条件有以下两种。

（1）V. Mises 条件（或八面体剪切或畸变能准则）。

1913 年，von Mises 提出了 V. Mises 条件，其表达式为

$$F^0(\sigma_{ij}, k_0) = f(\sigma_{ij}) - k_0^2 = 0 \tag{4-45}$$

其中：

$$f(\sigma_{ij}) = \frac{1}{2} s_{ij} s_{ij}, \quad k_0 = \frac{\sigma_{s0}}{\sqrt{3}}$$

$$s_{ij} = \sigma_{ij} - \sigma_m \delta_{ij}, \quad \sigma_m = \frac{1}{3}(\sigma_{11} + \sigma_{22} + \sigma_{33}) \tag{4-46}$$

其中，σ_{s0} 为材料的初始屈服应力；s_{ij} 为偏应力张量分量；σ_m 为平均正应力（或球应力或静水应力）；δ_{ij} 为克罗内克函数。偏应力张量 s_{ij} 和等效应力 $\bar{\sigma}$ 有以下关系：

$$\frac{1}{2} s_{ij} s_{ij} = \frac{\bar{\sigma}^2}{3} = J_2 \tag{4-47}$$

其中，J_2 为第 2 应力不变量。

在三维主应力空间中，V. Mises 条件可以表示为

$$F^0(\sigma_{ij}, \sigma_{s0}) = \frac{1}{6}\left[(\sigma_1 - \sigma_2)^2 + (\sigma_2 - \sigma_3)^2 + (\sigma_3 - \sigma_1)^2\right] - \frac{1}{3}\sigma_{s0}^2 = 0 \tag{4-48}$$

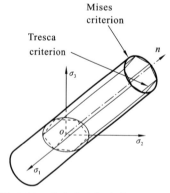

图 4-23 主应力空间中的 V. Mises 准则和 Tresca 准则

其中，σ_1、σ_2、σ_3 是三个主应力。该式的几何意义是：在三维主应力空间内，初始屈服面是以 $\sigma_1 = \sigma_2 = \sigma_3$ 为轴线的圆柱面，如图 4-23 所示。

（2）Tresca 条件（或最大剪应力准则）。

1864 年，Tresca 提出了 Tresca 条件：当最大剪应力达到临界水平时，材料达到屈服。对于 $\sigma_1 \geqslant \sigma_2 \geqslant \sigma_3$ 的特殊情况，Tresca 条件有最简单的形式：

$$\frac{1}{2}(\sigma_1 - \sigma_3) = k_0 = \frac{1}{2}\sigma_{s0} \tag{4-49}$$

式中：σ_1 和 σ_3 分别为最大和最小的主应力；k_0 为纯剪状态下材料的初始屈服应力。

Tresca 条件的一般形式为

$$F^0(\sigma_{ij}, \sigma_{s0}) = \left[(\sigma_1 - \sigma_2)^2 - \sigma_{s0}^2\right]\left[(\sigma_2 - \sigma_3)^2 - \sigma_{s0}^2\right]\left[(\sigma_3 - \sigma_1)^2 - \sigma_{s0}^2\right] = 0 \tag{4-50}$$

在几何上，式（4-50）表示一个在主应力空间内以 $\sigma_1 = \sigma_2 = \sigma_3$ 为轴线并内接于 V. Mises 圆柱面的正六棱柱面，如图 4-23 所示。

考虑在最简单的拉伸试验中屈服应力 $\sigma_1 = \sigma_Y, \sigma_2 = \sigma_3 = 0$，把这些值代入 V. Mises 条件可得：

$$\sigma_Y = \sqrt{3} k_0 \qquad (4\text{-}51)$$

类似地，代入 Tresca 条件可得：

$$\sigma_Y = 2 k_0 \qquad (4\text{-}52)$$

如果在简单的拉伸时这两个准则的屈服应力 σ_Y 具有相同的值，则在纯剪状态下，由 V. Mises 条件与 Tresca 条件预测的屈服应力 k_0 的比值为 $2/\sqrt{3} = 1.15$。因而 Tresca 和 V. Mises 预测值最大的差别不超过 15%，而且 Tresca 条件偏于安全。V. Mises 条件考虑了中间主应力对屈服强度有影响，而 Tresca 条件则忽略了这个主应力，仅考虑最大剪应力对其有影响。

Tresca 屈服函数在棱边处（或屈服轨迹在六边形的角点处）的法向导数不存在，而法向流动法则是根据屈服面的法向导数决定塑性变形的方向，所以在使用上不如 V. Mises 屈服函数方便。

7) 边界条件

在进行脉冲磁体弹塑性行为研究时，通常存在以下三种边界条件。

(1) 位移边界条件。

脉冲磁体中平面的轴向位移为 0，即

$$w = 0 \qquad (4\text{-}53)$$

(2) 力的边界条件。

脉冲磁体端部来自螺栓施加的压力，只有轴向分量，即

$$T_r = f_r = 0$$
$$T_z = f_z \qquad (4\text{-}54)$$

式中：f_r、f_z 为脉冲磁体端部单位面积上的外力。

设边界外法线为 n，其方向余弦为 n_r、n_z，则边界上的内力可由下式确定：

$$f_z = n_z \sigma_{zz} = \sigma_{zz} \qquad (4\text{-}55)$$

(3) 接触边界条件。

当脉冲磁体的外内径比 $\alpha > 2$ 时，内层绕组有相互分离的趋势，则单元之间存在接触非线性边界条件。

2. 脉冲磁体应力分析

本节先研究两种应力-应变模型（双线性模型和幂硬化弹塑性模型）对 75 T 单级脉冲磁体失效的影响；随后研究动态响应对脉冲磁体失效的影响；同时还研究了 Bauschinger 效应、预应力和轴向压力对脉冲磁体失效的影响以及多级脉冲磁体弹塑性力学行为。

1) 不同材料模型对脉冲磁体失效的影响

该 75 T 单级磁体中铜和不锈钢筒为弹塑性材料，分别采用双线性应力-应变材料模型和幂硬化应力-应变材料模型进行数值计算。图 4-24 为双线性和幂硬化材料模型分别计算得到的磁场峰值时刻的应力分布图。从图 4-24 可以看出，两种模型计算得到的纤维加固层上的等效应力分布基本一致，相差仅为 20 MPa。

由于脉冲磁体内层导体中平面处最内点的等效塑性应变最大，该点决定了磁体中导体的疲劳寿命，称之为最易失效点。图 4-25 为双线性和幂硬化材料模型分别计算得

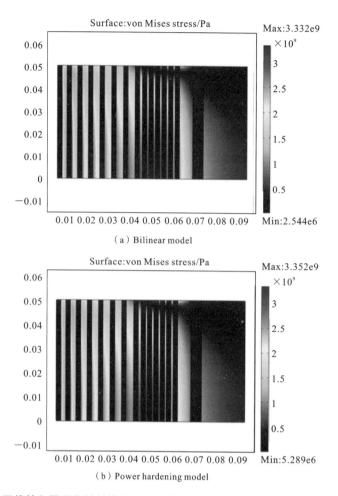

图 4-24　双线性和幂硬化材料模型分别计算得到的磁场峰值时刻的等效应力分布图

到的导体上最易失效点的等效应力与等效塑性应变的关系曲线对比图。从图 4-25 可以看出,双线性材料模型得到的等效塑性应变比幂硬化材料模型偏大了 0.02,因此为了准确预测磁体的失效,在进行脉冲磁体加载历史分析时,应采用幂硬化应力-应变模型。

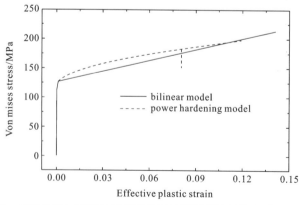

图 4-25　双线性和幂硬化材料模型分别计算得到的导体上最易失效点的
等效应力与等效塑性应变的关系曲线对比图

2）动态响应对脉冲磁体失效的影响

脉冲磁体放电过程是一个动态响应过程,载荷是随着时间变化而变化的,用静态弹塑性力学来分析脉冲磁体的弹塑性行为是否合理? 这就要看加速度载荷项与洛伦兹力载荷项相比的数量级差距。如果两者比较之后数量级上相差很远,则静态弹塑性力学模型就应该是合理的。

动态响应下的平衡方程为

$$\begin{cases} \dfrac{\partial \sigma_r}{\partial r} + \dfrac{\partial \tau_{rz}}{\partial z} + \dfrac{\sigma_r - \sigma_\phi}{r} + f_r = \rho a_r \\ \dfrac{\partial \tau_{zr}}{\partial r} + \dfrac{\partial \sigma_z}{\partial z} + \dfrac{\tau_{zr}}{r} + f_z = \rho a_z \end{cases} \tag{4-56}$$

式中:ρ 为脉冲磁体材料的密度;a_r、a_z 分别为脉冲磁体的径向和轴向的加速度。

图 4-26 为脉冲磁体静态弹塑性力学分析模型和动态弹塑性力学分析模型分别计

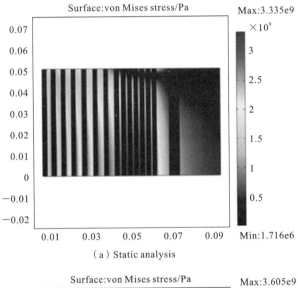

（a）Static analysis

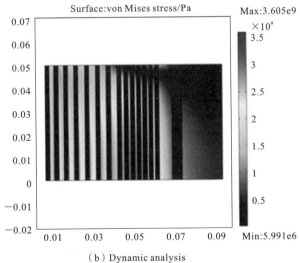

（b）Dynamic analysis

图 4-26　脉冲磁体静态弹塑性力学分析模型和动态弹塑性力学分析模型分别
计算得到的磁场峰值时刻的等效应力分布比较图

算得到的磁场峰值时刻的等效应力分布比较图。从图 4-26 可以发现,考虑加速度载荷项之后,Zylon 上的最大应力从 3.335 GPa 变为 3.605 GPa,增加了 270 MPa。

图 4-27 为脉冲磁体静态弹塑性力学分析模型和动态弹塑性力学分析模型分别计算得到的卸载后的等效塑性应变分布比较图。从图 4-27 可以看出,考虑加速度载荷项之后,导体上的最大等效塑性应变从 0.158 变为 0.146,减小了 0.012。因此,可以得出结论:加速度效应减小了导体材料的等效塑性应变的积累,但却增加了 Zylon 加固层上的最大等效应力。因此,对于导体材料来讲,静态弹塑性分析偏于安全;对于加固材料来讲,动态弹塑性分析偏于安全。但是由于影响不大,为了简化计算,我们完全可以用静态弹塑性模型来代替动态弹塑性模型进行分析。

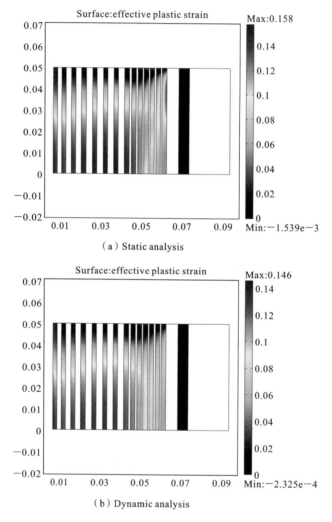

(a) Static analysis

(b) Dynamic analysis

图 4-27 脉冲磁体静态弹塑性力学分析模型和动态弹塑性力学分析模型分别
计算得到的卸载后的等效塑性应变分布比较图

从图 4-28 和图 4-29 也可以看出,洛伦兹力载荷比加速度载荷大了 5 个量级,因此忽略加速度载荷是合理的选择。在磁场峰值时刻之前,导体和 Zylon 加固材料上径向加速度载荷为负,由于加速度项在方程右边,相当于增加了外力,因此磁场峰值时刻动态分析的应力大于静态分析结果。但是等到磁场峰值时刻以后,导体上的径向加速度载荷为正，相当于减小了外力，因此卸载后，动态分析得到的最大等效塑性应变小于静态分析结果。

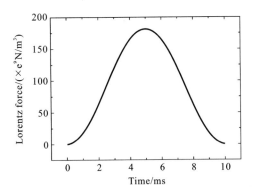

图 4-28　脉冲磁体内层导体中平面处的最内点的径向洛伦兹力载荷随时间的变化

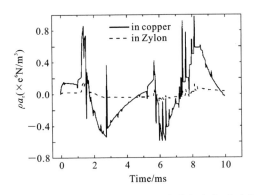

图 4-29　脉冲磁体中平面处内层导体和加固层的最内点径向加速度载荷随时间的变化图

3）包辛格效应对脉冲磁体失效的影响

脉冲磁体中的导体等弹塑性材料基本上都是金属或者金属合金，如铜、铜铌和不锈钢筒等。这类材料在反向加载和循环加载中，表现出很强的包辛格效应，该效应将严重影响脉冲磁体的变形历史。过去都是采用等向强化法则来描述弹塑性材料的硬化行为，这是不准确的；用随动强化法则，又过分夸大了材料的包辛格效应。因此，应该用等向强化和随动强化叠加而形成的混合强化法则来描述弹塑性材料的硬化行为。分别取混合硬化参数 m 为 0、0.5 和 1，对应为随动强化法则、混合强化法则和等向强化法则。得到磁场峰值为 75 T 一次放电过程中脉冲磁体中导体上最易失效点的等效应力和等效塑性应变关系，如图 4-30 所示。

从图 4-30 可以看出，在单调加载的过程中，三种法则得到的结果都是一样的，等效塑性应变不到 0.09；当出现卸载时，三种法则才开始表现出差异。等向强化得到的塑性应变最小(0.141)，随动强化得到的塑性应变最大(0.157)，而混合强化得到的塑性应变介于两者之间(0.149)。随着脉冲磁体加载历史的周期变化，这种差别将越来越大。因此为了保守起见，后文的分析都采用随动强化法则。

4）脉冲磁体导体上最易失效点的加载历史

在一次实验过程中，最内层导体中平面处的最内点等效塑性应变最大，外点次之，这两个点的等效塑性应变决定了导体的疲劳寿命，即最易失效点。表 4-1 所示的为一

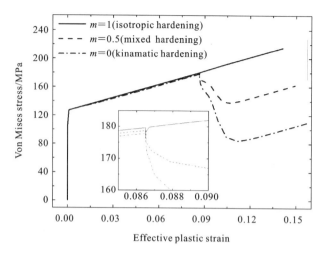

图 4-30 考虑不同程度的包辛格效应,脉冲磁体中导体上最易失效点
的等效应力和等效塑性应变的关系

次实验过程中最易失效点的应力状态改变情况。当放电结束并且磁体温度冷却回到
77 K 时,内外两点的等效塑性应变差值高达 0.031。如此不均匀的等效塑性应变分布
极易导致其他点还在很低的等效塑性应变的时候,就因为最内点的等效塑性应变超过
材料的极限而破坏。从表 4-1 可以发现,通过施加预应力可以使得内点的等效塑性应
变减小,而外点的等效塑性应变增大。因此,如果在脉冲磁体制作过程中,施加适当的
预应力,就能改善实验结束后并且温度回到 77 K 时,内外两点等效塑性应变的差值。

表 4-1 一次实验过程中最易失效点的应力状态改变情况

	内　　点		外　　点		
	等效塑性 应变 ε_p	加载(↑)或 卸载(↓)	等效塑性 应变 ε_p	加载(↑)或 卸载(↓)	内外两点的等效 塑性应变差 $\Delta\varepsilon_p$
只有初始应变	0.195116		0.192474		0.002642
施加预应力 $\sigma_{0cond}=50$ MPa $\sigma_{0zylon}=500$ MPa	0.191928	↓	0.194924	↑	−0.002996
套上不锈钢筒	0.191894	↓	0.194952	↑	−0.003058
缠上碳纤维	0.191859	↓	0.19498	↑	−0.003121
轴向施加压力 (50 MPa)	0.194698	↑	0.194965	↓	−0.000267
冷却到 77 K	0.197706	↑	0.197993	↑	−0.000287
磁场峰值	0.29641	↑	0.281646	↑	0.014764
磁场降为 0, 温度为 350 K	0.372111	↑	0.34547	↑	0.026641
磁场降为 0, 温度降为 77 K	0.379318	↑	0.34856	↑	0.030758

从表 4-1 还可以发现,轴向施加压力,会导致内点加载,外点卸载,这实际上是不利于内外点等效塑性应变的平衡,但是出于轴向不出现分离的需要,轴向还是需要施加一定的压力,经过计算发现轴向施加 50 MPa 足以防止分离的发生。

5）预应力对脉冲磁体失效的影响

前一节的分析指出,导体和加固层中的预应力有利于平衡内外两点的等效塑性应变差值,本节研究导体和加固层中各施加多少预应力为最优。由图 4-31 可知,导体中的预应力 σ_{0cond} 为 0～150 MPa 时,可以使得导体内点弹性卸载,外点塑性加载;当超过 150 MPa 时,导体内外两点都出现塑性加载。因此,导体中的最佳预应力值为 150 MPa。对于加固层中的预应力 σ_{0Zylon},其值越大,内点卸载越大,外点加载也大。因此,只要在加固层中施加足够的预应力,就能平衡内外两点的等效塑性应变差值,使得内外两点等效塑性应变相等。当然,该预应力不能超过 Zylon 的极限应力 4 GPa。同时也限于绕线机的技术参数,Zylon 上的预应力只能达到 1 GPa。因此,给导体上施加 150 MPa 的预应力,Zylon 加固层上施加 1 GPa 的预应力,就能让内外两点的等效塑性应变差值补偿 0.01。

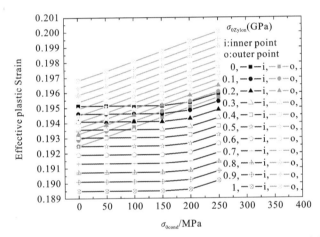

图4-31 最内层导体中平面处的内外两点在给导体和加固层施加
不同预应力情况下的等效塑性应变比较图

图 4-32 为施加没有经过优化的预应力和经过优化的预应力后脉冲磁体中平面最内层导体内外两点等效塑性应变随时间的变化比较图。从图 4-32 可以看出,经过预应力优化之后,内点的等效塑性应变减小了 0.005,可见预应力的施加的确起到了减小等效塑性应变积累的效果。图 4-33 为没有经过预应力优化和经过预应力优化之后的脉冲磁体磁场峰值时刻中平面处的等效应力分布比较图。从图 4-33 可以看出,施加了经过优化的预应力之后,Zylon 加固层上的峰值等效应力降低了大约 30 MPa。

可见,施加适当的预应力可以抑制等效塑性应变的积累,同时也可以减小 Zylon 加固层上的最大 von Mises 等效应力,从而提高脉冲磁体的疲劳寿命。

6）轴向压力对脉冲磁体失效的影响

本节对比分析了有无轴向施加压力情况下磁体的应力情况。图 4-34 为不施加轴向压力和施加 50 MPa 轴向压力后脉冲磁体的变形比较图。从图 4-34 可以发现,如果不施加轴向压力,由于轴向洛伦兹力作用,导致脉冲磁体朝中平面发生位移,从而导致

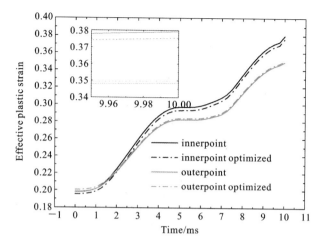

图 4-32 施加没有经过优化的预应力和经过优化的预应力后脉冲磁体中平面
最内层导体内外两点等效塑性应变随时间的变化比较图

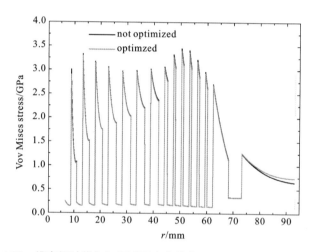

图 4-33 没有经过优化和经过预应力优化之后的脉冲磁体磁场峰值
时刻中平面处的等效应力分布比较图

脉冲磁体和端部的环氧板出现分离,而在实际制作过程中,由于灌上了环氧,会导致磁体和端部环氧板之间出现轴向拉应力而破坏绝缘层,进而导致相邻导体层发生闪络并诱发脉冲磁体短路。当施加了 50 MPa 轴向压力之后,轴向分离消失了,从而可以避免闪络的发生,起到了保护脉冲磁体的作用。

7) 多级脉冲磁体弹塑性力学行为

本节分析对象为华中科技大学国家脉冲强磁场科学中心所开发的 80 T 级两级脉冲磁体,产生的最高磁场强度为 83 T。内外级脉冲磁体分别采用铜铌导线和铜导线。铜铌的单向拉伸实验得到的应力-应变曲线如图 4-35 所示,铜铌的材料模型采用幂硬化弹塑性模型。

4.2.3 节中提到在计算多级脉冲磁体的时候,由于互感的影响,外级脉冲磁体的应力峰值并不是在合成磁场峰值时刻,而是在外级脉冲磁体磁场峰值时刻。内级脉冲磁体的最高磁场强度为 48.3 T,外级脉冲磁体的最高磁场强度为 38.7 T。图 4-36 为该

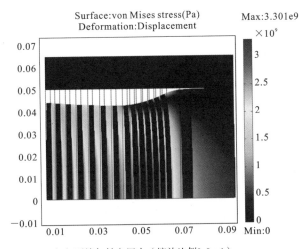

（a）不施加轴向压力（缩放比例2.5∶1）

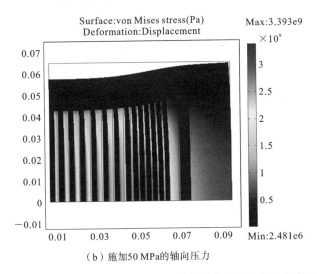

（b）施加50 MPa的轴向压力

图 4-34　不施加轴向压力和施加 50 MPa 轴向压力后脉冲磁体的变形比较图

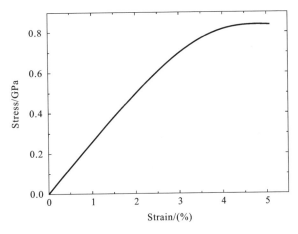

图 4-35　铜铌的单向拉伸实验应力-应变曲线

两级脉冲磁体磁场峰值时刻的等效应力分布(内级磁体采用内级磁体磁场峰值,外级磁体采用外级磁体磁场峰值)。图 4-37 为该两级脉冲磁体磁场峰值时刻中平面处的应力分布图。从图 4-37 可以看出,Zylon 纤维上的应力最大值不到 3 GPa。

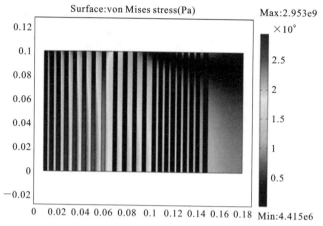

图 4-36　该两级脉冲磁体磁场峰值时刻的等效应力分布(内级磁体采用内级磁体磁场峰值,外级磁体采用外级磁体磁场峰值)

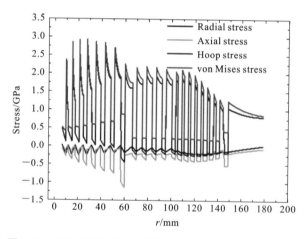

图 4-37　该两级脉冲磁体峰值磁场中平面处的应力分布图

图 4-38 为该两级脉冲磁体磁场峰值时刻的塑性应变分布。从图 4-38 可以看出,内级铜铌磁体的最大等效塑性应变为 0.0411,小于极限塑性应变 0.05;外级铜磁体的最大等效塑性应变为 0.0666,小于极限塑性应变 0.35。因此,实现一次 83 T 磁场是完全没有问题的。

3. 屈曲分析

现有磁体失效模型是基于材料强度模型的,忽略了结构失稳问题,因而难以解释超高场脉冲磁体经常在低于其设计值运行时被破坏的现象。这制约了脉冲强磁场技术的发展和磁场强度的提高。已有研究表明,屈曲是导致超高场脉冲磁体失效的主要原因之一,但脉冲磁体中屈曲的形成机理和演变规律尚不明确。本节将脉冲磁体自由分离层等效为薄壁圆柱壳,对脉冲磁体的自由分离层结构的静态屈曲行为和动态屈曲行为进行分析。

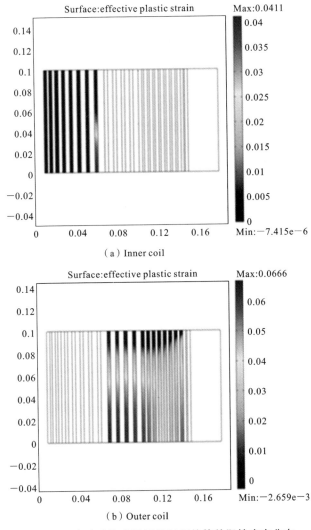

（a）Inner coil

（b）Outer coil

图 4-38　脉冲磁体磁场峰值时刻的等效塑性应变分布

1）圆柱壳结构屈曲的基本概念

脉冲磁体由多层特殊加固的空心螺线管组成，承受着"径向膨胀、轴向压缩"的电磁力。为抵抗强大电磁力，每层绕组外都有高强度纤维加固层，同时通过设置多个自由分离层避免应力集中，在径向电磁作用下自由分离层会形成薄壁层，如图 4-39 所示。

依据结构力学屈曲理论可知，脉冲磁体中自由分离层具有薄壁特征，在轴向电磁压力下，易发生轴向屈曲变形，自由分离层可等效为圆柱壳体，其屈曲变形行为属于圆柱壳体屈曲范畴。依据载荷类型，屈曲可分为静态屈曲和动态屈曲两类；依据材料特性，又可分为线性屈曲和非线性屈曲两类，其中线性屈曲相对简单，已经有成熟解析模型。

如图 4-40 所示的弹性圆柱壳，壳体平均半径为 R，厚度为 t，长度为 L，两端简支约束且轴向压力为 P。x 表示圆柱壳轴向方向，ω 表示轴向压力 P 作用位置处的径向位移，根据唐纳（Donnell）理论，在小变形和线性材料条件下，可以得到轴压载荷的线性屈曲的控制方程为

$$D\,\boldsymbol{\nabla}^8 + \frac{Et}{R^2}\frac{\partial^4 w}{\partial x^4} + \frac{P}{2\pi R}\boldsymbol{\nabla}^4 \frac{\partial^2 w}{\partial x^2} = 0 \tag{4-57}$$

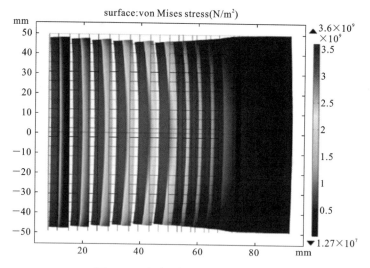

图 4-39　脉冲磁体结构和受力分析

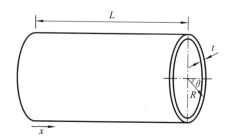

图 4-40　轴向压力下的薄壁圆柱壳模型

式中：D 为弯曲刚度；E 为杨氏模量。

依据经典圆柱壳线性屈曲理论，按 Batdorf 参数可以分为细长筒、中长筒和短筒三类。在脉冲磁体中，最内层自由分离绕组属于细长筒结构，越细长，临界屈曲应力越小，越容易屈曲失稳；中部自由分离层属于中长筒，厚径比越小，临界屈曲应力越小，屈曲风险越高。一般来说，脉冲磁体中不存在理论上的短筒，故不讨论。

图 4-41 所示的为不同几何尺寸对屈曲行为的影响，同时综合考虑实际脉冲磁体尺

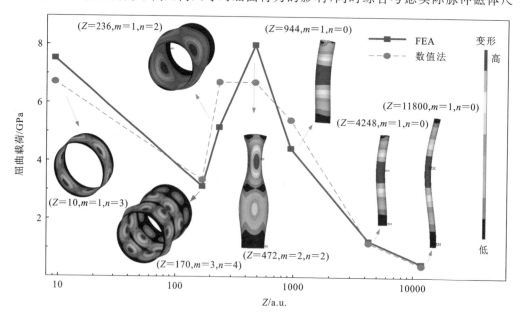

图 4-41　不同几何结构圆柱壳的屈曲行为

寸范围和 Batdorf 参数,对多种几何尺寸的金属结构圆柱壳(铜筒)进行解析解和有限元分析,圆柱壳高度分为 500 mm、300 mm、100 mm 三种,圆柱壳半径分为 10mm、50 mm、100 mm 三种,圆柱壳厚度分为 2 mm、5 mm 和 10 mm 三种,对应的 Batdorf 参数 Z 最大值为 11800,最小值为 19。

可以得到以下结论:① 随着 Z 参数的增加,屈曲模式逐渐从短筒向中筒、长筒特征转变,轴向、径向屈曲模数先增大后减少,最后表现为欧拉屈曲模式(细长杆,$m=1$,$n=1$);② 与此对应的屈曲载荷,也呈现先降低,后增加,再减少的趋势;③ 任何类型圆柱壳屈曲时的轴向半波数都大于 0,而轴向波数是可以等于 0 的(以短型圆柱壳为主)。需要指出的是,常规脉冲磁体的 Batdorf 参数 Z 一般在 100 以上,对应图 4-41 中的右半部分,即脉冲磁体中不会存在短型圆柱壳情况,主要以中长型圆柱壳为主。单从结构上看,长筒屈曲载荷将比中筒屈曲载荷低一些,即磁体的内层比中层对轴向载荷更敏感。但实际中,还需要考虑电磁力的分布情况,否则会造成不同结果。

2) 分布电磁力下的脉冲磁体屈曲分析

圆柱壳在集中载荷作用下的线性屈曲分析只能在一定程度上反映脉冲磁体的结构特点,但与实际中脉冲磁体屈曲行为还有很大差距:① 脉冲磁体中是体分布的电磁载荷,这会使得脉冲磁体的屈曲行为有很大不同;② 同时脉冲磁体导体进入深度塑性阶段,也需要考虑材料非线性;③ 最后径向外压对脉冲磁体屈曲行为的影响也不可忽视。

下面选取实际脉冲磁体最内层和最外层绕组,进行单层绕组的电磁屈曲行为分析,采用电磁场与结构场顺序耦合的方法,进行单层绕组的静态非线性屈曲行为分析。两层磁体绕组具体参数如表 4-2 所示,均为 40 匝,铜导线尺寸为 2.4 mm×4.4 mm,加固纤维为 1 mm 厚的柴隆纤维(Zylon),8 kA 电流驱动下分别在中心产生 2.33 T 和 2.15 T 磁场,它们分别属于长型圆柱壳和中型圆柱壳。在进行电磁分析后,中长型圆柱壳的电磁场和电磁力分布结果如图 4-42 所示。在非线性屈曲求解过程中,两个绕组的轴向缩短位移-载荷曲线如图 4-43 所示,U 为在非线性屈曲载荷下结构的总位移(相对于初始几何构型)。

表 4-2　两层绕组主要参数

绕组	材料	尺寸/mm	磁场/电流
		$L/R/t$	$B(\text{T})/I(\text{kA})$
内层绕组	铜+Zylon	180/6.5/3	2.33/8
外层绕组	铜+Zylon	180/61.5/3	2.15/8

对于给定结构的线圈,电磁力载荷与磁场强度密切相关($F \propto B^2$),采用磁场标定线圈载荷使得磁体分析设计更为方便,将以磁场强度代表电磁力载荷。当磁场随轴向缩短量的增长斜率为 0 时,表明已经达到了结构所能承受的最大载荷,即为屈曲点。内、外层绕组对应的屈曲磁场分别为 19.67 T 和 7.2 T,内层绕组屈曲磁场高于外层绕组,主要由于内层线圈内部磁场较为均匀,径向磁场(轴向电磁力)分量较低,而外层绕组则反之,所以内层绕组屈曲磁场较高。这说明轴向电磁载荷在脉冲磁体屈曲过程中占主导作用。

内层线圈表现为轴向弯曲破坏,而中长线圈表现为中部破坏。中线圈的屈曲仿真结果如图 4-44(a)、(b)所示,其中图 4-44(a)所示的为线性屈曲结果,图 4-44(b)所示的

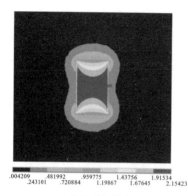

（a）磁场分布

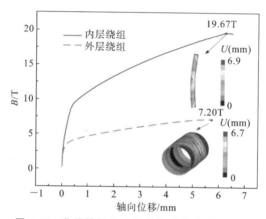

（b）电磁力分布

图 4-42　线圈电磁分析结果

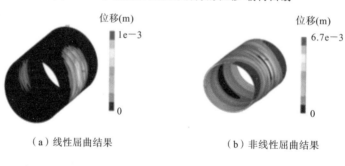

图 4-43　非线性屈曲求解获得的位移-载荷曲线

（a）线性屈曲结果　　　　　　　　（b）非线性屈曲结果

（c）磁体破坏前

（d）磁体破坏后

图 4-44　中长型绕组屈曲的仿真和实验结果对比图

为非线性屈曲结果。如图 4-44(b)、(d)所示,非线性屈曲仿真结果与美国国家强磁场实验室 80 T 破坏形式吻合,都是中平面发生破坏,证明了所采取的研究方法和模型的正确性。

径向电磁力对轴向屈曲行为的影响如图 4-45 所示,横坐标 $F_r(r,z)/F_{r0}(r,z)$ 表示径向电磁载荷的放大倍数,纵坐标 B/B_0 为其相应屈曲磁场与 1 倍径向电磁载荷的比值。对于内层绕组,其屈曲磁场强度随着径向电磁载荷的增大先上升后减小,在这变化的过程中经历了屈曲的转变,从欧拉杆状屈曲($m=1,n=1$)变成盘状屈曲($m=1,n=0$)。而且,径向电磁载荷的存在一定程度上提高了其轴向稳定性,而外层绕组的屈曲磁场随着径向电磁力 F_r 与轴向电磁力 F_z 的比值增大而出现了小幅度降低,影响不显著。

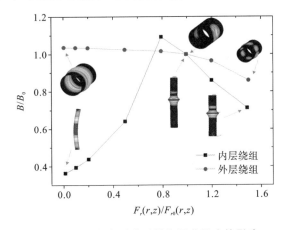

图 4-45 径向电磁力对轴向屈曲强度的影响

实际中磁体导体层并不是一个完整的圆柱壳,是由螺旋绕组与加固层组成的,可等效为加筋圆柱壳,只不过这个"筋"占比较大,需要研究螺旋绕组缝隙对屈曲强度和模态的影响。在电磁载荷下,内层和外层绕组中导线占空比对屈曲强度的影响如图 4-46 所示。

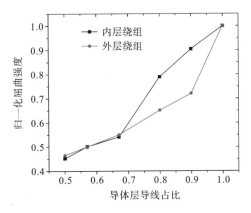

图 4-46 螺旋绕组对屈曲强度的影响

导线所占比例从 50% 到 100%,屈曲强度相应从 0.45 提高到了 1,表明螺旋绕组缝隙对屈曲强度有很大影响,缝隙越大,屈曲强度越低。在占空比较大时,外层圆柱壳结构比长型线圈更为敏感,当缝隙宽度超过一定限度时,结构稳定性都将出现大幅下降。而实际中脉冲磁体是密绕螺线管,导线占空比往往很大(80% 以上),缝隙极小,缝隙影响是有限的。

4.2.4 脉冲磁体冷却分析与设计

虽然脉冲磁体放电时间只有短短的几十毫秒,但高达上万安培的脉冲电流流过磁体绕组时仍会产生大量的焦耳热,放电所产生的热量几乎全部在磁体中积聚,使得磁体温度急剧升高。同时,为保证磁体结构强度,脉冲磁体内部层间及最外层都采用了大量高强度的纤维复合材料进行加固,纤维复合材料导热性能很差,磁体内部导体层和纤维加固层交替绕制的结构导致导线上产生的热量难以向外传递。脉冲磁体每次放电前都要等待磁体全部区域冷却到液氮温度(77 K),以防磁体放电过程中发生过热导致导体绝缘或磁体结构破坏。对于一个磁场峰值 60 T、脉宽几十毫秒的常规磁体来说,放电脉冲的冷却时间为 2~4 h。这样的冷却时间使得部分需要进行重复测量的实验效率极低,难以满足如强磁场下的中子衍射、X 射线衍射以及某些磁光实验等需求。此外,脉冲强磁场在大功率太赫兹回旋管、整体充磁、电磁成形、磁制冷等军事和工业领域中的应用也对重复工作频率有着较高的要求。因此,研究脉冲磁体快速冷却技术具有迫切的工程需求及重要的科学意义。

1. 冷却方案分析

针对脉冲磁体快速冷却问题,世界各国的脉冲磁体团队提出了两种冷却方案来提高脉冲磁体冷却效率。

(1) 脉冲磁体端部加导热性能良好的材料如铜板,降低脉冲磁体到液氮的热阻。牛津大学克拉伦登实验室通过在磁体的端部安装冷却铜盘,为磁体内部区域和磁体外部液氮环境之间建立起了高导热系数的传热通道,以加快磁体的冷却速度。冷却铜盘上切割出了辐射状的直槽,以避免铜盘在脉冲放电过程中因电磁感应产生涡流而导致发热和强电磁力的出现,如图 4-47(a)所示。最初的小型实验结果得到了不错的加速冷却效果,但将该技术应用于 70 T 的脉冲磁体时,效果却没有达到预期,其冷却效果与没有采用端部冷却铜盘的 70 T 磁体相似,经过分析及后期实验,证明是因为冷却盘和绕组区域之间的热接触不充分造成的。德国德累斯顿强磁场实验室也通过在端部法兰添加高热导率的导热棒来耦合磁体内部绕组与磁体外部液氮,以提高冷却效率。导热材

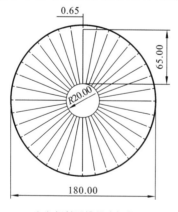

(a)辐射开槽的冷却盘   (b)配备有蓝宝石棒和铜制冷却棒的端部法兰

图 4-47 通过优化端部的传热通道以加快磁体冷却的导热结构

料采用的是蓝宝石棒和铜棒,如图 4-47(b)所示。尽管前期数值仿真结果显示该冷却方案可提高最高 4 倍的冷却效率,但最终实验的结果是冷却时间只缩短了 20%。分析认为脉冲放电过程中的绕组形变导致导热部件无法与导体良好接触,热耦合效果因此大打折扣,目前该方案已停止使用。该冷却方案没有改变磁体绕组部分的加固结构,但是磁体端部的力学收缩导致了热接触不充分,大大降低了散热效果。

　　(2)磁体内部设置冷却通道,加快热量散失。一种是磁体线圈嵌套设计,线圈间设置冷却通道。美国国家强磁场实验室采用磁体嵌套的方法,将脉冲磁体分割为内、外两个相互独立的线圈,作为两个独立的受力单元分别进行设计和加工,再将两线圈嵌套并在线圈间预留冷却通道,该方法将磁场强度 60 T、脉冲宽度 20 ms 的脉冲磁体的冷却时间由 1 h 缩短到 30 min。法国国家强磁场实验室也采用该方法,在 60 T 脉冲磁体中设置一层 3 mm 宽的冷却通道,使磁体的冷却效率提高了 3 倍左右。另一种是基于脉冲磁体的层间分离机制,在磁体自由分离层处轴向开冷却通道。我国国家脉冲强磁场科学中心在磁场强度 60 T、脉冲宽度 60ms 的常规脉冲磁体绕制过程中直接设置了一层 5 mm 宽的冷却通道如图 4-48 所示,成功将该磁体的冷却时间由原来的 140 min 缩短到 40 min 左右,如图 4-49 所示。目前该磁体已经重复放电达 500 多次,冷却通道的设置并未对磁体强度和寿命造成影响。

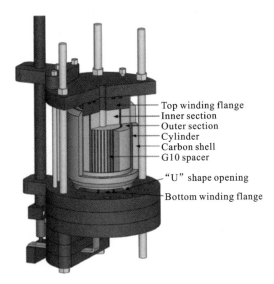

图 4-48　带冷却通道的脉冲磁体结构图

　　以上分析表明,脉冲磁体内部复杂的电、磁、热、力极端环境,使得冷却问题同时受到磁体加固和绝缘等问题的制约,脉冲磁体的力学和热学问题相互影响。目前各大实验室公开发表的文献表明,在磁体内部增加冷却通道的方案可行性高且冷却效率最优,但由于冷却通道改变了磁体内部结构,在进行冷却通道热学优化的同时,还需同时考虑冷却通道对磁体力学性能的影响。

2. 冷却通道数量对换热的影响

　　脉冲磁体热量的散失要经过磁体内部的热传导、磁体与液氮的对流换热过程,磁体的冷却速度取决于从磁体内部传导出来的热流量 Q_c 以及磁体与液氮热交换的热流量 Q_t,热流量越大,冷却速度越快,两者可分别表示为

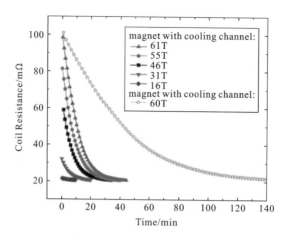

图 4-49　磁体冷却效果对比

$$Q_c = KA_c \Delta T_c \tag{4-58}$$

式中：K 为磁体总的导热系数；A_c 为导热面积；ΔT_c 为磁体内外温差。

$$Q_t = qA_s = hA_s \Delta T_s \tag{4-59}$$

式中：q 为热流密度；h 为对流换热系数；A_s 为磁体换热面积；ΔT_s 为磁体壁面和流体之间的换热温差。

以 75 T 单级脉冲磁体为例，对脉冲磁体快速进行冷却设计。图 4-50 为该磁体的快速冷却设计模型图，在自由分离和不自由分离处开 3 mm 的轴向冷却通道。

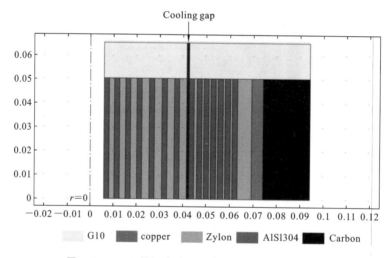

图 4-50　75 T 单级脉冲磁体的快速冷却设计模型图

在设计时，可通过脉冲磁体导体中的平均温度 T_{bulk} 来衡量整个脉冲磁体的冷却效率：

$$T_{bulk} = \frac{1}{V_{cond}} \int_{V_{cond}} T \mathrm{d}V \tag{4-60}$$

图 4-51 为 75 T 单级脉冲磁体平均温度 T_{bulk} 回到 80 K 所需的冷却时间以及开 3 mm 轴向冷却通道之后所需的冷却时间对比图。从图 4-51 可以看出，当轴向没有开冷却通道时，冷却到 80 K 需要 140 min；而当轴向开了 3 mm 冷却通道之后，冷却到 80 K 只需要 45 min。因此，开了冷却通道之后，冷却效率提高了 140/45≈3 倍。对

于多级脉冲磁体而言,由于级与级之间形成自然的冷却通道,从冷却方面来讲,效率也优于单级脉冲磁体。

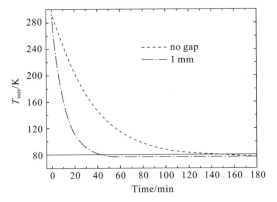

图 4-51 75 T 单级脉冲磁体平均温度 T_{bulk} 回到 80 K 所需的冷却时间
以及开 3 mm 轴向冷却通道之后所需的冷却时间对比图

对于 n 层绕组的磁体,添加冷却通道的方案共有($2^{n-1}-1$)种方案。图 4-52 所示的是二维轴对称的磁体半模型,几何的下表面为磁体中平面,上表面为磁体端部,左平面为磁体内孔表面,右平面为磁体外半径表面。图中橙色区域代表导线,绿色区域代表 Zylon 加固,黄色区域代表冷却通道。以上方案考虑了冷却通道对力学分布的影响,设计时通过调节加固层厚度将磁体应力控制在同一水平。方括号中的数字表示冷却通道的添加位置,1 号冷却通道的位置为第 1 层加固和第 2 层绕组之间,2 号冷却通道的位置为第 2 层加固和第 3 层绕组之间,其他号数依此类推。Null 为不添加冷却通道的常规磁体方案,All 为逐层添加冷却通道方案。

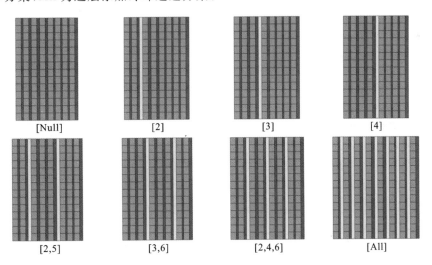

图 4-52 冷却通道数对应的几何模型

图 4-53 的计算结果表明,增加 n 条冷却通道,其冷却时间缩短为原来的 $1/(n+1)^{1.2}$。在研究冷却通道个数对冷却效率的影响时,需控制峰值磁场相同且应力水平相当,并考虑冷却通道个数的增加导致的能量效率降低、热损耗增大、加固层变厚等因素。仿真结果表明,对于模型所研究的 8 层绕组高重复频率磁体,逐层添加冷却通道将使冷却速度提升 11 倍。

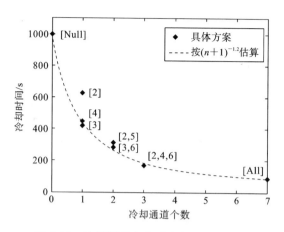

图 4-53　冷却通道个数对冷却效率的影响

假设冷却通道壁面换热系数沿轴方向各处相等,设导线绕线半径为 ρ,导线矩形截面的径向宽度为 a,轴向高度为 b,则单位散热面积对应的热源体积为

$$dS_Q = \left[\pi(\rho+a)^2 - \pi\rho^2\right]\frac{d\theta}{2\pi}dz = \left(\rho a + \frac{a^2}{2}\right)d\theta dz \qquad (4\text{-}61)$$

由式(4-61)可知,当导线的横截面积一定时,导线的径向宽度越小,单位散热面积对应的热源体积越小,因而在相似的温升及冷却通道对流换热系数下,温度下降更快、冷却更迅速,该关系近似呈正比。该分析与仿真规律高度吻合。对于逐层添加冷却通道的高重复频率磁体,这是磁体结构设计上对冷却速率影响最大的因素。

3. 冷却通道尺寸对换热的影响

目前冷却通道径向宽度的选取通常都留有较大裕量,一般为 3～5 mm 的常规通道,以避免自然对流条件下通道内液氮干涸影响换热,且可基于大空间池沸腾换热机理进行仿真计算。但是冷却通道的尺寸和数量会影响磁体绕组的占空比,从而影响相同电源能量下磁体所能产生的磁场强度。计算表明,对于一个有 18 层导体的 40 T 脉冲磁体,若每层增加 1 mm 宽度的冷却通道,相同电源能量下其产生的磁场强度将下降约 3.3 T。若按目前估算的通道宽度增加冷却通道数量,磁体冷却速率可进一步提高,但是磁场强度必将大幅下降。

在通道内液氮不发生干涸的情况下,减小通道尺寸,使其达到微通道级别,则可产生明显的增强换热的效果。根据微通道的定义,当通道直径小于 3 mm 时即为微通道,大于 3 mm 则为常规通道。在微通道内,气泡在生长过程中会受到壁面的挤压变形而呈扁平状,使得气泡底部的微液膜变薄,与壁面的接触面积增大,从而大大降低了导热热阻,增强了换热性能。

以液氮作为冷却介质的微通道换热效果测试实验表明(见图 4-54),在热流密度较小时,自然对流优于强制对流;而在热流密度较大时,强制对流可有效提高换热效率。特别是当自然对流已经无法保持温度平衡时,强制对流仍能在较高温差下保持温度平衡。因此,在磁体冷却的初始阶段,可施加外部辅助措施强制液氮对流,而在磁体冷却的后期壁面温度不高的情况下,自然对流即可达到较高的冷却效率。

4. 冷却通道对磁体应力的影响

在磁体绕组层间设置冷却通道可提高脉冲磁体冷却速度,逐层添加冷却通道能够

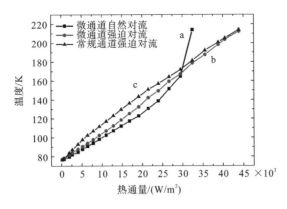

图 4-54　三种不同情况下通道中间的温度

将磁体的冷却效率最大化,以满足 X 射线衍射实验、中子散射实验等高重复频率实验需求,如图 4-55 所示。但是冷却通道改变了脉冲磁体内部层间力学传递关系和应力分布规律,常规脉冲磁体中的层间分离区域、最高应力点发生变化,同时,由于层间摩擦力降低,绕组轴向电磁力的破坏作用增强,在磁体设计过程中须着重考虑。

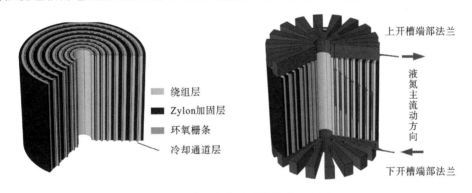

图 4-55　高重复频率磁体结构示意图

由图 4-56 可以发现,由于能量利用率下降,产生 40 T 磁场所需要的峰值电流更大,因此磁体加固层的内三层在相同加固条件下承受的等效应力增大,由 2.10 GPa 增大到 2.45 GPa,绕制半径增大也是应力增大的重要原因。此外,逐层添加冷却通道后,磁体的第 4、5 层的力学问题更为突出,二维仿真中设置层间无应力传递,因此需要增厚加固层才能使这两层的应力水平降到合适水平。导体中的力学问题则更为突出,应力分别由 144 MPa 和 143 MPa 增大到了 154 MPa 和 166 MPa,加固层的应力与常规磁体相当。当层间不分离的磁体外层之间无法形成有效的径向应力传递时,磁体的轴向力问题会凸显出来,使磁体中间层绕组的应变大幅增加。此方案对比中,常规磁体的端部最大位移是 0.69 mm,逐层添加冷却通道磁体的为 1.17 mm。

4.2.5　脉冲磁体材料

为提高脉冲磁体的整体结构强度,现广泛采用加固材料对导体绕组进行力学加固。对于 80 T 以上的高场强脉冲磁体,磁场所产生的电磁应力高达 3～4 GPa,导体和加固材料的应力水平逼近其力学强度极限。因此,脉冲磁体的导体材料与加固材料尤为关键。本小节主要介绍导体材料、加固材料以及脉冲磁体制造工艺。

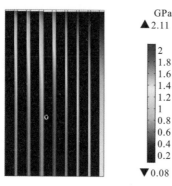
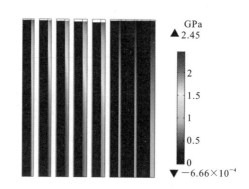

（a）常规磁体等效应力分布云图　　　　（b）逐层添加冷却通道磁体等效应力分布云图

图 4-56　磁体峰值时刻二维静力学仿真结果对比

1. 导体材料

巨大的电磁应力是脉冲强磁体设计要解决的首要问题之一。常见的纯铜导线的强度仅为 $200 \sim 300$ MPa,不过由于其电导率高（5.8×10^7 S/m,100% IACS）,是实现 40 T 以下磁场强度最为理想的导体材料,而对于更高强度的脉冲磁场,却难以承受巨大电磁力的作用。显而易见,开发高强度的导体材料是实现更高磁场强度最为直接的方法。对于脉冲磁体中使用的导体材料,电导率和极限拉伸强度是需要同时关注的两个重要性能参数,然而导体材料这两方面的性能通常却是相互矛盾、相互制约的。表 4-3 给出了不同导体材料的拉伸强度。

表 4-3　不同导体材料的拉伸强度和电导率

导体材料	拉伸强度/MPa	电导率
纯铜	$200 \sim 450$	100%IACS
氧化铝颗粒增强铜基复合材料	$450 \sim 850$	80% IACS
铜铍合金	$920 \sim 1090$	20% IACS
铜铌纳米复合材料	$1100 \sim 1300$	60% IACS
铜银合金	$1070 \sim 1250$	85% IACS
铜不锈钢复合材料	$950 \sim 1300$	60% IACS

氧化铝颗粒增强铜基复合材料（Glidcop）、铜银合金材料（CuAg）、铜/不锈钢宏观复合材料（CuSS）等导体材料已经在部分强磁场实验室得到一定程度的研究和应用。图 4-57 所示的 CuSS 导体材料可达到 1000 MPa 的拉伸强度,同时电导率也能维持在 60% IACS 的水平。

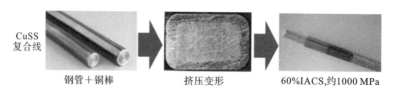

CuSS
复合线　　　　钢管+铜棒　　　　挤压变形　　　　60%IACS,约1000 MPa

图 4-57　CuSS 实物及性能

目前,图 4-58 所示的铜铌合金材料（CuNb）由于其高达约 1000 MPa 的拉伸强度,同时电导率能维持在 60% IACS 的水平,在脉冲磁体中得到最为广泛的应用,成为 75 T 以上脉冲磁体所采用的主要导体材料。俄罗斯无机材料研究所(Bochvar Institute)在铜铌纳米复合导线的研发方面取得突出进展,可根据用户的不同需求设计开发极限拉伸强度为 900~1500 MPa,电导率为 55%IACS~85%IACS 的铜铌合金导线,其产品在美国、德国、法国等国家的强磁场实验室得到大量应用;在我国,华中科技大学国家脉冲强磁场科学中心多使用西北有色金属研究院研制的极限拉伸强度约为 800 MPa 的铜铌合金导线。

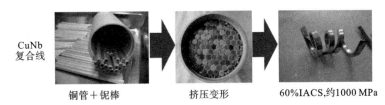

图 4-58 CuNb 实物及性能

2. 加固材料

加固材料要求具有高强度、高弹性模量。早期,不锈钢等金属被用作磁体加固材料,由于金属材料用于磁体加固时,加工工艺繁杂,目前多将其用作磁体最外层的加固套筒。高强度钢具有 1000~2000 MPa 的强度,然而钢作为导体,避免不了涡流效应,对磁场的产生具有不利影响。随着复合材料技术的发展,纤维复合材料具有越来越优异的比强度、比模量、可设计性以及绝缘等特性,成为现代工业中必不可少的重要材料,不同的纤维材料在脉冲强磁场技术中也不断得以广泛应用,如碳纤维、玻璃纤维、凯夫拉和柴隆纤维(Zylon)等。表 4-4 给出了不同加固材料的拉伸强度。

表 4-4 不同加固材料的拉伸强度

加固材料	拉伸强度/MPa
珠光体钢	3000
时效硬化镍钴基合金	2600
玻璃纤维	2600
PBO 纤维	6000
Magellan 纤维	9500

其中,Zylon 是日本东洋纺织公司(TOYOBO)开发的 PBO 纤维(聚对苯撑苯并二恶唑纤维)的商品名,是目前能进行商业化生产的强度最高的纤维材料。为提高弹性模量而经热处理后的高模量纤维(Zylon HM),以其高弹性模量、高极限拉伸强度以及良好的电绝缘性能,成为脉冲磁体导体绕组加固材料的首选。

用于脉冲磁体结构加固的为连续纤维增强树脂基复合材料,如图 4-59 所示,其由热固性树脂基体材料和纤维增强材料固化复合而成,纤维增强材料承受主要载荷,提供复合材料的刚度和强度;树脂基体材料支撑和固定纤维,传递纤维间的载荷。

然而,纤维复合材料应用于加固材料尚存在一些问题:纤维复合材料纵向性能主要由纤维决定,横向性能则主要取决于基体性能及基体和纤维之间的黏合性能,因此其各向异性严重,横向及剪切性能远弱于纵向性能,如何改善加固材料的各向异性也是磁体

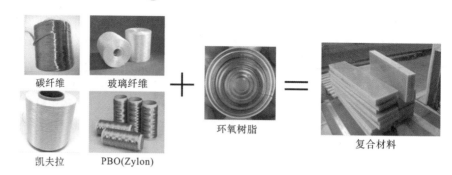

碳纤维　　玻璃纤维　　＋　　环氧树脂　　＝　　复合材料

凯夫拉　　PBO(Zylon)

图 4-59　纤维复合材料

研制中的一个重要课题。此外,纤维复合材料还存在纤维本身性能缺陷以及与树脂浸渍效果差等缺点。

4.2.6　磁体制作工艺

脉冲磁体的制作需要先后经过线圈绕制、浸渍、组装、耐压测试和磁场测试等工序,图 4-60 所示的为脉冲磁体的制作工艺流程。

脉冲磁体绕线机　　缠绕导体层　　缠绕加固层

绕制完成　　车外径

磁体组装　　安装电极引线　　缠绕碳纤维　　压入不锈钢筒

图 4-60　脉冲磁体制作工艺流程图

1. 线圈绕制

绕制线圈的主要设备是数控绕线机。绕制线圈时,导体材料和加固材料交替分层绕制,当一层导体层绕制完成后缠绕一层合成纤维加固层。从图 4-61 可以看到,在车床底座上安装了两根轴,每根轴上安装一个绕线轮,通过控制轴末端的步进电机使轴旋转,就可以使绕线轮在轴上做水平运动。缠绕合成纤维前,将合成纤维缠绕在绕线轮的槽中,并通过一根导管引向磁体,如图 4-62 所示。利用伺服电机带动绕线轮和导管旋转,纤维就会一层层地缠绕在磁体上。当一层导体绕制完成后,如果导线靠近左边法兰,就利用右边绕线轮缠绕合成纤维;反之,如果导线靠近右边法兰,就利用左边绕线轮缠绕合成纤维。这样,左右两个绕线轮轮流交替工作,就可以实现线圈的连续绕制。

2. 浸渍

完成线圈绕制后,就可以将线圈从车床上取下来准备浸渍。根据合成纤维的性质,

图 4-61 线圈绕制车床前视图

浸渍可以采用真空浸渍或湿式浸渍。对于玻璃纤维,由于其浸润性好,可以采用真空浸渍。而对于 Zylon 和碳纤维,则需要利用湿式浸渍。不过目前线圈多采用多种加固材料,因而也同时采用两种浸渍方式。

湿式浸渍方法简单,它在绕制线圈的同时完成。其方法是:在缠绕加固材料的同时,直接将环氧树脂涂刷在上面。线圈绕制完成后,将线圈置于车床上 24 h,并保持旋转,等到环氧树脂硬化后再将线圈取下来。

槽

纤维

导管

导线

图 4-62 缠绕合成纤维加固层示意图   **图 4-63 真空浸渍设备及示意图**

真空浸渍工艺相对复杂些。浸渍前,将线圈塞入一个预先加热的,孔径比线圈外径小 0.2 mm 的不锈钢套筒中。等到套筒冷却后,线圈就与套筒紧紧地套在一起。然后将套筒置于一个加热器中,如图 4-63 所示。经过 24 小时加热和抽真空处理后,线圈和环氧树脂中的气体被全部排出,此时松开橡皮管上的夹子,并给环氧树脂施加 1 mbar (1 mbar＝100 Pa)左右的压力,环氧树脂就会进入线圈中。当线圈中充满环氧树脂后,重新用夹子夹住橡皮管,然后让线圈保持加热状态直到环氧树脂硬化。

3. 磁体组装

线圈浸渍后的工艺就是磁体组装,包括安装电触头、浇注磁体顶部和加固磁体结构等工序。图 4-64(a)是安装完电触头后的外观图,当磁体工作时,电磁力有将两个电触头分开的趋势。为了防止电触头被损坏,导线引出端和电触头之间采用螺杆连接,同时用合成纤维缠绕在两个触头上,如图 4-64(b)所示。然后,在磁体顶部安装一个塑料圆筒,将导线引出端和触头置于筒内。最后在筒内浇注环氧树脂,当环氧树脂硬化后,电触头就被牢牢地固定住。图 4-64(c)是整个磁体组装完毕后的外观图。三个法兰通过螺杆拉在一起,可以有效地防止线圈在轴向方向上膨胀。当磁场水平较高时,磁体会沿径向膨胀,如图 4-64(d)所示,这时可以在不锈钢套筒外缠绕一定厚度的碳纤维。

（a）安装磁体电触头

（b）浇注磁体顶部示意图

（c）磁体组装完毕后的外观图

（d）磁体外碳纤维加固层

图 4-64 磁体组装过程中的外观图

4. 耐压测试与磁场测试

磁体加工完毕后,首先进行的是耐压测试,查看磁体是否存在绝缘隐患。耐压测试采用小电容器组,容量一般为 1～3 mF,电压从低到高调节。当磁体通过耐压测试后,说明磁体没有绝缘隐患,下一步要进行磁场测试。磁场测试是检验磁体结构是否能够承受强磁场条件下的应力作用,主要测量对象为磁体电感,从电感变化量判断磁体在磁应力作用下的变形,并由此推断出磁体的工作状态。

脉冲磁体工作在极端工况下,磁体设计或加工过程中的细小缺陷在耐压测试和磁场测试中可能暂时表现不出来,但随着实验次数增多,缺陷累计恶化并最终失效,极端情况下表现为磁体爆炸。磁体失效的原因大都可归结为绝缘缺陷或者结构缺陷。如果失效发生在放电起始阶段,此时电压高而磁场低,通常为绝缘缺陷;如果失效发生在磁场最大值,此时电压接近于零而磁应力最大,通常为结构缺陷。此外,有时绝缘缺陷会引起电弧放电继而烧坏加固层,破坏磁体结构,磁体结构变化(如屈曲)又会加剧绝缘缺陷,两种缺陷会相互叠加,致使磁体工作状态迅速恶化。

4.3 破坏性脉冲磁体技术

前文已提到,强磁场中磁体的等效机械应力可以用公式 B^2/μ_0 估算。由此可知,磁场强度超过 100 T 之后磁体将承受 4 GPa 以上机械应力,几乎超越了目前已知的所有材料的抗拉强度。试图通过上一节所述脉冲磁体加固技术实现远超 100 T 磁场,如 500 T、2000 T,几乎是不可能的,必须采用其他技术路线。

破坏性磁体技术,正是实现超高磁场这一目标的技术路线,目前最高可实现 2800 T 脉冲磁场强度。顾名思义,破坏性磁体不再追求磁体本体在磁场发生后保持其完整性,转而追求其在破坏前尽可能达到更高磁场强度。需要指出,破坏性磁体技术与非破坏性磁体技术这两种技术方案并不存在明显的先后关系,无论是非破坏性磁体技术,还是破坏性磁体技术,二者的技术演变均贯穿了脉冲磁体整个发展历程。此外,还需指出,两种技术方案之间也并不存在"哪一种技术方案更为先进"这样的争论,二者仅是为追求不同特征强磁场而研发出来的方案。其中,非破坏性磁体技术在追求场强的同时要求磁场具有较好的稳定度,以提供一种具有更好重复性的科学实验基本条件;而破坏性磁体技术,则在某些特殊科学实验中要求为远高于 100 T 磁场的场合提供超高磁场强度的科学实验条件,从而在一定程度上牺牲了实验重复性、稳定性。一般来说,在破坏性磁体技术中,一个磁体通常只能进行一次科学实验,且实验样品也会在磁体破坏过程中发生不同程度的损坏。

Fritz Herlach 在 1968 年和 1999 年的两篇综述论文中,全面系统地总结和梳理了破坏性磁体的关键技术及发展历程,并对相关技术的未来发展趋势进行了预测。尽管这两篇综述发表至今已有 20～50 年,其所总结的破坏性磁体技术中的基本原理依然是适用的,破坏性磁体技术中的三大实施方案(即单匝线圈、爆炸磁通压缩、电磁磁通压缩)依旧是沿用至今的主流技术,而其关于高场磁体技术的发展趋势的预测,就目前看来也基本都被验证了。本节关于破坏性磁体技术的介绍,将以 Fritz Herlach 在 1968 年和 1999 年的两篇综述论文为主要参考,并在此基础上,对最新的一些研究进展进行简要介绍。

4.3.1 单匝线圈技术

实现超高磁场最直接的手段就是通过电容器将大量能量注入有限体积的线圈当中,由于超高的能量密度,在这过程中势必导致磁体的爆炸破坏。然而,只需要放电电流(磁场)波形的上升时间足够短,以至于磁场可以在线圈完全破坏而失去通流能力之前达到其峰值,则可以实现超高磁场。而为了实现超短的磁场上升时间(通常在 μs 级别),则要求极小的系统阻抗,包括磁体的阻抗和电源阻抗。对于磁体来说,要实现如此小的阻抗,特别是电感,通常只有单匝线圈能够满足这一要求;而对于电容器电源而言,也要求其具有很小的线路电感、较小的电容值以及很高的放电电压(10~100 kV)。

基于单匝破坏性磁体技术方案,Furth 等人于 1957 年首次实现了 160T 这一脉冲磁场(4 kV 电容器电压,24 kJ 能量)。在此之后,其他学者相继通过单匝线圈手段实现 100 T 磁场。如 Shneerson 于 1962 年采用 125 kV 超高放电电压、222 kJ 放电能量实现 150 T 磁场。有学者则进一步提出采用 MJ 等级放电能量,试图进一步突破磁场强度;亦有学者尝试通过改进线圈结构来提升磁场。相继的研究结论表明,与放电能量等级相比,尽可能地降低系统电阻与电感是提升磁场强度更为关键和有效的技术手段;同时,研究还发现,薄壁单匝线圈由于具有较为集中的电流密度,要比厚壁单匝线圈更有利于提升磁场;而线圈导体材料也被发现是实现高场的关键。基于这些发现,单匝线圈的磁场强度世界纪录进一步突破 200 T 和 300 T,如 Forster 与 Martin 于 1967 年,采用 63 kJ 放电能量,实现了 260 T 磁场;而 Shearer 于 1969 年采用 0.82 MJ 能量、70 kV 放电电压,实现了 355 T 磁场。由于技术接受度所限等原因,上述单匝线圈技术均未在科学实验中得到应用,而主要集中于磁体本体技术的研究中。而在随后的 30 多年,全世界越来越多的强磁场实验室将单匝磁体技术引入基础科学实验中,如 IIT Chicago、ISSP Tokyo、HMFC Berlin 等。表 4-5 总结了这些实验装置单匝线圈技术的典型参数。

表 4-5　单匝线圈技术方案典型参数

装置	IIT Chicago			ISSP Tokyo			HMFC Berlin		
年份	1970			1984			1996		
电压/kV	20			40			60		
能量/kJ	55			100			180(225)		
电感/nH	14			18			14		
电阻/ mΩ	6			3			2		
峰值电流/MA	1.3	1.6	2.1	2.1	2	1.75	2.9	3.2	3.2
上升时间/μs	1.6	2.6	2.5	2	1.9	1.6	1.2	1.9	2.2
峰值磁场/T	200	150	150	200	240	275	310	240	200
线圈孔径/mm	2.5	4.7	10	6	4	3	5	10	12
线圈长度/mm	5	10	10	7	6	4.1	5	10	12
线圈壁厚/mm	2.1	2.1	3	2.8	2.7	2	3	3	3
导体材料	Cu	Cu	Cu	Cu	Cu	Ta	Cu	Cu	Cu

为实现表 4-5 所示的结果,系统电感达 10 nH 级别、磁场上升时间为微秒级别及放电电流为 MA 级别,需对单匝磁体本体及电源进行特殊设计。下面以德国柏林 HMFC 实验室为例,说明单匝磁体方案的装置设计。图 4-65 给出了单匝磁体结构及工装设计。单匝线圈结构由两段构成(见图 4-65(a)),其前端采用极窄导体构成载流圆环,为目标磁场区域,后端采用渐变结构,与电源的汇流排连接。渐变结构可以减小其杂散阻抗,有助于降低系统电感。此外,在工装方面,采用液压机构将正负汇流排经绝缘层压

紧,用以抵抗巨大电磁力带来的汇流排运动,进一步确保系统稳定及低阻抗。图 4-66 给出了电源连接与装配方案,为进一步降低系统阻抗,系统采用了宽度超过 1 m 的汇流排将 10 组电容器与线圈进行连接。图 4-67 给出了基于所设计的单匝线圈实现的磁场波形,实现了高于 300 T 的超高磁场。

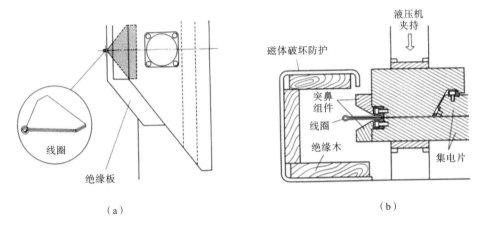

图 4-65　单匝磁体结构及工装

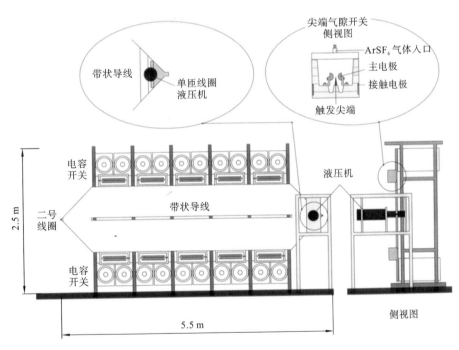

图 4-66　单匝磁体电源装配与连接方案

4.3.2　磁通压缩技术Ⅰ:电磁驱动

磁通压缩技术,是另一类实现超高磁场的破坏性磁体技术方案。4.3.1 节中介绍的单匝线圈的关键技术是通过尽可能降低上升时间,来抑制单匝线圈导线的"运动",进而在磁体变形破坏失去通流能力之前达到磁场峰值。与之相比,本节将要介绍的"磁通

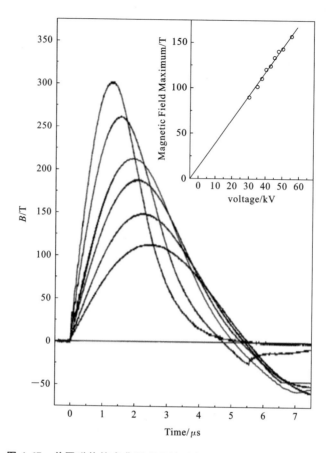

图 4-67 单匝磁体技术典型磁场波形（HMFC，Berlin，见表 4-5）

压缩技术"更进一步地去主动控制通流导体的运动进行磁通压缩，以达到进一步提升磁场的目的。

图 4-68 所示的为磁通压缩技术的工作原理。在一磁场为 B_0 的空间中放置一闭合的良导体环（截面为 A_0），在某一瞬间通过某种手段压缩导体环，将其界面压缩至 A_t；假设这一压缩过程时间极短，或者假设金属环电阻为 0，则金属环所包绕的磁通将保持守恒，此时的磁场 B_t 与初始磁场 B_0 满足以下关系：

$$B_t = B_0 \times \frac{A_0}{A_t} \tag{4-62}$$

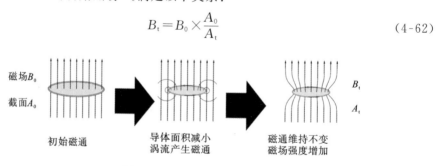

图 4-68 磁通压缩原理

可以看到，如果上述压缩过程中，金属圆环压缩比足够大，则可呈数量级地放大磁场，进而实现超高磁场。根据驱动力的不同，主要有两种技术手段实现上述磁通压缩过程:基于电磁力的电磁磁通压缩技术和基于炸药冲击波的爆炸磁通压缩技术。本节将介绍电磁磁通压缩的基本原理与实现,并在随后的 4.3.3 节中介绍爆炸磁通压缩技术。

基于电磁力驱动的磁通压缩技术的工作原理与系统装置如图 4-69 所示。该技术中磁场发生器主要由三部分构成,其中,初始场线圈用于建立随时间变化缓慢的长脉冲初始磁场 B_0;内衬电枢为由良金属导体制作而成的闭合圆环,初始截面为 A_0,用以约束磁通;压缩线圈将通过快速变化的电流,在内衬电枢处感应涡流,进而产生巨大的径向向内电磁力,用以驱动内衬电枢高速压缩变形,起到压缩磁通效果。

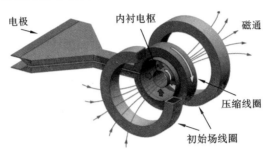

图 4-69 电磁磁通压缩技术装置及原理

在电磁磁通压缩技术中,所能获得的最大场强,将直接取决于内衬电枢的压缩速度,理论上只要产生足够大的电磁力,就可以无限制地提升压缩速度,进而提升磁场强度。然而在实际中,基于电磁磁通压缩所能获取的磁场强度,将受到材料特性的限制。直观地理解,越大的电磁力,意味着更大的电流密度,而当电流密度超过一定限值,内衬电枢则可能因过热发生汽化而失效。Cnare 作为最早实现电磁磁通压缩技术的学者,对此开展了相关的理论与实验研究,对其中的关键问题进行了很好的归纳与总结,给出了最大压缩速度与材料热力特性的关系,即

$$v = \frac{\mu_0}{2} \frac{d}{D} \int j^2 \mathrm{d}t = d \cdot f(T) \tag{6-63}$$

式中:v 为最大压缩速度;j 为电流密度;d 为壁厚;T 为温度;$f(T)$ 为材料的函数。由此可知,最大压缩速度一方面受材料热力学特性的影响(密度与热容等),另一方面正比于壁厚。从理论上分析,壁厚 1 mm 的铜板和铝板,其最大的压缩速度分别可达 14 km/s 和 25 km/s;Cnare 的实验表明,铜板和铝板大致可以达到 8.5 ± 1.5 km/s 和 7.5 ± 2.5 km/s 的极限压缩速度。通过增加壁厚,可以进一步提高压缩速度,当然这意味着需要非常大的能量,对电源提出很高的要求。

在 20 世纪,电磁磁通压缩技术的磁场世界纪录是由东京 ISSP 实验室的 Miura 等人于 1994 年创造的,磁场强度达到 600 T。表 4-6 给出了主要的技术参数。图 4-70 给出了实验时纪录的电流与磁场波形。该装置中,初始磁场是 2.3 T,而压缩后磁场被放大了近 260 倍,整个压缩过程在 20 μs 内完成。还注意到,与单匝线圈技术一样,用于驱动内衬电枢高速压缩的压缩线圈对应的电容器电源需对线路阻抗参数具有极高的要求,其电感需控制在 30 nH 量级。进入 21 世纪后,2018 年东京 ISSP 实验室再次打破新的磁场世界纪录,通过电磁磁通压缩技术手段,将磁场强度提升至 1200 T 水平。

表 4-6 ISSP 实验室电容器组参数

	单位	驱动磁场	初始磁场
电容	mF	6.25	30
电压	kV	40	10
能量	MJ	5	1.5
子模块	MJ	0.5×10	0.3×5
开关　主回路		120 个气隙开关	5 个引燃管
续流回路		120 个气隙开关	20 个引燃管
电阻	mΩ	3	
线路电感	nH	29.8	<1 μH
线路电阻	mΩ	0.256	
最大电流	kA	6	500
电缆数量		240	20
输入功率	kV·A	60	20

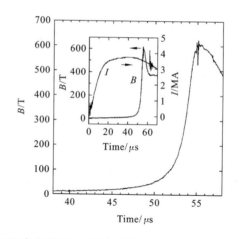

图 4-70　1994 年 ISSP 实验室 Miura 等人创造的电磁磁通压缩磁场世界纪录(600 T)

4.3.3　磁通压缩技术 II :爆炸驱动

　　与电磁磁通压缩相比,爆炸驱动的磁通压缩采用化学炸药爆炸瞬间释放的巨大化学能作为驱动能量,达到磁通压缩的目的。与前者相比,炸药作为储能物质,无论其成本,还是能量等级,都有显著的优势,因而是突破更高场强的关键手段。

　　图 4-71 所示的为爆炸磁通压缩的基本工作原理及装置。如图 4-71(a)所示,爆炸驱动磁通压缩将炸药放置于圆筒形内衬电枢外围,当炸药爆炸时,将驱动内衬电枢径向高速压缩,进而压缩其内部初始磁场,实现超高磁场。如图 4-71(a)、(b)所示,初始磁场

B_0 通常由电容器驱动的多匝脉冲磁体产生;而通过中央控制系统实现初始磁场脉冲及爆炸磁通压缩过程的协同,进而获取最优参数,达到最高场强。

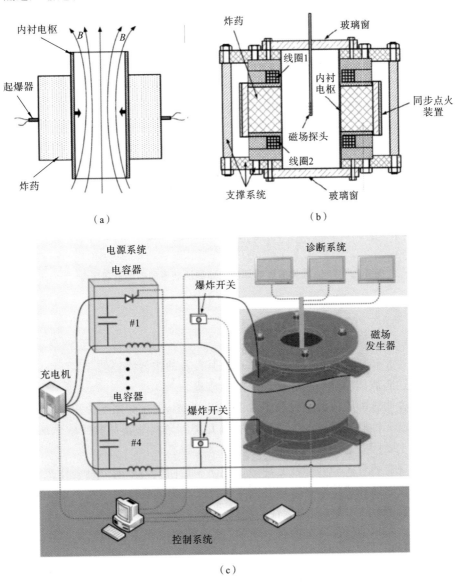

图 4-71 爆炸磁通压缩工作原理及装置

炸药极低的成本和高参数的能量密度,使得基于爆炸驱动磁通压缩技术一直以来都占据磁场世界纪录的头号交椅。早在 1960 年代,就有学者通过该技术手段实现了 1000 T 以上磁场强度(见图 4-72)。而进入 2000 年以后,俄罗斯科学家更是通过这一技术手段,实现了 2800 T 的磁场,进一步将世界纪录逼近 3000 T 大关。但是,尽管爆炸磁通压缩技术在突破场强方面具有远优于单匝线圈及电磁磁通压缩两种技术方案,但化学炸药具有较高的危险性,且该技术对实验样品和装置具有严重的破坏性,限制了该技术在科学实验中的应用。此外,基于爆炸磁通压缩技术所获取的磁场时空位形,在实验重复性方面也不如其他两种技术方案,进一步限制了该技术的普及。

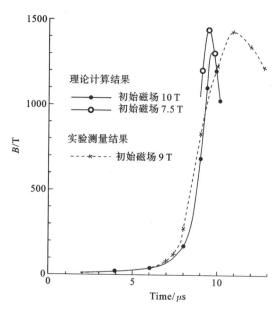

图 4-72 1960 年代通过爆炸磁通压缩法获得的磁场世界纪录

习题

4.1 简述非破坏性脉冲磁体工作原理及其涉及的主要物理效应。

4.2 简述非破坏性脉冲磁体设计的基本流程。

4.3 试说明脉冲磁体放电过程中线圈电阻、电感、温度分布变化趋势及其原因。

4.4 非破坏性脉冲磁体的失效形式有哪几类？限制非破坏脉冲磁体场强提升的最主要因素是什么？可能的解决方案是什么？

4.5 常规螺线管式非破坏性脉冲磁体轴向和径向受力方向分别是什么？请解释。

4.6 试说明脉冲磁体内部常用各向异性纤维材料的杨氏模量和泊松比间的关系、材料特性，以及材料力学性能测试方法。

4.7 在非破坏性脉冲磁体的常规 RLC 放电回路中引入续流回路的作用有哪些？试分析。

4.8 试从线圈温升、加固应力、能量效率等角度，简述单级与多级脉冲磁体间的技术优缺点。

4.9 结合教材案例，分析非破坏与破坏性脉冲磁体典型磁场强度、脉冲宽度、脉冲电源（电容、电感、电阻）等关键参数的差异，并解释其原因。

4.10 简述破坏性脉冲磁体工作原理及其涉及的主要物理效应。

4.11 简述破坏性脉冲磁体（单匝线圈、电磁磁通压缩、爆炸磁通压缩等）工作时的能量转化过程。

参考文献

[1] Herlach F, Perenboom J A. Magnet laboratory facilities worldwide-an up-

date[J]. Physica B：Condensed Matter，1995，211(1-4)：1-16.

[2] Herlach F. Pulsed magnets[J]. Reports on Progress in Physics，1999，62
(6)：859.

[3] Kapitza P，Skinner H W B. The Zeeman Effect in Strong Magnetic Fields
[J]. Nature，1924，114(2860)：273-273.

[4] Jones H，Frings P H，Von Ortenberg M，et al. First experiments in fields a-
bove 75 T in the European "coilin-coilex" magnet[J]. Physica B：Condensed Matter，
2004，346：553-560.

[5] Jones H，Nicholas R J，Siertsema W J. The upgrade of the Oxford high mag-
netic field laboratory[J]. IEEE transactions on applied superconductivity，2000，10
(1)：1552-1555.

[6] Foner S. 68. 4-T-long pulse magnet：Test of high strength microcomposite
Cu/Nb conductor[J]. Applied physics letters，1986，49(15)：982-983.

[7] Witters J，Herlach F. Analytical stress calculations for magnetic field coils
with anisotropic modulus of elasticity[J]. Journal of Physics D：Applied Physics，
1983，16(3)：255.

[8] Kindo K. 100 T magnet developed in Osaka[J]. Physica B：Condensed Mat-
ter，2001，294(4)：585-590.

[9] Challis L J. The European 100 T project[J]. Physica B：Condensed Matter，
1995，211(1-4)：50-51.

[10] Bacon J，Baca A，Coe H，et al. First 100 T non-destructive magnet outer
coil set[J]. IEEE transactions on applied superconductivity，2000，10(1)：514-517.

[11] Zherlitsyn S，Wustmann B，Herrmannsdörfer T，et al. Magnet-technology
development at the dresden high magnetic field laboratory[J]. Journal of Low Tem-
perature Physics，2013，170(5)：447-451.

[12] Bird M D，Bole S，Eyssa Y M，et al. Test results and potential for upgrade
of the 45 T hybrid insert[J]. IEEE transactions on applied superconductivity，2000，
10(1)：439-442.

[13] Li L. High-performance pulsed magnets：Theory，design and construction
[D]. University of Leuven，1998.

[14] 彭涛. 脉冲强磁体分析设计的理论与实践[D]. 武汉：华中科技大学，2005.

[15] 宋运兴. 80 T 脉冲强磁体理论分析研究[D]. 武汉：华中科技大学，2009.

[16] 宋运兴. 高场磁体的多物理场耦合作用机理[D]. 武汉：华中科技大
学，2012.

[17] 王爽. 高场脉冲磁体多物理场耦合及力学行为研究[D]. 武汉：华中科技大
学，2021.

[18] 山田嘉昭，钱仁根，乔端. 非线性有限元法基础[M]. 北京：清华大学出版
社，1988.

[19] 郭乙木，陶伟明，庄苗. 线性与非线性有限元及其应用[M]. 北京：机械工业
出版社，2004.

［20］Zhou Z Y，Song Y X，Xiao H X，et al. Evaluation indexes of reinforcement for optimizing pulsed magnet design［J］. IEEE Transactions on Applied Super-conductivity，2012，22(3)：4903504.

［21］Li L，Peng T，Xiao H X，et al. Magnet development program at the WHMFC［J］. IEEE Transactions on Applied Superconductivity，2012，22(3)：4300304.

［22］彭涛，李亮. 脉冲磁体中不锈钢筒对磁场的影响研究［J］. 核技术，2011，34(6)：477-480.

［23］Jones H，Frings P H，Portugall O，et al. ARMS：A successful European program for an 80 T user magnet［J］. IEEE Transactions on Applied Superconductivi-ty，2006，16(2)：1684-1688.

［24］Sims J R，Rickel D G，Swenson C A，et al. Assembly，commissioning and operation of the NHMFL 100 T multi-pulse magnet system［J］. IEEE Transactions on Applied Superconductivity，2008，18(2)：587-591.

［25］Zherlitsyn S，Wustmann B，Herrmannsdorfer T，et al. Status of the Pulsed-Magnet-Development Program at the Dresden High Magnetic Field Laboratory ［J］. IEEE Transactions on Applied Superconductivity，2012，22(3)：4300603.

［26］Peng T，Jiang F，Sun Q Q，et al. Design and test of a 90-T nondestructive magnet at the Wuhan National High Magnetic Field Center［J］. IEEE Transactions on Applied Superconductivity，2014，24(3)：4300604.

［27］Peng T，Jiang F，Sun Q Q，et al. Concept Design of 100-T Pulsed Magnet at the Wuhan National High Magnetic Field Center［J］. IEEE Transactions on Ap-plied Superconductivity，2015，26(4)：1-4.

［28］Donnell L H. A new theory forthe buckling of thin cylinders under axial compression and bending［J］. Transactions of the American Society of Mechanical En-gineers，1934，56(11)：795-806.

［29］Swenson C A，Marshall W S，Gavrilin A V，et al. Progress of the insert coil for the US-NHMFL 100 T multi-shot pulse magnet［J］. Physica B：Condensed Matter，2004，346-347：561-565.

［30］Swenson C A，Rickel D G，Sims J R. 80 T magnet operational performance and design implications［J］. IEEE Transactions on Applied Superconductivity，2008，18(2)：604-607.

［31］Xiao H X，Liao J K，Chen X F，et al. Buckling analysis of pulsed magnets under high Lorentz force［J］. Thin-Walled Structures，2020，148：106604.

［32］Li L，Herlach F. Magnetic and thermal diffusion in pulsed high-field mag-nets［J］. Journal of Physics D：Applied Physics，1998，31(11)：1320.

［33］郭宽良. 数值计算传热学［M］. 安徽：中国科学技术大学出版社，1987.

［34］许国良. 工程传热学［M］. 北京：中国电力出版社，2005.

［35］Scott R B. Cryogenic engineering［M］. Van Nostrand，1959.

［36］李晓峰. 超快冷却脉冲磁体设计与关键工艺研究［D］. 武汉：华中科技大学，2020.

[37] Furth H P，Waniek R W. Production and use of high transient magnetic fields I[J]. Review of Scientific Instruments，1956，27(4)：195-203.

[38] Furth H P，Levine M A，Waniek R W. Production and use of high transient magnetic fields II[J]. Review of Scientific Instruments，1957，28(11)：949-958.

[39] Shearer J W. Interaction of Capacitor - Bank - Produced Megagauss Magnetic Field with Small Single - Turn Coil[J]. Journal of Applied Physics，1969，40(11)：4490-4497.

[40] Cnare E C. Magnetic flux compression by magnetically imploded metallic foils[J]. Journal of Applied Physics，1966，37(10)：3812-3816.

[41] Nakamura D，Ikeda A，Sawabe H，et al. Record indoor magnetic field of 1200 T generated by electromagnetic flux-compression[J]. Review of Scientific Instruments，2018，89(9)：095106.

[42] Zhou Z Y，Gu Z W，Luo H，et al. A compact explosive-driven flux compression generator for reproducibly generating multimegagauss fields [J]. IEEE Transactions on Plasma Science，2018，46(10)：3279-3283.

[43] Fowler C M，Garn W B，Caird R S. Production of very high magnetic fields by implosion[J]. Journal of Applied Physics，1960，31(3)：588-594.

[44] Boyko B A，Bykov A I，Dolotenko M I，et al. Generation of magnetic fields above 2000 T with the cascade magnetocumulative generator MC-1[C]，Proc. 8th Int. Conf. Megagauss Magnetic Field Generation and Related Topics，Tallahassee，1998.

5

脉冲电源技术

5.1 概述

脉冲强磁场装置本质上属于一种特定的脉冲功率系统,主要由脉冲电源和脉冲磁体组成。其中电源系统以电网等为初级能源,以电容、电感、飞轮发电机、蓄电池等为储能环节,通过放电开关和调控电路进行波形调控,从而共同构成高功率脉冲强磁场电源系统。

脉冲功率技术是将慢速储存起来的具有较高密度的能量,进行快速压缩、转换或者直接释放给负载的电物理技术。其实质是将能量在空间或时间尺度上进行压缩,提高能量密度或功率密度,以在极短的时间内获得高峰值功率输出。脉冲强磁场电源系统是将电网的能量压缩至储能部件进行能量存储,然后在零至百毫秒将数兆焦能量对磁体快速释放,产生脉冲强磁场。

脉冲强磁场电源系统主要包括电容器型、脉冲发电机型和蓄电池型等三类电源。其中电容器型电源结构简单,适用面最广;脉冲发电机型电源储能大,电压可控,适合对磁场波形进行调控;蓄电池型电源相比前两种电源,能量密度最大、储能高,适合产生长脉冲强磁场。表 5-1 所示的几种常见脉冲磁体电源的特点对比。不同类型的电源,相应的磁体设计也有所不同。电容器电压高、瞬时功率大,但储能较小,适合产生短而强的脉冲磁场,故磁体电感小,电流密度大,绝缘要求高;脉冲发电机电压较高,但电流较低,为保证磁体线圈安匝数,应增加线圈匝数以降低每匝电流。蓄电池电源电压低、内阻大,但蓄电池组输出电流相对较大,在开关通流能力限制内,尽量增大磁体线圈电流以减少匝数,降低电感减小电流上升时间,降低损耗和温升。因此,脉冲电源的设计除了满足自身要求外,还需要和不同类型磁体相匹配,反复迭代确定最优化的电源参数。

表 5-1 几种常见脉冲磁体电源的特点

电源类型	电压	电流	能量	控制方式
脉冲电容器	高	高	较低	简单
脉冲发电机	较高	较低	高	复杂
蓄电池	低	高	高	简单

5.2　电容器型电源

5.2.1　基本工作原理

电容器型电源的工作基本原理是电容对阻感负载放电。首先对电容器进行充电，到达设定电压后，闭合开关，电容器与磁体组成 RLC 串联电路，如图 5-1 所示。

以电容电压作为变量，其状态方程如下：

$$\frac{d^2 u_c}{dt^2} + \frac{R}{L}\frac{du_c}{dt} + \frac{u_c}{LC} = 0 \qquad (5-1)$$

设 $\alpha = \frac{R}{2L}$，$\omega_0 = \frac{1}{\sqrt{LC}}$，则该二阶微分方程特征根如下：

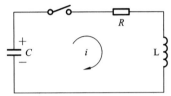

图 5-1　电容器型电源最简电路示意图

$$s_{1,2} = -\alpha \pm \sqrt{\alpha^2 - \omega_0^2} \qquad (5-2)$$

对于简单串联二阶电路，其阻尼系数 $\zeta = \frac{R}{2}\sqrt{\frac{C}{L}} = \frac{\alpha}{\omega_0}$。当 $\zeta = 1$ 时，即 $\alpha = \omega_0$，该电路处于临界阻尼状态，临界电阻 $R = 2\sqrt{\frac{L}{C}}$；当 $\zeta > 1$ 时，电路处于过阻尼状态，这两种情况下电压和电流都很快衰减至零；当 $\zeta < 1$ 时，电路处于欠阻尼状态，电压和电流均为幅值按指数衰减的正弦波，ζ 越小则振荡过程衰减越慢。而在实际电容器型电源运行过程中，电感一般为几毫亨到几十毫亨，电容一般为几毫法到几十毫法，而回路电阻包括磁体电阻及线路等电阻，也不超过几十毫欧，因此 $\zeta \ll 1$，电路处于欠阻尼状态，接近于无阻尼。在欠阻尼情况下，设 $\omega_d = \sqrt{\omega_0^2 - \alpha^2}$，可得电容电压为

$$u_c = K_1 e^{-\alpha t} \sin(\omega_d t + K_2) \qquad (5-3)$$

根据初始条件，电容电压为 u_o，电感电流为零，得：

$$u_c = \frac{u_o \omega_0}{\omega_d} \cdot e^{-\alpha t} \sin\left(\omega_d t + \arctan\frac{\omega_d}{\alpha}\right) \qquad (5-4)$$

对应求出电流为

$$i = \frac{u_o}{L\omega_d} \cdot e^{-\alpha t} \sin\omega_d t \qquad (5-5)$$

科学实验主要关注的是磁场峰值和脉宽，对于一个物理结构确定的磁体，其磁场与电流成正比，因此磁体电流达到峰值时磁场场强亦是最高。对式(5-5)求导得磁体电流峰值为

$$i_{max} = \frac{u_o}{\sqrt{L/C}} e^{-\alpha t_1} \qquad (5-6)$$

式中：$t_1 = \dfrac{\arctan\dfrac{\omega_d}{\alpha}}{\omega_d}$。当 $\zeta \ll 1$ 时，可忽略电阻影响近似认为

$$i_{max} = \frac{u_o}{\sqrt{L/C}} \qquad (5-7)$$

磁体电流可直接表征磁场的大小,故由式(5-7)可知电容器型电源产生的磁场强度与电容充电电压和电容器容值的开方 $\sqrt{C}$ 成正比,与磁体电感的开方 $\sqrt{L}$ 成反比,而达到电流峰值的时间 t_1 则与回路时间常数 $\sqrt{LC}$ 成正比。在磁体参数一定的情况下,可通过提高电容值和充电电压的方式来提高磁场大小,而提高电容值还将增大回路时间常数,增加磁场脉宽。

实际放电时受限于磁体发热,在高场强下一般只产生单个峰值磁场,在磁场达到峰值后,通过续流回路将磁体能量释放,如图 5-2 所示。

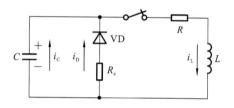

图 5-2 电容器型电源电路图

忽略二极管管压降,当电容器电压为零时,为电路的换路时刻,当 $\zeta \ll 1$ 时,可忽略电阻影响近似认为换路时刻磁体电流为 $i = i_{\max}$。续流开始后电路状态方程为式(5-8)。典型的放电波形如图 5-3 所示,其中供电电容器容量为 6.4 mF,放电初始电压为 18 kV;磁体等效电感为 11.07 mH,磁体等效电阻为 52~424 mΩ;磁体放电电流峰值为 12.4 kA,上升时间为 13.1 ms,脉宽为 70 ms,等效续流电阻为 0.1 Ω。

$$LC \frac{\mathrm{d}^2 i_{\mathrm{L}}}{\mathrm{d}t^2} + \left(RC + \frac{L}{R_{\mathrm{c}}}\right) \frac{\mathrm{d}i_{\mathrm{L}}}{\mathrm{d}t} + \left(\frac{R}{R_{\mathrm{c}}} + 1\right) i_{\mathrm{L}} = 0 \quad (t > t_1) \tag{5-8}$$

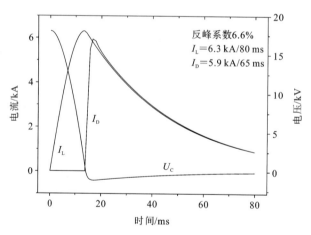

图 5-3 电容器型电源典型放电波形

5.2.2 电源系统构成

脉冲电容器型电源原理虽然简单,但是保证其在高压大电流下安全运行并不容易,其系统具体说明和分析如下。

1. 主电路结构

电容器模块的主电路组成如图 5-4 所示,以 1 MJ 电容器型电源模块为例,主电路

由充电系统、续流回路、储能电容器、极性转换开关、主放电开关、限流保护电感和滤波
器等部分组成。

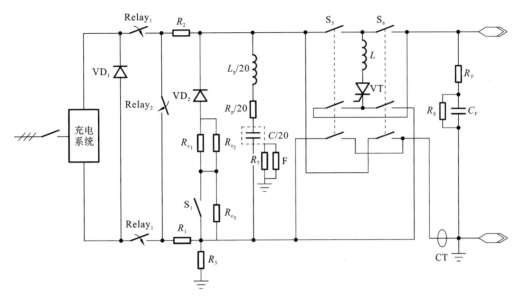

图 5-4　单模块电容器脉冲电源系统构成

充电系统电源由电网配电变压器供给,其出口处的反并联二极管 VD_1 用于保护充
电机,充电机通过高压继电器 $Relay_1$ 和电容器母线相连接,当充电机充电完成后 Re-
lay₁ 断开,使充电回路与电容器母线隔离。

高压继电器 $Relay_2$ 与电阻 R_1 和 R_2 构成了泄放回路,当电容器电源故障时,闭合
$Relay_2$ 将电容器上的能量快速泄放,保证设备和人身安全。除了用于泄放功能外,R_1
和 R_2 同时用于充电系统的限流保护。R_3 是一个大阻值电阻,通过它将电容器电源的
一条母线与柜体相连接。

续流回路并联在电容器组的两端,其作用主要有两个:一是调整脉冲磁场波形的下
降沿;二是减小放电过程中储能电容器的反峰电压,提高电容器的使用寿命。续流回路
由二极管 VD_2、电阻 R_{c_1}、R_{c_2}、R_{c_3} 和开关 S_1 组成,通过控制 S_1 可以选择续流电阻阻值。

$C/20$ 表示 20 台储能电容器,每台电容器带一个阻尼电感器(L_p 和 R_p),电容器数
量由所需放电能量决定。阻尼电感器在电容母线短路或某台电容发生击穿故障时能保
护电容器和电源系统的安全。电容器的外壳通过母排连成等电位,并通过电阻 R_7 和熔
丝 F 接地,保证外壳与地等电位。F 在故障情况下电容器外壳带较高电压时熔断,迫使
外壳通过 R_7 放电,防止地电位抬升。

S_5 和 S_6 为极性切换开关,S_5 与 S_6 不能同时闭合。S_5 闭合时电源正极性输出,用于
产生正向磁场,S_6 闭合时电源反极性输出,用于产生反向磁场。S_5 和 S_6 选用三相高压隔
离开关。极性开关还有一个功能是用于选择该模块是否和汇流排连接,当不需要该模
块工作时,需要将该模块的正反极性开关均设定在开断状态,使该模块与汇流排断开。

T 为电容器模块的主放电开关,由晶闸管(SCR)串联而成。电感 L 用于保护主放
电开关 T。它对 T 的保护作用有两个:限制过快的 di/dt 和限制母线出口短路时流过
T 的最大电流。

R_F、C_F和R_S构成模块的出口滤波器，主要作用是抑制放电初期可能产生的振荡，减小放电时可能产生的尖峰过电压，保证元器件和测量设备的安全。CT 是电流互感器，用来测量模块的放电电流。

整个模块基本工作过程为：第一步，确认系统安全状态，即周围无闲杂人员，接地棒已断开等；第二步，根据产生磁场方向的要求，设定极性开关 S_5、S_6 的开闭；第三步，通过开关 S_1 设定续流电阻值；第四步，闭合 $Relay_1$，充电机对电容器组充电；第五步，充电完成后，断开 $Relay_1$；第六步，触发主放电开关 T。

通常，模块中的电容器是通过螺杆固定在母排上的，如果在一些特殊场合需要改变模块的电容量时，则需卸下对应电容器的出口阻尼电感器等与母排的连接元件。

2. 系统关键部件参数设计

1）储能电容器

电容器是电容储能型电源的核心部件。作为脉冲强磁场电源储能元件的电容器要满足储能密度大、额定电压高、能承受大脉冲电流、放电速度快以及安全可靠等要求。根据目前高储能密度电容器的发展现状，优先选择自愈式金属化膜电容器作为电源的储能电容器。该类电容器具有寿命长、损耗小、储能密度高等优点。

电容器的运行寿命与工作电压、反峰电压、放电电流、振荡频率、工作频率和温度等因素有关。因此，在确定电容器参数时，必须考虑上述因素，在脉冲强磁场系统中，比较重要的影响因素是电容器的工作电压、反峰电压和放电电流。

理论和实验证明，自愈电容器使用的有机膜材料电介质的电老化寿命随场强的增加而按幂函数规律下降：

$$t_k V_k^n = C \tag{5-9}$$

式中：t_k 是在电压 V_k 时电介质的寿命；C 为一常数。换句话说，对于给定的电容器，其介质寿命将随工作电压下降呈幂函数增长。通过实验和分析计算可知，与额定电压相比，电容器的工作电压增加 10%，电容器的寿命将减半。图 5-5 给出了电容器在其他工作电压下的寿命与额定工作电压 25 kV 下的寿命比值。

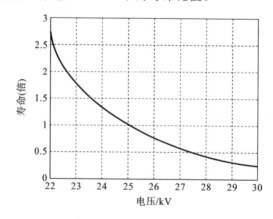

图 5-5　电容器寿命与工作电压之间的关系

反峰电压系数是指放电过程中的反向电压峰值与电容器初始电压的比值。自愈电容器在一个脉冲放电过程中的反峰电压必须严格限制，否则将影响电容器的使用寿命或造成电容器击穿。因此，自愈式电容器的反峰电压不能过高。通过实验分析可得，在同一工作电压下,反峰电压系数增大 10%,电容器的寿命将约减少一半。图 5-6 给出了电容器的寿命与反峰系数之间的关系,纵轴表示在其他反峰电压系数下的电容器寿命与额定反峰电压系数(25%)下的电容器寿命的比值。

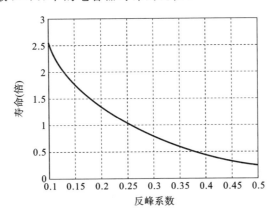

图 5-6　电容器寿命与反峰电压之间的关系

　　工作电压和反峰电压系数的选取需综合考虑成本、运行时间等多种因素。

　　电容器放电电流对电容器的寿命影响主要体现在焦耳热上。金属电容器极板为蒸镀的金属层,其厚度约为铝箔的 1%,端部喷金颗粒在压力下与极板接触,接触电阻较大,在大电流冲击下,会明显发热,局部温度升高,当温度达到 120 ℃时,聚丙烯会收缩,加上脉冲大电流产生的电动力,容易使端部脱落(金属电极层与喷金层脱离),造成电容器失效。因此,生产电容器时,需给厂家提供实验室电容器在各种运行工况下的可能工作电流,让厂家在设计电容器时充分考虑,另外需给每台电容器配备一个阻尼电感进行保护,限制冲击电流。

　　2)保护电感

　　在电容电压一定的条件下,电容器电源模块的电容值和保护电感值决定了其能提供的最大电流。当电容值和电容器的额定电压给定的前提下,模块所能提供的最大电流主要由保护电感决定。

　　保护电感主要用于限制模块的最大放电电流以及主放电开关 T 的电流变化率,保护相关元件。保护电感有两个基本要求:一是电源正常工作时不影响磁体的电压电流波形,即电源总的等效电感值要远小于磁体负载电感值;二是电源出口短路时,保护电感应能将电流变化率和电流峰值限制在允许值内。

　　图 5-7 出了用于确定保护电感参数的等效电路,即电源模块母线出口短路的等效电路。C_0 为模块等效电容,R_C 为续流回路等效电阻,VD 为续流二极管,T 为主放电开关,L 为保护电感。依据电路理论可知,储能电容器 C_0 会与保护电感 L 谐振,电流峰值 $I_m = U/Z$,回路阻抗 $Z = (L/C)^{1/2}$,U 为电容电压,由此可以求出最大放电电流的峰值。

　　当电路其他参数已知时,保护电感值可由下式计算得到:

$$L = \left(\frac{U}{I_m}\right)^2 C_0 \tag{5-10}$$

　　保护电感工作电压高,脉冲电流大,电动力强,应该充分考虑绝缘、散热、加固等工艺问题。例如,1 MJ 模块的参数为 $I_m = 40$ kA、$U = 25$ kV、$C_0 = 3.2$ mF,计算出其保护电感 1.25 mH。保护电感由铜箔和绝缘纸绕成空心圆柱体,铜箔宽 100 mm,厚 0.8

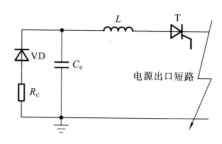

图 5-7　电源模块母线出口短路等效电路

mm,绝缘纸是亚氨纸,每层绝缘可达 2.5 kV,耐温可达 180 ℃。绕制完成后采用特殊材料箍紧加固,以保证能承受径向巨大的电动力,最后使用环氧树脂灌封成形。

3) 主放电开关

电容器脉冲电源系统为模块化设计,每个模块储能为 0.5 MJ 或者 1 MJ,可根据需求进行多模块并联。考虑安全因素,一般不进行模块串联。电容器模块的主放电开关应满足以下几个要求:能承受高电压大电流;开关动作延时和分散性小;可靠性高、可控性好;多模块并联工作时同步性好。1 MJ 模块放电主开关电流额定值整定为 10 ms,正弦半波耐受冲击电流 40 kA,额定热积分值为 $8×10^6$ $A^2·s$;0.5 MJ 模块主放电开关额定电流整定在 10 ms,正弦半波耐受冲击电流 50 kA,额定热积分值为 $12.5×10^6$ $A^2·s$;电源模块的主放电开关均要求其能承受的额定电流、电压变化率分别大于 1 kA/$μ$s 和 1 kV/$μ$s。半导体器件中晶闸管性能最适合作为电容器模块的主放电开关。

目前市场所能提供的晶闸管产品参数表明,为达到主放电开关所要求承受的电压,必须采用多个晶闸管串联运行。充分考虑系统过电压、晶闸管的分散性以及电压裕量,按下式确定元件串联数量:

$$n=\frac{K_U K_C U}{U_{RM} K_J} \tag{5-11}$$

式中:U 为母线额定电压,25 kV;U_{RM} 为晶闸管阻断电压;K_U 为系统过压系数;K_C 为电压安全系数;K_J 为串联均压系数。

晶闸管串联使用时,若晶闸管分压不均匀,极有可能击穿电压最高的晶闸管,并引发多米诺骨牌效应,故必须进行静态均压和动态均压的设计。静态均压的基本原理是,通过并联比晶闸管阻断状态等效阻值小的电阻,让各晶闸管的静态端电压由静态均压电阻决定。静态均压电阻选用无感电阻,阻值的计算通常采用下面的公式:

$$R_p≤(0.1~0.25)\frac{U_N}{\pi I_{DR(av)}} \tag{5-12}$$

式中:U_N 为晶闸管额定电压;$I_{DR(av)}$ 为断态重复平均电流,近似为漏电流峰值。

每一个晶闸管两端并接一个 RC 电路,它是晶闸管保护部件,能有效抑制晶闸管关断时的过压,并起动态均压作用。串联工作的各电容上的电压在静态情况下数值相同,在开关过程中,尽管串联的各晶闸管开关速度会稍有差别,但由于电容上的电压不能突变,从而强迫各晶闸管上的压降不会发生跳变。而由于开关过程中各晶闸管中电流不一致所造成的影响,由电容 C 的充放电补偿。电容的取值根据晶闸管的最大反向恢复电荷和最小反向恢复电荷的差值计算求得。主开关阀组的电路结构原理图如图 5-8 所示。

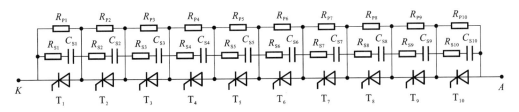

图 5-8 主开关阀组的电路结构原理图

由于元件串联后虽采取均压措施,但还不能保证绝对均压,因此必须降额使用,通常降低额定电压的 10%。晶闸管串联时,要求管子开通时间差别要小,对门极触发脉冲要求触发电流大,前沿要陡。

4) 滤波电路

在电源对磁体放电时,通常会在磁体两端测量到高频的尖峰电压,其幅值可达电容放电初始电压的 2 倍,对电路元件和测量设备造成隐患,必须采取措施进行抑制。该电压尖峰是由电路中线路电感和杂散电容之间形成的"高频"振荡造成的。杂散电容主要来自以下几个方面:一是测量母线电压的分压器等效电容;二是磁体匝间电容;三是同轴电缆的耗散电容。通常,杂散电容的总等效电容量为几十皮法到几纳法之间。

该尖峰电压可通过在电源母线出口侧并联一个 RC 滤波器滤除,如图 5-9 所示。为了有效消除尖峰电压,并联在磁体上的 RC 支路必须满足两个条件:① 在谐振频率点上,RC 支路的阻抗要远小于杂散电容 C_1 的阻抗;② 满足条件①后,谐振电流的回路可以近似为:$C_0-T-R_1-L_1-R_F-C_F$,应使这个谐振电流回路处于过阻尼状态。

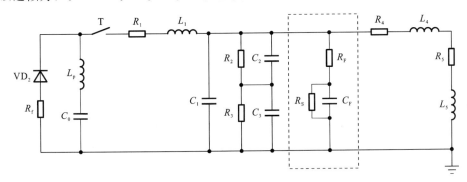

图 5-9 考虑杂散电容和电感时的电源模块等效电路

为满足条件①,首先必须有 $C_F \gg C_1$。另外,电阻 R_F 的选择也直接关系到滤波器的性能:若 R_F 太大,RC 支路的阻抗就大,从而达不到理想的滤波效果;若电阻 R_F 太小,会使回路处于欠阻尼状态,出现电压过冲问题,因此,必须合理选择 R_F 的参数。

忽略磁体支路,RC 支路和杂散电容 C_1 并联后在 s 域下的阻抗特性为

$$Z_{RC}(S) /\!/ Z_{c1}(S) = \frac{\frac{1}{sC_F} + R_F}{sR_FC_1 + \frac{(C_F + C_1)}{C_F}} \approx \frac{\frac{1}{sC_F} + R_F}{sR_FC_1 + 1} \qquad (5\text{-}13)$$

对应的 Bode 图如图 5-10 所示,$\omega_0 = 2\pi f_0$ 为原电路谐振角频率,转折角频率为 $\omega_1 = 1/T_1 = 1/R_FC_F$ 和 $\omega_2 = 1/T_2 = 1/R_FC_1$。杂散电容 C_1 只在 $\omega \geqslant \omega_2 = 1/T_2$ 后起作用,即高频段有作用,对低频段影响不大。

在尖峰电压的谐振点上,要使谐振电流主要流过 RC 支路,谐振角频率 ω_0 应满足:

$$\omega_0 = 2\pi f_0 < \omega_2 = 1/T_2 \tag{5-14}$$

满足式(5-14)后,并联后的阻抗约等于 RC 的阻抗,即 $Z(s) = Z_{RC}(s) /\!/ Z_{c1}(s) \approx Z_{RC}(s)$,从而满足上述条件①。

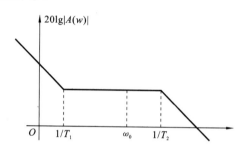

图 5-10 并联阻抗 $Z(s)$ 的频率特性

C_0 一般很大,主开关导通瞬间可以看作一个阶跃电压源,这时电路可简化为 RLC 二阶电路。电路微分方程如下:

$$L_1 C_F \frac{\mathrm{d}^2 u_c}{\mathrm{d}t^2} + (R_F + R_1)C_F \frac{\mathrm{d}u_c}{\mathrm{d}t} + u_c = U_0 \cdot u(t) \tag{5-15}$$

式中:u_c 为 RC 支路中电容电压;U_0 为储能电容电压;$u(t)$ 为单位阶跃函数。式(5-15)有两个特征根:$q_{1,2} = -\alpha \pm \sqrt{(\alpha^2 - \beta^2)}$,其中 $\alpha = (R_1 + R_F)/2L_1$,$\beta = \dfrac{1}{\sqrt{L_1 C_F}}$。当 $\alpha \geqslant \beta$ 时,有两实根,回路处于过阻尼状态,一般 $R_F \gg R_1$,因此有:

$$R_F \geqslant 2\sqrt{\frac{L_1}{C_F}} \tag{5-16}$$

下面通过实例说明滤波电路的效果。1 MJ 电容储能型模块各等效参数为:储能电容器总电容量 $C_0 = 3.2$ mF,阻尼电感 $L_p = 2$ μH;续流电阻 $R_f = 0.1$ Ω;线路电缆等效电阻 $R_1 = 32$ mΩ,电感 $L_1 = 7.64$ μH,电容 $C_1 = 6.15$ nF;分压器:$R_2 = 230$ MΩ,$C_2 = 0.593$ nF,$R_3 = 23$ kΩ,$C_3 = 7.21$ μF;保护电感:$R_4 = 10.5$ mΩ,$L_4 = 45.4$ μH;磁体:$R_5 = 55$ mΩ,$L_5 = 0.758$ mH。实验时取 $C_F = 100C_1 = 500$ nF,依据上述方法和电路参数,计算得出 RC 支路的电阻范围是:6.9 Ω$\leqslant R_F < 37$ Ω,实验中取电阻 $R_F = 20$ Ω。图 5-11 为装设滤波器前后的磁体电压波形图。从图 5-11 可以看出,加入 RC 滤波器后,尖峰电压由原来的 1150 V 下降为 650 V 左右,过电压为 1.2 倍,尖峰电压的振荡时间也缩短为 5 μs 左右。

5)续流电路

续流回路并联在电容器组的两端,其作用主要有两个:一是调整脉冲磁场的下降沿波形,减小磁体放电过程中的温升;二是减小放电过程中储能电容器的反峰电压,保证电容器的安全。图 5-12 所示的为续流回路的电路原理图,它主要由二极管组 VD、切换开关 S_1 和电阻 R_{c_1}、R_{c_2} 和 R_{c_3} 构成。其中切换开关 S_1 为一个单刀开关,用于改变续流回路的电阻值。

与晶闸管主开关管一样,单个二极管的耐压水平小于续流回路的工作电压,必须采取二极管串联技术。考虑到元件特性的分散性,二极管串联工作时也必须选择合适的均压电路。通常,二极管只考虑静态均压问题,采用静态均压电阻实现,静态均压电阻

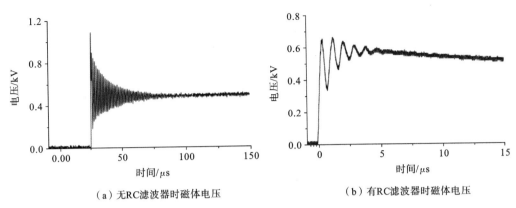

（a）无RC滤波器时磁体电压　　　　　（b）有RC滤波器时磁体电压

图 5-11　RC 滤波器的作用效果

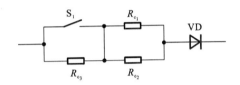

图 5-12　续流回路电路原理图

阻值按下式选取：

$$R \leqslant (1/K_U - 1)U_{RM}/I_{RM} \tag{5-17}$$

式中：U_{RM} 为二极管反向重复峰值电压；I_{RM} 为对应于 U_{RM} 的重复峰值漏电流；K_U 为均压系数。

静态均压电阻的功率按下式选取：

$$P \geqslant K (U_{AM}/N_S)^2/R \tag{5-18}$$

式中：K 为波形系数，直流电路取值 1；U_{AM} 为工作的峰值电压（按 25 kV 计算）；N_S 为二极管串联个数。

续流电阻的选取主要考虑阻值和能量吸收两个方面。其中，阻值的选取受反峰电压的限制。电感的器件特性是电流不能发生突变，电容器最大反向电压为续流电阻和磁体电流峰值的乘积，这个值要小于所允许的反峰电压。考虑极端情况，续流回路电阻的最大负荷出现在电容器模块出口短路时。根据切换开关 S_1 闭合与否，续流电阻的工作可以分为两种情况：一是续流回路中切换开关 S_1 闭合，只有电阻 R_{c_1} 和 R_{c_2} 在工作，此时这两个电阻最大需要在短时间内吸收大约 1 MJ 能量，即 R_{c_1} 和 R_{c_2} 每只电阻需要吸收 0.5 MJ 能量；二是切换开关 S_1 断开，此时 R_{c_3} 最大需要吸收大约 2/3 MJ 的能量，R_{c_1} 和 R_{c_2} 最大需要吸收大约 1/3 MJ 的能量。续流电阻通常采用大功率无感陶瓷电阻，其电感量低，一般情况下每只电阻的电感小于 0.4 μH，使用可靠，不会出现绕线电阻和膜类电阻由于局部损坏而造成整体失效的问题。

5.2.3　电容器充电技术

作为储能元件，电容器在放电之前，必须通过充电系统对其充电，达到所需能量要求。高压电容器充电技术经历了带限流电阻的高压直流充电、工频 LC 谐振恒流充电和高频高压谐振充电三个发展阶段。

1. 带限流电阻的高压直流充电

带限流电阻的高压直流电源的工作原理图如图 5-13 所示。直流电源通过限流电阻给储能电容器充电,能够保证电容 C 在不放电时两端的电压始终与前面直流源电压相等,在放电模式中,充电电阻 R 将高频 DC 电源与脉冲负载隔离。带限流电阻电容器充电电路如图 5-14 所示。该技术简单可靠,成本较低。

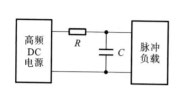

图 5-13 带限流电阻高压直流充电原理

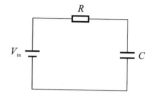

图 5-14 带限流电阻电容器充电电路图

根据 KVL 对其列写微分方程如下:

$$RC\frac{\mathrm{d}u_c}{\mathrm{d}t} + u_c = V_{in} \tag{5-19}$$

则电阻上损耗的能量大小为

$$W_R = \int_0^\infty i_C^2 R \mathrm{d}t = \int_0^\infty \frac{V_{in}^2}{R^2} \mathrm{e}^{-\frac{2t}{RC}} \mathrm{d}t = \frac{1}{2}CV_{in}^2 \tag{5-20}$$

解得:

$$\begin{cases} u_c = V_{in}\left(1 - \mathrm{e}^{-\frac{t}{RC}}\right) \\ i_c = \dfrac{V_{in}}{R}\mathrm{e}^{-\frac{t}{RC}} \end{cases} \tag{5-21}$$

最终电容上的电压达到 V_{in},则电容上的能量为

$$W_C = \frac{1}{2}CV_{in}^2 \tag{5-22}$$

因此,电源的能量有一半被限流电阻消耗,仅有一半被储存在储能电容上,充电效率仅有 50%,充电效率低,只适用于低重复频率场合,不适用于大功率电容器充电。

2. 工频 LC 谐振恒流充电

工频 LC 谐振恒流充电的工作原理图如图 5-15 所示,其核心部分是由电感和电容构成的 LC 恒流变换器,它接在电网与升压变压器之间,当满足电感和电容的谐振条件时,其输出电流和负载无关,可实现对电容器线性恒流充电。但由于处于工频工作状态,升压变压器体积和重量较大,变压器分布电容大,充电精度不高,难以满足现在电容器充电电源在功率密度、充电精度、充电速度及重复性的要求。

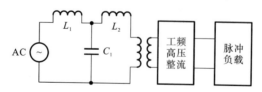

图 5-15 工频 LC 谐振电源的工作原理

3. 高频高压谐振充电

高频高压谐振充电电源的工作原理如图 5-16 所示,充电的能量是通过一系列高频

小脉冲的形式传输到储能电容中,而不是仅用一个脉冲来充电,故输出电压精度和稳定度得到显著提升。高频谐振充电电源的工作频率高,大大减小了变压器等磁性元件的体积,提高了电容器充电电源的功率密度。同时,高频变换器具有更灵活多样的控制和充电技术应用功能,能够适应更宽范围的输入波动和负载变化,目前得到广泛应用。

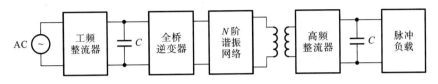

图 5-16　高频高压谐振充电电源的工作原理

高频高压谐振充电电源根据谐振网络的不同,常见的有串联谐振、并联谐振和串并联谐振三种类型。串联谐振变换器与并联谐振变换器是最基本的二元件谐振变换器。串联谐振变换器中的串联谐振电容 C_s 可以起到隔直电容的作用,防止变压器直流偏磁,具有抗负载短路能力,谐振电流随负载减小而减小,且全负载范围内效率较高,但其最大增益仅为 1。并联谐振变换器在谐振频率附近电压增益曲线陡峭,具有较好的电压调节能力且最大增益大于 1,具有抗负载开路能力,但其无功环流大,轻载效率低,不具备抗负载短路能力,在电容器充电电源中较少采用。高频高压变压器中存在分布电容和漏感,变压器分布电容等效为谐振的并联电容,变压器漏感可用作串联电感,因而在充分利用变压器的寄生参数的基础上,串并联谐振变换器在高压脉冲电源中得到了广泛的应用。串并联谐振变换器结合了串联与并联谐振变换器的优势,具有抗负载开路与短路能力,同时能够获得较高的电压增益,但设计过程较为复杂。这三种充电电源拓扑的性能比较如表 5-2 所示。

表 5-2　高频谐振充电电源拓扑类型比较

充电方式	LC 串联谐振(SRC)	LC 并联谐振(PRC)	LCC 串并联谐振(SPRC)
优点	有效防止变压器饱和;充电流恒定;应用成熟,可开环工作	有较好的开路特性;有效减少了寄生电容对谐振电路的影响	同时具备抗负载开路及短路能力;对电源功率要求低
缺点	负载不能发生开路情形;充电电流脉波较大;变压器分布参数对谐振电路有影响	负载不能发生短路情形	谐振电路参数确定过程相对复杂,开环工作情形下电流输出不理想
适用情形	寄生电容(主要来自于变压器)的影响	保持逆变电路呈弱容性	串联电容与并联电容的容值比要合适

串并联谐振充电电源拓扑结构如图 5-17 所示,其工作过程可分为七个工作状态。下面电路分析中规定逆变器输出电压 V_{ab} 与 V_s 同向为正向导通,并联电容电压 V_{cp} 与输出电压 V_o 同向且整流二极管导通时为整流桥正向导通,同时规定 I_L 和 I_D 的正方向为图 5-18 中所标箭头方向。

状态一:逆变器正向导通,整流器正向导通,如图 5-18 所示。当开关管 S_1 和 S_4 触发导通时,逆变桥输出电压 $V_{ab}=V_s$,恒压源 V_s 经过 S_1、L_s、C_P、C_S、S_4 回路谐振放电,当并联谐振电容 C_P 两端电压 $V_{cp} \geqslant V_o$ 时,整流电路正向导通给负载供电。

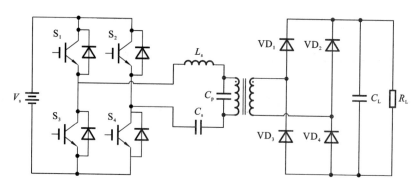

图 5-17 串并联谐振电路拓扑

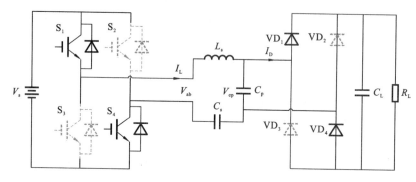

图 5-18 逆变器正向导通、整流器正向导通电路图

状态二：逆变器正向导通，整流器截止，如图 5-19 所示。开关管 S_1 和 S_4 保持导通，谐振电流 I_L 过零后，谐振电流开始反向，整流器截止。电感 L_s 通过开关管 S_1 和 S_4 的续流二极管流向直流母线放电。谐振电流从零逐渐变为 $-I_{HL}$，同时 V_{cp} 从 V_o 逐渐变为 $-V_o$。

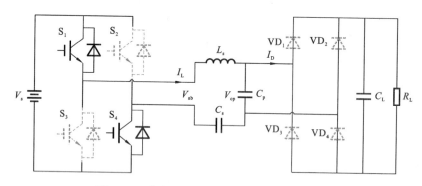

图 5-19 逆变器正向导通、整流器截止电路图

状态三：逆变器正向导通，整流器负向导通，如图 5-20 所示。当并联电容两端电压 $V_{cp} \leqslant -V_o$ 时，VD_2、VD_3 导通，整流电路负向导通给负载供电。

状态四至状态六电路过程与状态一至状态三过程类似，开关管由 S_1 和 S_4 导通转为 S_2 和 S_3 导通。

状态七：逆变器截止，整流器截止，如图 5-21 所示。当开关管 $S_1 \sim S_4$ 均关闭，且电路中的谐振过程结束时，此时逆变器处于截止状态且输出电压为 $-V_s < V_{ab} < V_s$，谐振

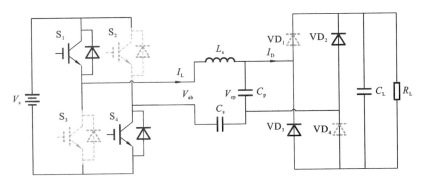

图 5-20 逆变器正向导通、整流器负向导通电路图

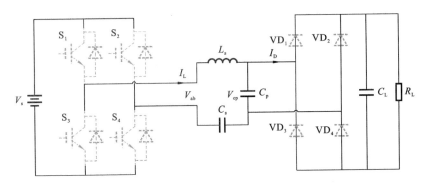

图 5-21 逆变器截止、整流器截止电路图

电流 I_L 等于零,并联电容电压 $-V_o < V_{cp} < V_o$,整流器处于截止状态。

当变压器分布电容远小于串联谐振电容时,通常可忽略其影响,设计时常将 LCC 串并联谐振充电电源近似为理想 LC 串联谐振变换器。LC 串联谐振变换器具有抗负载短路的特性,电流断续模式下定频控制,平均输出电流恒定,分析设计较为简单,因而在要求不严苛的条件下,很多电容器充电电源采用 LC 串联谐振的设计方案,其拓扑结构如图 5-22 所示。该主电路采用 AC/DC-AC/DC 结构,三相交流电经整流滤波变成稳定的直流 V_{in},通过高频开关器件(如 IGBT)全桥电路,将直流逆变成高频交流,再经过高频升压变压器,将低压高频交流变换成与主电路隔离的高频高压交流,高频高压整流桥将高频高压交流整流成直流给储能电容器充电。

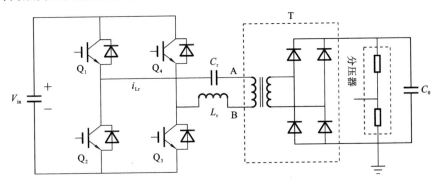

图 5-22 LC 高频谐振充电电路原理图

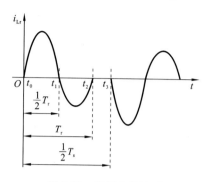

图 5-23 谐振电流波形

高频交流逆变采用高频串联谐振电路结构，一般常采用电流断续工作模式，即 IGBT 的工作频率小于串联谐振频率的一半，从而实现 IGBT 的软开关工作，减小开关损耗，降低主回路对外界的电磁干扰，提高了电源变换器的效率，同时具有抗负载短路能力强的优点，增强了电源的可靠性。

LC 串联谐振电源工作时的谐振电流波形如图 5-23 所示。其电气特性分析如下：

$$Z_r = \sqrt{L_r/C_r}, \quad T_r = 2\pi\sqrt{L_rC_r}, \quad \omega_r = 2\pi/T_r, \quad f_r = \frac{1}{2\pi\sqrt{L_rC_r}}$$

在 t_0 至 t_1 期间：$t_{01} = \frac{1}{2}T_r, I_{Lr}(t_0) = 0$

$$i_{Lr}(t) = \frac{V_{in}+V_o}{Z_r}\sin\omega_r(t-t_0) \tag{5-23}$$

在 t_1 至 t_2 期间：$t_{12} = \frac{1}{2}T_r, I_{Lr}(t_1) = 0$

$$i_{Lr}(t) = \frac{V_o-V_{in}}{Z_r}\sin\omega_r(t-t_1) \tag{5-24}$$

充电电流平均值为

$$I_o = \frac{2}{nT_s}\left[\int_{t_0}^{t_1}\left|\frac{V_{in}+V_o}{Z_r}\sin\omega_r(t-t_0)\right|dt + \int_{t_1}^{t_2}\left|\frac{V_o-V_{in}}{Z_r}\sin\omega_r(t-t_1)\right|dt\right]$$

$$= \frac{T_r}{T_s}\cdot\frac{8V_{in}}{2\pi nZ_r} = \frac{f_s}{f_r}\cdot\frac{8V_{in}}{2\pi nZ_r} \tag{5-25}$$

由式(5-25)可以看出，在谐振参数和输入电压一定的情况下，充电电流与开关频率成正比，与负载电压无关。开关频率恒定，则充电电流恒定，具有较强的抗负载短路能力。采用这种恒流充电模式，LC 谐振电容器充电电源的电路设计相对简单，易于工程实现。根据充电电压和功率的要求，相应计算出充电电流，从而依照所设计的开关频率，考虑式(5-25)，设计出谐振电容、电感的参数。

5.3 脉冲发电机型电源

脉冲发电机型电源是一种利用飞轮中储存的机械能为磁体供电的脉冲功率电源，具有能量密度高、储能大的优势，能满足大电感磁体的能量要求，并可通过改变整流器的触发角在线调控输出电压，调控范围大，带负载能力强，有利于产生高场强磁场和高稳定度平顶磁场。但是其造价偏高，目前只有美国和中国的脉冲强磁场实验室建设了脉冲发电机型电源系统。

在产生强磁场的过程中，脉冲发电机型电源系统主要经过储能和释能两个环节。储能环节是将电能转化为机械能，由电网供能驱动电动机运行，拖动同轴的发电机飞轮旋转，发电机飞轮转速逐渐上升，电网中的电能转化为发电机飞轮的机械能，达到额定转速后切断脉冲发电机系统与电网的连接。相较于脉冲发电机，储能阶段所使用的电动机功率较小,不会对电网造成冲击,相应地,发电机飞轮充能所需的时间也远长于释放能量的时长。

释能环节是将机械能转化为电能对负载供电。在释能环节中,飞轮带动发电机转子或由飞轮直接充当发电机转子,通过发电机将机械能转化为电能,再通过大功率电能变换电路对磁体放电,磁体中的电流迅速上升,从而在磁体中心生成脉冲强磁场,脉冲放电过程时间短(通常最多持续数秒),放电功率极大(可达百兆瓦级)。

5.3.1 常见脉冲发电机

根据工作原理的不同,常见高功率脉冲发电机分为两类四种:一类是直流机,包括换向直流脉冲发电机和单极发电机;另一类是交流机,包括脉冲同步发电机和补偿脉冲发电机。它们在储能密度、放电时间和功率等性能上各有优劣,四种脉冲发电机的典型性能如表5-3所示。

表5-3 四种脉冲发电机的典型性能

类型	名称	储能密度 /(kJ/kg)	功率密度 /(kW/kg)	脉宽 /s	典型电压 /V	电源阻抗 /Ω	短路电流 /kA	储能时间 /s	体比能密度 /(MJ/m³)
直流	换向直流脉冲发电机	0.32	0.3	1	1800	0.0142	1	100	20
	单极发电机	8.5	70	0.1~0.5	100	10^{-5}	2000	415	150
交流	补偿脉冲发电机	3.8	250	$10^{-4} \sim 10^{-3}$	6000	0.084	71	254	100
	脉冲同步发电机	1.3	0.7	71	6900	1.12	6	3000	30

1. 换向直流脉冲发电机

由图5-24可见,换向直流脉冲发电机由励磁磁场(N、S极)、转子上的电枢、换向器(图中未画出)和电刷组成。在放电过程中,接通励磁电路通过线圈产生励磁磁场,电枢线圈切割磁感线,感应出交变电动势,交变电动势经过换向器后变为直流电动势,换向器与电刷连接,对外部电路输出直流电压。直流脉冲发电机原理简单,易于制造,

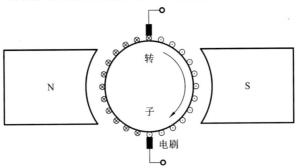

图5-24 换向直流脉冲发电机原理示意图

与单极发电机相比其绕组匝数多,可以输出更高的电压,与交流发电机相比,它不需要通过整流就能对磁体供电。但是,由于其输出电压的调节只能通过调节电机励磁来实现,因而控制响应速度慢(数百毫秒),适合于对输出调节要求不高的脉冲功率场合。在脉冲强磁场领域难以利用其进行脉冲磁场波形调控,其作用类似于高储能的电容器。

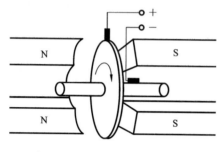

图 5-25　单极发电机工作原理

2. 单极发电机

单极发电机也称为法拉第发电机,是法拉第本人根据电磁感应定律于 1931 年制成的,其基本原理如图 5-25 所示。导电的转子圆盘被电动机或涡轮机驱动,在对称磁场中高转速旋转,利用其惯性储能。导电圆盘旋转切割磁力线,在圆盘外缘和轴之间产生感应电动势,用电刷将其引出,供外电路的负载使用。显然,这个感应电压 U 与磁感应强度 B、转子(圆盘)半径 r 和旋转角速度 ω(或周边线速度 v_{p})有关,即

$$U=\frac{1}{2}Br^2\omega=\frac{1}{2}Brv_{\mathrm{p}} \tag{5-26}$$

单极发电机中储存机械能的转子没有绕组,能被很快地拖动加速到高速度(现转子线速度已达到 475 m/s),储能密度大。同时,其铁芯构造导致单极发电机的内阻极低($<10\ \mu\Omega$),使得单极发电机短路电流极大,能在很短的时间内将动能转化为电能。能量存储和释放速度快的优点使其在电磁轨道炮等领域有着广泛应用。但是,单极发电机仅有转子等效的单匝"线圈"来感应出电动势,输出电压较低,一般在几十伏到几百伏之间。另外,它固有的等效电容特别大(可达几千法拉),电压低、等效电容大这两个特点使其难以与脉冲磁体这种感性负载匹配,难以满足非破坏性脉冲强磁场快速上升的要求。因此,单极型脉冲发电机目前在非破坏性脉冲强磁场领域中还未见相关应用的报道,但其供电特性在破坏性脉冲磁场领域有一定的应用潜力。

3. 补偿脉冲发电机

补偿脉冲发电机是一种比较特殊的交流脉冲发电机,它的设计思路是通过补偿转子线圈的磁通减小其等效电感,从而获得脉冲电流,是一种很有潜力的高功率、小型化脉冲电源。它最早于 1978 年被提出,目前已经有单脉冲 1 MJ、2 kV、950 kA 和重复率 240 Hz 的补偿脉冲发电机见于报道。

补偿脉冲发电机的基本结构类似于单相同步发电机,不同之处就是它增加了一个补偿单元(补偿绕组或屏蔽壳)。根据补偿单元和连接形式的不同,补偿方式可分为主动补偿、被动补偿和选择被动补偿,它们的输出电流波形也不同,如图 5-26 所示。

本书以主动补偿脉冲发电机为例来介绍其工作原理,如图 5-27 所示。把一个几乎和电枢绕组相同的补偿线圈与电枢线圈串联,并使两线圈同轴,当电枢绕组线圈旋转到与补偿线圈重合的平面时,补偿绕组中的磁场与励磁绕组中的磁场重合,增强了励磁磁场,使电枢绕组产生了较高的感生电压,继而得到较高的输出电流。输出电流又进一步使励磁磁场增强,在电枢绕组中产生更高的感生电压和更大的电流。电枢电流通过这种正反馈激励,在很短的时间内上升至峰值。虽然目前未见补偿脉冲发电机用于脉冲

强磁场电源系统,但由于其优良的工作特性,在放电脉宽不长、磁体电感相对较小的应用中,该类电源系统有一定的应用前景。

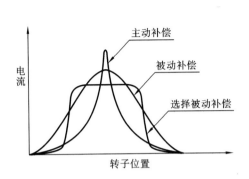

图 5-26　三种补偿类型的发电机典型输出电流波形　　图 5-27　主动补偿脉冲发电机原理图

4. 脉冲同步发电机

脉冲同步发电机又称交流脉冲同步发电机,在其转子侧装有磁极,并接入直流电流源以励磁,飞轮拖动转子旋转,磁场切割定子绕组,在定子上产生感应电动势,对外输出电能。尽管其工作原理与普通同步发电机相同,但其在设计、制造等其他方面却有一些差异。

脉冲同步发电机储能密度大、功率高,配合上整流设备后,对输出电流的调控能力强,能很好地满足脉冲磁体对电源要求。三相交流发电机接整流负载时,定子电流的谐波将导致发电机的震动和发热,因而脉冲大电流应用中一般采用多相定子绕组。多相同步发电机输出电压高,带负载能力强,配合变压器以及晶闸管整流器对脉冲磁体的直流电压进行调控,在产生脉冲强磁场,尤其是平顶脉冲磁场方面具有独到的优势。因此,美国的 Los-Alamos 强磁场实验室和华中科技大学国家脉冲强磁场科学中心均配备了交流脉冲同步发电机。

5.3.2　同步发电机暂态工作分析

脉冲同步发电机的稳态运行与普通交流同步电机类似,此处不再讨论。在产生脉冲强磁场过程中,存在飞轮动能快速释放导致发电机转子转速降低,多线圈磁体中不同线圈电流在不同时间点快速上升,整流晶闸管触发角的快速变化引起发电机功率因数角的剧烈变化等多种瞬态变化因素,需要重点考虑其暂态运行特性。暂态工作状态有机电暂态和电磁暂态,机电暂态涉及转子转速变化,电磁暂态过程较短,转速视为不变。

下面对电磁暂态进行分析。在电磁暂态过程中,磁场模型变得异常复杂,对于正被激磁的同步发电机三相同时突然短路,可认为速度和加到转子绕组上的电压都是不变的,在空载短路时,电枢绕组的各相将产生周期和非周期电流,非周期分量以绕组的时间常数衰减。暂态过程被定子、场和阻尼绕组三个独立的耦合电路参量所影响,对于突然三相短路,定子电流为

$$i_{sc}=U_{g0}\left[\frac{1}{X_d}+\left(\frac{1}{X_d''}-\frac{1}{X_d'}\right)e^{-t/T_d''}+\left(\frac{1}{X_d''}-\frac{1}{X_d'}\right)e^{-t/T_d'}\right]\cos(wt-\gamma_0)$$

$$-\frac{U_{g0}}{2}e^{-t/T_a}\left[\left(\frac{1}{X_d''}+\frac{1}{X_q''}\right)\cos\gamma_0+\left(\frac{1}{X_d''}-\frac{1}{X_q''}\right)\cos(2wt+\gamma_0)\right] \tag{5-27}$$

式中:U_{go}是短路起始电压的标幺值;γ_0为短路瞬间相电压初相角;X''_d 和 X''_q 分别是直轴(d)和交轴(q)暂态电抗;X'_d 表示在阻尼绕组中电流衰减之后发电机的暂态电抗;T''_d是三相定子绕组短路时阻尼绕组的时间常数;T'_d 是三相定子绕组短路时场绕组的时间常数;T_a 是定子非周期电流衰减时间常数。这样一来,相电流是对称分量、非周期分量以及沿轴线和垂直轴线非对称引起的倍频电流之和,每相的峰值电流在 $\gamma_0 = 0$ 和 $t = \pi$ 时达到最大值,即

$$I_{p3} = 1.8U_{go}/X''_d \tag{5-28}$$

三相短路时发电机的转矩为

$$M'' = U_{go}^2 \left[\frac{1}{X''_d}\sin(wt) - 0.5\left(\frac{1}{X''_d} - \frac{1}{X''_q}\right)\sin(2wt) \right] \tag{5-29}$$

上述分析短路过程的方法,可类推地用于稳态电路的暂态过程。如果充分考虑转子的运动、励磁的变化以及同步发电机工作的其他因素,需要数值计算求解描述发电机电磁和机电过程的联立方程,或者使用计算机模拟。针对脉冲磁体破坏导致的负载突变情况,一般是通过数值仿真来分析,目前尚无准确的数学描述。

5.3.3 脉冲发电机-整流器电源系统组成

脉冲发电机-整流器电源系统具有储能密度大、对电网冲击小、易于调控等特点,常用于产生超高场强脉冲磁场的背景磁场或者长平顶脉冲强磁场等。一般在电动机启动后,经过数分钟的储能,飞轮可为发电机型电源提供数秒级持续时间的脉冲,在脉冲放电结束时,发电机的转速降低,此时发电机的输出频率也降低,根据实验的需要,可使用电动机再次拖动飞轮储存能量,为下一次放电做准备。因此,脉冲发电机-整流器电源系统一般由脉冲发电机组、脉波整流器组和相应的辅助电路组成。下面以华中科技大学国家脉冲强磁场科学中心的脉冲发电机-整流器电源系统为例进行介绍,如图 5-28 所示。

脉冲发电机组由共轴的电动机和发电机组成,电动机和发电机为全封闭式,其冷却分别通过各自的空气和水热交换器实现。电动机为绕线式转子三相异步电机,采用三级串电阻器起动方式。电动机起动过程中,各起动电阻器随着电动机的转速增加而被逐级短接,其短接时间根据电动机的转速来定。根据实验需要,脉冲放电后电动机可以拖动发电机的飞轮加速或退出运行。

发电机为带有储能飞轮的凸极同步发电机,配有发电机励磁系统。在脉冲放电之前,所有的电阻器需重新接入电动机转子电路中,以防止对电网产生大的电流冲击。脉冲波形调控期间,发电机的转速将下降,输出电压频率也将随之降低,并且负载磁体阻值随温度升高也有较大范围的变化。另外,由于负载磁体产生巨大的感性电流,影响电机的电枢反应,可能导致发电机的出口电压产生较大的变化。脉冲发电机的励磁系统负责调节发电机励磁,在发电机释能期间维持发电机端电压的恒定。

对于脉冲发电机组输出的三相交流电压,通过整流器变为直流电压给磁体供电。整流器由整流变压器、晶闸管整流电路、磁体保护电路、极性转换电路和串并联转换电路等辅助电路组成。

脉冲发电机电源系统的输出功率较大,且对输出电流纹波要求高,因而相应的整流器电源模块一般设计为 12 脉波整流器。12 脉波整流器由两个 6 脉波整流器串联组

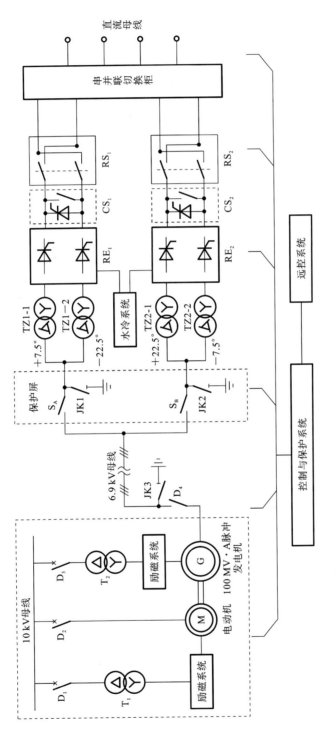

图5-28 脉冲发电机电源系统原理图

成,将两组幅值、频率相同,相差 30° 的三相电压信号分别输入 6 脉波整流器中,其串联后输出 12 脉波的直流电压。如果考虑到两个 12 脉波整流器组合成 24 脉波整流器的需求,则两个 12 脉波整流器之间需要 15° 的移相。按最小移相设计,将使用四台移相角为 −22.5°、7.5° 和 −7.5°、22.5° 的移相变压器。

移相变压器是一种通过延边三角形接法,使得变压器输出电压相位相较输入电压相位偏转某一特定值的变压器。以移相变压器 D(+22.5°)Y11 为例,图 5-29 展示了该变压器的线路接法以及对应的电压相量图。

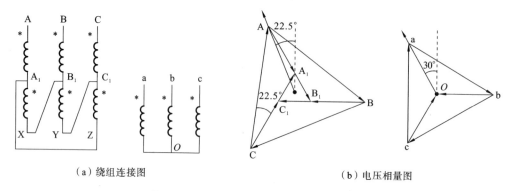

（a）绕组连接图　　　　　　　　　（b）电压相量图

图 5-29　D(+22.5°)Y11 变压器的原理图

在 D(+22.5°)Y11 中,先通过延边三角形的接法,使得电压向量 $\overrightarrow{A_1B_1}$ 超前原电压向量 $\overrightarrow{AB}$ 22.5°,再通过 D Y11 接法,得到二次侧电压,从而达到二次侧电压滞后原始电压 7.5° 的效果。

脉冲发电机电源系统通过其保护单元来对磁体、整流器、发电机进行保护。主要配备下述保护电路以保证系统安全运行:发电机出口端断路器、整流器输入端断路器、续流电路等。断路器在故障状态时切断发电机与整流器之间的连接,而续流电路用于将脉冲磁体线圈中存储的能量安全泄放。机械开关的关断时间一般为 50～80 ms,动作时间不能满足磁体电流快速转移的要求,要利用整流器阀组内晶闸管臂续流至机械开关完全闭合。极性转换开关主要是通过连接的转换来变换磁体极性。两套 12 脉波整流器也可以通过串并联切换柜的布置,改变铜排的连接方式,实现两套整流器的串联或并联,形成 24 脉波后为一个线圈供电。

5.4　蓄电池型电源

5.4.1　系统构成及基本原理

应用于脉冲强磁场的蓄电池型电源系统结构如图 5-30 所示,主要由蓄电池组及充电机、主放电开关(晶闸管开关及强迫换流支路)、直流断路器、脉冲磁体负载、续流回路和本地控制系统等部分组成。单节蓄电池电压低、电流小,必须通过串并联组成蓄电池组,以实现电压 1 kV、电流 40 kA、脉冲 1 s 以上的电源系统,给长脉冲磁体供电,产生无纹波的超长脉冲强磁场。通过旁路反馈控制,还可以实现高精度的长脉冲平顶磁场。

蓄电池脉冲电源系统的工作过程为:① 设定实验的放电参数;② 将强迫换流支路的电容充电至设定电压,并断开充电机开关;③ 触发导通晶闸管开关,电池组电源对磁

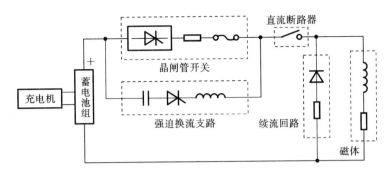

图 5-30 脉冲强磁场蓄电池电源系统结构图

体放电;④ 放电结束后,触发导通强迫换流支路中的晶闸管,电流转移至续流回路,实验结束。实验过程中一旦检测到故障导致关断失败,则断开直流断路器,切断回路。直流断路器作为电源系统的后备保护开关,必须保证故障时能可靠动作。

蓄电池储能大,放电期间开路电压基本保持不变,所以,蓄电池型电源可以看作是恒压源。单线圈磁体放电的简化电路如图 5-31 所示。

单线圈磁体供电回路方程可描述如下:

$$u_{dc} = (R_1 + R_m + R_e)i_m + (L_1 + L_m)\frac{di_m}{dt} \quad (5-30)$$

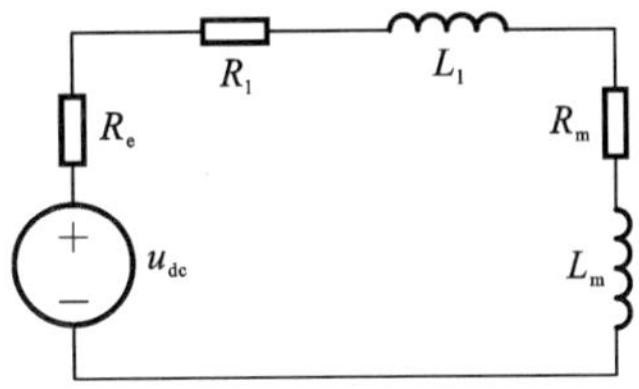

图 5-31 蓄电池电源对单线圈磁体放电简化电路图

式中:u_{dc} 为蓄电池组开路电压;R_e 为蓄电池组内阻,R_1 和 L_1 为线路参数。理论上,当磁体电流上升至最大值时可以产生恒定的电流。但是,放电过程中,在大电流的作用下,磁体受到焦耳热作用,内阻变化不可忽略,典型的放电波形如图 5-32 所示。这也是蓄电池型脉冲磁场必须进行辅助调控才能产生平顶磁场的根本原因。

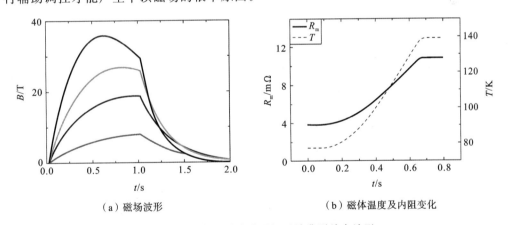

（a）磁场波形　　　　　　　　　　　（b）磁体温度及内阻变化

图 5-32 蓄电池型脉冲磁场系统典型放电波形

5.4.2　铅酸蓄电池性能

普通的铅酸蓄电池需要经常加水,维护量大,且放电过程中会有较多的氢气放出,需要较多的运行维护人员以及通风要求较高,而且其内阻一般较大,不利于大电流输出。阀控式密封铅酸蓄电池(VRLA 蓄电池)在充电过程中没有氢气和氧气等气体产生,无需添加蒸馏水、补加电解液,具有良好的密封性能,对通风要求不高,与普通铅酸蓄电池相比,维护工作量大大减小。同时,VRLA蓄电池内阻小,大电流放电特性好,更符合长脉冲磁体对电源系统的要求。

1. 阀控式密封铅酸蓄电池特性分析

阀控式密封铅酸蓄电池主要由正负极板、电解液、吸液式超细玻璃纤维隔板(AGM)、安全阀和ABS塑料外壳等部分组成。阀控式密封铅酸蓄电池的工作过程就是充电和放电,充电时将电能转化为化学能并在电池内储存起来,放电时将化学能转化为电能输出。其工作原理为双极硫酸化理论,具体反应过程如下。

1)放电过程

放电时的化学反应可用如下方程式表示:

$$\underset{\text{正极活性物质}}{PbO_2} + \underset{\text{电解液}}{2H_2SO_4} + \underset{\text{负极活性物质}}{Pb} \xrightarrow{\text{放电}} \underset{\text{正极放电产物}}{PbSO_4} + \underset{\text{负极放电产物}}{PbSO_4} + 2H_2O \tag{5-31}$$

放电时,正极板中的活性物质为二氧化铅,负极板中的活性物质海绵状铅与电解液中的硫酸反应,生成硫酸铅和水。放电过程中,硫酸逐渐消耗,电解液比重下降。

2)充电过程

充电时的化学反应可用如下方程式表示:

$$\underset{\text{正极放电产物}}{PbSO_4} + 2H_2O + \underset{\text{负极放电产物}}{PbSO_4} \xrightarrow{\text{充电}} \underset{\text{正极活性}}{PbO_2} + \underset{\text{电解液}}{2H_2SO_4} + \underset{\text{负极活性物质}}{Pb} \tag{5-32}$$

充电时,硫酸铅又被分别转化成二氧化铅和海绵状铅,电解液中硫酸的浓度也逐渐提高。当电池组充电进行至最后阶段,电解液中的水被电离分解,正极板上开始析出氧气(O_2),即

$$2H_2O \rightarrow O_2 + 4H^+ + 4e^- \tag{5-33}$$

氧气经隔板中的气孔扩散到负极板,并与负极板上的活性物质海绵状铅生成氧化铅(PbO),PbO再与H_2SO_4发生反应生成硫酸铅($PbSO_4$),同时抑制了负极板氢气的产生,即

$$2Pb + O_2 \rightarrow 2PbO \tag{5-34}$$
$$Pb + H_2SO_4 \rightarrow PbSO_4 + H_2O \tag{5-35}$$

在负极,由于与氧气反应而变成放电状态的$PbSO_4$,经过继续充电,又回到充电状态,被重新还原成海绵状Pb,即

$$2PbSO_4 + 4H^+ + 4e^- \rightarrow 2Pb + 2H2SO_4 \tag{5-36}$$

最后负极板上总的反应结果为

$$O_2 + 4H^+ + 4e^- \rightarrow 2H_2O \tag{5-37}$$

这正是正极板上产生氧气的逆反应,即正极板充电后期由于电解水而产生的氧气,与负极板上的活性物质反应并被还原成水而存在于电池内部,蓄电池内部几乎没有水的损耗。因此,阀控式密封铅酸蓄电池不需要添加蒸馏水、电解液,密封性能良好。

2. 蓄电池性能测试与分析

阀控式密封铅酸蓄电池虽然具有内阻较小、大电流输出特性好的特点,但直流稳态下蓄电池基本没有10倍率放电电流,而脉冲工况下,瞬时放电电流大,高倍率充/放电是影响蓄电池使用寿命的一个重要因素。尤其是当蓄电池深度放电时,输出电压急剧

下降,蓄电池电解液内会形成大量的硫酸铅,被吸附到负极表面,在负极表面形成硫酸盐化层使内阻增大。内阻越大,蓄电池的充/放电性能就越差,其使用寿命就越短。测试蓄电池在短时高倍率放电情况下的工作性能是十分必要的。

1) 充电

蓄电池充电刚刚结束时,其开路端电压比较高,随时间逐渐下降。图 5-33 所示的为蓄电池充电结束后 30 min 内电池开路电压的变化曲线,由图可见,30 min 时电池电压已经下降到一个比较稳定的值,说明电池内部的化学反应已经趋于稳定。

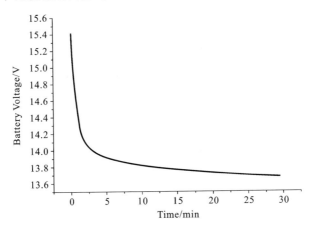

图 5-33 充电后 30 分钟内电池开路电压变化曲线

2) 放电

通过改变负载电阻的阻值,测试蓄电池在不同负载下放电的电压、电流及内阻。放电前电池的开路电压为 U_o,放电过程中电池的端电压为 U_s,负载电阻为 R_o,放电电流 $I=U_s/R_o$,电池内阻 $R_{in}=(U_o-U_s)/I$。实验数据如表 5-4 所示。

表 5-4 电阻时的放电数据

开路电压 U_o/V	放电电压 U_s/V	负载电阻 R_o/mΩ	放电电流 I/kA	电池内阻 R_{in}/mΩ
13.11	10.735	15.03	0.714	3.325
13.13	9.405	7.91	1.190	3.128
13.13	8.155	4.93	1.654	3.007
13.15	7.801	4.20	1.857	2.880
13.13	7.459	3.77	1.978	2.868
13.13	6.982	3.26	2.141	2.871

蓄电池放电过程中的端电压波形如图 5-34 所示。由图 5-34(a)可见,在放电结束后,蓄电池的端电压相较于放电前有一定下降。静置蓄电池一段时间,其端电压又恢复到一个稳定值,说明蓄电池内部化学反应也趋于稳定。蓄电池放电后的端电压恢复波形如图 5-34(b)所示。因此,在每次放电结束后,不能立即进行下一次放电,应等待蓄电池端电压恢复到基本稳定,再开始下一次放电试验。

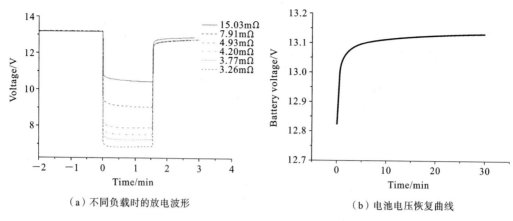

（a）不同负载时的放电波形 　　　　　（b）电池电压恢复曲线

图 5-34 端电压波形

3）高倍率放电的蓄电池寿命

用于长脉冲磁场的蓄电池电源运行在高倍率电流下，单台蓄电池在电流 2000 A、脉冲宽度 1.5 s、间隔 15 min 的工况下，需要满足 4000 次以上的寿命，才能确保电源系统能够维持 5～8 年的科学实验需求。图 5-35 所示的分别为蓄电池 80 次和 4000 次连续放电的放电电流和端电压波形。由图 5-35 可见，随着放电的进行，电池剩余容量减少，电池端电压下降，放电电流也逐渐减小。蓄电池在使用过程中应及时充电，避免深度放电。

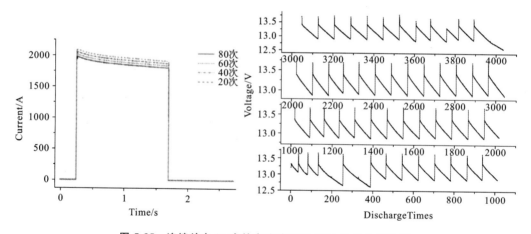

图 5-35 连续放电 80 次的电流波形和 4000 次的电压波形

由蓄电池开路电压波形变化曲线可见，经过 4000 次放电后，电池的工作电压基本没有发生变化，工作电压稳定在 13 V 左右。在 80 次放电的最后阶段，电池电压也不会低于 12.87 V，实验过程中电池的放电曲线基本平行，电池放电情况比较稳定。由此可见，蓄电池在 2000 A/1.5 s 脉冲放电工况下的工作性能稳定，寿命至少须达到 4000 次。

5.4.3 蓄电池组串并联的出口保护和运行维护

利用多只蓄电池串联和并联组成蓄电池组才能满足 1000 V、几十千安的电源系统要求，如图 5-36 所示。由于每个蓄电池电压、内阻等有差异，直接在出口处并联时必然会在不同的并联支路间产生环流，影响电源的正常工作，同时在放电间歇期间也会消耗蓄电池电量,缩短电池的寿命。若在每个并联支路出口安装二极管(见图 5-37),则电池组不放电时,二极管可以阻止环流,而在对磁体负载放电过程中二极管的加入不会影响电源系统的整体性能。

图 5-36 蓄电池组实物图

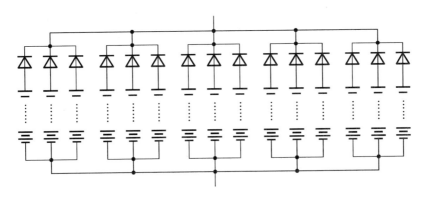

图 5-37 蓄电池出口二极管安装示意图

由于 VRLA 蓄电池是密封的,不像普通的自由电解液固定型铅酸蓄电池那样透明直观,也无法直接测量电解液密度,因而给蓄电池的状态判断及维护工作带来一定的困难。蓄电池的内阻与蓄电池的放电容量及使用寿命有一定的相关性,在一定条件下,通过检测蓄电池的内阻,可以定性判断蓄电池的性能状况。

蓄电池的内阻可以通过放电试验测试得到,但是这种方法需要对电池进行放电,工作量大且不方便。蓄电池电导测试仪能够快速简单地测得蓄电池的电导值,便于及时发现故障电池并进行维护。虽然采用电导测试仪测得的蓄电池内阻会有一定误差,但这种方法无需放电就可快速简单地检测蓄电池的状态,如果操作人员在测试过程中细心操作,尽量减少引入的误差,所测得的数据也能在一定程度上反映蓄电池的实际内阻。

当蓄电池出现失水、极板硫化等常见故障时,通常会表现为内阻增大、容量下降等情况。对蓄电池定期进行电导测试,通过比较每次的测量数据,关注蓄电池内阻的变化情况,就能及时发现电池组中是否有失效电池,有利于电池组的维护。

5.4.4 蓄电池电源主开关

蓄电池电源近似于恒压直流电源,在给脉冲磁体提供 0~2 s 脉宽的高达几十千安的电流时,其投入和切断开关是关键部件。该开关既要保证正常投入,也要确保在放电脉冲结束时可靠切断该电源与磁体负载的联系,同时开关的投切不能对系统造成较大的干扰,以免对磁体中的科学试验信号造成干扰而影响试验数据。通常的大电流直流机械开关投入和切除时会有电弧,噪声和电磁干扰较大,且工作寿命较短,高质电力电子半导体器件是更优的选择。

晶闸管通流能力强,可靠性高,适合用作蓄电池系统的控制开关。但是,晶闸管为半控型器件,通过触发来开通,在通过直流电流时它本身不会关断,只有流过的电流为0时(此时要维持晶闸管一定的反压时间来确保不会因恢复时间未到而再次导通)才会

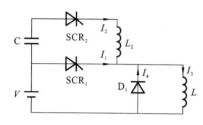

图 5-38 强迫换流关断电路原理图

自然关断。因此,要关断直流电流就必须在晶闸管中通入和主电流相反方向的电流来抵消总的电流,从而使晶闸管中的电流为0,并确保此时在晶闸管上具有一定数值的反向抑制电压来确保晶闸管可靠关断。具体实现原理如图 5-38 所示。

电路中蓄电池电源 V 通过晶闸管开关 SCR_1 给磁体 L 供电,D_1 是磁体的续流回路,晶闸管 SCR_2、电容器 C 和电感 L_2 是强迫关断 SCR_1 的换流支路。放电试验时先将电容器充满电,触发导通 SCR_1,蓄电池给磁体供电,这时电流 I_1 等于磁体电流 I_3,此时电流 I_2 和 I_4 为 0,放电结束时,触发导通晶闸管 SCR_2,使得电流 I_2 迅速上升到等于或略大于磁体电流 I_3,此时磁体电流由于电感的作用基本维持不变,晶闸管 SCR_1 电流快速下降至 0,此时电容器残余电压仍然保持为正,保证加在 SCR_1 上的电压为反向,反向电压的维持时间只要大于晶闸管的反向恢复时间,SCR_1 就会可靠地关断。在晶闸管关断的过程中,磁体电流在电感的作用下会自动转移到 D_1 的续流支路中去,磁体的储能最终消耗在续流回路电阻和磁体内阻上,完成整个放电过程。

要将主放电开关 SCR_1 可靠地关断,需要两个要素:① 关断回路电流,也即转移电流 I_2 必须大于关断时刻主回路的电流 I_1;② 转移电流平台的持续时间必须大于主可控硅 SCR_1 的反向恢复时间。

5.5 脉冲磁场波形调控

脉冲磁场波形有重频磁场、三角波磁场、阶梯波磁场和平顶脉冲磁场等几种类型,其中平顶脉冲磁场兼具稳态磁场高稳定度和脉冲磁场高场强的优势,可同时满足高精度比热测量、高场核磁共振、大功率太赫兹源等前沿技术对磁场强度和稳定度的双重要求,是脉冲磁场技术的重要发展方向。而脉冲磁场系统的功率高达兆瓦级、电流达万安级,进行磁场波形调控十分困难,平顶脉冲磁场独特的性能优势吸引了世界各大强磁场实验室纷纷开展磁场波形调控方面的研究。为此,本节将重点介绍平顶脉冲磁场的调控原理及方法。

5.5.1 脉冲磁场系统特性分析

脉冲磁场系统的主电路由电源和磁体组成,上文已经分别对磁体和电源类型进行

了详细讲解,本节从电路集总参数的角度叙述如何进行平顶脉冲磁场的调控。

脉冲磁体是一个大电感负载,其电压与电流关系式为

$$U_m = R_m i_m + L_m \frac{d i_m}{dt} \tag{5-38}$$

其中,忽略磁体形变时,磁体电感 L_m 可以看作是一个常量;在大电流作用下,磁体受焦耳热影响,内阻 R_m 随磁体温度发生变化。脉冲放电时间较短,放电过程中可以认为磁体与外界没有热交换,则磁体内阻热力学模型为

$$\begin{cases} \dfrac{dT}{dt} = \dfrac{i_m^2 r_m(T)}{C_p(T)M} \\ C_p(T) = 834 - 4007y + 4066y^2 - 1463y^3 + 179.7y^4 \\ y = \lg T \\ r_m(T) = \dfrac{-3.41 \times 10^{-9} + 7.2 \times 10^{-11} T}{-3.41 \times 10^{-9} + 7.2 \times 10^{-11} \times 77} r_m(77K) \end{cases} \tag{5-39}$$

式中:T 表示磁体温度,K;$r_m(T)$ 为磁体相应温度的电阻值;M 为磁体中导线的质量;$C_p(T)$ 为磁体导线相应温度的比热容。同时,磁体内阻也受到磁阻效应和涡流的影响,但相对于焦耳热,其比重较小,进行原理分析时可忽略不计。

为实现某一单线圈磁体的磁场稳定(即磁体电流稳定),需磁体端电压随着磁体内阻的变化而相应改变。所以,磁体内阻热特性和电源的可控性是平顶脉冲磁场调控的关键因素。脉冲放电系统可等效为电源、等效阻抗和磁体的串联回路,如图 5-39 所示,图中 U_s 为回路电压、R_{eff} 和 L_{eff} 分别为回路中磁体串联阻抗的等效参数。

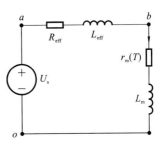

图 5-39　脉冲放电系统可等效电路图

如 5.2 节所述,在发电机型电源中电源电压可通过整流器触发角调节,蓄电池组输出电压近似恒定,电容器电压放电时不可控地跌落。平顶脉冲磁场调控需要根据电源特性和调节目标选择合适的调节方法。

从所调控物理量的角度,平顶脉冲磁场的调控可以分为回路电压调节法和回路阻抗调控法。回路电压调节法指直接调控电源电压,或主供电电源输出电压不可控,通过串并联受控器件改变回路电压;回路阻抗调控法指采用一定手段改变节点 ab 间或者 bo 之间的阻抗值。从电路形式上,可分为串联调节和并联调节,串联调节部件需要承受与磁体电流相同的大电流,并联调节部件需要承受和磁体端电压相同的高电压。从所采用调控装置的角度,可分为开关调节和线性调节,开关调节含有高频开关纹波,稳定度受限,但半导体器件功耗相对小;线性调节稳定度高,半导体器件功耗大。对于多线圈磁体,多个线圈同轴装配,磁场满足叠加定理,调节电参数等级低的线圈电流,使之产生的磁场与背景磁场互补,可以实现平顶脉冲磁场的调控,其调控技术与单线圈的类似。

平顶脉冲磁场调控的手段主要取决于供电电源的类型和磁场调控目标,下面根据供电电源类型进行说明。

5.5.2　整流调压型平顶脉冲磁场调控技术

如前所述,对于电网和飞轮储能脉冲交流发电机电源,需要经过整流将交流电转换

为直流电。在此过程中,通过改变整流器触发角对输出电压调节,采用磁场或电流进行负反馈控制,使输出电压随着磁体内阻的变大而升高,可产生平顶脉冲磁场。此外,利用脉冲发电机还可调控磁场的变化率,以及产生重复平顶脉冲磁场和阶梯波磁场等多种磁场波形。

美国洛斯阿拉莫斯国家实验室有一台 ABB 公司制造的脉冲同步发电机组,其额定功率 1.4 GV·A,最大储能 1280 MJ,最大可释放能量 650 MJ,输出电压的额定幅值为 24 kV,额定频率 60 Hz,其电源系统设置如图 5-40 所示。脉冲发电机最多能为 7 组额定功率为 64 MW 的电源模块供电,其中每组电源模块空载输出电压 4 kV,满载输出电压 3.2 kV,额定输出电流 20 kA,在不同的科学实验中,能够对多组电源模块进行不同配置,以满足不同磁场的生成需求。美国采用该系统实现了 60 T/100 ms、45 T/850 ms 和 27 T/2.6 s 的平顶脉冲磁场以及固定斜率的脉冲磁场,如图 5-41 所示。

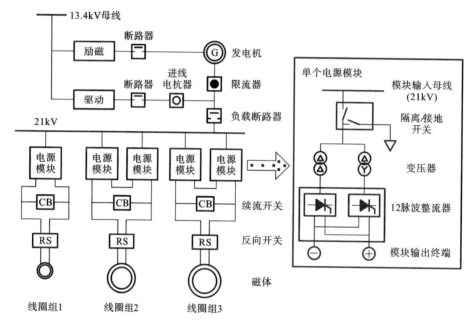

图 5-40 美国脉冲发电机整流电源系统原理图

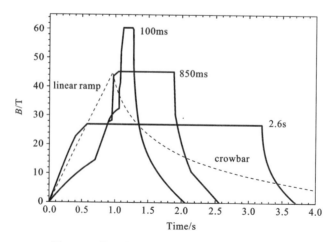

图 5-41 美国脉冲发电机型平顶脉冲磁场波形

华中科技大学国家脉冲强磁场科学中心有一台西屋公司生产的脉冲同步发电机组,其额定功率100 MV·A,最大储能185 MJ,最大可释放能量100 MJ,输出电压的额定幅值6.9 kV,额定频率50 Hz。脉冲发电机为2组额定功率为67.5 MW的电源模块进行供电,其中每组电源模块空载输出电压3.2 kV,满载输出电压2.7 kV,额定输出电流25 kA。在不同的科学实验中,两套12脉波整流器既能独立工作,也可并联或串联为一套24脉波整流器为磁体供电以获得更强的输出能力。华中科技大学国家脉冲强磁场科学中心采用该电源系统实现了50 T/100 ms的平顶脉冲磁场、重频平顶脉冲磁场和阶梯波脉冲磁场,如图5-42~图5-44所示。

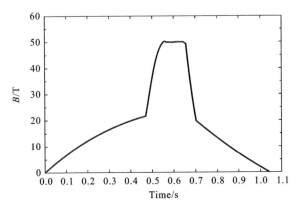

图 5-42　中国武汉 50 T/100 ms 平顶脉冲强磁场实验波形

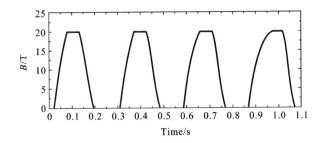

图 5-43　中国武汉 20 T 重复平顶脉冲强磁场实验波形

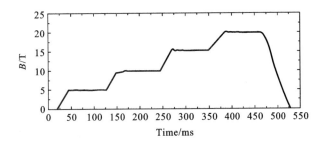

图 5-44　中国武汉阶梯脉冲强磁场实验波形

电网和脉冲发电机的优势在于电压可控、储能高,易于实现长时间的平顶,持续时间主要受磁体发热的限制。但是,其存在整流纹波,导致平顶脉冲磁场稳定度较低,一般在0.5%左右。稳态磁场的滤波方法也适用于电网和飞轮储能脉冲交流发电机电源,能提升平顶脉冲磁场的稳定性,但对响应速度要求很高,目前未有应用案例。

5.5.3 蓄电池型电源平顶脉冲磁场调控技术

蓄电池电源的优点在于容量大，输出电压恒定。假设平顶期间磁体电流保持稳定，则磁体电感电压为零，此时磁体电流方程可表示为

$$i_{\mathrm{m}} = \frac{U_{\mathrm{s}}}{r_{\mathrm{m}}(T) + R_{\mathrm{eff}}} \tag{5-40}$$

当磁体电阻 $r_{\mathrm{m}}(T)$ 增加时，增大供电电压或减小回路电阻均可达到稳定磁体电流的目的，如图 5-45 所示。

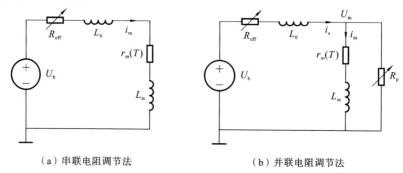

（a）串联电阻调节法　　　　　　　　（b）并联电阻调节法

图 5-45　回路电阻调节法

根据式（5-40）易于理解，平顶期间当磁体电阻受热变大时，减小磁体串联电阻 R_{eff} 或者增大磁体并联电阻 R_{p}，可改变磁体端电压，从而达到调节磁体电流的目的。

串联调节法受控器件需要承受主回路电流，在电流等级小的时候采用，如图 5-45（a）所示。日本固体物理研究所在主磁体中嵌入小线圈的方法实现了平顶脉冲磁场，如图 5-46 所示。其中，主磁体采用电容器或直流脉冲发电机产生背景磁场，小线圈采用蓄电池供电产生补偿磁场。小线圈产生小于 1.5 T 的磁场，功率等级小，通过串联电阻调节，使得小线圈磁场与主磁体背景磁场互补，形成平顶波形。小线圈的串联等效电阻采用工作在线性放大区的 MOSFET 或 IGBT 实现，通过线性调节可以实现较高的稳定度。

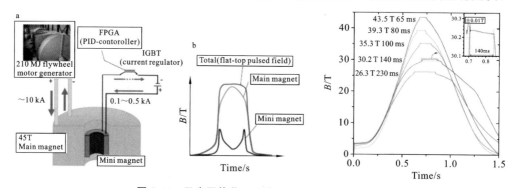

图 5-46　日本固体物理研究所平顶脉冲磁场波形

并联电阻调控法（见图 5-45（b））的工作流程如下。开始阶段旁路开路，磁体电流在蓄电池作用下逐渐上升；当上升到设定值时旁路开通，平顶开始时刻旁路电阻最小，平顶期间随着磁体电阻增大逐渐增大旁路电阻，可保持磁体电流稳定，如下式所示：

$$i_{\mathrm{ref}} = \frac{U_{\mathrm{b}}}{R_{\mathrm{eff}} + r_{\mathrm{m}}(T) + \dfrac{R_{\mathrm{eff}} r_{\mathrm{m}}(T)}{R_{\mathrm{p}}}} \tag{5-41}$$

华中科技大学国家脉冲强磁场科学中心采用 PWM 旁路在蓄电池电源系统上实现了不同参数的平顶脉冲磁场,如图 5-47 所示。在较低磁场下,由于磁体温升较小,磁体电阻变化较小,旁路系统容易进行平顶控制,且平顶时间较长,如图 5-47 中 9.1 T/640 ms、16 T/400 ms。当磁体电流较大时,磁体温升明显,磁体电阻和磁体电流变化很快,受到旁路分流容量及调节速度限制,平顶时间以及磁场稳定度会有下降,如图 5-47 中的 20.4 T/250 ms,25.6 T/200 ms。

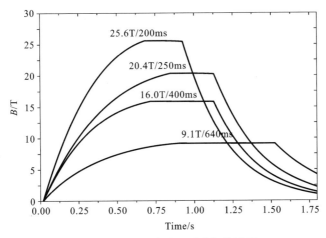

图 5-47 PWM 旁路平顶磁场波形图

串联和并联电压源调节法需要设计复杂的电力电子装备,高功率等级下实现难度大,且开关设备的纹波对于磁场稳定度的提升有所限制,可用在低场强场合如图 5-48 (a)、(b)所示。

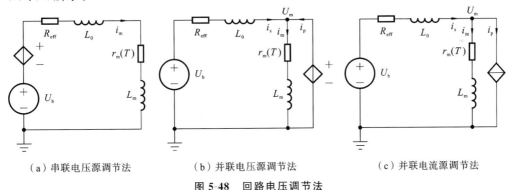

（a）串联电压源调节法　　（b）并联电压源调节法　　（c）并联电流源调节法

图 5-48 回路电压调节法

并联电流源调节法(见图 5-48(c))的基本工作原理如下。开始阶段,旁路开路磁体电流在蓄电池作用下逐渐上升;当上升到设定值时开通旁路,使旁路电流迅速增大抑制磁体电流上升,进入平顶阶段,平顶期间随着磁体内阻增大,旁路电流逐渐减小,以保持磁体电流稳定,如下式所示:

$$\begin{cases} (L_m+L_0)\dfrac{di_m}{dt}+(r_m(T)+R_{eff})i_m=U_b & (t_0\leqslant t\leqslant t_{1-}) \\ L_0\dfrac{di_p}{dt}+R_{eff}i_p=(L_m+L_0)\dfrac{di_m}{dt} & (t=t_1) \\ r_m(T)I_{ref}+L_0\dfrac{di_p}{dt}+R_{eff}(I_{ref}+i_p)=U_b & (t_{1+}\leqslant t<t_2) \end{cases} \quad (5\text{-}42)$$

并联电流源调节法调节过程示意图如图 5-49 所示。

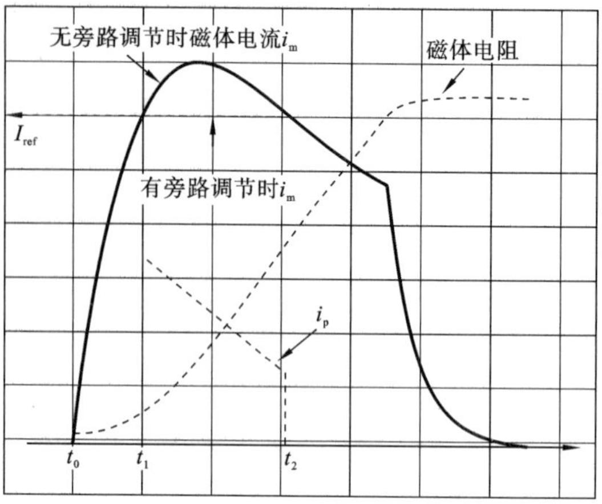

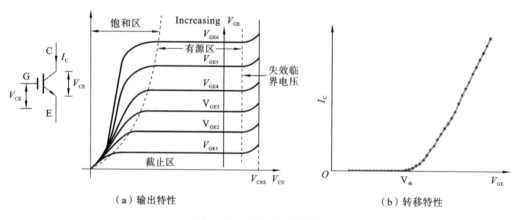

图 5-49 并联电流源调节法调节过程示意图

如果采用开关设备制作电流源,其难度和并联电压调节法一样。但是,当 IGBT 处于有源区时其外特性为线性压控电流源,如图 5-50 所示。因此,可以基于 IGBT 的器件特性实现并联电流源调节法,同时也能避免引入开关纹波,提高磁场稳定度。

图 5-50 IGBT 静态特性

华中科技大学国家脉冲强磁科学中心采用并联电流源调节法在蓄电池电源系统上实现了高稳定度平顶脉冲磁场,最高参数为 23.37 T/100 ms/64 ppm,如图 5-51 所示。

5.5.4 电容器型电源平顶脉冲磁场调控技术

电容器型电源能量密度小,放电时电压不可控跌落,直接进行平顶脉冲磁场调控十分困难。但是,电容器电压高,瞬时功率大,可使磁体电流快速上升,减小磁体前期发热,易于实现较高强度的脉冲磁场,是 40 T 以上平顶脉冲磁场的重要供能电源类型。

1. 脉冲成形网络

比较经典的利用电容器电源实现平顶脉冲磁场的方法是脉冲成形网络(PFN)。脉冲成形网络原理图如图 5-52 所示。单个 RLC 放电回路的电流、电压波形为衰减振荡的近似正弦波,那么根据傅里叶分解和线性系统叠加原理,将多个 RLC 放电回路组合到一起,产生多个频率和幅值的正弦波进行叠加,就可产生方波。1972 年德国科学家

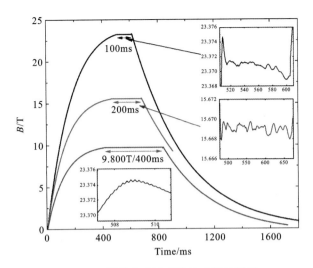

图 5-51　线性旁路平顶脉冲磁场波形图

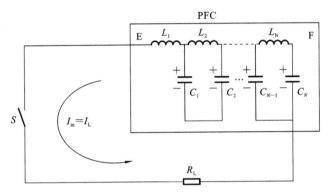

图 5-52　脉冲成形网络原理图

G. Dworschak 利用 PFN 实现了 44 T/1 ms/1% 的平顶的磁场。PFN 的缺陷是只适用于电路参数固定的场合,大电流作用下磁体内阻变化时难以产生近似方波,所以这种方式不能产生长时间的平顶,且稳定度不能保证。

为了利用电容器产生平顶时间相对较长的脉冲磁场,有人提出了时序脉冲成型网络(SFPFN)电路拓扑,通过多个电容器对磁体依次放电,可在磁体上产生带纹波的近似平顶波形。双路 SFPFN 原理图如图 5-53 所示。理想情况下,忽略负载参数变化,PFN 和 SF-PFN 产生的平顶波形如图 5-54 所示。

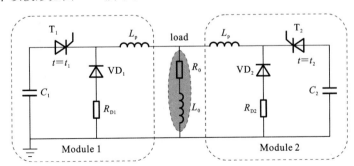

图 5-53　双路 SFPFN 原理图

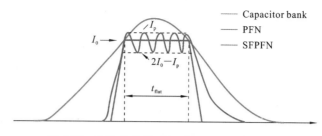

图 5-54 固定负载下 PFN 和 SFPFN 波形对比

华中科技大学国家脉冲强磁场科学中心采用 SFPFN 的方法实现了最高参数为 50 T/70 ms/0.5% 的平顶脉冲磁场,如图 5-55 所示。

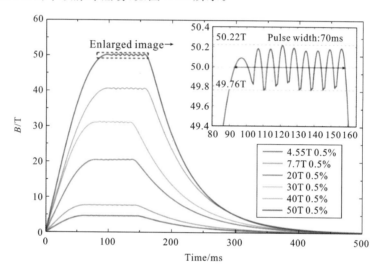

图 5-55 SFPFN 型平顶脉冲磁场

2. 单电容器回路阻抗调控

采用单电容器放电装置产生脉冲磁场,其结构简单,也是应用最广泛的脉冲磁场装置类型,在此基础上产生一定时间的平顶将会大幅拓展应用场景。对于小功率等级的电容器放电系统,可以采用类似蓄电池放电系统的调控方法。不同的是,调控时既要补偿磁体内阻增大,又要补偿电容器电压的下降,调节难度更大也难以实现长时间平顶。

上述并联电阻调节法和电流源调节法是从电源吸收能量进行反向调控产生平顶,而电容器电压随着能量的释放快速下降,所以此类方法不可行。而串/并联电压调控法在平顶期间会将供能从电容器全部转移至电源,并且电容器会反向充电,这样一来就需要功率等级很高的电源,可行性不高。因此,对于单电容器放电比较可行的平顶脉冲磁场调控方式是串联阻抗调控法。

根据上文提到的单电容器放电原理,当电容器放电到最大值之前,增大电阻 R_{eff},使回路时间常数变大,减缓电容器放电速度,平顶期间随着磁体内阻增加,通过负反馈调节减小电阻 R_{eff},即可产生平顶电流波形,原理图如图 5-56 所示。

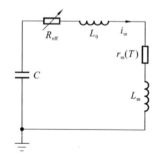

图 5-56 单电容器串联阻抗调控法

欧洲核子研究组织基于该方法实现了 350 A/

$300~\mu s\sim 10~ms/0.1\%$ 的平顶电流波形,用于粒子加速器,原理图和实验结果如图 5-57 所示。其中串联阻抗的调节由工作在线性区的 IGBT 实现,调控手段与日本固体物理研究所调节小线圈磁场的方法类似。

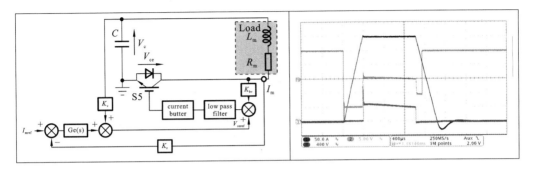

图 5-57　单电容器串联阻抗调控法系统构成及实验结果

3. 耦合电感调控技术

　　随着磁场的升高,系统电流、电压等级会远超过半导体器件的额定值,若通过半导体器件大规模串并联实现,则回路阻抗调控难度大、成本高,且系统失效风险急剧增加。为了便于产生 40 T 以上的平顶脉冲磁场,华中科技大学国家脉冲强磁场科学中心发明了耦合电感调控技术。本质上,耦合电感调控是调控电容器放电回路的电压,如图 5-58 所示。当电容器放电到达峰值之前,增大串联受控器件的端电压,减缓电容器放电速度,平顶期间随着磁体内阻增加,减小串联受控器件的端电压,磁体端电压随着磁体内阻增大而增大,磁体电流保持不变。

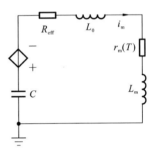

图 5-58　电容器回路串联电压调控法

　　图 5-58 中的受控电压器件通过耦合变压器实现,耦合变压器耦合辅助放电回路,在主回路中产生电压 MdI_x/dt,进行主回路的电压调控。工作流程如下:主回路先放电,辅助回路断开,磁体电流上升;经过一定延时,在主回路磁体电流到达峰值之前触发辅助回路,辅助回路开始放电时 MdI_x/dt 最大,磁体电流由上升转为平顶,平顶阶段 MdI_x/dt 逐渐变小以补偿磁体内阻增大和主回路电容器电压下降,如图 5-59 所示。华中科技大学国家脉冲强磁场科学中心采用该方法实现了最高参数为 64 T/10 ms/3‰ 的平顶脉冲磁场,如图 5-60(a)所示。

　　双电容器耦合放电是通过辅助回路的电流变化率调节主回路的电压,让主回路电流由上升转为平顶,所以在辅助回路触发时必须满足互感电压等于磁体电感电压,即 $MdI_x/dt=L_m dI_m/dt$。系统参数配置固定后,两个回路的放电时序非常重要,若辅助回路提前触发,那么触发时刻 $MdI_x/dt<L_m dI_m/dt$ 平顶就会上斜,反之平顶就下斜,如图 5-60(b)所示,通常要求时序精度小于 1 μs。为此,华中科技大学国家脉冲强磁场科学中心自主研发了纳秒级控制时序发生系统,以满足双电容器耦合放电时序的需求。

　　在此方法的基础,华中科技大学国家脉冲强磁场科学中心在主磁体内部加入小线圈进行稳定度补偿,调控方法与日本固体物理研究所的相同,小线圈采用蓄电池供电,通过线性区的 IGBT 进行闭环控制,实现了 45 T/15 ms/200 ppm 的平顶脉冲强磁场,

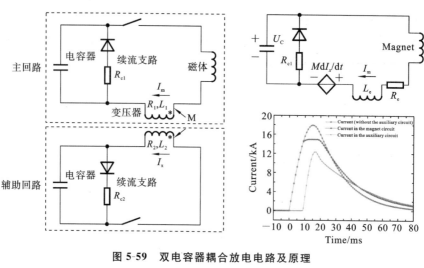

图 5-59 双电容器耦合放电电路及原理

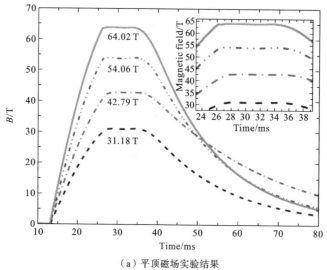

（a）平顶磁场实验结果

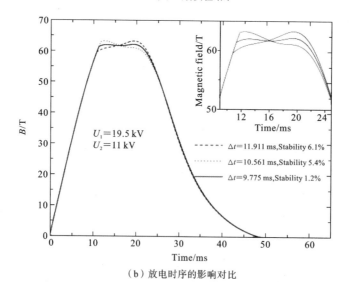

（b）放电时序的影响对比

图 5-60 双电容器耦合放电实验结果

且将磁场稳定度从百分之三提升到万分之二,如图 5-61 所示。同理,小线圈补偿技术也可以进一步提升 SFPFN 产生的平顶脉冲磁场的稳定度。但是小线圈补偿使磁场位形发生畸变,不适合用于回旋管太赫兹源这类对磁场位形有要求的场合。

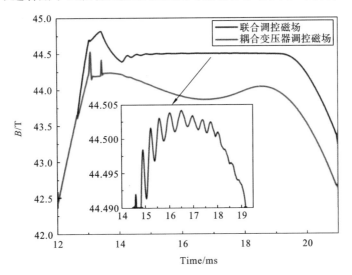

图 5-61　小线圈法提高双电容器耦合平顶磁场精度

习题

5.1 脉冲强磁场电源系统主要分为几类?分别有哪些特点?

5.2 已知磁体耐压 5000 V,磁场与磁体电流比约为 2 kA/T,磁体内阻 20 mΩ,等效电感 2 mH,单电容器模块电容值 5 mF。采用电容器型电源系统对磁体放电产生 20 T 磁场,试配置电容器放电电压以及并联模块数,并估算磁场峰值时刻。

5.3 单模块电容器脉冲电源系统中,如何配置装置切换开关,改变磁场方向?

5.4 试说明电容器型脉冲电源主放电开关的晶闸管为何需串联使用,开关失效的主要因素是什么?如何保障主放电开关的安全稳定运行?

5.5 电容器充电技术有哪几种方式,各自的优缺点如何?

5.6 电容器型和蓄电池型电源主开关在结构以及需考量的因素上有何区别?

5.7 蓄电池型电源电压恒定为何需要平顶调控?

参考文献

[1] 王莹. 高功率脉冲电源[M]. 北京:中国原子能出版社,1991.

[2] 国家脉冲强磁场科学中心. 脉冲强磁场实验装置可行性研究报告[D]. 武汉:华中科技大学,2007.

[3] 曾正中. 实用脉冲功率技术引论[M]. 西安:陕西科学技术出版社,2003.

[4] 江伟华,张弛. 脉冲功率系统的原理与应用[M]. 北京:清华大学出版社,2008.

［5］许赟，鲁超，何凯文，等. 基于状态平面模型的多模态恒功率谐振电容器充电电源研究［J］. 中国电机工程学报，2020，40(7)：2349-2357.

［6］任铁强. 脉冲发电机整流器型电源系统的建模及控制策略研究［D］. 武汉：华中科技大学，2017.

［7］肖后秀. 脉冲强磁场装置及脉冲平顶磁场实现方法的研究［D］. 武汉：华中科技大学，2009.

［8］唐金祥. 蓄电池型长脉冲电源系统的分析和调试方案研究［D］. 武汉：华中科技大学，2013.

［9］丁同海，韩璟琳，吕以亮，等.长脉冲强磁场的蓄电池性能测试平台研制［J］. 电源技术，2016，40(05)：1094-1097.

［10］Campbell L J，Boenig H J，Rickel D G，et al. The NHMFL long-pulse magnet system-60-100 T［J］. Physica B：Condensed Matter，1996，216(3-4)：218-220.

［11］Kohama Y，Kindo K. Generation of flat-top pulsed magnetic fields with feedback control approach［J］. Review of Scientific Instruments，2015，86(10)：104701.

［12］Imajo S，Dong C，Matsuo A，et al. High resolution calorimetry in pulsed magnetic fields［J］. Review of Scientific Instruments，2021，92(4)：43901.

［13］Li L，Lv Y L，Ding H F，et al. Short and Long Pulse High Magnetic Field Facility at the Wuhan National High Magnetic Field Center［J］. IEEE Transactions on Applied Superconductivity，2013，24(3)：9500404.

［14］Ding H F，Yuan Y，Xu Y，et al. Testing and commissioning of a 135 MW pulsed power supply at the Wuhan National High Magnetic Field Center［J］. IEEE Transactions on Applied Superconductivity，2014，24(3)：3801205.

［15］Ding T H，Ma Y，Chen H，et al. Analysis and Experiment of Battery Bank Power Supply System for Long Pulse Helical Magnet in WHMFC［J］. IEEE Transactions on Applied Superconductivity，2014，24(3)：0502904.

［16］Ding T H，Lv Y L，Tang J X，et al. The design and tests of battery power supply system for pulsed flat-top magnets in WHMFC［J］. Journal of Low Temperature Physics，2013，170(5-6)：481-487.

［17］Xie J F，Han X T，Ding T H，et al. Operation Strategy and Reliability Analysis of the Control System for the Hybrid Capacitor-Battery Pulsed High Magnetic Field Facility［J］. IEEE Transactions on Applied Superconductivity，2014，24(3)：3800804.

［18］Peng E，Ling W，Mao A，et al. A pulsed power supply based on an optimized SFPFN scheme producing large currents with a flat top on a heavily inductive load［J］. IEEE Transactions on Power Electronics，2021，36(10)：11221-11233.

［19］Li D K，Ding H F，Fang Y，et al. Generation of a flat- top magnetic field with multiple-capacitor power supply［J］. IEEE Access，2022，10：35550-35560.

［20］Xiao H X，Ma Y，Lv Y L，et al. Development of a high-stability flat-top pulsed magnetic field facility［J］. IEEE Transactions on Power Electronics，2014，29(9)：4532-4537.

［21］ Zhang S Z, Wang Z L, Ding T H, et al. Realization of high-stability flat-top pulsed magnetic fields by a bypass circuit of IGBTs in the activeregion[J]. IEEE Transactions on Power Electronics, 2020, 35(3): 2436-2444.

［22］肖后秀,李亮. 脉冲磁体电感计算[J]. 电工技术学报,2010,25(01):14-18.

［23］ Xu Y, Pi H W, Ren T Q, et al. Design of a multi-pulse high magnetic field system based on flywheel energy storage[J]. IEEE Transactions on Applied Superconductivity, 2016, 26(4): 5207005.

［24］ Weickert F B, Meier S, Zherlitsyn T. et al. Implementation of specific-heat and NMR experiments in the 1500 ms long-pulse magnet at the Hochfeld Magnetlabor Dresden[J]. Measurement Science and Technology, 2012, 23(10): 105001.

［25］ Dworschak G, Haberey F, Hildebrand P, et al. Production of pulsed magnetic fields with a flat pulse top of 440 k0e and 1 msec duration[J]. Review of Scientific Instruments, 1974, 45(2): 243-249.

［26］ Jiang F, Peng T, Xiao H X, et al. Design and test of a flat-top magnetic field system driven by capacitor banks[J]. Review of Scientific Instruments, 2014, 85 (4): 45106.

［27］ Wang S, Peng T, Jiang F, et al. Upgrade of the pulsed magnetic field system with flat-top at the WHMFC[J]. IEEE Transactions on Applied Superconductivity, 2020, 30(4): 4900404.

［28］扬·巴利加. IGBT 器件[M].北京:机械工业出版社,2018.

［29］万昊,张绍哲,刘沁莹,等. 平顶脉冲磁场连续微调控系统设计[J]. 强激光与粒子束,2022,34(07):110-115.

［30］周俊. 高稳定度平顶脉冲强磁场有源调控方法研究与实现[D]. 武汉:华中科技大学,2016.

6

强磁场电磁参数测量技术

6.1 概述

在强磁场系统中,设备往往运行在极限工况下,面临着多重安全风险,如高电压容易造成电路元件击穿损坏,大电流引起磁体发热加速材料老化,强磁场下洛伦兹力导致磁体结构破坏等。因此,为了保证强磁场系统稳定运行,需要对系统进行全方位的监控,电气测量更是其中必不可少的环节。强磁场系统的主要监控对象包括磁体、电源以及低温与实验系统等。涉及的状态检测量有磁场强度,电源电压、电流,磁体电阻、电感、应变,冷却液体(液氮等)的液位,科学实验样品的温度、压力等,如表 6-1 所示。

表 6-1　强磁场装置主要监测对象及状态量

监测对象	状态量	检测范围		
		60 T 脉冲磁场系统（WHMFC[1]）	35 T 水冷磁场系统（CHMFL[2]）	32 T 全超导磁场系统（NHMFL[3]）
磁体系统	磁场	0～60 T	0～35 T	0～32 T
	电压	0～30 kV	0～200 V	0～100 V[4]
	电流	0～50 kA	0～40 kA	174～268 A
	电阻	50～500 mΩ	—	0 Ω
	电感	5～5.3 mH	—	254 H
	应变	0～3%	—	0～0.6%
	温度	77～450 K	＜ 40 ℃[5]	4.2 K
电源系统	电压	0～30 kV	0～700 V	0～10 V
	电流	0～50 kA	0～40 kA	0～500 A
低温与实验系统	液位	保证磁体浸泡		
	温度	1.5～400 K	1.8～325 K	4.2～300 K
	压力	＜30 GPa	0～2.5 MPa(水压)	0～10 MPa

注:1. WHMFC(Wuhan National High Magnetic Field Center)。

2. CHMFL(High Magnetic Field Laboratory, Chinese Academy of Sciences)。

3. NHMFL(National High Magnetic Field Laboratory of America)。

4. 失超电压 100 V。

5. 实验前,冷却水入口温度不高于 10 ℃和出口温度不高于 12 ℃,允许最大温升小于 30 ℃。

以脉冲磁体为例,放电时其运行在强磁场、极低温、高电压、大电流的复杂多场环境下,磁体被注入巨大能量,温度变化剧烈,一旦磁体发生绝缘破坏或者在洛伦兹力影响下发生结构破坏时,可能造成严重损失。因此,有必要实时监测脉冲磁体的运行状况,从而降低实验风险。反映脉冲磁体运行状态的状态量主要有放电时产生的磁场、电压、电流,以及磁体的温升、形变等。其中磁场、电压、电流等可以直接测量,磁体的温升和形变状况则可以通过光纤传感技术或者测量磁体的电阻、电感值间接获得。对于水冷、超导磁体,对其运行状态的监测同样包括磁场、电压、电流、温升与形变等,尤其需要通过严密的实时检测,以避免超导磁体在局部受到机械、电磁、热能(量)等干扰后,发生从超导态到正常态的不可逆转化。此外,对于水冷磁体,还应包括对冷却水入口温度、出口温度、水压等状态量的监测。

6.2 磁感应强度的测量与标定

描述磁场的参数主要有磁场强度 H、磁感应强度 B、磁通量 Φ、磁导率 μ、磁化强度 M 和磁化曲线 $B=f(H)$ 等。假设磁场 H 在面积为 A 的区域中产生了磁通量 Φ,磁通量的大小与磁材料介质的磁导率 μ 和磁化强度 M 有关。在真空中磁化强度 M 为零,磁导率用 μ_0 表示,此时磁场 H 所引起的磁通量为

$$\Phi = \mu_0 A H \tag{6-1}$$

由于真空中 μ_0 为常数,磁场强度 H 和磁感应强度 B 之间的关系是线性的,因此,通常以磁感应强度作为磁场的衡量标准。

$$B = \mu_0 H \tag{6-2}$$

在国际单位制中,磁场强度的单位为 A/m(安培每米),磁通量的单位为 Wb(韦伯),磁感应强度的单位为 T(特斯拉)。

磁场测量技术建立在电磁场理论、物理学、光学及电工电子技术等多种学科的基础上,具有很强的综合理论性。磁场测量技术所涉及的专业类别比较广,由此产生了许多不同种类的磁场测量方法,如表 6-2 所示。

表 6-2 主要磁场测量方法及其特性

方法	量程/mT	分辨率/nT	带宽/Hz	备注
电磁感应	$10^{-10} \sim 10^6$	—	$10^{-1} \sim 10^6$	适合测量变化的磁场
磁阻效应	$10^{-3} \sim 5$	10	$DC \sim 10^7$	适合中等强度磁场测量
核磁共振	$10^{-2} \sim 10^5$	0.01	$DC \sim 10^3$	分辨率最高,常用于磁场标定
霍尔效应	$0.1 \sim 3 \times 10^4$	100	$DC \sim 10^8$	多用于测量恒定的磁场
磁通门	$10^{-4} \sim 0.5$	0.1	$DC \sim 2 \times 10^3$	适合弱磁场测量
磁光效应	$0.1 \sim 10^4$	100	$DC \sim 10^6$	适合测量恒定或强脉冲磁场

6.2.1 脉冲强磁场测量

典型的脉冲强磁场波形如图 6-1 所示,包括正弦/半正弦脉冲、平顶脉冲、重复脉冲等磁场波形。脉冲强磁场具有诸多特点:① 场强高,脉冲强磁场强度通常能够达到

80～100 T,破坏性脉冲磁体最高可实现 2800 T 磁场;② 电压高,脉冲强磁场产生过程中,储能电容器电压能够升至数万伏,放电时的电流也可能升至数万安培;③ 脉冲窄,脉冲强磁场放电为一个瞬时过程,时间由几十毫秒至数秒不等,具有脉冲幅值大、脉冲前沿陡的特点;④ 探测空间小,脉冲磁体的内孔通常较小,为中心磁场的探测带来了困难。综合考虑以上因素,脉冲强磁场的测量要求宽量程、快速响应能力以及高抗干扰性,并且磁场传感器体积小、易恢复。针对脉冲强磁场的测量,主要有电磁感应法和磁光效应法等,尤其是在破坏性极大的兆高斯级脉冲磁场领域。例如,美国的洛斯阿拉莫斯、法国的图卢兹、中国的武汉等地的脉冲强磁场实验室均普遍使用电磁感应法测量磁场。

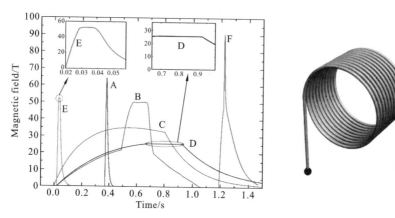

图 6-1 典型脉冲强磁场波形与探测线圈

1. 电磁感应定律

电磁感应法是以电磁感应定律为基础测量磁场的一种经典方法。将匝数为 n、截面积为 A 的圆柱形探测线圈置于磁感应强度为 $\boldsymbol{B}$ 的被测磁场中,如果线圈中所耦合的磁通 Φ 发生变化,那么根据电磁感应定律,就会在线圈中产生感应电动势。由于探测线圈匝数与面积的乘积是一常数(称为线圈常数),因此,只要测量出感应电动势对时间的积分值,便可求出磁感应强度的变化量。电磁感应法测量磁场的传递函数 $e=f(B)$,由法拉第电磁感应定律导出:

$$e=-n\frac{\mathrm{d}\phi}{\mathrm{d}t}=-nA\frac{\mathrm{d}B}{\mathrm{d}t}=-\mu_0 nA\frac{\mathrm{d}H}{\mathrm{d}t} \tag{6-3}$$

2. 等效电路与灵敏度

基于电磁感应法的磁场传感器等效电路如图 6-2 所示。图中 R_0 为探测线圈的自身电阻,C_0 为线圈的自身电容,包括线圈的分布电容和间隙电容等,L_0 为线圈的自身电感,R_L 为传感器的负载电阻。探测线圈截面积为 A、匝数为 N,置于磁感应强度 $\boldsymbol{B}$ 并随时间变化的被测磁场中。

根据基尔霍夫电压定律得到磁场传感器等效回路微分方程为

$$L_0 C_0 \frac{\mathrm{d}^2 U_0}{\mathrm{d}t^2}+\left(R_0 C_0+\frac{L_0}{R_L}\right)\frac{\mathrm{d}U_0}{\mathrm{d}t}+\frac{R_L+R_0}{R_L}U_0=NA\frac{\mathrm{d}B}{\mathrm{d}t} \tag{6-4}$$

磁场传感器中 C_0 很小,假设 $C_0=0$,将等效电路简化为一阶电路,即

$$\frac{L_0}{R_L}\frac{\mathrm{d}U_0}{\mathrm{d}t}+\frac{R_L+R_0}{R_L}U_0=NA\frac{\mathrm{d}B}{\mathrm{d}t} \tag{6-5}$$

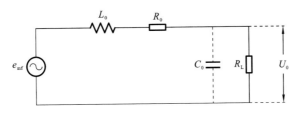

图 6-2 磁场传感器等效电路图

若满足 $\omega L_0 \ll R_L + R_0$，则输出 U_0 为

$$U_0 = \frac{NAR_L}{R_L + R_0} \frac{dB}{dt} \qquad (6\text{-}6)$$

即输出电压 U_0 与所测磁感应强度对时间的微分成正比,在频域中表现为磁场传感器的输出信号与被测磁场的频率成正比例关系,在时域中表现为输出电压与被测磁感应强度的时间导数成正比例关系,该类磁场传感器称为 B(B-dot)磁场传感器。

若满足 $\omega L_0 \gg R_L + R_0$，则输出 U_0 为:

$$U_0 = \frac{NAR_L}{L_0} B \qquad (6\text{-}7)$$

在这种条件下,R_L 与 L_0 构成一个 RL 积分器,使磁场传感器实现了自积分,输出电压 U_0 与磁感应强度 B 成正比例关系,该类磁场传感器称为 $B(H)$ 磁场传感器。

由此可见,当 $R_L + R_0$ 不变时,由于探测线圈感抗的变化,包括探测线圈的电感变化和磁场频率的变化,对磁场传感器的输出也会产生不同的影响。当线圈感抗远小于负载电阻时,所测得的信号是磁感应强度的微分量;当感抗远大于负载电阻时,所测得的信号正比于磁感应强度,即测得的电压波形就是所测磁场的波形。

传感器的输出信号与被测信号的比值为传感器的灵敏度,当 $R_L \ll \omega L_0$ 时,磁场传感器输出电压的表达式为

$$U_0 = iR_L = \frac{NAR_L}{L_0} B \qquad (6\text{-}8)$$

由此得到传感器的灵敏度 S 为

$$S = \frac{U_0}{H} = \frac{\mu_0 NAR_L}{L_0} \qquad (6\text{-}9)$$

又有

$$L_0 = N^2 a \mu_0 \left[\ln\left(\frac{8a}{b}\right) - 1.75 \right] \qquad (6\text{-}10)$$

代入式(6-9)得到:

$$S = \frac{\pi a R_L}{N \left[\ln\left(\frac{8a}{b}\right) - 1.75 \right]} \qquad (6\text{-}11)$$

由式(6-11)可知,增大探测线圈半径 a(即探测线圈面积)、负载电阻 R_L、导线半径 b,减小匝数 N 可提高灵敏度 S。但是减小探测线圈匝数、增大负载电阻同时将降低磁场传感器的带宽,在实际设计传感器时应综合考虑这些参数的选取。

3. 探测线圈设计
探测线圈是在一定形状的骨架上绕以固定匝数的空心线圈,其形状和几何尺寸要

根据被测磁场的形态和分布来选定。一般要求线圈具有较高的稳定性,因此线圈骨架应选择温度系数小的非铁磁性材料,如石英、聚四氟乙烯、有机玻璃等。

由于探测线圈具有一定的体积,它测量的是线圈内磁感应强度的平均值,这对于不均匀磁场的测量会引起误差。因此,为了减少因被测磁场不均匀性所造成的误差,应当选择截面积小、长度短的"点"状探测线圈。满足圆柱形"点"线圈几何尺寸的关系如下:

$$\frac{l}{D_2} = \frac{3}{\sqrt{20}} \left[\frac{1 - \left(\frac{D_1}{D_2}\right)^5}{1 - \left(\frac{D_1}{D_2}\right)^3} \right]^{\frac{1}{2}} = 0.670 \left[\frac{1 - \left(\frac{D_1}{D_2}\right)^5}{1 - \left(\frac{D_1}{D_2}\right)^3} \right]^{\frac{1}{2}} \tag{6-12}$$

式中:D_1 为线圈的内径;D_2 为线圈的外径;l 为线圈沿磁感应强度方向的长度。

如果线圈的内径很小,则由式(6-12)可得:

$$\frac{l}{D_2} = \frac{3}{\sqrt{20}} = 0.670 \tag{6-13}$$

如果线圈是薄层线圈,即 $D_1 \approx D_2 = D_0$ 时,D_0 为骨架的直径,则由式(6-12)可得

$$\frac{l}{D_2} = \frac{\sqrt{3}}{2} = 0.866 \tag{6-14}$$

单层圆柱形线圈的线圈常数 NS 可用计算方法或实验方法来确定。用计算方法时,线圈常数可以按下式计算:

$$NS = \pi N \frac{(D+d)^2}{4} \tag{6-15}$$

式中:D 为线圈直径;d 为线圈绕线的直径(包括绝缘层)。为了使探测线圈拥有较高的测量精度,线圈常数应具有很好的稳定性。因此,线圈骨架的材料须满足以下要求:

(1)温度系数小。为了降低磁体电阻,同时为实验样品提供低温环境,脉冲磁体工作时被放置于液氮中。位于磁体内孔中的探测线圈也因此工作在低温(77 K)环境中,采用温度系数小的线圈骨架材料可以减小温度变化引起的误差。

(2)兼具一定的刚度和柔韧性。由于骨架从磁体内孔中引出磁体外的部分较长,具备一定刚度的骨架可以减小因骨架末端探测线圈偏离磁场中心引起的误差。同时,为便于探头的加工,骨架还应具有良好的柔韧性。

(3)非铁磁性材料。由于探测线圈置于磁体的中心处,铁磁性材料将被磁化,从而产生附加磁场,影响测量结果的准确性。因此,线圈骨架必须使用非铁磁性材料。

几种主要的探测线圈骨架材料及其特性如表 6-3 所示。

表 6-3   几种探测线圈骨架材料特性对比

特性 材质	化学稳定性	温度系数	是否耐低温	质地坚硬度
有机玻璃	较好	小	是	偏软
聚四氟乙烯	好	小	是	偏硬
聚氯乙烯	好	小	是	适中

4. 信号处理电路

对于 B(B-dot)类传感器,由于探测线圈输出信号与磁感应强度的导数有关,因此,需要使用积分变换器。图 6-3 所示的为一种典型的有源模拟积分电路。由于存在电压

偏移和零点漂移,因此,电路中引入电位器来校正
偏移,引入电阻 R' 以限制低频率带宽。积分变换
器的输出信号为

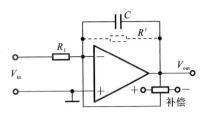

$$V_{out} = -\frac{1}{RC}\int_{t_0}^{T+t_0} V_{in}dt + V_0 \qquad (6\text{-}16)$$

式中: $R=R_1+R_{coil}$。电阻 R 与电容 C 都应该足够
大,通常 $R=10$ kΩ, $C=10$ μF。

图 6-3　处理线圈信号的典型积分电路

此外,也可以通过数字积分的方法对采集到的探测线圈输出信号进行积分。当前,
常用的数值积分算法包括高斯算法、牛顿-科茨算法及龙贝格算法等,其中高斯算法及
牛顿-科茨算法被国内外学者广泛研究,并成功在数字积分器中进行了应用,这其中包
含的传递函数涉及梯形公式、矩形公式及 Simpson 公式等。数字积分算法的主要缺点
是高频响应差,虽然科茨公式随着阶数的提高,代数精度也有所提高,但是因此引入的
传递函数也更加复杂,计算难度大大增加。

5. 脉冲磁场测量系统

华中科技大学国家脉冲强磁场科学中心研制了基于电磁感应法的脉冲强磁场测量
系统,如图 6-4 所示。探测线圈置于脉冲磁体中心处,主要参数如表 6-4 所示。探测线
圈通过双绞式引线和同轴电缆连接到数据采集系统。该测量系统的测量结果如图 6-5
所示,峰值磁场探测范围为 60 T,标定后的测量精度可达 0.1%。

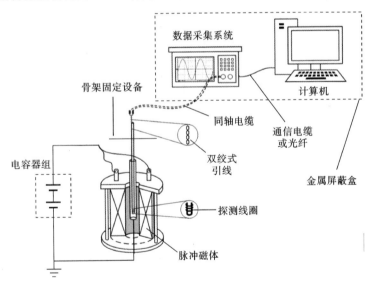

图 6-4　脉冲强磁场测量装置示意图

表 6-4　探测线圈主要参数

参 数 名 称	参 数 值
线圈内径	1 mm
线圈外径	3 mm
线圈宽度	2 mm
线径	0.02 mm
线圈匝数	400 匝

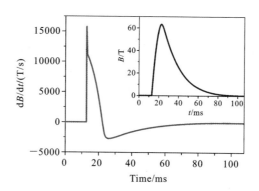

图 6-5　脉冲强磁场测量结果

6.2.2　稳态强磁场测量

　　稳态强磁场的测量方法主要有霍尔效应法和磁共振法等。其中,霍尔效应法应用最广,具有可靠性高、无接触、体积小、灵敏度高、使用寿命长和成本低等优点,尤其对小间隙空间内的磁场测量有着显著的优越性。美国洛斯阿拉莫斯国家强磁场实验室采用基于霍尔效应的 Lakeshore 特斯拉计实现了高达 45.5 T 的稳态强磁场测量。磁共振法磁场测量精度高,但系统较为复杂且成本较高,更多地应用于磁场的精确标定中,其测量原理与实现方法将在 6.2.3 小节详细介绍。

1. 霍尔效应

　　霍尔效应本质上是运动的带电粒子在磁场中受到洛仑兹力的作用而引起偏转,当带电粒子被约束在固体材料中时,这种偏转就导致在垂直电流和磁场的方向上产生正负电荷的聚积,从而形成附加的横向电场。霍尔传感器的基本原理如图 6-6 所示,将一块宽度为 b,厚度为 d 的导电体放在磁感应强度为 $\boldsymbol{B}$ 的磁场中。假定在导体中通入纵向电流,导体中的带电粒子 q 在洛仑兹力 $\boldsymbol{F}_{\mathrm{m}}$ 的作用下在导体中以速度 $\boldsymbol{v}_{\mathrm{d}}$ 运动。随着时间的累积,导体两端 A、A' 会分布有正负电荷,产生的电场力 $\boldsymbol{F}_{\mathrm{e}}$ 同时对带电粒子作用,且与洛仑兹力 $\boldsymbol{F}_{\mathrm{m}}$ 方向相反。当 $\boldsymbol{F}_{\mathrm{e}}$ 增大到与 $\boldsymbol{F}_{\mathrm{m}}$ 大小相等时,带电粒子受力平衡,开始匀速运动,这一现象称为霍尔效应。

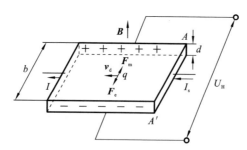

图 6-6　霍尔传感器基本原理图

　　导体板两侧 A、A' 建立起来的霍尔电场 E_{H},与霍尔电压 U_{H} 之间的关系表示为

$$E_{\mathrm{H}} = \frac{U_{\mathrm{H}}}{b} \tag{6-17}$$

$$qE_{\mathrm{H}} = qv_{\mathrm{d}}B \tag{6-18}$$

$$\frac{U_{\mathrm{H}}}{b} = v_{\mathrm{d}}B \tag{6-19}$$

式(6-19)表明,通过测量带电粒子的运动速度 v_{d} 及 b,就能计算出被测磁场的磁感应强度 B。在实际应用过程中,v_{d} 为变量且难以测量。但是由于 v_{d} 与 I_{s} 之间存在一定的关系,因此可以转化为测量霍尔电流 I_{s}。v_{d} 与 I_{s} 的关系如式(6-20)所示,其中 n 为载流子密度。

$$v_{\mathrm{d}} = \frac{I_{\mathrm{s}}}{qnbd} \tag{6-20}$$

$$U_{\mathrm{H}} = \frac{I_{\mathrm{s}}B}{nqd} \tag{6-21}$$

2. 霍尔系数和灵敏度

具有霍尔效应功能的元件称为霍尔元件,定义 K_{H} 为霍尔元件的灵敏度,$K_{\mathrm{H}} = R_{\mathrm{H}}/d$,它表示霍尔元件在单位磁感应强度和单位控制电流作用下霍尔电势的大小,其单位是 $\mathrm{mV/(mA \cdot T)}$。R_{H} 为霍尔系数,$R_{\mathrm{H}} = 1/nq$。霍尔系数的大小反映出霍尔效应的强弱。

只有当磁场方向和霍尔元件法线相同时,霍尔电压才能用式(6-21)表示。假如两者之间存在一定的角度时,霍尔电压的表达式为

$$U_{\mathrm{H}} = K_{\mathrm{H}} I_{\mathrm{s}} B \cos\theta \tag{6-22}$$

因 K_{H} 已知,而 I_{s} 可由实验测出,所以只要测出 U_{H} 就可以求得磁感应强度 B。由式(6-22)可知,在控制电流转向时,输出电势方向也随之变化;磁场方向改变时亦如此。但是若电流和磁场同时换向,则霍尔电势方向不变。

根据霍尔系数与灵敏度的定义可知:① 由于金属的电子浓度很高,其霍尔系数或灵敏度都很小,因此不适合制作霍尔元件;② 元件的厚度 d 越小,灵敏度越高,因而制作霍尔片时可采取减小 d 的方法增加灵敏度,但是不能认为 d 越小越好,因为这会导致元件的输入和输出电阻增加。

3. 霍尔元件与电路

霍尔元件的结构比较简单,它由霍尔片、引线和壳体组成。霍尔片是一块矩形半导体薄片,通常采用 N 型锗(Ge)、锑化铟(InSb)和砷化铟(InAs)等半导体材料制成。锑化铟元件的霍尔输出电势较大,但受温度的影响也大;锗元件的温度性能和线性度比较好,但输出电势较小;砷化铟元件与锑化铟元件比较,具有输出电势小,受温度影响小,线性度好的优点。因此,制作霍尔元件更多使用的是砷化铟材料。

霍尔元件的基本测量电路如图 6-7 所示。控制电流由电源 E 提供,R 为调整电阻,以保证元件中得到所需要的控制电流。霍尔元件输出端接负载 R_{L},R_{L} 可以是一般电阻,也可以是后级放大电路的输入电阻。

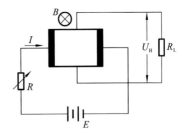

图 6-7 霍尔元件的基本电路

4. 电磁特性

当磁场恒定时,在一定温度下控制电流 I 与霍尔电势 U_{H} 之间呈现良好的线性关系,其直线斜率称为控制电流灵敏度,以符号 K_{I} 表示,可写成

$$K_{\mathrm{I}} = (U_{\mathrm{H}}/I)_{B=\mathrm{const}} \tag{6-23}$$

由式(6-23)还可得到

$$K_I = K_H B \tag{6-24}$$

由此可见,灵敏度 K_H 大的元件,其控制电流灵敏度一般也很大。但是灵敏度大的元件,其霍尔电势输出并不一定大,这也是霍尔电势的值与控制电流成正比的缘故。由于建立霍尔电势所需的时间很短(约 10^{-12} s),因此控制电流采用交流时频率可以很高(如几千兆赫兹)。在控制电流保持不变时,霍尔元件的开路输出随磁场的增加不完全呈线性关系。通常霍尔元件工作在磁场较低时线性度更好。

5. 基于霍尔效应的磁场传感器——高斯计

图 6-8 所示的为一个基于霍尔效应的简单磁场测量传感器——高斯计。其中,电压基准、运算放大器和取样电阻 R_s 构成一个精密的恒定电流源,用于调节控制电流 I_c。电压基准和取样电阻应选择具有低温漂和高稳定性的器件。如果控制电流超过 20 mA,则选择功率放大器。输出霍尔电压可以通过高输入阻抗(>1 kΩ)的差分放大器进行调节和放大。其中,仪表放大器是一个较好的选择,因为它有足够的输入阻抗,增益可以由一个稳定的电阻决定,而且霍尔元件的零点偏移可以通过放大器的零漂电阻进行消除。此外,有时也可以在霍尔电压的输出端并联一个负载电阻,以达到最佳的测量线性度。

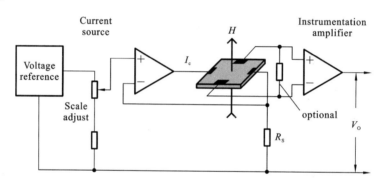

图 6-8　一个基于霍尔效应的简单高斯计示例

6.2.3　磁场标定方法

磁场值的精确标定主要有两种方法:

(1)将已标定的磁场传感器测量场强值与待标定磁场传感器测量值进行比对。该方法要求有一个已精确校准且稳定可靠的传感器作为"传递标准",传递标准与被校准传感器位于磁场的同一位置。例如,日本东京大学和比利时鲁汶大学分别通过测量红宝石中铬元素(Cr)和 DPPH 薄层中的顺磁共振信号对探测线圈系数进行校准。

(2)将待标定磁场传感器置于能准确计算的参考磁场中进行测量,然后将测量的场强值与计算值进行比对。例如,印度应用物理研究中心通过亥姆霍兹线圈(Helmholtz coil)建立一个各项参数已知的均匀恒定磁场,将探测线圈放置在磁场当中测量其感应强度,通过对比测量值与给定值校准探测线圈。

但是,上述方法都只能在较低磁场强度(通常小于 10 T)下实现磁场的精确标定。而在高磁场强度下,由于探测线圈的线性度和稳定度受到温度、振动、电磁环境等因素影响,磁场测量结果存在偏差。因此,为了能够在更宽的范围内对测量的磁场值进行精

确校准,将磁场测量和校准在实际测试中同步实现成为发展趋势。目前已在实际应用的主要有两种方法:

(1)基于量子振荡的磁场标定方法,该方法由美国国家强磁场实验室提出,由于高纯 Cu 晶体在强磁场、极低温(1.5 K)条件下产生德哈斯-范阿尔芬(De Haas-van Alphen)量子振荡,其固有振荡频率与磁场值存在对应关系,故而实现脉冲磁场的高精度标定。

(2)基于磁共振法的磁场标定方法,测量精度较高。

1. 基于 De Haas-van Alphen 效应标定磁场

1) De Haas-van Alphen 效应

De Haas-van Alphen 效应是一种量子力学效应,指的是在低温条件下,金属晶体的磁化率随外加磁场强度变化而发生周期性振荡的现象。最早由 De Haas 和 van Alphen 在对铋的研究中发现,之后被证实为一种普遍的现象,最初的测量实验只发现了两个周期的振荡现象,而随着科学研究的深入,振荡周期已经可以测量到数百个。产生该效应的原因是由于金属晶体的电子能态"朗道量子化",此时金属的电子在磁场中,只能以一系列轨道量子化状态存在。由于电子占有朗道量子化状态的数目随外加磁场的变化而改变,因此,增加磁场强度就可观察到金属晶体的磁化率随磁场倒数 $1/B$ 而周期振荡,如图 6-9 所示。对于纯 Cu 晶体,其量子振荡频率理论值固定在 59.5 kT。因此,通过测量纯 Cu 晶体在强磁场下的量子振荡频率,然后与理论值进行比对,即可得到磁场探测线圈系数,从而实现脉冲磁场的精确测量。

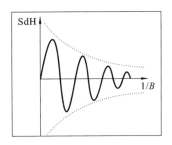

图 6-9　典型的量子振荡波形

该方法的最大优势是可以实现超高场下磁场值的在线标定,有效地克服了磁场探测线圈的线性度误差影响。同时,晶体的量子振荡频率是其固有的属性,与外界因素无关。通过该方法,将高场下的磁场精确测量问题转化为振荡频率已知的纯 Cu 晶体量子振荡信号 SdH(Shubnikov de Haas)的测量问题,而且只需要识别出量子振荡信号的频率,信号的幅值不影响测量结果,降低了对测量系统信噪比的要求,从而可以获得极高的磁场标定精度。

2) 测量原理

将绕制的高纯 Cu 线圈置于脉冲磁体的中心均匀磁场处,纯 Cu 线圈将在外加磁场的作用下被磁化,从而产生磁化强度。磁化强度与磁场强度的比值即为磁化率。磁感应强度 **B**、磁场强度 **H** 和磁化强度 **M** 三者在数值上存在如式(6-25)所示关系,式中 χ 为磁化率,μ_0 为真空磁导率。

$$B = \mu_0 (H+M) = \mu_0 \left(\frac{1}{\chi} + 1 \right) M \approx \frac{\mu_0}{\chi} M \tag{6-25}$$

根据法拉第电磁感应定律,纯 Cu 线圈在脉冲场下产生的感应电动势如式(6-26)所示,式中 γ 和 λ 分别为对应外磁场强度和磁化强度的耦合系数,N 为线圈匝数,S 为线圈截面积。

$$U = \frac{d\psi}{dt} = NS \frac{dB}{dt} = \gamma \frac{dH}{dt} + \lambda \frac{dM}{dt} \tag{6-26}$$

由于在脉冲场下,外磁场强度远大于磁化强度,$\lambda(\mathrm{d}M/\mathrm{d}t)$ 相对于 $\gamma(\mathrm{d}H/\mathrm{d}t)$ 通常要弱 2~3 个数量级。因此,在实际应用时,为了测得 $\lambda(\mathrm{d}M/\mathrm{d}t)$ 的值,必须消除 $\gamma(\mathrm{d}H/\mathrm{d}t)$ 项,否则 $\lambda(\mathrm{d}M/\mathrm{d}t)$ 信号将被湮没。

3）磁场标定系统

基于上述原理,华中科技大学国家脉冲强磁场科学中心研制的磁场标定传感器结构如图 6-10 所示。其中线圈 B1 和线圈 B2 绕制方向相反,紧密耦合在一起,在物理结构上构成一个整体,均采用高纯铜导线绕制;线圈 B3 为单匝线圈,三个线圈通过串联方式引出。线圈 A 为待标定的磁场探测线圈,用来测量脉冲场下的 $\mathrm{d}B/\mathrm{d}t$ 信号,积分后即可得到磁场信号。

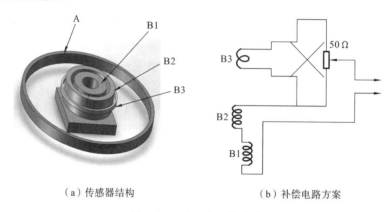

（a）传感器结构　　　　　　（b）补偿电路方案

图 6-10　磁场标定传感器

磁场标定传感器实物如图 6-11 所示。在进行磁场标定时,将标定传感器置于脉冲磁体中心孔径处,由于传感器尺寸很小,此时外磁场可以认为是均匀磁场,线圈 B1 和线圈 B2 在外磁场作用下将产生感应电压信号。因为 B1 和 B2 绕制方向相反,通过合理设计两个线圈的匝数、面积,使得 $N_{B1}S_{B1}=N_{B2}S_{B2}$,在这种情况下,通过补偿电路,外磁场在线圈 B1 和 B2 产生的感应电压信号刚好抵消。其中平衡线圈 B3 的作用在于消除线圈绕制时的工艺影响,使得 B1 和 B2 在外磁场下的输出信号实现精确平衡。

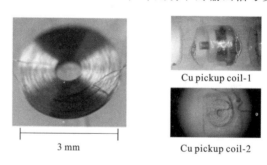

图 6-11　磁场标定传感器实物图

在抵消外磁场的干扰后,测得的传感器输出信号即为高纯 Cu 线圈的量子振荡信号 SdH,脉冲磁场信号则通过探测线圈 A 测得。绘制出 SdH 与磁场 $1/B$ 的关系曲线,经过频谱分析后,找到与 59.5 kT 对应的频率尖峰,换算后即可得出准确的磁场探测线圈 A 的系数,数据处理过程如图 6-12 所示。基于该磁场标定传感器,华中科技大学国家脉冲强磁场科学中心实现了 55 T 脉冲强磁场的精确标定,如图 6-13 所示,磁场标定

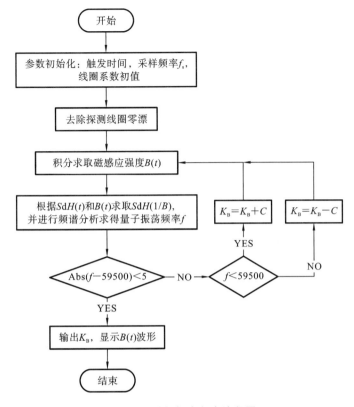

图 6-12 磁场标定程序流程图

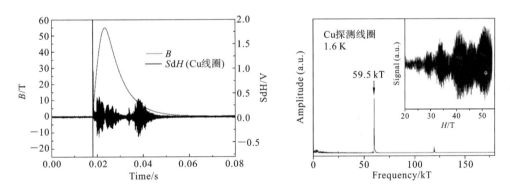

图 6-13 高纯 Cu 线圈标定传感器振荡信号及频谱分析结果

精度优于 0.01%。

2. 应用高精度磁共振磁场测量方法标定磁场

磁共振法是通过观察物质自旋体系变化而精密测量磁场的一种方法,其测量精度优于 0.1 ppm,是目前测量强磁场最可靠的标准,常被应用于测量稳态磁场的稳定度和均匀性,同时也是标定脉冲强磁场的有力手段。

1)磁共振测量原理

磁共振现象是指在磁矩不为零的体系中,在外磁场 **B** 的作用下,电子或原子核的能级发生塞曼分裂,共振吸收某一定频率的射频辐射的物理过程。 如果作用对象是电子自旋体系,就称为电子自旋共振(ESR);如果作用对象是核自旋体系,就称为核磁共振（NMR）。以原子核为例，在通常状态下，核磁矩 M 的方向是散乱的，但在外磁场作用下，总磁矩将排列成为与外磁场同向或反向，其原有简并能级被劈裂成为($2I+1$)个能级，其中 I 称为核自旋量子数，取零、整数或半整数，这取决于具体的元素，能级间的能级差与外磁感应强度成正比：

$$\Delta E_{\text{zeeman}} = \gamma \hbar B \tag{6-27}$$

其中，$\hbar$ 是约化普朗克常数(1.0546×10^{-34} J·s)；γ 是一个标量，称为旋磁比，对于给定的核自旋体系可以直接从元素周期表中找到。在外磁场作用下，原子核角动量发生变化，其运动方式类似于一个高速自转的陀螺且以外磁场方向为轴做旋转进动，该进动频率称为拉莫尔(Larmor)频率 ω，如图 6-14 所示，可表示为 $\omega = -\gamma \cdot B$。

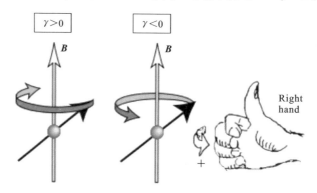

图 6-14　核自旋在外磁场作用下的进动示意图

如果在垂直于背景磁场方向对物质发射适当频率的射频脉冲波，控制射频场频率 ω_{RF}，使之与静磁场产生的拉莫尔频率 ω 相等，此时按照光子能量公式就能够使电磁波能量与塞曼能级差恰好相等，入射的电磁波能量就能够使体系正好吸收该辐射而发生能级跃迁，此时将产生核磁共振(NMR)现象：

$$E_{\text{RF}} = \hbar \cdot \omega_{\text{RF}} = \gamma \hbar B \tag{6-28}$$

当射频脉冲撤去后，沿外磁场方向将发生自旋-晶格弛豫过程，而垂直于磁场方向将发生自旋-自旋弛豫过程，在垂直于外磁场的方向放置采集线圈，即可观察到以自旋进动拉莫尔频率 ω 振荡衰减的自由感应衰减信号(FID)，如图 6-15 所示。

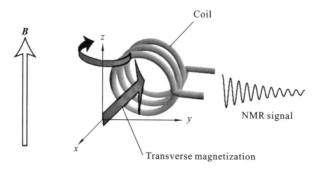

图 6-15　自由感应衰减信号采集示意图

可以看出，只有当入射的射频电磁波频率 ω_{RF} 与拉莫尔频率 ω 一致时，才能发生核磁共振现象，而检测到的共振频率与背景磁感应强度 B 成严格的线性关系，因此我们可以将磁场的测量转化为频率测量：

$$\omega_{RF} = \omega = \gamma B \tag{6-29}$$

与核磁共振原理类似,电子自旋共振也是在外部磁场中吸收高频辐射而产生共振信号,区别在于针对的是电子自旋态分裂。式(6-30)表示入射电磁波能量正好匹配塞曼能级分裂能量差的情况,此时可以观测到 ESR 吸收峰,其中 g_j 是朗德分裂因子,与旋磁比类似,针对不同物质取值不同,μ_B 是波尔磁子(9.2741×10^{-24} J/T),B 是背景磁感应强度,可见其入射频率 ω_{RF} 与磁场也是一一对应的关系。

$$h \cdot \omega_{RF} = g_j \cdot \mu_B \cdot B \tag{6-30}$$

也就是说,在外加背景磁场下,对核自旋/电子自旋体系连续激发固定频率的脉冲波,如果能够在某一时刻发现 NMR 或 ESR 信号,就能够根据共振频率倒推得出该时刻的磁感应强度。例如,质子(^{1}H)的旋磁比 $\gamma = 42.5774$ MHz/T,意味着 2 GHz 的核磁共振频率对应约 46.973 T 的磁感应强度,而 DPPH 样品的朗德分裂因子 $g_j = 2.0036$,意味着 900 GHz 的电子自旋共振频率对应约 32.093 T 的磁感应强度。

2)磁共振法标定磁场测量系统

由于频率测量的精度可以达到非常高,而磁共振现象又对磁场值变化十分敏感,背景磁场任何微小的变化都将在共振频谱中表现为频率的波动,因此磁共振方法可以为磁场标定带来了 ppm 量级的测量精度,是目前最精准的磁强计之一,但同时也决定了这种方法运用到脉冲强磁场中具有一定的难度。

图 6-16 为磁共振法标定磁场的电路原理图,通常选取丰度大、共振信号强的样品进行磁共振标定,其搭载样品的探头被包裹在射频线圈中,该线圈是 LC 谐振回路的一部分,将探头线圈的谐振频率调谐到 f_{min} 到 f_{max} 的频率范围上,通过测量 RF 信号的反向回波可以检测探头对射频波的吸收效果,该频率范围确定了可以用探头测量的场从 B_{min} 到 B_{max} 的范围。测试时,在垂直于背景磁场 $\boldsymbol{B}$ 方向施加射频信号激励,当射频激励频率等于外场中粒子的进动频率时,LC 电路吸收部分射频信号并激发样品共振。假定在 t 时刻能够观察到 NMR/ESR 共振信号,就代表了 t 时刻的磁场可以被唯一确定。

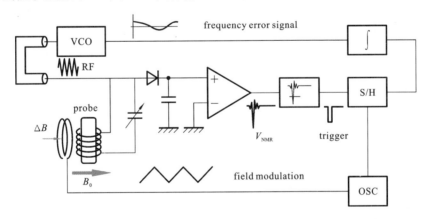

图 6-16 磁共振法磁场测量原理图

在稳态强磁场测量中,还可以通过负反馈调节来实现射频激励频率对磁场的精确跟踪。假定背景磁场的波动量为 ΔB($\Delta B < |B_{max} - B_{min}|$),将造成拉莫尔频率同步波动,当入射的射频频率与拉莫尔频率有微小差别时,将造成核磁共振信号在频谱上发生偏移,该偏移量 Δf 与磁场波动量 ΔB 呈线性关系,通过检测该频率偏移量可以得到一

个误差电压,基于此对产生射频激励的压控振荡源(VCO)实现闭环负反馈,从而将 RF 频率始终锁定在拉莫尔进动频率上,达到跟踪外磁场的目的,获得更加准确的磁场标定值。

在脉冲强磁场测量中,由于其场强波动量非常大,时间依赖性也很强烈,造成对应的共振频率带宽范围很宽,要在整个脉冲放电过程中始终实现探头线圈的调谐匹配是不现实的。例如,在 80 T 脉冲磁场中,以¹H 为例,如果要完成整个 0~80 T 磁场范围内的测量,就需要探头的共振范围覆盖约 DC 到 3.5 GHz,这显然是很难做到的。即便探头能够满足条件,共振频率的测量精度还与磁场稳定性和均匀性直接相关,如果需要射频源瞬时跟踪大范围波动的磁场以实现连续的激发共振,具有极大的难度。因此,在脉冲磁场的标定中,磁共振法通常只用于激发某一频率下的共振信号,采用定频扫场的方法确定脉冲磁场中某一点或某一小段时间的磁场值。如果需要测量整个脉冲放电过程中的精确磁场波形,可以同时辅以电流传感器或拾波线圈等探测装置,该类型传感器可以记录整个脉冲放电波形,通过比较共振点位置处探测器的磁场探测值和磁共振标定值的差别,校准传感器的探测器系数,从而完成对整个脉冲强磁场波形的间接标定。

图 6-17 是磁共振法标定脉冲磁场的装置示意图。脉冲磁体由脉冲电源供电,在脉冲放电期间,由上位机下发命令到 NMR/ESR 控制台,将射频激励送入样品线圈进行共振激发,然后放大共振信号回到控制台进行混频下变频,再通过谱分析反演出磁感应强度,对脉冲磁场的瞬时值进行精确标定。

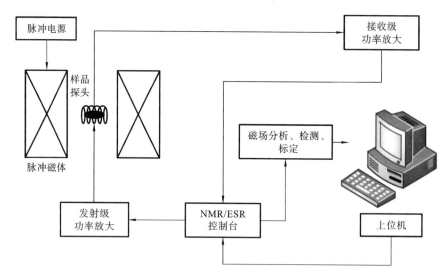

图 6-17 磁共振法标定脉冲磁场的装置示意图

对于 ESR 测量来说,由于电子磁矩远大于核磁矩,其信号强度相比于 NMR 大很多,可以不通过检波、滤波处理,直接从测量数据中看到时域上的信号位置,因此在脉冲强磁场环境下,ESR 信号比 NMR 信号更容易观测,可以通过射频连续波定频扫场的方式观察 ESR 信号出现在整个磁场波形中的位置。图 6-18 是利用 ESR 间接标定脉冲磁场的一个实例,该例中同时采集了光纤电流传感器和 ESR 信号,采用 DPPH 作为标准样品,该样品具有吸收峰幅值高、峰宽窄、磁性强、分子内部结构稳定、朗德分裂因子数值稳定等特点,不容易受到外界温度、自身形态的影响,对样品连续发送射频脉冲波,可以看出在上升沿和下降沿均产生了 ESR 信号,该处的磁场值可以通过射频波频率确定,据此校准光纤电流传感器磁场-电流比,从而对整个脉冲波形进行磁场值标定。

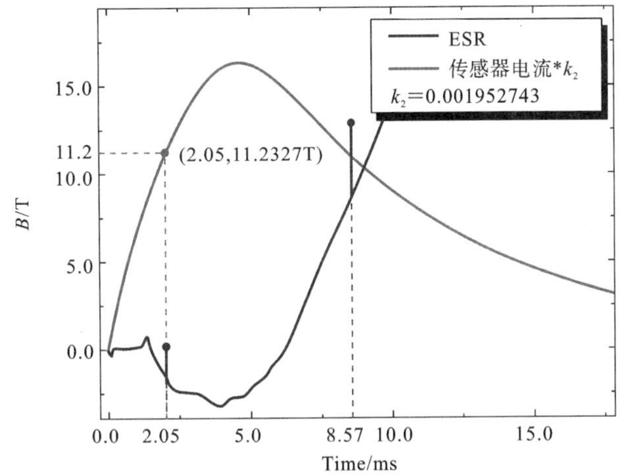

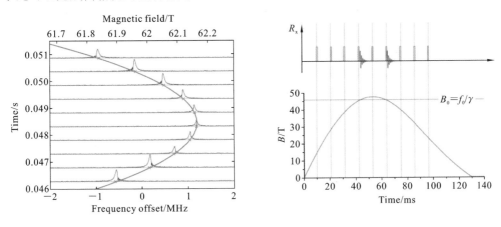

图 6-18　脉冲磁体放电瞬间 ESR 信号和电流传感器波形

　　对于 NMR 测量来说,其共振频段较低,可以测量更高的磁场,更加适合脉冲强磁场的标定需求。但由于共振信号较弱,为了增强弛豫信号,最好采用射频脉冲波激发方式,这样可以使体系的极化程度更完全,采集时间更充裕,但这就导致无法采用连续波定频扫场的方式进行标定。在脉冲强磁场的 NMR 标定测试中,需要很好地控制射频脉冲发射的位点,使其作用的时刻正好在目标磁场附近,完成瞬时的场-频同步,因此操作难度较大,且只能在其中某一段磁场中捕捉到 NMR 信号。图 6-19 所示的为相关脉冲强磁场实验室进行 NMR 实验的结果,可以看出频率与磁场的对应关系十分紧密,基于此可以完成高精度的磁场标定。

图 6-19　脉冲强磁场核磁共振测试结果

6.3　大电流及脉冲高电压测量技术

　　在强磁场领域,磁体模型简化为空心螺线管线圈,忽略磁体形变,依据安培环路定理,磁体中心孔的磁场和电流呈线性关系。根据电流性质的不同,强磁场系统中的大电流分为稳态低压大电流和脉冲高压大电流。稳态低压大电流是指稳态强磁场系统中相对平稳、正常运行时的低压直流大电流。脉冲高压大电流是指脉冲强磁场系统中在较短时间内产生的数千甚至数万安培的瞬间电流,工作电压为几千伏到几十千伏。

大电流测量依据的物理原理主要有欧姆定律、电磁感应定律、法拉第磁光效应和霍尔效应等几种,对应的电流传感器有分流器、脉冲电流互感器、罗氏线圈、磁光式电流传感器、霍尔电流传感器以及零磁通电流比较仪等。各类型传感器的使用范围及性能对比如表 6-5 所示。

表 6-5　电流传感器分类及性能对照表

传感器类型		量程/A	精度/(%)	带宽/Hz	温漂/(ppm/K)	特点
分流计		$10^{-3} \sim 10^{6}$	$0.1 \sim 2$	DC~106	$25 \sim 500$	原理简单、可靠性高
脉冲电流互感器		$1 \sim 10^{6}$	$0.1 \sim 1$	$10^{3} \sim 10^{6}$	< 100	易饱和,适合快速变化电流
罗氏线圈		$1 \sim 10^{6}$	$0.2 \sim 5$	$10^{3} \sim 10^{6}$	$50 \sim 300$	测量范围大、频率广、成本低
全光纤电流互感器		$1 \sim 10^{6}$	$0.1 \sim 1$	DC~10^{6}	< 100	绝缘性能好、测量范围大、成本较高
霍尔传感器	开环	$10^{-3} \sim 10^{6}$	$1 \sim 5$	DC~10^{3}	$200 \sim 1000$	带宽窄,测量精度低
	闭环	$10^{-3} \sim 10^{6}$	$0.5 \sim 5$	DC~10^{3}	$50 \sim 1000$	测量精度较高、体积较大、成本高
磁通门式比较仪		$10^{-3} \sim 10^{6}$	$0.001 \sim 0.5$	DC~103	< 50	结构复杂、测量精度高

在脉冲强磁场领域,多层多匝绕制的脉冲磁体是一个大电感负载。因此,脉冲电源通常需要具有极高的输出电压,从而获得可观的电流变化率。针对脉冲高电压的测量,主要有传统的基于基尔霍夫电压定律的脉冲分压器,近年来陆续发展出的基于泡克尔斯(Pockels)效应的 M-Z 干涉式电场传感器、电容分压型光纤电压传感器、全电压光纤电压传感器,以及基于电致伸缩效应的光纤光栅电压传感器、压电聚合薄膜电压传感器等。各类型传感器的使用范围及性能对比如表 6-6 所示。

表 6-6　脉冲高电压测量常见传感器及其特点

传感器类型		精度	带宽	量程	特点
分压器	电阻式	0.02%	>300 Hz	2500 kV	测量精度高、稳定性好、幅频特性差
	电容式	<3%	>1500 MHz	1000 kV	幅频特性好,存在振荡问题
	串联阻容式	<3%	>200 MHz	7200 kV	幅频特性好、响应时间长,适合冲击测量
	并联阻容式	0.1%	DC~140 MHz	3000 kV	测量精度高、幅频特性好,存在振荡问题
M-Z 干涉式电场传感器		—	20 Hz~3 GHz	1200 kV/m	非接触测量、频率响应好
电容分压型光纤电压传感器		0.2%	20 Hz~5 MHz	500 kV	精度高、温度稳定性差
全电压光纤电压传感器		0.2%	DC~1 GHz	550 kV	精度高、非接触测量、频率响应好

续表

传感器类型	精 度	带 宽	量 程	特 点
叠层介质分压型光纤电压传感器	0.2%	DC～1 GHz	450 kV	精度高、非接触测量、频率响应好、成本低
光纤光栅电压传感器	0.2%	50 Hz～20 kHz	520 kV	体积小、精度高、非接触测量、频带较窄
压电聚合薄膜电压传感器	5%	DC～10 MHz	22 kV/cm	体积小、结构简单、解调复杂、精度低

6.3.1 脉冲大电流测量

强磁场系统中的脉冲大电流,具有电流峰值大(数万安培)、上升时间和下降时间短 (数十微秒甚至更短)、脉宽不长(数十或数百毫秒)且变化非常迅速等特点,如图 6-20 所示,同时储能电源要求高电压,以获得强脉冲功率。因此,强磁场系统中脉冲大电流的测量要求高精度、宽量程、快速响应能力以及高抗干扰性。目前使用较广泛的有罗氏线圈、光纤电流传感器、开环霍尔等电流传感器。

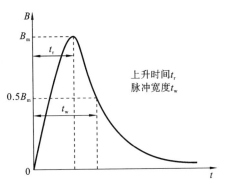

图 6-20 典型脉冲大电流波形

1. 罗氏线圈电流传感器

罗氏线圈由环绕待测电流的均匀密绕环形螺线管线圈构成,其测量原理基于电磁感应原理和全电流定律。假设载流导体中流过的被测电流为 i_c,在其周围产生圆形磁场。圆形磁场穿过均匀密绕的线匝,在其中感应出电动势 e,产生感应电流 $i_2(t)$,流过取样电阻 R_s 产生电压 $u_0(t)$,其等效电路如图 6-21 所示。

根据线圈内磁通密度和路径积分的安培环路定理有:

$$\oint_C B \, dl = \mu_0 \mu_r i_c \tag{6-31}$$

式中:μ_r 为线圈骨架的磁导率。若线圈骨架为非铁芯,则 $\mu_r = 1$。

假设罗氏线圈的横截面积远小于其半径且电流 i_c 集中在线圈内部,则磁通密度可以简化为

$$B = \frac{\mu_0 \mu_r i_c}{2\pi r} \tag{6-32}$$

由法拉第电磁感应定律得出测量线圈上产生的感应电动势 e 为

$$e = -N \frac{d\Phi}{dt} = -\frac{NA\mu_0 \mu_r}{2\pi r} \frac{di_c}{dt} = -M \frac{di_c}{dt} \tag{6-33}$$

式中:A 为罗氏线圈的横截面积;N 为匝数;比例系数 M 表示电流路径和测量线圈之间的互感。由式(6-33)可知,电动势 e 与电流 i_c 的导数成正比。

考虑到罗氏线圈工作在工频及以上时,分布电容 C_c 的容抗很大,近似开路,可忽略。根据回路方程有

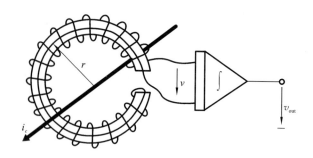

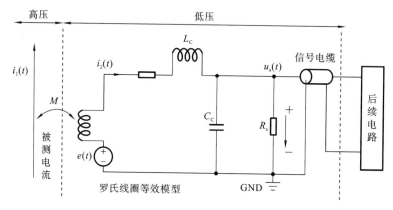

图 6-21 罗氏线圈电流传感器等效电路

$$i_2(t) = C_c \frac{\mathrm{d}u_s(t)}{\mathrm{d}t} + \frac{u_s(t)}{R_s}$$

$$e(t) = -M \frac{\mathrm{d}i_1(t)}{\mathrm{d}t} = L_c \frac{\mathrm{d}i_2(t)}{\mathrm{d}t} + (R_c + R_s) i_2(t) \tag{6-34}$$

当被测电流上升时间较慢、脉宽较长，R_s 取较大值时，有

$$e(t) = -M \frac{\mathrm{d}i_1(t)}{\mathrm{d}t} \approx (R_c + R_s) i_2(t) \tag{6-35}$$

此时，需要对输出电压进行积分才能得到被测电流，工作于此状态的罗氏线圈称为外积分式罗氏线圈。反之，如果满足式（6-36），则称之为自积分式罗氏线圈，适用于测量变化率足够大的脉冲高频电流。

$$L_c \frac{\mathrm{d}i_2(t)}{\mathrm{d}t} \gg (R_c + R_s) i_2(t) \tag{6-36}$$

考虑到电流线圈截面上磁场强度不均匀时，罗氏线圈的互感系数 M 可通过式（6-37）得到，式中 d 为线圈截面直径；D 是罗氏线圈直径，$D = 2r$。

$$M = \frac{N\mu A}{2\pi r} \cdot \frac{2}{1 + \sqrt{1 - \left(\frac{d}{D}\right)^2}} \tag{6-37}$$

当 $D \gg d$ 时，式（6-37）可以简化为

$$M = \frac{N\mu A}{2\pi r} \tag{6-38}$$

由图 6-20 可知，脉冲强磁场系统中电流脉宽分布在几百微秒到几秒的区间，因此，通常选择外积分式罗氏线圈测量磁场系统放电电流。典型脉冲强磁场电流检测系统如

图 6-22 所示,其中 R、L 和 C 为磁场系统主电路中的电磁参数,R_{s1} 和 R_{s2} 为两种类型罗氏线圈的终端电阻。两个外积分式罗氏线圈分别布置在脉冲磁体的进线和出线端,一个自积分式罗氏线圈布置在主电路的接地线路中。罗氏线圈输出的电压信号分别经由信号电缆传输到后续电路中进行处理。其中自积分式罗氏线圈主要用来监测放电过程中可能产生的高频脉冲电流。

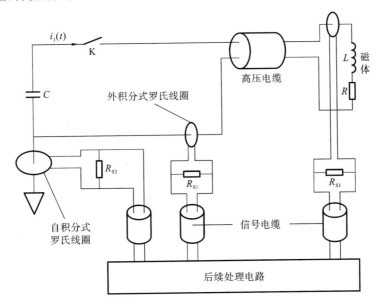

图 6-22 磁场系统脉冲大电流检测系统原理框图

为保证罗氏线圈电流测量的一致性、减少校准难度及增加测量元件的互换性,华中科技大学国家脉冲强磁场科学中心基于双面印制电路板制造工艺研制了 PCB 型空心线圈,其结构示意图如图 6-23 所示。为抑制垂直于线圈平面磁场产生的感应电势,将顺时针和逆时针绕向的两块 PCB 正向放置,板间用聚酯薄膜绝缘,用导线相串联,构成一组;然后将若干组 PCB 线圈串联即可构成完整的测量线圈。

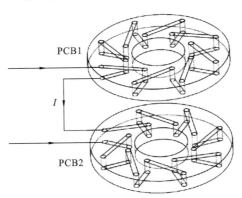

图 6-23 PCB 型罗氏线圈结构

根据电磁感应原理,可推导出图 6-23 中单片 PCB 型罗氏线圈的互感系数 M_s 为

$$M_s = \frac{\mu_0}{2\pi} Nh\ln\left(\frac{b}{a}\right) \tag{6-39}$$

式中:a 为内过孔与 PCB 中心的距离;b 为外过孔与 PCB 中心的距离;h 为 PCB 板厚;N

为单片 PCB 上的匝数；n 为 PCB 的组数。在忽略 PCB 组间互感的情况下，整个罗氏线圈的互感系数 M 近似为

$$M = 2nM_s = \frac{\mu_0 nNh}{\pi}\ln\left(\frac{b}{a}\right) \tag{6-40}$$

2. 全光纤电流互感器

全光纤电流互感器依据的物理原理主要是法拉第旋转效应（Faraday rotation effect）和萨格纳克效应（Sagnac effect）。

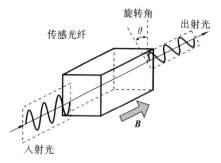

图 6-24 法拉第旋转效应原理图

1）法拉第旋转效应与萨格纳克效应

（1）法拉第旋转效应。

法拉第旋转效应原理如图 6-24 所示。线偏振光在均匀各向同性介质内传播时，通过施加与光传播方向平行的磁场，其偏振面将发生旋转，旋转角度 θ 与沿路径的外加磁场积分成正比，其关系可表示为

$$\theta = \int V\boldsymbol{H} \cdot \mathrm{d}\boldsymbol{l} \tag{6-41}$$

式中：V 为维尔德（Verdet）常量，与介质性质及光波频率有关，描述了某一介质中产生法拉第旋转效应的强度；$\boldsymbol{H}$ 表示作用在介质上的磁场强度；l 为光穿越介质的长度，即积分路径。

根据安培环路定理，当光纤围绕的载流导体闭合时，导体上的电流与磁场环路积分之间的关系为

$$\theta = \int_{N_l = l} \boldsymbol{H} \cdot \mathrm{d}\boldsymbol{l} = \sum_{N_i} I = N_i I \tag{6-42}$$

式中：N_l 表示光纤环路圈数；N_i 表示穿过光纤环路的载流导体数量；I 表示载流导体中的电流强度。根据式（6-41）和（6-42）可得：

$$\theta = \int V\boldsymbol{H} \cdot \mathrm{d}\boldsymbol{l} = VN_l N_i I \tag{6-43}$$

由式（6-43）可知，平面偏振光的旋转角度与环绕载流导体光纤的圈数以及载流导体内的电流强度成正比。因此，通过检测偏振光的旋转角可以获得被测电流值。

（2）萨格纳克效应。

萨格纳克效应由法国科学家 Sagnac 于 1913 年发现：当一环形光路在惯性空间绕垂直于光路平面的轴转动时，光路内相向传播的两列光波之间将因光波的惯性运动产生光程差，从而导致光的干涉，其原理如图 6-25 所示。用长度为 L 的光纤绕制一半径为 R 的环形光路，环路中有两列光波同时从两个端面输入，从另一端面输出，两输出光束叠加产生干涉效应。

当环形光路以角速度 Ω 转动时，顺时针与逆时针传播的光绕行光纤环路一周的光程不相等，两者产生的光程差为

$$\Delta L = \frac{4\pi R^2 \Omega}{c} = \frac{4A}{c}\Omega \tag{6-44}$$

式中：A 为环形光路的面积；c 为真空中的光速。当环形光路是由 N 圈光纤组成时，对应的顺、逆时针光束之间的相位差如式（6-45）所示，式中 λ 为真空中的波长。

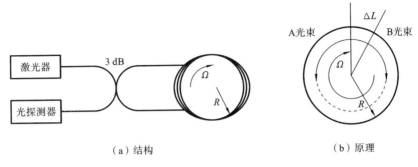

图 6-25 萨格纳克效应原理图

$$\Delta\varphi = \frac{8\pi NA}{\lambda c}\Omega \tag{6-45}$$

2）主要结构

根据检测方式的不同，全光纤电流互感器可以分为两种：非干涉型和 Sagnac 干涉型。相比于非干涉型全光纤电流互感器，Sagnac 干涉型全光纤电流互感器在灵敏度、稳定性以及动态范围等方面均具有显著的优势。

（1）非干涉型全光纤电流互感器。

非干涉型全光纤电流互感器通过检测线偏振光的偏振角度变化来测量电流，其基本结构如图 6-26 所示。光源发出的光进入起偏器后变成线偏振光，然后进入传感光纤线圈，经历一次法拉第效应的作用后，产生旋光角 θ，从传感光纤出来的线偏振光经过与起偏器成 45° 的检偏器后，通过光电探测器得到输出信号。输出光强 I_d 与输入光强 I_0、法拉第相移角 θ 的关系为

$$I_d = \frac{1}{2}I_0(1+\sin 2\theta) \tag{6-46}$$

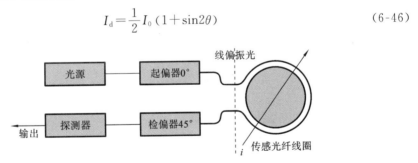

图 6-26 非干涉型电流互感器的基本结构

非干涉型光纤电流互感器，在实际应用中存在局限性。当待测电流较小时，相应的偏振旋转角度也很小，因此难以检测微小的电流变化。此外，非干涉型电流互感器容易受到线性双折射影响，同时输出光功率随光源功率的波动发生变化，极大地影响了系统的稳定性。

（2）Sagnac 干涉型全光纤电流互感器。

Sagnac 干涉型全光纤电流互感器通过检测在光纤环路中相向传播的两路光的相位差，从而实现间接的电流测量，其基本结构如图 6-27 所示。

如图 6-27 所示，光源发出的光经过起偏器后成为线偏振光，再经过耦合器分成上、下相等的两束线偏振光，上、下支路分别经过时延或相位调制后由光纤 1/4 波片转变为旋向相同的两束圆偏振光。上支路以顺时针方向通过传感光纤圈，下支路以逆时针方

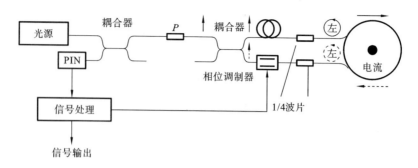

图 6-27 Sagnac 干涉型电流互感器的基本结构

向通过传感光纤圈。在传感光纤中,两束圆偏振光的偏振面由于法拉第旋转效应发生旋转,旋转角度大小相等,方向相反。然后两束光分别通过不同的 1/4 波片重新转换为线偏振光,再经过耦合器返回偏振器进行干涉。最终在偏振器干涉的两束光的相位差相加为 2 倍的法拉第相移,光电探测器的输出光强 I_d 与输入光强 I_0、法拉第相移角 θ 的关系为

$$I_d = \frac{1}{2} I_0 (1 + \cos 2\theta) \tag{6-47}$$

由式(6-47)可知,Sagnac 干涉型电流互感器检测到的光强信息中所包含的干涉光相移信息为法拉第相移的 2 倍,极大地提高了测量的灵敏度。同时,由于相位调制器的使用,使得其在实际应用中只需测量干涉光相位差即可得到待测电流,而不需要考虑输出光的光强功率波动带来的影响,因此增强了系统的稳定性。

6.3.2 直流大电流测量

在稳态强磁场和平顶脉冲强磁场系统中要求大电流测量精度优于 100 ppm,目前只有磁调制式零磁通电流比较仪(DCCT)可以达到要求,因此本书重点介绍 DCCT 测量直流大电流的方法。

1. 基本原理

零磁通电流比较仪是结构复杂的高精度电流测量装置,可以看成是电流互感器和磁场测量电流传感器的结合体。其基本原理是通过磁路磁通检测控制电源在二次绕组中产生二次侧反馈电流,当磁通为零时达到安匝平衡,将被测大电流转换成二次侧小电流,利用分流器测出二次侧小电流,根据变比换算出被测电流值,原理图如图 6-28 所示。

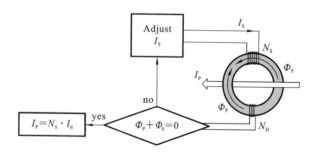

图 6-28 零磁通电流比较仪基本原理示意图

当一次电流和二次电流产生的磁通平衡时,即有:

$$I_p = I_s N_s \tag{6-48}$$

零磁通电流比较仪的关键问题之一是如何检测磁回路中的磁场,以控制产生二次电流与被测电流达到安匝平衡。直流电流比较仪磁场检测方式有霍尔传感器和磁通门两大类。磁通门有磁调制器、磁放大器、自激振荡磁通门等多种类型。闭环霍尔电流传感器的测量精度可做到千分之一,受霍尔传感器自身性能的影响,进一步提高电流测量精度难度较大。

磁通门基本原理是利用软磁材料磁化曲线的非线性进行磁场检测,不同类型磁通门的调制和解调方式有所差别,但基本原理相同。其中,磁调制器式直流电流比较仪最为稳定、测量精度最高。本节以磁调制器为例进行讲解。基本原理概括如下:对软磁材料磁芯施加一个奇谐函数的交流激励 $I_{ex}(t)$,使磁芯周期性饱和,

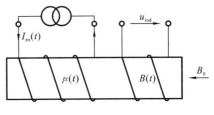

图 6-29　磁通门基本原理图

磁芯的磁导率 $\mu(t)$ 跟随激励周期性变化;当不存在被测磁场 B_0 时,检测绕组感应电压 u_{ind} 中只含有奇次谐波;当存在 B_0 时,磁芯中的合成磁场 $B(t)$ 出现偏置,致使 u_{ind} 中出现偶次谐波;B_0 在一定范围内,偶次谐波电压大小和 B_0 近似成正比,因此以偶次谐波为特征信号即可反映被测磁场值。

2. 磁调制器调制方法

DCCT 中的磁调制器有单铁芯磁调制器和双铁芯差分式磁调制器两种结构形式,如图 6-30 所示,其中,C_{CT} 为环形调制磁芯,W_{ex} 为激励绕组,W_D 为检测绕组,W_1 为被测电流绕组,T_0 为激励变压器。两种结构形式调制原理相同,差分结构是为了抵消感应信号中的奇次谐波,提高信噪比。

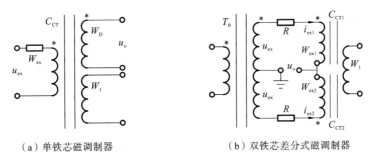

（a）单铁芯磁调制器　　　　　（b）双铁芯差分式磁调制器

图 6-30　磁调制器基本结构

以单铁芯磁调制器为例进行分析。由于磁性材料磁化曲线的非线性,如果通过外加交变的激励磁场把磁芯励磁到过饱和,那么磁芯的磁导率 μ 亦是一个时变量,如图 6-31 所示。由法拉第电磁感应定律可知,检测绕组中的感应电压来自两个部分:磁势 $H(t)$ 的变化和磁导率 $\mu(t)$ 的变化:

$$u_o(t) = -N_D S \frac{dB}{dt} = -N_D S \left[H(t) \frac{d\mu(t)}{dt} + \mu(t) \frac{dH(t)}{dt} \right] \tag{6-49}$$

式中:N_D 为检测绕组 W_D 的匝数;S 为调制磁芯 C_{CT} 的截面积;B 为调制磁芯中的磁通密度;$u_o(t)$ 为检测绕组 W_D 的感应电压。

假设采用余弦波恒流激励,则调制磁芯中的合成磁势为

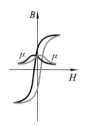

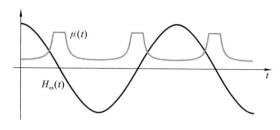

（a）磁滞回线及磁导率　　　　　　　　（b）余弦激励磁势下磁导率的时变特性

图 6-31　磁芯磁化特性

$$H(t) = H_{ex}(t) + H_0 = H_m\cos(\omega t) + H_0 \tag{6-50}$$

式中：$H_{ex}(t)$、H_0 和 H_m 分别表示激励磁势、被测磁势（一次电流和二次电流在磁芯中产生的磁势矢量和）和激励磁势的峰值，ω 为激励角频率。

由于调制磁芯中的合成磁势 $H(t)$ 为偶函数，故 $\mu(t)$ 也为偶函数，如图 6-31(b)所示，其傅里叶展开式可表示为

$$\mu(t) = \sum_{i=0}^{\infty} \mu_n\cos(n\omega t) \tag{6-51}$$

式中：μ_n 表示各次谐波分量的幅值系数。将式(6-50)和式(6-51)代入式(6-19)得：

$$
\begin{aligned}
u_o(t) &= \omega N_D S \Big[(H_m\cos(\omega t) + H_0)\sum_{n=0}^{\infty} n\mu_n\sin(n\omega t) + H_m\sin(\omega t)\sum_{n=0}^{\infty}\mu_n\cos(n\omega t) \Big] \\
&= \omega N_D S H_m \Big[\cos(\omega t)\sum_{i=0}^{\infty} 2i\mu_{2i}\sin(2i\omega t) + \sin(\omega t)\sum_{i=0}^{\infty}\mu_{2i}\cos(2i\omega t) \Big]\cdots \\
&\quad + \omega N_D S H_0 \sum_{i=0}^{\infty}(2i+1)\mu_{2i+1}\sin((2i+1)\omega t) + \omega N_D S H_m \\
&\quad \Big[\cos(\omega t)\sum_{i=0}^{\infty}(2i+1)\mu_{2i+1}\cdots\sin((2i+1)\omega t) + \sin(\omega t)\sum_{i=0}^{\infty}\mu_{2i+1}\cos((2i+1)\omega t) \Big] \\
&\quad + \omega N_D S H_0 \sum_{i=0}^{\infty} 2i\mu_{2i}\sin(2i\omega t) \tag{6-52}
\end{aligned}
$$

式(6-52)前两项为奇次谐波，后两项为偶次谐波。当 H_0 为零时，调制磁芯中的磁势只有激励磁势，故有：

$$H(t) = -H\left(t + \frac{T_{ex}}{2}\right) \tag{6-53}$$

式中：T_{ex} 为激励时间周期。又由磁滞回线的对称性可知，磁导率是关于磁势的偶函数，即有：

$$\mu(H) = \mu(-H) \tag{6-54}$$

所以，在零输入状态下有：

$$\mu(t) = \mu\left(t + \frac{T_{ex}}{2}\right) \tag{6-55}$$

由式(6-53)～式(6-55)可知，如果激励波形为奇谐函数时，那么零输入状态下磁芯磁导率是关于时间的偶谐函数，即式(6-52)中后两项偶次谐波分量为零。

当 H_0 不为零时，磁芯中的合成磁势不再是奇谐函数，使得磁导率 $\mu(t)$ 不是偶谐函数，故其奇次谐波系数 μ_{2i+1} 不为零，因此，式(6-52)的后两项都不为零。

综上所述，检测绕组中偶次谐波的有无反映了磁芯中直流磁势是否为零。在

DCCT 中,直流磁势由一次电流和二次电流安匝数之差产生,故偶次谐波可以反映 DC-CT 是否处于安匝平衡状态。

3. 磁调制器的解调

把磁调制器的输出信号解调出与被测磁势线性相关的信号,才能用于控制反馈放大器产生二次电流。常用的磁调制器解调方式有两种:相敏解调和峰差解调,基本原理分别如图 6-32 和图 6-33 所示。相敏解调磁调制器的输出信号为二次谐波,其最大优点是输出信号调制纹波较小,带宽较宽;缺点是电路结构复杂,需要设计高性能带通滤波器,成本较高。另外,二次谐波磁调制器需满足最佳激励条件才能得到最高灵敏度。峰差解调磁调制器的输出信号为全部偶次谐波,其最大优点是电路结构相对简单,成本较低;缺点是输出信号调制纹波较大。

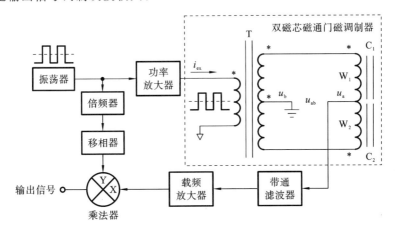

图 6-32　典型相敏解调磁调制器的基本原理

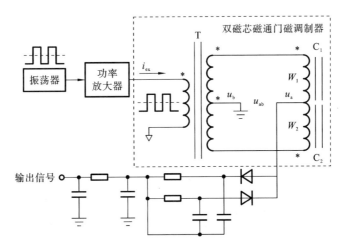

图 6-33　典型峰差解调磁调制器的基本原理

4. 磁调制器的灵敏度与线性范围

灵敏度与线性范围是磁调制器的关键性能指标。真实的磁化曲线目前尚难以用数学方法描述,一般采用简化的三折线磁化曲线模型,可对磁调制器的灵敏度和线性范围进行估算分析。

根据磁导率定义 $\mu = B/H$,当磁芯中总磁势 H 大于磁芯饱和磁势 H_s 时,磁芯中的

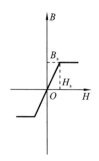

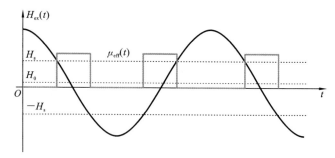

（a）三折线磁化曲线模型　　　　　　　（b）余弦激励磁势下等效磁导率的时变特性

图 6-34　磁芯近似磁化模型

磁感应强度 B 为常数,此时无论磁势 H 为何种波形,$\mu(t)$ 都需要满足式(6-49)等于零。据此,假设磁芯饱和阶段 $\mu(t)$ 始终为零,则传感器等效输出特性不变。故可将 $\mu(t)$ 等效成幅值为 B_s/H_s,脉宽与激励有关的脉冲函数,如图 6-34(b)所示。等效磁导率 $\mu_{\text{eff}}(t)$ 表达式为

$$\mu_{\text{eff}}(t)=\begin{cases} 0, & -\alpha_1<\omega t<\alpha_1 \\ B_s/H_s, & \alpha_1<\omega t<\alpha_2,-\alpha_1<\omega t<-\alpha_2 \\ 0, & \alpha_2<\omega t<\pi,-\pi<\omega t<-\alpha_2 \end{cases} \tag{6-56}$$

式中:

$$\begin{cases} \alpha_1=\arccos\left(\dfrac{H_s-H_0}{H_m}\right) \\ \alpha_2=\arccos\left(\dfrac{-H_s-H_0}{H_m}\right) \end{cases} \tag{6-57}$$

求得其傅里叶系数为

$$\begin{cases} \mu_0=\dfrac{2}{\pi}\mu_{\text{eff}}\dfrac{1}{\omega}(\alpha_2-\alpha_1) \\ \mu_n=\dfrac{2}{\pi}\displaystyle\int_0^{\pi}\mu_{\text{eff}}(\omega t)\cdot\cos(n\omega t)\cdot\mathrm{d}\omega t \\ \quad=\dfrac{2}{\pi n}\mu_{\text{eff}}\left[\sin(n\alpha_2)-\sin(n\alpha_1)\right] \quad (n=1,2,\cdots) \end{cases} \tag{6-58}$$

当 $H_0=0$ 时,由激励函数和磁化曲线的对称性可知 $\alpha_1=\pi-\alpha_2$,所以当 $n=2i-1$($i=1,2,\cdots$)时,易推出 $\mu_{2i-1}=0$;当 $H_0\neq 0$ 时,磁芯中总磁场发生偏移 $\alpha_1\neq\pi-\alpha_2$,$\mu(t)$ 中不但含有偶次谐波,而且含有奇次谐波。

检测绕组感应电压的偶次谐波中,二次谐波含量最高且性能最稳定,因此在高精度电流测量中通常采用二次谐波作为特征信号。由式(6-58)得:

$$\begin{cases} \mu_1=\dfrac{2}{\pi}\mu_{\text{eff}}\left[\sqrt{1-\left(\dfrac{-H_s-H_0}{H_m}\right)^2}-\sqrt{1-\left(\dfrac{H_s-H_0}{H_m}\right)^2}\right] \\ \mu_2=\dfrac{2}{\pi}\mu_{\text{eff}}\left[\sqrt{1-\left(\dfrac{-H_s-H_0}{H_m}\right)^2}\dfrac{-H_s-H_0}{H_m}-\sqrt{1-\left(\dfrac{H_s-H_0}{H_m}\right)^2}\dfrac{H_s-H_0}{H_m}\right] \end{cases}$$

$$\tag{6-59}$$

将式(6-59)代入式(6-52)得

$$u_2(t)=\omega N_D S(H_m\mu_1+2\mu_2 H_0)\sin 2\omega t \tag{6-60}$$

假设 $u_2(t)$ 的幅值为 A_2，则

$$A_2 = \omega N_D S(H_m \mu_1 + 2\mu_2 H_0) \tag{6-61}$$

当 $H_0 \ll H_s$ 时，由式(6-57)式(6-58)可知，$\mu(t)$ 的奇次谐波系数 $\mu_{2i-1} \approx 0$，即在零点附近被测磁场大小和偶次谐波幅值成正比，此时电流灵敏度表达式为

$$S_{A_2}\big|_{I_0 \to 0} = \frac{dA_2}{dI_0} = -\frac{8}{\pi} \frac{\omega N_D S \mu}{l_e} \frac{H_s}{H_m} \sqrt{1 - \left(\frac{H_s}{H_m}\right)^2} \tag{6-62}$$

根据式(6-62)可得，灵敏度极大值条件为：$H_m = \sqrt{2} H_s$，最大灵敏度为

$$S_{A_2 \max}\big|_{I_0 \to 0} = -\frac{4}{\pi} \frac{\omega N_D S \mu}{l_e} \tag{6-63}$$

考虑 H_0 对输出感应电压的影响，由式(6-53)和(6-60)可得输出电压二次谐波幅值和被测磁场关系曲线，如图 6-35 所示。可见理论上 H_0 在区间 $[-(H_m - H_s), H_m - H_s]$ 内时，磁调制器具有良好的线性度。

当 $H_m + H_s > H_0 > H_m - H_s$ 时，调制磁芯单边饱和，感应输出电压随着 H_0 的增大逐渐减小；当 $H_0 > H_m + H_s$ 时，调制磁芯完全饱和，感应输出电压减小至零。磁调制器的输出电压随着被测电流的增大呈现先增大后减小，直至输出为零，如图 6-36 所示。磁芯饱和问题是磁调制器、磁放大器、自激振荡磁通门等利用软性材料磁化曲线非线性特性检测的共性问题。

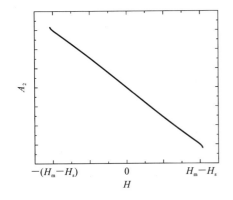

图 6-35　二次谐波幅值和被测磁场关系曲线

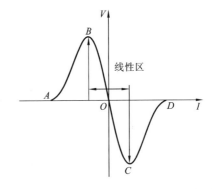

图 6-36　磁调制器开环特性简化理论曲线

5. DCCT 典型结构

如图 6-37 所示，典型的 DCCT 为三铁芯四绕组结构，主要包括：磁调制磁芯 C_1 和 C_2 及其激励绕组 W_{ex1} 和 W_{ex2}，激励变压器 T_0，交流磁芯 C_3 及其感应绕组 W_{ac}，二次绕组 W_s，功率放大器 PA，相敏解调电路 PSD，PI 控制器，低通和带通滤波器 LPF 和 BPF。

其中，激励变压器 T_0，磁调制磁芯 C_1、C_2 及激励绕组 W_{ex1}、W_{ex2} 组成的磁调制器作为 DCCT 的直流反馈通路，用于检测直流和低频磁场分量。磁调制器采用差分结构，绕组 W_{ex1} 和 W_{ex2} 反向串联，它们的对外表现合成磁通为零，激励电流不会在二次绕组中感应出电流形成干扰。交流磁芯 C_3 及其感应绕组 W_{ac} 作为 DCCT 的交流反馈通路，用于检测中频交流磁场分量及抑制系统感应纹波。磁调制器输出和交流反馈绕组输出的电压之和作为 PI 控制器控制量，经过功率放大器驱动二次绕组 W_s 形成零磁通闭环反馈控制。

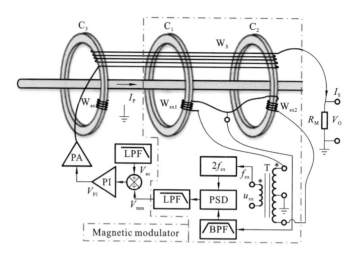

图 6-37   DCCT 典型结构

该结构结合了交、直流电流比较仪和互感器三方面的功能。当一次侧电流 I_P 在较低频段时,一般为 $f_{ex}/2$ 以下,磁调制器起主要作用;当一次侧电流 I_P 在中频段时,交流检测绕组 W_{ac} 中起主要作用;当一次电流 I_P 在高频段时,一次回路和二次绕组之间具有强烈的互感作用,在互感作用下二次电流跟随一次电流变化,各磁芯中没有剩余磁通,反馈回路不再起作用。实际工作时,上述三种工作状态相互耦合。当被测信号发生变化时,互感首先起作用,随着电流与时间乘积的增大,互感磁芯逐渐饱和,磁调制器和交流检测铁芯共同作用控制功率放大器输出,维持零磁场状态。当被测电流在小信号范围内变化时,动态过程中磁芯不发生饱和,整个测量系统可以看成是线性系统,经过合理设计 DCCT 的小信号带宽可以达到 500 kHz。

6. DCCT 的虚假平衡问题

如图 6-36 所示,磁调制器的输出电压是非线性的,当不平衡电流处于 BC 段时系统正常工作,当不平衡电流超出 BC 段进入了 AB 段或者 CD 段时,磁调制器的相位将会发生近似 $180°$ 的相移,导致 DCCT 的反馈系统由负反馈变为正反馈,使磁调制器的调制磁芯发生饱和,输出始终为零,DCCT 闭环系统处于虚假平衡状态而发生死机,这是 DCCT 的固有缺陷。

为了克服 DCCT 的虚假平衡问题,华中科技大学国家脉冲强磁场科学中心提出了前馈去饱和的 DCCT 结构。方案并实施操作如图 6-38 所示,在不影响 DCCT 的测量精度、稳定度、时漂和温漂等稳态性能的前提下改善 DCCT 的动态响应,防止 DCCT 动态过程中发生虚假平衡,并实现由于带电合闸、过载等原因造成的虚假平衡状态的自动恢复,从而使其适用于高动态范围的平顶脉冲电流精密测量。

Hall 电流传感器在零磁通闭环反馈之外,作为前馈支路只受控于被测电流 I_P。当一次电流发生变化时,Hall 传感器支路和互感共同起作用,功放的即时输出使互感磁芯不再发生饱和,加强了互感能力,互感作用又可以使系统更快地进入零磁通状态,从而使动态性能大大提高。一次电流进入稳态后,Hall 传感器的输出给予功放一个实施的静态工作点,磁调制器反馈回路只需提供一个较小电压保证零磁通即可。由于 Hall 传感器在反馈环之外,不影响 DCCT 的零磁通检测,所以电流的测量精度和稳定性不

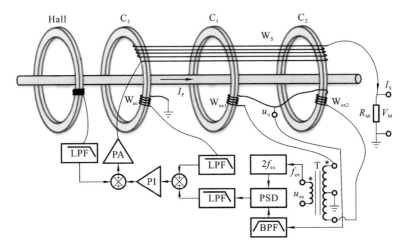

图 6-38 DCCT 和 Hall 融合技术方案系统构成原理图

会受到影响。

6.3.3 脉冲高电压测量

脉冲强磁场下的电压测量具有以下特点：① 电压等级高,幅值常为数千伏至数十千伏,需要将高电压按一定比例转换为低电压进行测量;② 被测高压为快速变化的单次或重复脉冲,全波长的时间以毫秒乃至微秒计,测量系统要求具有良好的动态特性或瞬变特性;③ 为避免强磁场引起的极低频电磁干扰,测量系统需要良好的抗干扰性能;④ 脉冲电压的精确测量需要额外考虑寄生参数对准确度的影响。由于基于泡克耳斯效应以及电致伸缩效应的新型脉冲电压传感器目前仍不成熟,因此,在脉冲强磁场系统中,仍然以传统的脉冲分压器作为主要的电压测量传感器。本书将重点介绍其结构、原理以及在强磁场系统中的测量应用。

1. 测量原理

分压器是一种高阻抗转换传感器,分压器测量电压的测试回路如图 6-39 所示。其中 Z_1 为分压器高压臂的阻抗,Z_2 为分压器低压臂的阻抗,大部分的被测电压降落在 Z_1 上,Z_2 上仅有一小部分电压,将测量得到的 Z_2 上的电压乘上一个常数,即可得被测电压。这个常数称为分压比 N。

$$N = \dot{U}_1/\dot{U}_2 = (Z_1 + Z_2)/Z_2 \approx Z_1/Z_2 \qquad (6\text{-}64)$$

根据分压器组成高低压臂元件的不同,有电阻分压器、电容分压器、阻容分压器等多种形式。其中,电阻分压器的高低压臂由电阻组成,在直流或者低频情况下,其分压比由电阻阻值决定。但在测量高频或者超高幅值交直

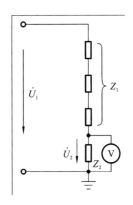

图 6-39 分压器测量电压的测试回路

流电压的情况下,由于电阻上分布电容的影响不能忽略,分压器的分压比将产生较大的偏差,此外,分压电阻在高压时还存在发热问题,因此,电阻分压器多用于测量频率不高,电压等级为几十千伏的交、直流电压。

电容分压器高压臂采用电容作为分压元件,低压臂采用并联阻容作为分压元件,其

基本电路如图 6-40(a)所示。电容分压器适用于高频交流电压信号的测量。由于电容是储能元器件，不消耗功率，不存在发热问题，在测量脉宽较长的电磁脉冲时，精确度要比电阻分压器的好。但电容分压器回路存在杂散振荡现象。

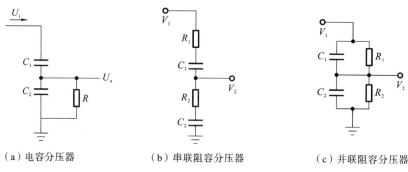

（a）电容分压器　　　（b）串联阻容分压器　　　（c）并联阻容分压器

图 6-40　电容/阻容分压器基本原理图

阻容分压器混合使用电阻和电容进行分压，综合了电阻分压器低频特性好和电容分压器高频响应性能好的优势。依据电阻、电容混合方式的不同，阻容分压器又分为串联阻容分压器和并联阻容分压器，其基本电路分别如图 6-40(b)、(c)所示。其中串联阻容分压器也称为阻尼电容分压器，通过串入阻尼电阻，抑制了分压器由电容回路剩余电感引起的振荡，具有比纯电容分压器更好的响应特性。但当阻尼电阻过大时会影响分压器的响应时间，而阻尼电阻太小，不能完全消除振荡。并联阻容分压器是在电阻分压器的基础上，为了减小对地杂散电容的影响，提高分压器的响应特性发展而来的。并联阻容分压器具有幅频特性好、线性度高、频带范围大等优点，但难以满足分压比不变条件，测量时容易产生畸变，同时分压器的阻值选取较为困难。

在强磁场系统中，由于需要获取电压的稳定幅值，要求分压器能够测量直流信号，因此，使用较多的是电阻分压器和并联阻容分压器。本节之后提到的阻容分压器，如非特别说明，均表示并联阻容分压器。

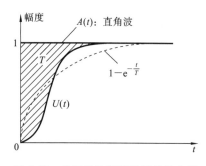

图 6-41　分压器的瞬变响应特性曲线

2. 分压器的瞬变响应特性

分压器的瞬变响应特性是评价其性能的主要标准，它反映了分压器输出跟踪输入波形且不发生波形畸变的能力，通常使用响应时间 T 来衡量。根据 IEC 标准的规定，响应时间 T 的定义是，在系统输入单位阶跃信号时，分压器的归一化输出电压与单位阶跃信号之间所夹的面积，如图 6-41 所示。显而易见，分压器的响应时间 T 越小，分压器输出跟踪输入波形的能力就越强。

$$T = \int_0^\infty [1 - U(t)]\mathrm{d}t \tag{6-65}$$

假设系统的单位阶跃响应用 $g(t)$ 表示，其稳定值为 1。设输入电压为 $u_\mathrm{a}(t)$，系统的阶跃响应为 $u_\mathrm{b}(t)$，由杜哈梅积分，在 $u_\mathrm{a}(t)$ 的初始值为 0 时，输出电压 $u_\mathrm{c}(t)$ 为

$$u_\mathrm{c}(t) = \int_0^t u_\mathrm{a}'(t-\tau)u_\mathrm{b}(\tau)\mathrm{d}\tau = \frac{1}{N}\int_0^t u_\mathrm{a}'(t-\tau)g(\tau)\mathrm{d}\tau \tag{6-66}$$

在实际测量中，被测电压信号通常是一个斜坡信号，假设 $u_\mathrm{a}(t)$ 为以陡度 a 上升的

斜坡信号,式(6-66)可以写成

$$u_c(t) = \frac{1}{N} \int_0^t a g(\tau) \mathrm{d}\tau \tag{6-67}$$

依据分压比 N 归算后测得的电压为 $Nu_c(t)$,此时,测量误差可表示为

$$\Delta u(t) = at - Nu_c(t) = a \int_0^t (1 - g(\tau)) \mathrm{d}\tau \tag{6-68}$$

当 $t \to \infty$ 时,$g(t)$ 达到稳定值 1,积分面积不再增加。被测斜坡信号的最大绝对误差为

$$\Delta u(t) = a \int_0^\infty (1 - g(\tau)) \mathrm{d}\tau = aT \tag{6-69}$$

由此可见,响应时间 T 越大,则分压器的绝对误差越大,但相对误差会随时间的增大而变小。在时刻 t,分压器的测量误差为

$$\delta u = \frac{\Delta u}{at} = \frac{aT}{at} = \frac{T}{t} \tag{6-70}$$

通常我们以最大绝对误差与分压器最大量程 FS 之比作为分压器的测量误差,即

$$\delta u = \frac{\Delta u}{\mathrm{FS}} = \frac{aT}{\mathrm{FS}} \tag{6-71}$$

可以看出,分压器的测量误差与分压器的响应时间及被测信号的陡度成正比。因此,分压器在测量不同频率的电压时,被测频率越低,测量结果越准确。

3. 分压器的等值电路

由于杂散参数的存在,虽然电阻分压器只使用了电阻作为阻抗元件,但电阻分压器和并联阻容分压器并无本质区别,其等值电路模型均由电阻、纵向电容、对地杂散电容、元件和引线电感组成,如图 6-42 所示。为简化分析,图中只画出了 4 级串联结构,实际使用的分压器一般具有更多的串联级。其中分压器总电阻为 R,总纵向电容为 C_p,总对地电容为 C_e,总电感为 L。

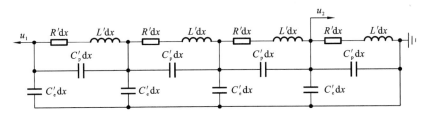

图 6-42　电阻分压器和并联阻容分压器等值电路模型

当分压器的级数无穷大时,图 6-42 所示的等值电路模型的单位阶跃响应可求解为

$$g(t) = 1 + 2\mathrm{e}^{-at} \sum_{k=1}^\infty (-1)^k \frac{\cosh(b_k t) + \dfrac{a}{b_k} \sinh(b_k t)}{1 + \dfrac{C_p}{C_e} k^2 \pi^2} \tag{6-72}$$

式中:

$$a = R/2L$$

$$b_k = \sqrt{a^2 - \frac{k^2 \pi^2}{LC_e \left[1 + \dfrac{C_p}{C_e} k^2 \pi^2 \right]}} \quad (k = 1, 2, \cdots, \infty)$$

式(6-72)中,第一项常数 1 为由电阻分压比决定的稳态分量,即分压器的稳态分压

比,第二项交错级数为电路杂散参数形成的暂态分量,即误差项,其中参数 b_k 决定分压器输出电压是一个平缓变化(当 b_k 为实数)还是衰减振荡(当 b_k 为复数)的曲线。在仅考虑电阻和对地电容时,式 (6-72)简化为

$$g(t) = 1 + 2\sum_{k=1}^{\infty} (-1)^k e^{-\frac{k^2\pi^2}{RC_e}t} \tag{6-73}$$

由此可以估算得知

$$T = \int_0^\infty 2\sum_{k=1}^{\infty} (-1)^k e^{-\frac{k^2\pi^2}{RC_e}t} \mathrm{d}t = \frac{RC_e}{6} \tag{6-74}$$

由式(6-74)可知,为了减小测量误差,应该尽可能减小电阻及对地杂散电容。但是

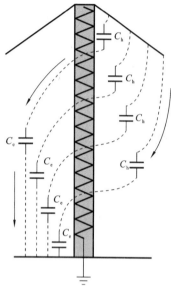

图 6-43 引入屏蔽电极环
的横补偿法

减小电阻将导致分压器发热增加,从而带来体积增大(使对地电容增大)或温升增加(电阻漂移增大),因此通常的优化方向是减小对地杂散电容。优化目标是期望分压器的初始电位与稳态分布一致,此时,对地杂散电容将不再存在电流,暂态分压比和稳态分压比相同。具体方法主要为横补偿法,通过在高压端设置一个较大尺寸的屏蔽电极,增大高压端对分压器本体的电容,使原来流经分压器的对地电容电流由新增加的高压电容供给,使分压电阻上、下各段电流趋于一致,电位分布区域均匀。屏蔽电极通常为一个圆环或锥形罩,如图 6-43 所示。对于某些输出级与主分压级分离的分压器,通常在低压端也会设置一个屏蔽电极,以改善连接段的电位分布。除此之外,还有不对称绕制等各种技术也常常用于改善电位分布。

对于并联阻容分压器,由于其纵向电容不能忽略,由式(6-72),分压器的单位阶跃响应为

$$g(t) = 1 + 2\sum_{k=1}^{\infty} (-1)^k \frac{e^{-\frac{k^2\pi^2 t}{RC_e\left(1+\frac{C_p}{C_e}k^2\pi^2\right)}}}{1 + \frac{C_p}{C_e}k^2\pi^2} \tag{6-75}$$

与式(6-73)相比,误差项的系数变为 $1/[1+(C_p/C_e)k^2\pi^2]$,随着 C_p 的变大该系数变小,阶跃响应输出电压初始值变大,更接近稳态终值。忽略高压臂电阻,计算初始 $t=0$ 时刻沿分压器本体各点电位分布可知:

$$\frac{u_c}{u_a} = \sinh\frac{x}{H}\sqrt{\frac{C_e}{C_p}} \bigg/ \sinh\sqrt{\frac{C_e}{C_p}} \tag{6-76}$$

式中:H 表示分压器对地总长度;x 为分压器电阻体各点的对地距离。由 $\sinh$ 函数的性质可以知道,纵向电容越大,分压器各地电位分布就符合稳态分布。由此可知,纵向电容可有效降低对地电容的影响,从而改善分压器的瞬态响应。

4. 分压器在脉冲强磁场系统中的应用

对于脉冲强磁场系统,分压器主要用于测量电源以及磁体两端的电压。受限于晶闸管开关的载流子扩散速度,脉冲电压的变化率一般不超过 $10\ \mathrm{kV/\mu s}$,以 $25\ \mathrm{kV}$ 电压为例,电压上升阶段的结束时刻为 $2.5\ \mu\mathrm{s}$,因此,由式(6-70)可知,分压器至少需要

25 ns 的响应时间才能够保证在电压上升阶段的结束时刻,其相对误差不超过 1%。如果厂商没有直接给出响应时间,则将分压器的响应看作 RC 低通滤波器,其响应时间可以根据厂商给出的 −3 dB 带宽近似估算,经验公式如式(6-77)所示。

$$T \approx \frac{0.35}{\mathrm{BW}_{-3\mathrm{dB}}} \tag{6-77}$$

当要求 $T \geqslant 25$ ns 时,分压器带宽的最低要求为

$$\mathrm{BW}_{-3\mathrm{dB}} \geqslant \frac{0.35}{T} = 14 \text{ MHz} \tag{6-78}$$

因此,在脉冲强磁场系统中,为满足电压上升过程的精确测量,需要的分压器最小带宽为 14 MHz。由于强磁场下待测电压一般不超过 60 kV,在该电压等级下,这个带宽要求是较为容易满足的。

6.4　磁体状态监测技术

6.4.1　磁体应力应变监测

高场磁体的应力应变分布情况是磁体设计者研究的重点与难点,由于磁体本身由导体及其他绝缘、加固等填充材料构成,同时处在强磁场、高电压及大电流的复杂电磁环境下,对磁体应力分布和应力集中的预测极其困难。尽管 ANSYS、COMSOL 等仿真软件可以帮助磁体的设计者计算出应力与应变,但是磁体真实的应力、应变情况还是需要通过直接的测量才能精确得到。

传统的低温电阻应变片等电磁传感器由于受到磁阻效应的影响而很难应用到具有复杂电磁环境的磁体中。相比较而言,使用光纤布拉格光栅传感器来研究磁体的应力与应变,具有明显的优势,如不受电磁影响、分辨率高、尺寸小、传输距离不受限制等。同时还可以利用波分复用技术实现对磁体应力、应变的实时分布式测量,这也是目前磁体应力、应变监测的主流研究方向。

1. 光栅应变传递原理

光纤布拉格光栅(fiber bragg grating,FBG)是一种在纤芯内形成的空间相位周期性分布的光栅,其作用类似于一个带通滤波器,实质就是在纤芯内形成一个窄带的反射镜,即只有满足特定条件的波长才能被纤芯反射,其余波长的光将会被透射。

由光栅的耦合模理论可知,反射的中心波长 λ_B 与有效折射率 n_eff 和光栅周期 Λ 的关系为

$$\lambda_\mathrm{B} = 2n_\mathrm{eff}\Lambda \tag{6-79}$$

影响光纤光栅可反射波长的主要因素有弹光效应、热光效应、热膨胀效应等。光纤光栅的基本传感原理是当光栅受到轴向应变或光栅所处的环境温度产生变化时,光栅周期 Λ 和有效折射率 n_eff 均会产生变化,从而使得反射光的中心波长产生漂移,即 λ_B 变为 λ'_B,如图 6-44 所示。

以光纤光栅受到均匀的轴向应变 ε_z 为例,由于弹光效应,光栅周期和有效折射率发生变化 $\Delta\Lambda$ 和 Δn_eff,由式(6-79)可得:

$$\Delta\lambda_\mathrm{B} = 2\Delta n_\mathrm{eff}\Lambda + 2n_\mathrm{eff}\Delta\Lambda \tag{6-80}$$

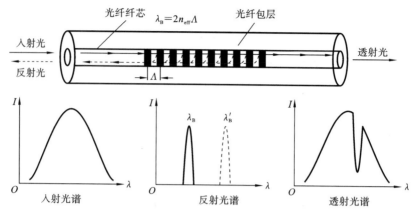

图 6-44　光纤光栅传感原理图

其中,应变导致的光栅周期可表示为

$$\Delta \Lambda = \Lambda \varepsilon_z \tag{6-81}$$

应变导致的光栅折射率变化可表示为

$$\Delta n_{\text{eff}} = -\frac{n_{\text{eff}}^3}{2} \big[\upsilon (P_{11} + P_{12}) - P_{12} \big] \varepsilon_z \tag{6-82}$$

式中:υ 为光纤泊松比;P_{11} 和 P_{12} 为材料的弹光效应矩阵系数。将式(6-81)和式(6-82)代入式(6-80),因此,可得到 λ_B 在轴向应力作用下的相对变化为

$$\Delta \lambda_B = 2 n_{\text{eff}} \Lambda \left\{ 1 - \frac{n_{\text{eff}}^2}{2} \big[\upsilon (P_{11} + P_{12}) - P_{12} \big] \right\} \varepsilon_z \tag{6-83}$$

简化式(6-83)可得:

$$\Delta \lambda_B = \lambda_B (1 - P_e) \varepsilon_z = K_\varepsilon \varepsilon_z \tag{6-84}$$

式中:P_e 为有效弹光系数;K_ε 为应变灵敏度系数,其数值大小与光纤材料的性质有关,不同材料的 K_ε 为不同的常数。由此可知,光纤光栅受到的均匀轴向应变量和反射波长的偏移量之间呈线性关系。

图 6-45 所示的为光纤光栅在均匀轴向应变条件下光栅周期的变化情况。可以看出,尽管栅格周期发生了变化,整体仍然保持均匀,其反射光谱的形状也不会改变,只会整体偏移。因此,通过测量光纤光栅反射光谱的中心波长漂移量,即可得到对应的轴向应变量。

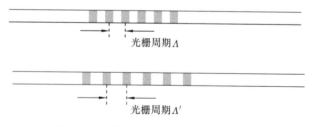

图 6-45　光纤光栅受均匀轴向力的周期结构示意图

光纤光栅的反射波长同时也会受到温度的影响而发生变化,称为波长热漂移,包含热膨胀效应和热光效应。由于在脉冲磁场下进行的应变测量是一个瞬态测量过程,相对于十几毫秒的放电时间,温度的传递是一个缓慢的过程,因此在脉冲磁体中测量应变时,光栅所处的环境温度可认为是不变的,忽略温度对测量结果的影响。但在稳态磁场

下进行应变测量时,由于实验时间较长,不能忽视外界温度变化对光栅产生的影响,因此需利用参考光栅进行温度补偿,从而获得仅由轴向应变引起的波长变化量。

2. 脉冲磁体应变测量

华中科技大学国家脉冲强磁场科学中心基于光纤光栅开展了脉冲磁体的应变测量实验研究。测试磁体为 65 T 常规脉冲磁体,磁体采用分层绕制的方式,绕制时在其内部指定的 Zylon 加固层中共嵌入 24 根光栅。光栅在脉冲磁体内部的分布如表 6-7 所示,预埋好光栅的脉冲磁体如图 6-46 所示。在 29.4 T 脉冲放电的条件下,磁体应变测量结果如图 6-47 所示。可以看出,光纤光栅具有很好的测量性能,能及时响应并测量到磁体内部各层的应变。整个磁体脉冲持续时间约为 30 ms,磁体内部的最大形变发生在脉冲时间约 5 ms 处,此时各层光栅应变都达到了峰值。

表 6-7　布拉格光栅 FBG 在脉冲磁体中的分布

层号	半径/mm			与中平面的距离/mm		
	FBG #1	FBG #2	FBG #3	FBG #1	FBG #2	FBG #3
#3	32.4	36.8		2	3	
#5	43.4	47.4		2	2	
#7	55.9	60.6		1	1	
#9	67.3	69.4	71.8	1	0	1
#11	79	81.7	83.5	5	0	3
#13	90.3	94.6		3	0	
#15	101.8			0	0	
#17	110.6			0	0	
#19	116.6			0	0	
#21	124			0	0	
#23	131.4			2	0	
#25	138.2	140.8		2	3	
#26	151	163	169	0	0	0

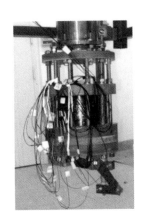

图 6-46　预埋光栅的 65 T
脉冲磁体

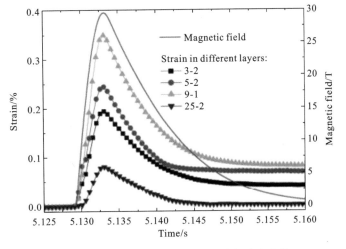

图 6-47　脉冲放电(29.4 T)时的光栅应变曲线

6.4.2 脉冲磁体阻抗测量

脉冲磁体可等效为电阻和电感串联电路,电感和电阻是脉冲磁体的两个重要参数,它们会影响磁场波形、电源电压和电流等参数。脉冲磁体在放电过程中,电阻会因磁体工作过程中所产生的焦耳热而发生大幅变化。而由于多次放电所产生应力的影响,磁体可能发生形变,其电感可能也发生变化。故脉冲磁体的电感和电阻值,是磁体可靠度与稳定度的反映,脉冲磁体阻抗测量的目的便是获取磁体的上述状态信息。

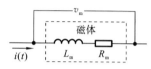

图 6-48　阻抗测量等效电路

1. 矢量电压电流法

脉冲磁体阻抗测量等效电路如图 6-48 所示。其中,L_m 为磁体电感,R_m 为磁体电阻。

脉冲磁体两端通入交流电流 $i(t) = I_m \sin(\omega t)$ 时,测得其两端的电压信号 $v_m(t) = V_m \sin(\omega t)$,则阻抗可表示为

$$Z_m = \frac{v_m(t)}{i(t)} = \frac{V_m}{I_m} \angle \theta_m = R_m + j\omega L_m \tag{6-85}$$

2. 数字锁相测量原理

由于数字锁相算法具有通频带窄、抗干扰能力强,可以很好选择出目标频率信号的特点。因此,基于数字锁相技术可以实现脉冲磁体阻抗的精密测量。锁相放大算法的基本原理是相干检测,利用待提取信号与参考信号相干,而噪声信号与参考信号不相干,将待提取信号从噪声信号中提取出来。数字锁相放大算法原理如图 6-49 所示。

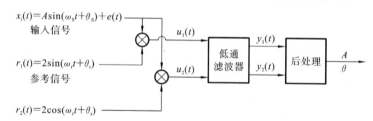

图 6-49　数字锁相放大算法原理图

通常,参考信号频率和采样信号频率相等,即 $\omega_r = \omega_s$。被测信号 $x_i(t)$ 和参考信号 $r_1(t)$ 及 $r_2(t)$ 同步触发,通过乘法器后有:

$$\begin{cases} u_1(t) = A\cos\Delta\theta + A\cos(2\omega_s t + \theta_s + \theta_r) + 2e(t)\sin(\omega_r t + \theta_r) \\ u_2(t) = A\sin\Delta\theta + A\sin(2\omega_s t + \theta_s + \theta_r) + 2e(t)\cos(\omega_r t + \theta_r) \end{cases} \tag{6-86}$$

理想情况下,乘法器输出 $u_1(t)$ 和 $u_2(t)$ 通过低通滤波器,交流成分将被滤除,输出信号为直流信号,其振幅与被测信号的振幅成正比。可简单表示如下:

$$\begin{cases} y_1(t) = A\cos\Delta\theta \\ y_2(t) = A\sin\Delta\theta \end{cases} \tag{6-87}$$

滤波后,在数字锁相后处理模块中,对 $y_1(t)$ 和 $y_2(t)$ 进行处理,得到被测信号的幅值及相位:

$$A = \sqrt{y_1(t)^2 + y_2(t)^2} \tag{6-88}$$

$$\Delta\theta = \theta_s - \theta_r = \arctan\frac{y_2(t)}{y_1(t)} \tag{6-89}$$

利用数字锁相放大技术对图 6-48 中的 $v_m(t)$ 进行处理。其中 $v_m(t)$ 作为锁相算法的输入信号，两路参考信号 $r'_1(t)=2\sin(\omega t)$ 和 $r'_1(t)=2\cos(\omega t)$ 则由软件产生。通过锁相运算可以排除其他频率的噪声信号，精确提取出频率为 ω 的电压信号 $v_m(t)$ 的幅值 V_m 和相角 θ_m。代入式（6-85）中，即可获得磁体的电阻值和电感值。

3. 脉冲磁体阻抗测量系统

基于上述原理，华中科技大学国家脉冲强磁场科学中心研制了脉冲磁体阻抗测量系统，测量电路如图 6-50 所示，其中 R_{ref} 为引入的参考电阻。

除了对磁体两端电压 $v_m(t)$ 进行锁相放大运算外，也对参考电阻两端的电压 $v_{ref}(t)$ 进行锁相放大运算。根据上一节推导的数字锁相算法，当输入交流电流为 $i(t)=I_m\sin(\omega t)$ 时，系统对 $v_{ref}(t)$ 进行处理。假设低通滤波器的频率响应函数为

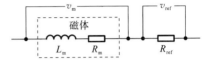

图 6-50　阻抗测量电路

$|H(j\omega)|$，则参考电阻两端输出电压的幅值为 $V_{ref}=I_m R_{ref}|H(j\omega)|$，输出的相角为 θ_{ref}。

随后对 V_m 和 V_{ref} 进行除法运算，对 θ_m 和 θ_{ref} 进行减法运算，有

$$\frac{V_m}{V_{ref}}=\frac{I_m|Z_m||H(j\omega)|}{I_m R_{ref}|H(j\omega)|}=\frac{|Z_m|}{R_{ref}} \tag{6-90}$$

$$\Delta\theta=\theta_m-\theta_{ref} \tag{6-91}$$

V_m、V_{ref}、θ_m 及 θ_{ref} 可由锁相放大算法得出，而参考电阻的阻值 R_{ref} 为已知量。根据式（6-90）、式（6-91），计算可得磁体的阻抗

$$Z_m=\frac{V_m}{V_{ref}}R_{ref}\angle(\theta_m-\theta_{ref})=\frac{V_m}{V_{ref}}R_{ref}\angle(\Delta\theta) \tag{6-92}$$

$$R_m=|Z_m|\cos(\Delta\theta) \tag{6-93}$$

$$L_m=\frac{|Z_m|\sin(\Delta\theta)}{\omega} \tag{6-94}$$

脉冲磁体阻抗测量系统的具体实现实例如图 6-51 所示，主要由激励发生模块、信号采样模块以及数据处理模块组成。激励发生模块可产生频率、幅值可调的正弦输出信号；信号采样模块采用仪用放大器、高精度模数转换芯片实现对脉冲磁体和高精度参考电阻的同步采样；数据处理模块则用于数字锁相算法的实现。

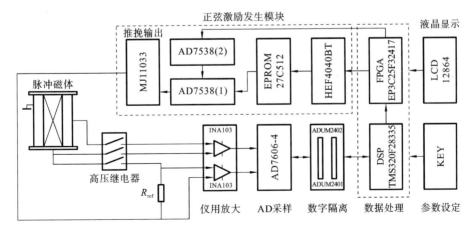

图 6-51　磁体阻抗测量系统实现原理框图

习题

6.1　脉冲强磁场有哪些特点？主要的测量方法有哪些？

6.2　稳态强磁场测量的方法主要有哪些？分别有什么特点？

6.3　B(B-dot)和 B(H)两类磁场传感器有什么区别？适用范围是什么？

6.4　基于德哈斯-范阿尔芬(De Haas-van Alphen)效应标定脉冲磁场的原理是什么？有什么优势？

6.5　磁共振方法直接测量的物理量是什么？它为什么是最精准的磁场标定方法？

6.6　利用核磁共振标定脉冲磁场峰值段,已知:被测样品为液态水(H_2O),其中^1H的旋磁比为 42.5774,若共振谱峰出现在 2.129~2.145 GHz,试求对应的脉冲磁场范围。

6.7　基于法拉第磁光效应原理的光学电流互感器既能测量交流电流也能测量直流电流吗？原因是什么？

6.8　在实际应用中,能否利用电压分布与电容量成反比的原理,使用电容分压器测量直流高压？为什么？

6.9　分压器的瞬态特性受什么因素影响？怎样改善分压器的瞬态响应特性？

6.10　假设有一待测磁体电压以及一个带宽为 300 Hz 的电阻分压器,磁体电压变化率为 1 kV/ms,我们要求磁体电压的测量精度小于 100 V,这台分压器是否能够满足需求？为什么？如果不满足要求,则需要的分压器最小带宽为多少？

参考文献

[1] John G, Webster H E. Measurement, Instrumentation, and Sensors Handbook[M]. CRC Press, 2014.

[2] 李云飞. 水冷磁体安全保护系统设计关键技术研究[D]. 合肥:中国科学院研究生院, 2012.

[3] Weijers H W, Markiewicz W D, Voran A J, et al. Progress in the development of a superconducting 32 T magnet with REBCO high field coils[J]. IEEE transactions on applied superconductivity, 2013, 24(3): 1-5.

[4] 图曼斯基, 赵书涛, 葛玉敏, 等. 磁性测量手册[M]. 北京:机械工业出版社, 2014.

[5] Ramsden E. Hall-Effect Sensors: Theory and Application[M]. Elsevier Science, 2011.

[6] 李振华, 李秋惠, 李春燕, 等. 脉冲强磁场测量技术研究[J]. 高压电器, 2019, 55(12): 68-76.

[7] 丁炜. 脉冲强磁场测量系统的研究与实现[D]. 武汉:华中科技大学, 2006.

[8] 贺海. 常规电磁脉冲弹强磁场测试技术研究[D]. 南京:南京理工大学, 2015.

[9] Van B L，Heremans G，Li L，et al. The development of high performance pulsed magnets at the Katholieke Universiteit Leuven[J]. IEEE transactions on magnetics，1994，30(4)：1657-1662.

[10] 唐统一，张叔涵. 近代电磁测量[M]. 北京：中国计量出版社，1992.

[11] Han X T，Xie J F，Luo J，et al. Development of a point coil magnetic field measurement system for Pulsed High Magnetic Fields[C]. 2008 International Conference on Electrical Machines and Systems，2008：699-703.

[12] Hahn S，Kim K. 45.5-tesla direct-current magnetic field generated with a high-temperature superconducting magnet[J]. Nature，2019，570(7762)：496-499.

[13] 王化详. 传感器原理与应用技术[M]. 北京：化学工业出版社，2017.

[14] 任晓明，傅正财，黄晓虹，等. 脉冲磁场测量系统的研制和标定[J]. 上海交通大学学报，2010，44(7)：980-983.

[15] 谢剑峰. 脉冲强磁场装置控制系统设计及可靠性分析与评估[D]. 武汉：华中科技大学，2021.

[16] Grossinger R，Taraba M，Wimmer A，et al. Calibration of an industrial pulsed field magnetometer[J]. IEEE transactions on magnetics，2002，38(5)：2982-2984.

[17] 孙敏杰. 基于亥姆霍兹线圈的磁场探头校准研究[D]. 北京：北京交通大学，2014.

[18] Bhuyan H，Mohanty S R，Neog N K，et al. Magnetic probe measurements of current sheet dynamics in a coaxial plasma accelerator[J]. Measurement Science & Technology，2003，14(10)：1769.

[19] Eckert D，Grössinger R，Doerr M，et al. High precision pick-up coils for pulsed field magnetization measurements[J]. Physica B：Condensed Matter，2001，294(1)：705-708.

[20] Levitt M H. Spin Dynamics：Basics of Nuclear Magnetic Resonance[M]. Wiley，2002.

[21] Fei X，Hughes V W，Prigl R. Precision measurement of the magnetic field in terms of the free-proton NMR frequency[J]. Nuclear Instruments and Methods in Physics Research Section A：Accelerators，Spectrometers，Detectors and Associated Equipment，1997，394(3)：349-356.

[22] Krzystek J，Sienkiewicz A，Pardi L，et al. DPPH as a Standard for High-Field EPR[J]. Journal of magnetic resonance. 1997，125(1)：207-211.

[23] Meier B，Greiser S，Haase J，et al. NMR signal averaging in 62 T pulsed fields[J]. Journal of Magnetic Resonance. 2011，210(1)：1-6.

[24] Stork H，Bontemps P，Rikken G. NMR in pulsed high-field magnets and application to high-Tc superconductors[J]. Journal of Magnetic Resonance. 2013，234：30-34.

[25] 陈杰，黄鸿. 传感器与检测技术[M]. 2版. 北京：高等教育出版社，2010.

[26] Ziegler S，Woodward R C，Lu H H C，et al. Current sensing techniques：A

review[J]. IEEE Sensors Journal，2009，9(4)：354-376.

[27] 韩小涛，黄澜涛，孙文文，等. 基于PCB空心线圈和数字积分器的脉冲强磁场装置放电电流测量[J]. 电工技术学报，2012，27(12)：13-19.

[28] 关远鹏. 全光纤电流互感器关键特性研究[D]. 广州：华南理工大学，2017.

[29] 周军，肖恺，李平，等. 全光纤电流互感器技术综述[J]. 信息通信，2015(5)：20-22.

[30] 牟渊. 全光纤电流互感器信号处理技术研究[D]. 上海：上海交通大学，2013.

[31] 裴焕斗. 全光纤电流互感器信号处理系统研究[D]. 太原：中北大学，2010.

[32] 栗营利. 磁调制式直流电流比较仪的设计与研究[D]. 哈尔滨：哈尔滨工业大学，2014.

[33] 揭秉信. 大电流测量[M]. 北京：机械工业出版社，1987.

[34] 王农. 精密测量直流大电流的自激振荡磁通门法研究[D]. 哈尔滨：哈尔滨工业大学，2016.

[35] 张绍哲. 蓄电池供电的高稳定度平顶脉冲磁场关键技术研究[D]. 武汉：华中科技大学，2020.

[36] 陈景亮，姚学玲，孙伟. 脉冲电流技术[M]. 西安：西安交通大学出版社，2008.

[37] 韩旻，邹晓兵，张贵新. 脉冲功率技术基础[M]. 北京：清华大学出版社，2010.

[38] 曾正华. 脉冲大电流测试技术研究[D]. 南京：南京理工大学，2006.

[39] 林福昌. 高电压工程[M]. 3版. 北京：中国电力出版社，2016.

[40] 杨庆，孙尚鹏，司马文霞，等. 面向智能电网的先进电压电流传感方法研究进展[J]. 高电压技术，2019，45(2)：349-367.

[41] 潘洋. 冲击高压标准测量系统量值溯源体系研究[D]. 上海：上海交通大学，2018.

[42] Peng T，Xiao H X，Herlach F，et al. Measurement of the Deformation in Pulsed Magnets by Means of Optical Fiber Sensors[J]. IEEE transactions on applied superconductivity. 2012，22(3)：9000504.

[43] 焦方俞. 基于超磁致伸缩材料和光纤光栅的磁场传感器研究[D]. 武汉：华中科技大学，2018.

[44] Han X T，Ding P C，Xie J F，et al. Precise Measurement of the Inductance and Resistance of a Pulsed Field Magnet Based on Digital Lock-in Technique[J]. IEEE Transactions on Applied Superconductivity，2012，22(3)：9001105.

[45] 丁鹏程. 脉冲磁体阻抗的精密测量[D]. 武汉：华中科技大学，2012.

7

基于洛伦兹力的强磁场应用

7.1 概述

洛伦兹力是指运动电荷在磁场中所受到的力,包括电场力项 $q\boldsymbol{E}$(q 是带电粒子的电荷量,$\boldsymbol{E}$ 是电场强度)和磁场力项 $q\boldsymbol{v}\times\boldsymbol{B}$($\boldsymbol{v}$ 是带电粒子的速度,$\boldsymbol{B}$ 是磁感应强度)两类。本章重点关注洛伦兹力的磁场力分量,即处于磁场内的导体材料所受到的力,其体密度可以表达为 $\boldsymbol{J}\times\boldsymbol{B}$($\boldsymbol{J}$ 是电流密度)。其中,导体材料中的电流可以直接通电产生或是通过在交变磁场下以感应方式来形成(涡流)。洛伦兹力可用于有效控制金属固/液体材料的组织结构、形貌及空间位置等,从而在金属构件成形加工、冶金和制动等工业领域具有广泛的应用价值,且已衍生出包括以控制固体介质形状为功能的电磁成形,以驱动液体介质运动为功能的电磁冶金和电磁泵,以改变介质运动特征为功能的电磁制动和电磁发射等在内的诸多电磁新技术及应用。本章将重点对电磁成形、电磁冶金和电磁制动这三类技术的基本原理及总体应用情况进行系统介绍。

7.2 电磁成形技术

电磁成形是通过电磁感应原理产生脉冲洛伦兹力驱动金属材料塑性变形,进而改造其宏观形貌、微观组织、力学特性的一种特种能场制造技术,是常规制造工艺的重要补充。近年来,随着能源危机与环境形势的不断恶化,各领域对制造工艺的加工性能、制造能力、能量消耗等方面提出了越来越高的要求,电磁成形作为一种先进的制造工艺得到越来越广泛的关注,尤其在航空航天、新能源汽车等关键制造领域展现出了巨大应用潜力。与常规制造技术相比,其优势主要有以下几点。

(1)设备通用性好,工艺柔性强。电磁成形无需大吨位压力设备,不受现有成形设备的限制,只需提供足够能量的脉冲磁场设备,且成形过程一般仅用单模就可实现零件成形,既节省模具材料,又缩短制造周期。

(2)脉冲洛伦兹力的加载无需传力介质,属于柔性接触。这极大降低了成形过程的摩擦效应,减小不均匀变形和残余应力,有利于提高材料的变形极限。此外,脉冲洛伦兹力和约束力可根据变形情况进行无级调整,适用于复杂、难变形材料成形。

(3)相对于传统的准静态成形方法,脉冲洛伦兹力大,材料应变率高($10^{3}\sim10^{5}/\mathrm{s}$),

可以提高材料的塑性变形能力和变形均匀性,且可有效减少零件回弹,零件精度高、表面质量好。

(4) 容易实现能量控制和生产自动化、机械化,加工质量稳定性高,单次放电加工成本低,且成形过程无生态污染,属于绿色制造。以直径 1 m 的火箭燃料储箱箱底椭球壳体件为例,采用电磁成形方法其耗能可控制在 1 度电左右。

7.2.1 工艺分类及基本原理

根据加工目标的不同,电磁成形技术可分为高速成形、冲击焊接、电磁铆接、粉末压实四类,工作原理如下。

1. 高速成形

高速成形是电磁成形技术最为常见的一种工艺。该工艺的基本原理是通过成形线圈产生脉冲强磁场进而在金属工件处感应出巨大的涡流,并通过脉冲强磁场与涡流的相互作用产生脉冲洛伦兹力,驱动金属工件发生高速变形,最终通过将工件高速动能转化为金属材料塑性变形能,实现对工件宏观形貌的改造。在实际成形工艺中,主要通过两个手段控制金属工件的成形质量:(1)调节脉冲洛伦兹力的空间分布及幅值,以影响金属工件所获得的初始速度场,进而控制工件高速变形演变轨迹;(2)调节模具几何形状、力学特性等,以影响金属工件-模具间的动态相互作用,进而控制金属工件的高速贴模行为,实现成形形貌调控。

基于脉冲洛伦兹力的高速成形具有良好的工艺柔性,可通过对成形线圈的设计产生具有不同时空分布特征的脉冲洛伦兹力,以满足不同类型工件的成形需求。一般来说,金属工件变形速度的典型值为 $100 \sim 300$ m/s,变形时间的典型值为 $50 \sim 3000$ μs。根据待加工工件几何特征的不同,基于脉冲洛伦兹力的高速成形工艺大体可分为以下三种。

(1) 板件电磁成形,是一种对金属平板进行塑性加工的技术,其原理示意图如图7-1(a)所示。该工艺通常使用平面螺旋线圈作为成形线圈,并将其置于待加工金属板件区域上方。当电容器组对线圈放电时,将在金属工件表面产生径向脉冲磁场分量,同时感应出环向方向的涡流,涡流与径向磁场的相互作用最终产生强烈的轴向洛伦兹力,进而驱动金属板件发生轴向高速变形。

(2) 管件电磁成形,是一种对金属管件进行塑性加工的技术,其原理示意图如图7-1(b)所示。该工艺通常采用螺线管线圈作为成形线圈,并与待加工工件同轴嵌套放置。根据线圈与金属管件内外相对位置的差异,管件电磁成形又可包括管件压缩和胀形两类加工工艺。如图 7-1(b)所示,将成形线圈置于金属管件外部时,线圈所产生的轴向磁场和金属工件处感应的环向涡流间相互作用,将感生出径向向内的脉冲洛伦兹力,驱动金属管件向内发生压缩变形,实现管件压缩成形工艺。与之相反,在图 7-1(c)中,将成形线圈置于金属管件内部时,则将产生径向向外的脉冲洛伦兹力,实现金属管件的胀形成形。

(3) 异形(局部)构件电磁成形,是一种对异形金属构件进行柔性加工的工艺,通常用于板-管零件局部复杂特征区域的二次成形加工,其原理示意图如图 7-1(d)所示。该工艺通常采用单匝、异形结构线圈作为驱动线圈,将线圈放置于待加工的异形工件区域,产生平行于工件表面的切向磁场,进而产生工件法线向方向的脉冲洛伦兹力,驱动

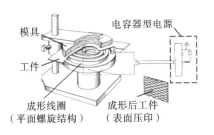

（a）板件电磁成形

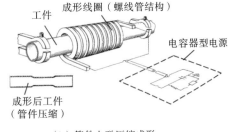

（b）管件电磁压缩成形

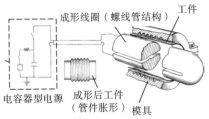

（c）管件电磁胀形成形

（d）异形构件电磁成形

图 7-1　基于脉冲洛伦兹力的高速成形工艺工作原理

局部异形区域进行高速变形。

除了以上三类最基本的高速成形工艺之外,将其与冲压成形技术相结合,还发展出了一系列电磁辅助成形技术:① 利用金属材料高速率加载下的塑性提升效应,对冲压预成形后工件局部尖角区域施加高速成形,进而实现难成形材料的复杂零件加工;② 利用脉冲洛伦兹力柔性多时空分布加载,调节冲压过程中金属材料的全场应变分布,缓解应变集中效应,进而充分发挥材料成形极限;③ 利用脉冲洛伦兹力的冲击振荡效应,促进金属工件内部应力释放,消除材料残余应力,提高工件的成形精度和服役性能。

2. 冲击焊接

冲击焊接是高速成形工艺的延伸,如图 7-2(a)所示。基于脉冲洛伦兹力的冲击焊接工艺与高速成形工艺具有类似的工作原理,同样是以电磁线圈为驱动装置,通过电磁感应原理在待加工金属工件处产生脉冲洛伦兹力,以驱动金属材料高速变形。与高速成形工艺的区别在于,高速成形工艺直接利用金属本身的塑性变形,以改造金属材料的宏观形貌为目的;而冲击焊接工艺,则是利用金属间(飞板与目标板)高速碰撞效应,实现金属冶金焊接。

根据冲击动力学理论,两金属高速碰撞时,碰撞界面冲击压强可通过以下方程估计:

$$P = \frac{\rho_1 \rho_2 C_1 C_2}{\rho_1 C_1 + \rho_2 C_2} V_i \tag{7-1}$$

式中:V_i 为碰撞速度;ρ_1、ρ_2 为两金属的密度;C_1、C_2 为两金属的声速。由式(7-2)给出:

$$C = \sqrt{\frac{3K(1-\nu)}{\rho(1+\nu)}} \tag{7-2}$$

式中:K 为材料体积模量;ν 为材料泊松比。以铝-钢、钢-钢的高速碰撞为例,铝和钢声速的典型值均为 6000 m/s 左右,密度分别为 2700 kg/m³ 和 7900 kg/m³。将上述参数

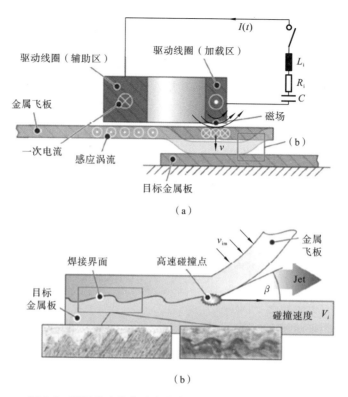

（a）

（b）

图 7-2　基于脉冲洛伦兹力的高速冲击焊接工艺工作原理

代入式（7-1）中可得，以 200 m/s 碰撞时，铝-钢界面冲击压强为 2.41 GPa，钢-钢界面冲击压强可达 4.74 GPa，均远超一般金属材料的塑性变形抗力（0.1～0.5 GPa）。而在电磁成形中，洛伦兹力的加载可以轻松地实现 300 m/s 以上的冲击加载速度，在高速冲击效应产生的巨大冲击压强下，金属间碰撞界面将发生剧烈的局部塑性变形，并产生局部高温熔融效应，进而打破金属界面表面氧化层等杂质，实现金属间的冶金焊接，并呈现出如图 7-2（b）所示的波状焊接界面。

　　与上一节高速成形工艺类似，冲击焊接也可通过调节脉冲洛伦兹力时空分布特性实现不同的焊接任务。区别在于，为产生剧烈冲击碰撞效应，冲击焊接通常需要更高的加载速度，工件变形速度的典型值在 300 m/s 以上，而其变形持续时间通常在 100 μs 以下。为实现上述加载效应，驱动线圈通常需要更高的能量密度，而受装置极限承载能量的限制，现有技术还难以实现大面积冲击焊接，主要用于小尺寸区域的冶金焊接。根据焊接工件几何特征的不同，基于脉冲洛伦兹力的高速冲击焊接工艺大体可分为以下两类。

　　（1）金属管件冲击焊接，是一种通过管件金属间同轴、径向高速碰撞实现其复合焊接的技术。如图 7-3（a）所示，其通常采用管件压缩方式实现同轴金属管件的高速碰撞加载。为了提升加载能力，管件电磁冲击焊接通常采用螺线管线圈与集磁器配合的加载方式。其中，螺线管线圈与电容器相连，用于建立初始磁场，而集磁器则进一步实现磁能聚焦，实现局部工件区域的高强脉冲洛伦兹力加载。金属管件焊接是目前运用最为广泛的高速冲击焊接技术，在多层金属复合管、汽车传动轴等领域已有一定的工业应用。

　　（2）板件"点""线"焊，是一种对两块金属板件局部"点""线"特征冲击焊接的技术。如图 7-3（b）所示，该工艺通常采用单匝线圈来实现，以保证较高的放电频率。此外，通常还通过对线圈截面的优化设计，实现磁能的聚焦，以提升焊接能力。

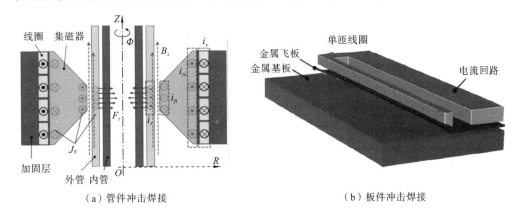

（a）管件冲击焊接　　　　　　　　　　　　（b）板件冲击焊接

图 7-3　高速冲击焊接工艺类型

　　与基于金属熔融-扩散原理的常规焊接工艺（如氩弧焊、电阻焊、激光焊等）相比，基于脉冲洛伦兹力的冲击焊接工艺属于固态焊接，焊接过程中只在工件界面具有显著热效应，不会因热应力而导致工件变形等缺陷。此外，高速冲击焊接可避免熔融焊接过程中气孔、裂纹等缺陷，在铝-钢、铝-铜、铝-钛、钢-钛等体系异种金属高性能复合连接方面具有巨大优势。

3. 电磁铆接

　　与高速冲击焊接一样，电磁铆接也是基于脉冲洛伦兹力的一种金属连接技术。与传统铆接相比，电磁铆接技术具有更强工艺柔性和加工能力，可实现大直径、高强度铆钉的高质量铆接成形，已应用于航空航天产品装配生产。电磁铆接与冲击焊接的区别主要体现在：冲击焊接通过金属间的冶金复合实现多个金属连接，而电磁铆接则是通过铆钉的机械配合实现金属连接。此外，与高速成形和冲击焊接工艺相比，电磁铆接在洛伦兹力加载方面也有较大区别。与板件和管件类金属工件不同，金属铆钉具有细长形几何结构，采用驱动线圈直接加载洛伦兹力的能量利用率较低。因此，通常的电磁铆接技术往往采用如图 7-4（a）所示的间接驱动原理。电磁铆接系统主要包括电容器电源、驱动线圈、驱动板、冲头等，当电容器对驱动线圈放电时，将在金属驱动板处产生轴向向下的脉冲洛伦兹力，该脉冲洛伦兹力将推动机械冲头向下运动，最终作用于金属铆钉。而铆钉在机械冲头的高速冲击下发生塑性变形，进而在铆钉尾部形成柱状法兰，最终实现金属工件的机械连接（见图 7-4（b））。

4. 粉末压实

　　金属粉末电磁压实是一种基于脉冲洛伦兹力的粉末冶金工艺，具有工艺流程短、材料利用率高、组织细小均匀、成分可控以及近净成形等优点，是制备高性能、低成本钛合金的理想工艺，在航空航天、器械等领域具有广阔的应用前景。与电磁铆接类似，电磁压实工艺中的脉冲洛伦兹力也并非直接产生于待加工的金属粉末，而是间接通过金属驱动片加载，借助驱动片的高速变形产生巨大的瞬态压力，将金属粉末压制成致密块材。

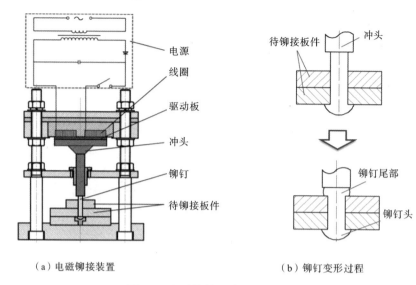

（a）电磁铆接装置　　　　　（b）铆钉变形过程

图 7-4　电磁铆接系统及工作原理

　　根据驱动线圈和金属驱动片结构的不同，电磁压实主要包括以下两种形式。

　　（1）径向压实。如图 7-5（a）所示，径向压实将金属粉末装入金属管状容器（驱动片），并将其置于螺线管线圈内部。当电容器对线圈放电时，将在金属驱动片处产生径向向内压缩的脉冲洛伦兹力，实现金属粉末径向压实，整个工艺持续时间在 1 ms 以内。在这一过程中，磁场往往也会在金属粉末处感应出电流，进而加热金属粉末，促进其压实效果。目前，径向压实工艺主要用于外形复杂或中空的零件，如各种齿轮、齿环、轮毂等。

　　（2）轴向压实。如图 7-5（b）所示，轴向压实装置与电磁铆接类似，也是采用平面螺旋线圈作为驱动线圈。在放电过程中，驱动线圈将在其下方金属驱动板感应轴向向下的脉冲洛伦兹力，并经锥形冲头驱动放置于凹模区域的金属粉末轴向向下运动，最终实现其压实工艺，特别适于加工致密的圆片状制品。

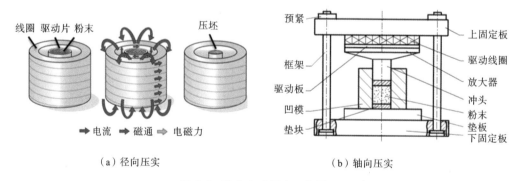

（a）径向压实　　　　　　　　　（b）轴向压实

图 7-5　粉末电磁压实工作原理

7.2.2　多时空力场调控方法

1. 力场调控理论

　　由 7.2.1 节可知，电磁成形技术通过对脉冲洛伦兹力的灵活使用可对不同几何特征的金属工件实现不同制造目标；而在不同的工艺中，脉冲洛伦兹力场时空分布特征的调控,是系统设计的核心。

根据电磁学基本原理,电磁成形中脉冲洛伦兹力 $\boldsymbol{F}$ 可由以下方程决定:

$$\boldsymbol{F} = \boldsymbol{J} \times \boldsymbol{B} \tag{7-3}$$

式中:$\boldsymbol{J}$ 为涡流密度;$\boldsymbol{B}$ 为磁场强度。由式(7-3)可知,可分别调控涡流和磁场实现洛伦兹力空间分布及幅值的调控,实际应用中依据成形工艺对力场的需求选取最优的涡流场和磁场配置。然而,常规的电磁成形系统中,由于传统电磁成形系统通常采用单线圈、单电源工作模式,磁场和涡流往往相互耦合,导致式(7-3)中涡流和磁场的时空分布特性均由同一线圈的几何特性决定,缺乏有效的调控手段。

2011 年始,华中科技大学国家脉冲强磁场科学中心将多级脉冲磁体技术引入电磁成形领域,提出了多时空脉冲强磁场成形制造技术路线,为电磁成形力场调控带来了全新途径。多时空脉冲强磁场成形制造基本构想,是用多线圈-多电源工作模式来替代常规电磁成形的单线圈-单电源工作模式,实现对涡流密度 $\boldsymbol{J}$ 和磁场密度 $\boldsymbol{B}$ 的解耦控制,进而提升对洛伦兹力的调控能力,其工作原理可通过下式说明:

$$\boldsymbol{F} = (\boldsymbol{J}_1 + \boldsymbol{J}_2 + \cdots + \boldsymbol{J}_{m-1} + \boldsymbol{J}_m) \times (\boldsymbol{B}_1 + \boldsymbol{B}_2 + \cdots + \boldsymbol{B}_{n-1} + \boldsymbol{B}_n) \tag{7-4}$$

式中:$\boldsymbol{J}_1 \sim \boldsymbol{J}_m$ 表示 m 个可独立调控的涡流密度分量;$\boldsymbol{B}_1 \sim \boldsymbol{B}_n$ 表示 n 个可独立调控的磁场密度分量。此时,洛伦兹力由 $m \times n$ 项构成,显著提升了其调控自由度。

依据对脉冲洛伦兹力场时空调控能力的强弱,本节将当前调控方法分为两类:

(1) 单时空调控模式,即基于单线圈-单电源工作模式的常规电磁成形方法,其典型特征是涡流场和磁场间强耦合,电磁成形力场由线圈几何结构唯一决定,无法进行自由调控。

(2) 多时空调控模式,即基于多线圈-多电源工作模式的电磁成形方法,通过对涡流场和磁场的多自由度解耦控制,实现对洛伦兹力场的灵活控制,使其呈现出不同的时空分布特征。

以上两种调控模式的具体实施手段描述如下。

2. 单时空调控模式

在单线圈-单电源工作模式下,洛伦兹力场的调控主要是通过改变磁场发生器的几何结构来实现的。具体来说,可分为以下两种实现方式。

(1) 调整线圈绕组空间构型,以改变激励电流的空间走向,进而改变磁场分布。理论上讲,可通过设计复杂的绕组结构来产生丰富的洛伦兹力场。然而,在实际系统中,线圈绕组构型往往还受到加工工艺以及绕组在放电过程中电-磁-热-力载荷的限制(关于线圈载荷的分析可参看脉冲磁体设计的相关内容)。目前使用较广的线圈还是限于较为简单的结构,主要可分为四类:① 平面螺旋线圈,主要用于平板金属的电磁成形。根据其螺旋形状,该线圈类型可进一步细分为圆形螺旋线圈、矩形螺旋线圈、椭球螺旋线圈及以上三种线圈结构的变种——双饼(或多饼)螺旋线圈。该类线圈可以通过改变最内、外层绕组的尺寸或者绕组截面来调节线圈磁场分布,进而改变成形力场分布。② 螺线管线圈,主要用于管件金属的电磁成形。该类线圈通常可通过改变线圈长度或者绕组密度来调控成形力场。③ 异形线圈,主要用于异形工件的电磁成形。该线圈类型通常采用单匝或者匝数很少的绕组结构,通过数控机床(如线切割)方式直接加工而成,可实现非常复杂的绕组形式,但受绕组载荷限制,该类线圈所能承受的放电能量有限,主要用于局部区域的小变形加载,应用较为有限。

（2）引入集磁器，可改变绕组初始磁场的磁通路径，进而改变磁场分布。集磁器通常由具有良好导电性的金属材料（如铜、铝等）加工而成，其工作原理是通过感应涡流、屏蔽磁场进而达到改变空间磁场的目的。与驱动线圈相比，集磁器的引入增加了额外的调控自由度，且由于集磁器由机械加工而成，可以实现比线圈绕组更为复杂的几何构型，进而可提供常规绕组型磁场发生器无法实现的磁场位形。此外，集磁器的引入还可降低绕组的载荷，进而提升装置的使用寿命。然而，在实际使用中集磁器型驱动线圈也存在一些不足。例如，由于集磁器的加入，增加了绕组与金属工件之间的耦合环节，引入了额外的空间磁能耗散，若设计不当则会导致较差的成形效率。

总而言之，基于单线圈-单电源的单时空调控方法虽然可以通过改变绕组构型或引入集磁器的方式对成形力场进行调控，但通常处于力场复杂度、装置寿命及能量效率的三元对立中，难以同时满足力场时空复杂度和载荷级别的需求，限制了其加工能力和性能。

3. 多时空调控模式

与单线圈-单电源方案相比，多线圈-多电源方案下力场调控自由度随线圈个数呈线性增长。对于 n 组线圈系统，仅考虑放电电压与时序两个调控自由度，则整个系统具有 n 个可独立调控的放电电压，以及 $n-1$ 个可独立调控的放电时序，共计 $2n-1$ 个调控自由度。基于多线圈-多电源的电磁成形系统，可通过多个线圈、多套电源的灵活配置，实现多时空复杂成形力场的加载，并且可兼顾线圈热-力载荷及能量效率等重要性能指标，进而显著提升电磁成形的加工能力与性能。总体来说，多线圈-多电源电磁成形系统，可通过改变线圈几何构型、线圈间空间关系、放电能量、放电波形、放电时序等5类参数来调控成形力场。从成形力场的"时-空"维度划分，上述5类调控方式又可归纳为以下三类：空间维度调控、时间维度调控、时-空双维度协同调控。工作原理及典型实施例描述如下。

（1）空间维度调控，即通过多个线圈几何构型、相对排布关系及放电能量等参数实现成形力场调控。其中，线圈几何构型决定了磁场的基本空间分布形式，多线圈间空间排布关系则决定了线圈对工件的分区加载特性，放电能量则用于进一步调节各个分区加载域的洛伦兹力的相对大小。图7-6给出了基于该调控模式的两个具体实施例。其中，图7-6(a)所示的是采用双级线圈-双级电源进行板件电磁成形实施例，是最早的多线圈-多电源电磁成形案例，由华中科技大学国家脉冲强磁场科学中心于2014年首次提出并实施。该实例与常规板件电磁成形最大的改进在于，其在金属板件外围引入了一个径向力线圈，在金属工件边缘感应出径向向内的推送力。这一改进创新发展了金属板件轴-径双向电磁成形方法，显著提升了金属板件的变形均匀性和极限成形高度。此外，后续的研究进一步发现该方法可通过改变两个线圈放电能量灵活调控金属板件变形形貌，实现常规方法难以实现的深腔壳体件成形。图7-6(b)所示的是采用三级线圈-双级电源进行管件变形行为调控的电磁成形案例，该装置可通过改变线圈的放电能量实现管件成形过程中径向洛伦兹力轴向分布的灵活控制，进而可实现波纹状、均匀状等多模态成形行为。

（2）时间维度调控，即通过调节多线圈-多电源系统的放电电流波形及放电时序来改变力场的调控手段。其中，放电电流波形的调控包括电流脉宽（频率）、振荡模式、下降沿等指标的调控，可改变各线圈产生洛伦兹力场的基本动态演变形式；放电时序，则

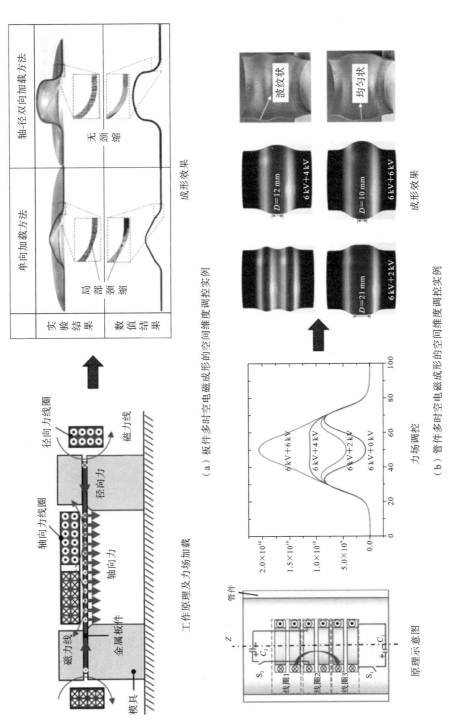

图7-6 多时空力场调控方法——空间维度调控案例

决定了各线圈的先后加载次序。图 7-7 所示的是基于波形调控的改变金属板件电磁成形力场方向的实施例。与常规电磁成形方法一样,该系统只采用了一套电源和一个成形线圈,其改进主要体现在两个方面:采用了极低的放电电流频率;引入了续流回路,并通过改变续流电阻产生不同斜率电流下降沿。结果表明,下降沿斜率对工件洛伦兹力的特性具有显著影响,而在特定场景可以产生电磁吸引力,进而实现将金属板件向线圈吸引的成形模式。当前绝大多数电磁成形均以电磁排斥力为驱动力,这一全新的调控方法有效地填补了电磁吸引力成形的技术空白,相关方法在汽车车身板件凹痕修复、小管件胀形及管件接头拆卸等方面具有独特的优势。

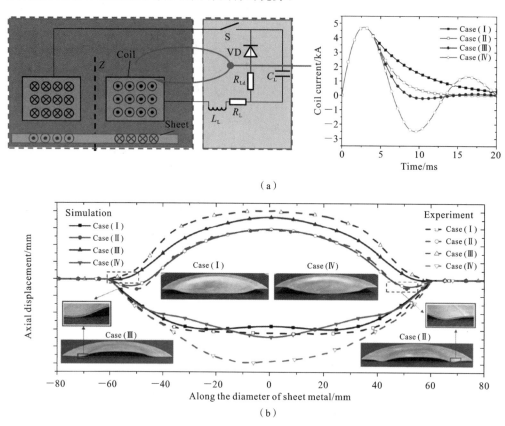

（a）

（b）

图 7-7　多时空力场调控方法——时间维度调控案例

（3）时-空双维度协同调控。除了对空间和时间维度单独进行调控之外,基于多线圈-多电源的多时空力场调控方法还可对时间和空间维度进行协同调控。后者是前两类基本调控模式的自然延伸。图 7-8 所示的为该调控模式实现金属孔电磁强化的案例。该方法采用双级线圈-双级电源系统进行洛伦兹力的加载。其中,内线圈通入短脉宽电流,负责在金属孔件附近建立环向涡流;外线圈通入长脉宽电流,负责在金属孔件处建立轴向背景磁场,进而与内线圈感应的涡流相互作用,在金属孔区域产生径向向外扩张的洛伦兹力,最终实现金属孔件的胀形强化。在该实施例中,关于时间维度的调控,主要体现在两个线圈的放电脉宽及时序的调控方面。一方面,通过长、短脉宽的设置,实现了涡流场与磁场的解耦控制;另一方面,通过时序的控制,使得涡流场与背景磁场在同一时间段达到最大值,以最大限度提高洛伦兹力的加载效率。关于空间维度的调控,主要体现在两个线圈、金属孔件三者相对位置的排布上。受金属孔件尺寸的限制,直接将线圈置于孔内部是不现实的。如图 7-8 所示,通过将内外线圈、孔件三者同轴放置,可实现涡流场、背景磁场的最佳加载效率。与常规基于机械力的孔强化方法相比,该方法具有非接触、高柔性等优势,可避免接触式加载导致的胀形不均匀等缺陷,在航空航天板管类零件局部孔强化方面具有广阔应用前景。

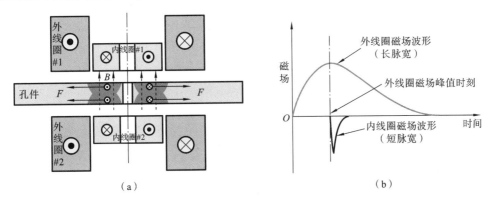

图 7-8　多时空力场调控方法——时-空双维度协同调控案例

7.2.3　典型应用案例

7.2.2 节很好地说明了多线圈-多电源技术路线,以及在电磁成形力场多时空调控方面的巨大优势。基于这一原创性技术路线,华中科技大学国家脉冲强磁场科学中心电磁成形团队在过去十年里开展了一系列理论、技术与应用研究工作,把重点聚焦于航空航天、新能源汽车等先进制造领域。

1. 航空航天大尺度铝合金薄壁壳体件成形制造

随着载人飞船、月球和火星探测、北斗卫星导航等航天重大工程的部署和实施,我国航空航天事业进入了高速发展期。这些重大工程的顺利推进对航宇运载装备的结构强度、服役寿命、运载能力及结构重量系数等性能参数都提出了更高的要求,促进装备结构件进一步朝着轻量化且具有大尺寸、薄壁(相对厚度小于 0.3%)等特征的零件方向发展。数据表明,我国大飞机、大运载火箭结构重量的 60%~80% 拟采用铝、钛等轻合金构件;直径 5 m 以上的燃料推进剂储箱(见图 7-9(a))将进一步提高大型运载火箭的有效载荷和可靠性。目前该类大尺度构件的成形主要通过准静态机械力和液力等方式,经凹模、凸模强制配合来实现。这类成形技术一方面易发生起皱、破裂等缺陷,且存在明显的回弹,进而显著影响加工精度和质量;另一方面大尺度结构件的成形对这些成形装备提出了严苛要求,现有成形设备工作台面和吨位等级限制了能够整体加工成形的结构件尺寸。在航空航天领域,所需的结构件通常都具有很大的尺寸。例如,火箭燃料储箱箱底直径一般都大于 3 m。对于这种大尺寸的结构件,国内外一般都采用分瓣成形的方法,对每一个分瓣分别进行成形加工,然后通过焊接的方式将所有分瓣成形件组成一个整体。随着新一代运载火箭对结构重量、推力大小以及工作寿命的更高要求,大尺寸薄壁构件的拼焊制造方式已经成为制约航天器性能与可靠性提高的瓶颈。

华中科技大学国家脉冲强磁场科学中心提出了基于多时空脉冲强磁场的电磁成形

长征运载火箭　　　　　　燃料储箱　　　　　　储箱箱底壳体

挑战：特征尺寸大、尺寸精度与安全等级要求高，加工难度大

（a）航空航天大尺度铝合金壳体件

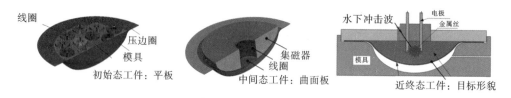

步骤1：阵列线圈成形　　　　　　步骤2：集磁器成形　　　　　　步骤3：电液成形
·产生分区电磁力　　　　　　　　·产生自适应电磁力　　　　　　·产生电液冲击波
·实现板件初始预成形　　　　　　·实现连续增量成形　　　　　　·实现贴模校形

（b）多时空脉冲强磁场成形力场加载方案

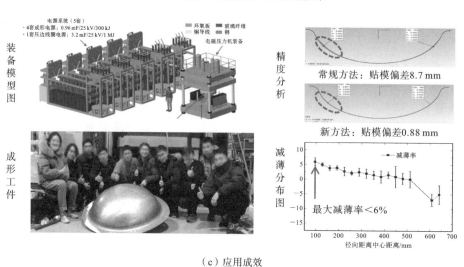

（c）应用成效

图 7-9　航空航天大尺度铝合金薄壁壳体件的多时空脉冲强磁场成形制造

制造技术构思，通过脉冲强磁场的多时空尺度加载与调控，突破现有制造能力极限，解决 3 m 以上尺度航空航天铝合金壳体件的高性能整体成形制造难题。该项研究于2011 年获得了国家 973 项目立项支持，华中科技大学国家脉冲强磁场科学中心作为项目首席单位，先后提出了包括同轴多级线圈成形、电磁脉冲压边、惯性约束工装等一系列原创性大尺度构件成形方法，并开发了一系列成形装备样机。基于这些核心技术突破，中心团队于 2014 年突破了直径 640 mm 铝合金壳体件的整体电磁成形技术，为当时有文献报道的国际上最大尺度的电磁成形构件；2016 年，进一步实现了直径 1378

mm 铝合金构件的整体电磁成形。在此基础上,中心团队开发了基于多能场的多工步复合成形工艺,用以解决大尺度薄壁构件整体电磁成形过程中贴模精度、变形均匀性、起皱行为的协同控制难题。如图 7-9(b)所示,该方法主要采用了三类成形力场加载原理。

(1)阵列线圈加载,即通过多个小型模块化线圈的阵列排布方式来实现大尺度构件洛伦兹力分区加载的方法,可解决大尺度驱动线圈制造成本高、维护难度大等问题。该加载原理主要用于大尺度构件的初始加载阶段,对平板金属工件进行预成形加工。

(2)集磁器加载,即通过曲面集磁器对磁场进行调控,以产生与预变形后金属工件匹配的自适应脉冲洛伦兹力的方法。所产生的力场主要用于驱动预成形后的金属工件实现多工步增量成形,直至金属工件接近于模具贴模。

(3)电液成形加载,即利用水下放电产生的电液冲击波效应进行金属塑性变形加载的方法。该加载模式主要用于对接近贴模的成形工件进行校形加工。一方面,消除工件与模具之间的间隙,以提升贴模精度;另一方面,用于消除前期预成形过程中产生的起皱缺陷,以确保良好的表面成形质量。

基于上述多工步复合成形方案,华中科技大学国家脉冲强磁场科学中心电磁成形团队研发了相应的成形样机,对包括 AA2219、5A06 在内的典型航空航天铝合金材料进行了实验测试。模具按照火箭实际燃料储箱箱底进行了等比例缩小,目标成形形貌为标准半椭球形曲面,长轴和短轴分别为 1000 mm 和 625 mm,成形结果如图 7-9(c)所示。结果表明,该方法在加工精度和均匀性方面均达到优异的指标。其中,成形精度可控制在 1 mm 以内,减薄率可控制在 6% 以内,展现了多时空脉冲强磁场成形制造方法在航空航天大尺度构件整体高性能成形制造方面的巨大应用潜力。

2. 燃料电池钛合金双极板成形制造

以氢气为原料的质子交换膜燃料电池(氢燃料电池)具有功率密度大、发电效率高和环境污染少等优点,已成为新能源汽车和航空航天等领域的理想动力源之一。双极板作为氢燃料电池的关键部件,如图 7-10(a)所示,其质量好坏将直接决定电池堆输出功率大小和使用寿命。钛合金因其优异的机械强度、导热性、致密性和耐腐蚀等特性,是理想的双极板材料。然而,如何实现薄壁钛合金双极板的高性能成形批量制造极具挑战性。一方面,钛合金的屈服强度高,延伸率小,在常温下的变形能力低,且成形后会存在较大的回弹现象;另一方面,壁厚为 0.1 mm 级别的燃料电池极板属于典型的介观尺度制造范畴,存在有别于传统宏观尺度成形的特殊现象,即尺度效应(尺寸微小化引起的成形机理以及变形规律表现出不同于传统成形过程的现象)。在该效应作用下,如何保证复杂的流道构型与微小槽宽间的相容性,降低成形工艺参数的敏感性极为复杂。现有的成形加工技术如冲压成形、液压成形、超塑性成形等方法难以用于薄壁钛合金双极板成形,存在流道深度不足、工件减薄易撕裂、流道表面质量差、一致性控制困难等一系列问题。

华中科技大学国家脉冲强磁场科学中心电磁成形团队基于多时空脉冲强磁场加载技术路线,提出基于双级通流成形系统和背景磁场线圈系统结合的柔性电磁-热复合成形方法。如图 7-10(b)所示,与常规电磁成形技术相比,该方法的优越性体现在如下三个方面。

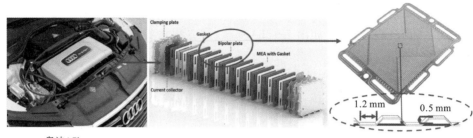

奥迪A7h-tron
氢燃料电池混合动力汽车　　双极板结构示意图　　流道宽度＜1.5 mm，数量＞60

（a）燃料电池钛合金双极板

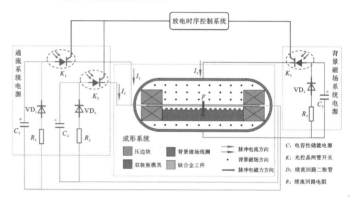

➤ 通流代替传统感应涡流：
成形效率高、适合钛合金
低电导率材料

➤ 背景脉冲磁场：提升成形
调控能力

➤ 电热效应：改善材料塑性

（b）多时空脉冲强磁场成形力场加载方案

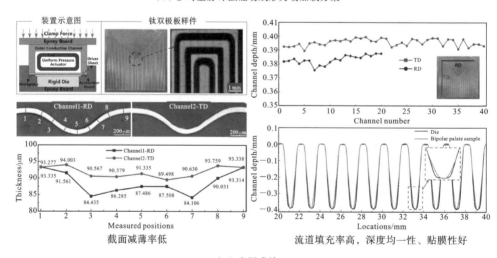

截面减薄率低　　　　　流道填充率高，深度均一性、贴膜性好

（c）应用成效

图 7-10　燃料电池钛合金双极板的多时空脉冲强磁场成形制造

（1）采用直接通流模式代替常规电磁成形感应涡流的模式，以解决钛合金低电导率带来的能量效率低的问题。

（2）通过引入长脉宽背景磁场，进一步增强钛合金电磁成形过程中的洛伦兹力幅值，同时增强其调控能力。

（3）在对钛合金进行成形前，引入可控的电阻加热效应实现对工件的温度控制，使其处于可控的高温状态，以改善材料的塑性。

图 7-10(c)所示的为基于该方法开展钛合金双极板成形的实验结果。实验中,双极板流道目标深度为 0.4 mm。可以看出,该方法成功实现了钛合金双极板的高性能制造,具有良好的贴模性和变形均匀性。

7.3　电磁冶金技术

电磁冶金是冶金和材料科学领域的交叉学科,其采用电磁场调控技术对冶金和材料制备过程中发生的物质流动及能量传输现象进行无接触控制,从而优化材料组织结构和性能,并提高生产效率。电磁冶金技术具有非接触、节能环保和可精确控制等优势,可解决传统冶金工业效率低、能耗高、污染严重等问题。目前,电磁冶金技术的发展具有如下趋势:一是在钢铁冶金领域,传统电磁冶金技术如电磁搅拌等不断成熟和扩展,工艺朝着自动化和智能化方向发展;二是电磁冶金技术的应用领域不断扩大,从最初的钢连铸电磁搅拌、铝合金电磁铸造不断延伸发展,在钢铁的热浸镀锌封流、抹拭中也展现出了广阔前景;三是电磁场尤其是强磁场和高熔点金属直接通电等技术的快速发展,为电磁场在冶金生产和材料加工领域的应用带来了新的机遇。

7.3.1　电磁冶金基本理论

电磁流体力学是电磁冶金技术的基础理论,主要用于研究流体在电磁场作用下的运动规律。

1. 流体力学基本方程与电磁流体力学方程组

流体力学基本方程包括连续性方程、运动方程和能量守恒方程,它们反映了流动过程严格遵循质量守恒、动量守恒和能量守恒的物理本质。

1)连续性方程

连续性方程是质量守恒定律在流体力学中应用所得出的表达式,也称为质量守恒方程。对于固定大小的控制体,流出净质量的负值等于密度 ρ 随时间的变化率,可表示为

$$\frac{\partial \rho}{\partial t} = -\nabla \cdot (\rho v) \tag{7-5}$$

式中:v 为流体速度。在定常、不可压缩等特定条件下,连续方程将得到简化。

定常可压缩流动:密度不随时间变化,则任意时刻流进和流出微元体的质量流量总和等于零,连续方程简化为

$$\nabla \cdot (\rho v) = 0 \tag{7-6}$$

不可压缩流动:密度是常数,不随时间和位置改变,连续方程简化为

$$\nabla \cdot v = 0 \tag{7-7}$$

2)运动方程(纳维-斯托克斯方程)

运动方程反映了流动过程中动量守恒的性质,因此也被称为动量守恒方程。若将动量变化率看作流体微元体的惯性力,则运动方程反映的是微元流体所受的外力与惯性力之间的平衡。

通常微元流体所受外力包括体积力、黏性力和压力等。体积力是指分布在整个微

元体质量上的力,如重力、洛伦兹力、浮力等。黏性力是由于分子微观运动而在不同速度的相邻两层流体之间产生的摩擦力。黏性力与压力均为表面力而非体积力。运动方程可表示为

$$\rho \frac{\mathrm{d}\boldsymbol{v}}{\mathrm{d}t} = \rho \boldsymbol{F} + \boldsymbol{\nabla} \cdot \boldsymbol{\tau} = \rho \boldsymbol{F}_\mathrm{b} + \boldsymbol{J} \times \boldsymbol{B} + \rho_\mathrm{v} \boldsymbol{E} - \boldsymbol{\nabla} p + \boldsymbol{\nabla}(\mu_\mathrm{f} \boldsymbol{\nabla} \cdot \boldsymbol{v}) + \boldsymbol{\nabla} \cdot (2\eta \boldsymbol{S}) \qquad (7\text{-}8)$$

式中:$\boldsymbol{F}$ 为单位质量流体的体积力,电磁流体力学中体积力包括重力等非洛伦兹力 ($\boldsymbol{F}_\mathrm{b}$)、洛伦兹力($\boldsymbol{J} \times \boldsymbol{B}$)和库仑力($\rho_\mathrm{v}\boldsymbol{E}$);$\boldsymbol{\tau}$ 为应力张量;p 为压力;μ_f 为第二黏性系数;η 为动力黏度;$\boldsymbol{S}$ 为变形速率张量。

式(7-8)左边为单位体积的质量与加速度的乘积,即惯性力,右边分别为体积力和表面力。

在计算时,运动方程需要先给定初始条件和边界条件,并与其他多个方程相结合进行计算,如压强和密度间的关系式,黏度与温度的关系式以及热能平衡方程等。实际应用时,可根据需要进行理想化假设从而简化方程。例如,对于理想绝热流体,运动方程可简化为

$$\rho \left[\frac{\partial \boldsymbol{v}}{\partial t} + (\boldsymbol{v} \cdot \boldsymbol{\nabla} \boldsymbol{v}) \right] = -\boldsymbol{\nabla} p + \rho \boldsymbol{g} + \rho_\mathrm{v} \boldsymbol{E} + \boldsymbol{J} \times \boldsymbol{B} \qquad (7\text{-}9)$$

3) 能量方程

能量方程反映了流动过程中能量守恒的性质。单位时间内外界对微元体传递的能量和流体内部产生的能量之和等于该时间内微元体能量的增加,可表示为

$$\rho \frac{\mathrm{d}U}{\mathrm{d}t} = -\boldsymbol{\nabla} \cdot \boldsymbol{q} - p \boldsymbol{\nabla} \cdot \boldsymbol{v} + k(\boldsymbol{\nabla} \cdot \boldsymbol{v})^2 + \Phi_\epsilon + Q_\mathrm{in} \qquad (7\text{-}10)$$

式中:U 为单位质量内能;$\boldsymbol{q}$ 为导热热流密度,$\boldsymbol{q} = -\lambda \boldsymbol{\nabla} T$,$\lambda$ 为热导率;k 为体积黏性系数,$k = \mu_\mathrm{f} + \dfrac{2}{3}\eta$;$\Phi_\epsilon$ 为能量耗散函数;Q_in 为电磁能耗散函数。

式(7-10)的左边项为流体微元内动能的变化率,右边的五项分别为外界对微元体的热传导、微元体表面压力对流体做工转化成的能量、流体介质体积变化时所耗散的机械能、能量耗散、内部热源。

恒压时使用状态参数焓表示能量方程中的内能,忽略一般压力项的时间导数 $\mathrm{d}p/\mathrm{d}t$ 和 Q_in,对能量方程进行简化,可得到以温度为变量的能量方程:

$$\rho C_p \left[\frac{\partial T}{\partial t} + \boldsymbol{\nabla} \cdot (\boldsymbol{v}T) \right] = -\boldsymbol{\nabla} \cdot (\lambda \boldsymbol{\nabla} T) + \Phi_\epsilon \qquad (7\text{-}11)$$

式中:C_p 为定压热容。

如果流体在运动过程中满足绝热条件,内部质点之间无热量交换,可以使用绝热方程代替能量方程,即

$$p\rho^{-\gamma_\mathrm{L}} = 常量 \qquad (7\text{-}12)$$

式中:γ_L 为流体的定压热容与定容热容之比。

4) 电磁流体力学方程组

将流场和电磁场基本方程耦合,就构成电磁流体力学方程组。理想绝热流体的电磁流体力学方程组为

$$\frac{\partial \rho}{\partial t} = -\boldsymbol{\nabla} \cdot (\rho \boldsymbol{v})$$

$$\rho \frac{\mathrm{d}\boldsymbol{v}}{\mathrm{d}t} = \rho \boldsymbol{F}_{\mathrm{b}} + \boldsymbol{J} \times \boldsymbol{B} + \rho_{\mathrm{v}} \boldsymbol{E} - \boldsymbol{\nabla} p + \boldsymbol{\nabla}(\mu_{\mathrm{f}} \boldsymbol{\nabla} \cdot \boldsymbol{v}) + \boldsymbol{\nabla} \cdot (2\eta \boldsymbol{S})$$

$$p\rho^{-\gamma_{\mathrm{L}}} = 常量$$

$$\begin{cases} \boldsymbol{\nabla} \cdot \boldsymbol{D} = \rho_{\mathrm{v}} \\ \boldsymbol{\nabla} \cdot \boldsymbol{B} = 0 \\ \boldsymbol{\nabla} \times \boldsymbol{E} = -\dfrac{\partial \boldsymbol{B}}{\partial t} \\ \boldsymbol{\nabla} \times \boldsymbol{H} = \boldsymbol{J} + \dfrac{\partial \boldsymbol{D}}{\partial t} \end{cases} \tag{7-13}$$

$$\boldsymbol{J} = \sigma(\boldsymbol{E} + \boldsymbol{v} \times \boldsymbol{B}) + \rho_{\mathrm{v}} \boldsymbol{v}$$

对于高电导率介质中的低频条件,由于电子速度大小与等离子振荡频率有关,低频时在弛豫时间内足以使导电介质中的电荷体密度消失,因此电荷体密度 ρ_{v} 可近似为零。而且,位移电流、对流电流、重力也可以忽略,所以简化后的电磁流体力学方程组为

$$\frac{\partial \rho}{\partial t} = -\boldsymbol{\nabla} \cdot (\rho \boldsymbol{v})$$

$$\rho \left[\frac{\partial \boldsymbol{v}}{\partial t} + (\boldsymbol{v} \cdot \boldsymbol{\nabla} \boldsymbol{v}) \right] = -\boldsymbol{\nabla} p + \boldsymbol{J} \times \boldsymbol{B}$$

$$p\rho^{-\gamma_{\mathrm{L}}} = 常量$$

$$\begin{cases} \boldsymbol{\nabla} \cdot \boldsymbol{D} = 0 \\ \boldsymbol{\nabla} \cdot \boldsymbol{B} = 0 \\ \boldsymbol{\nabla} \times \boldsymbol{E} = -\dfrac{\partial \boldsymbol{B}}{\partial t} \\ \boldsymbol{\nabla} \times \boldsymbol{H} = \boldsymbol{J} \end{cases} \tag{7-14}$$

$$\boldsymbol{J} = \sigma(\boldsymbol{E} + \boldsymbol{v} \times \boldsymbol{B})$$

2. 无量纲参数

无量纲参数在流体力学中具有重要意义,它们可以将控制方程无因次化从而减少变量,以便于分析流场和电磁场的特性。

为实现运动方程和磁通密度控制方程的无量纲化,一般引入下式所示的无量纲量:

$$\boldsymbol{v}^* = \frac{\boldsymbol{v}}{v_0}$$

$$p^* = \frac{p}{\rho v_0^2}$$

$$t^* = wt \tag{7-15}$$

$$\boldsymbol{B}^* = \frac{\boldsymbol{B}}{B_0}$$

$$\boldsymbol{\nabla}^* = L_0 \boldsymbol{\nabla}$$

$$\Delta^* = L_0^2 \boldsymbol{\nabla}^2$$

式中:v_0 为特征速度;B_0 为特征磁感应强度;L_0 为特征长度。

1) 运动方程的无量纲化和无量纲参数

在不可压缩流体、准静场、无极性假设条件下,忽略重力和库仑力,运动方程可简

化为

$$\rho\left[\frac{\partial \boldsymbol{v}}{\partial t}+(\boldsymbol{v}\cdot\boldsymbol{\nabla}\,\boldsymbol{v})\right]=\boldsymbol{J}\times\boldsymbol{B}-\boldsymbol{\nabla}\,p+\eta\,\boldsymbol{\nabla}^2\boldsymbol{v} \tag{7-16}$$

将式(7-15)代入式(7-16)可得到无量纲化的运动方程:

$$\frac{W^2}{Re}\frac{\partial \boldsymbol{v}^*}{\partial t^*}+(\boldsymbol{v}^*\cdot\boldsymbol{\nabla}^*)\boldsymbol{v}^*=S_{\mathrm{m}}(\boldsymbol{\nabla}^*\times\boldsymbol{B}^*)\times\boldsymbol{B}^*-\boldsymbol{\nabla}^*\,p^*+\frac{1}{Re}\Delta^*\,\boldsymbol{v}^* \tag{7-17}$$

式中:W 为沃默斯利数,$W=L_0\sqrt{\dfrac{\omega}{v}}$,$v$ 为动力黏度,$v=\dfrac{\eta}{\rho}$;Re 为雷诺数,$Re=\dfrac{v_0 L_0}{v}$;S_{m} 为磁压数,$S_{\mathrm{m}}=\dfrac{B_0^2}{\mu_0\rho v_0^2}$。

2)磁感应强度控制方程的无量纲化和无量纲数

由高斯定律、法拉第电磁感应定律和安培定律以及欧姆定律可知

$$\frac{\partial \boldsymbol{B}}{\partial t}=\frac{1}{\mu\sigma}\boldsymbol{\nabla}^2\boldsymbol{B}+\boldsymbol{\nabla}\times(\boldsymbol{v}\times\boldsymbol{B}) \tag{7-18}$$

式(7-18)称为磁感应强度控制方程,其右边两项分别为磁场的扩散项和对流项。

将式(7-15)代入式(7-18)中,可得

$$W_{\mathrm{m}}^2\frac{\partial \boldsymbol{B}^*}{\partial t^*}=\Delta^*\boldsymbol{B}^*+Re_{\mathrm{m}}\boldsymbol{\nabla}^*\times(\boldsymbol{v}^*\times\boldsymbol{B}^*) \tag{7-19}$$

式中:W_{m} 为磁沃默斯利数,$W_{\mathrm{m}}=L_0\sqrt{\dfrac{\omega}{v_{\mathrm{m}}}}$,$v_{\mathrm{m}}$ 为磁扩散率,$v_{\mathrm{m}}=\dfrac{1}{\mu\sigma}$;$Re_{\mathrm{m}}$ 为磁雷诺数,$Re_{\mathrm{m}}=\dfrac{v_0 L_0}{v_{\mathrm{m}}}=\dfrac{v}{v_{\mathrm{m}}}Re$。

对于液态金属来说,由于 $v\ll v_{\mathrm{m}}$,磁雷诺数 $Re_{\mathrm{m}}\ll Re$,因此多数情况下会呈现磁扩散效应。

综上,非定常的磁流体流动出现了 5 个无量纲参数:沃默斯利数 W、磁沃默斯利数 W_{m}、雷诺数 Re、磁雷诺数 Re_{m} 和磁压数 S_{m}。在进行电磁流体力学模型实验时,需同时满足几何学相似以及流动状态相似条件。在上述所有无量纲数相同的条件下,模型实验和实际的无量纲化微分方程相同。为了完全相似,边界条件也必须完全一致。一般来说,对于不同情况,所有相似条件都满足是很困难的。所以需要根据工况条件来判断、选择重要的因素,只要相应的无量纲数一致就可以进行模型实验。

7.3.2 电磁搅拌技术

1. 电磁搅拌原理

在传统机械搅拌过程中,搅拌桨与高温熔融金属发生直接接触,从而带来一系列问题,包括:① 搅拌桨需要耐高温且需达到一定的机械强度,若待搅拌基体金属的熔点较高,则搅拌桨材料的选择、制备与成形过程均面临重重困难;② 搅拌桨的接触会带来杂质并引入气体,使得材料的力学性能降低;③ 在熔融金属与颗粒的搅拌过程中,颗粒难以进入搅拌桨附近熔体区域,从而产生搅拌盲区;④ 搅拌桨的运动过程较为单一,搅拌方式过于简易,难以进行多组配合从而实现多种搅拌方式,导致搅拌效率提升受限。

电磁搅拌技术是指在冶金过程中,利用外界电磁场感应产生的洛伦兹力使熔融金属发生定向流动,从而改善熔融金属在凝固过程中的流动、传热和传质过程,进而改善

金属铸坯质量的一项冶金技术。电磁搅拌因其搅拌方式为非接触式，可以解决机械搅拌的上述缺陷。图 7-11 所示的为机械搅拌和电磁搅拌装置的常见结构。

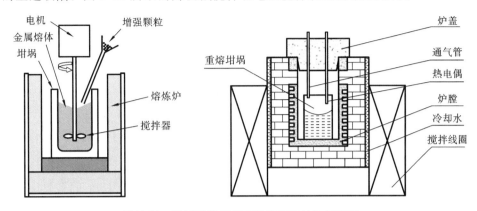

图 7-11　机械搅拌与电磁搅拌装置结构示意图

电磁搅拌技术的基本原理与电机相似，都是通过电磁感应方式产生洛伦兹力。下面以旋转磁场搅拌器为例介绍电磁搅拌技术的原理，如图 7-12 所示。搅拌器类似电机的定子，常采用三相六极的形式，熔融金属类似于电机的转子。当三相绕组中通入三相对称交流电后，就在空腔中激发一个沿圆周呈正弦分布的磁场，电流随时间变化而变化，磁场波幅沿圆周旋转，形成旋转磁场。这种交变磁场穿过导电的熔融金属时会感生出感应电动势，从而在金属熔体的闭合回路中产生感应电流。熔融金属所受洛伦兹力由该感应电流与旋转磁场共同作用而产生，正是这种力可促使熔融金属沿圆周方向发生定向运动，且运动方向与旋转磁场的旋转方向一致。与旋转电机一样，通过交换电源任意两相的相序，旋转磁场的方向随之反向，进而使得运动方向发生反转，交替搅拌即是基于这一原理。

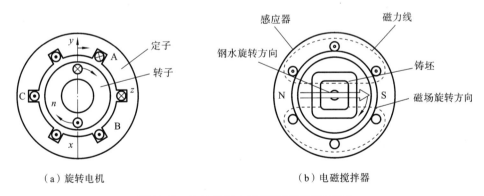

（a）旋转电机　　　　　　　　　（b）电磁搅拌器

图 7-12　旋转磁场电磁搅拌器原理示意图

2. 电磁搅拌分类

依据磁场运动方式的不同，电磁搅拌可分为旋转磁场搅拌（见图 7-13(a)）、行波磁场搅拌（见图 7-13(b)）和螺旋磁场搅拌（见图 7-13(c)）。其中，行波磁场搅拌器的原理与旋转磁场搅拌器类似，可视作将旋转磁场搅拌器沿周向展开为一条直线，旋转磁场也被同时展开为沿直线运动的磁场，使得熔融金属在搅拌器作用下沿直线运动，且运动方向与磁场的运动方向相同。螺旋磁场搅拌器由旋转磁场搅拌器与行波磁场搅拌器组合而成。根据磁场叠加原理，熔融金属同时受到旋转磁场和行波磁场的作用，发生旋转运动和直线运动,即螺旋运动,可以极大地提高金属液运动的紊乱度和搅拌效率,但也存在设备臃肿、检修困难等缺陷。以上三种电磁搅拌方式存在设备体积较大、结构复杂、可靠性低、流动回路少等缺陷。近年来发展出了一种交变磁场搅拌器,其示意图如图7-14 所示。

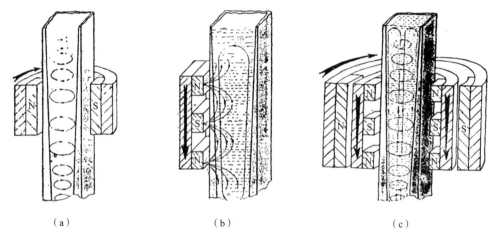

（a）   （b）   （c）

图 7-13　三种电磁搅拌示意图

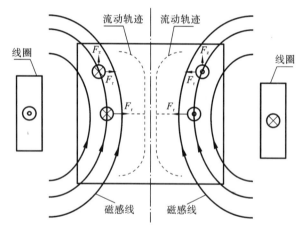

图 7-14　交变磁场电磁搅拌示意图

　　线圈通电后在金属液中产生交变磁场,磁场由径向分量和轴向分量组成。根据楞次定律,金属液中产生与搅拌线圈相反的感应电流以阻碍原磁通的变化,并与磁场相互作用产生洛伦兹力。由于磁场存在两个方向的分量,因此洛伦兹力也存在径向和轴向两个分量。其中,径向分量主要是无旋分量,为金属液提供支撑力,减小了金属液与壁面的摩擦力,使得铸锭表面质量优异;轴向分量主要是有旋分量,负责提供搅拌力,使金属液产生多个流动回路,形成强烈对流。相比另外三种搅拌器,交变磁场搅拌器具有以下优势。

　　(1) 设备体积小、结构简单,成本较低,可靠性更高。

　　(2) 能产生多个流动回路并形成强烈对流,流场紊乱度高,从而可使增强颗粒分布更为均匀,搅拌效率高。

　　(3) 能细化基体金属的微观结构,并提高铸坯的表面质量。

7.3.3 电磁抹拭技术

1. 镀锌与抹拭

钢铁是国民经济发展的基石。镀锌工艺作为钢铁生产的流程之一,与钢铁工业的发展密不可分。随着钢铁工业的迅猛发展,镀锌业也获得了前所未有的发展机遇。与铁相比,锌元素的还原性更强,更易被氧化,因此镀有锌层的钢铁基体不易腐蚀,寿命长。与其他元素相比,锌具有独特的优点,以其良好的结合强度、较好的耐久性、经济性和工艺的成熟性而成为钢铁基体镀层常用的金属材料,因此在冶金、低碳钢丝、国防军工等行业中,镀锌钢件得到极其广泛的应用。

目前,工业上常用的镀锌方法有热浸镀锌法、电镀锌法和机械镀锌法。其中,占主导的是热浸镀锌法。热浸镀锌是将处理好的待镀工件浸入熔融的金属液体之中,使基材与镀层金属发生冶金结合,从而改善防腐蚀、装饰以及机械性能等。热浸镀锌工艺要求锌层与工件之间能紧密结合,镀层厚度均匀、合适,表面致密、光滑、无缺陷。图 7-15所示的为热浸镀锌工艺的一般流程,钢件表面经清洁、热处理后,由输送装置经沉没辊送到锌锅内,使其表面黏附一层锌液,再垂直向上引出锌锅。之后经过抹拭装置,使得钢件表面锌液镀层厚度减薄至所需厚度,且镀层光滑、均匀,并将多余的锌液抹拭回锌锅中。最后由镀层检测装置检测锌层厚度和质量,并根据检测结果及时反馈调整抹拭参数,形成闭环控制。图 7-16 为热浸镀锌模型图。由此可见,抹拭是热浸镀锌过程中的一项关键技术,直接决定着钢件镀锌层的厚度和表面质量。镀锌工艺的优劣是影响

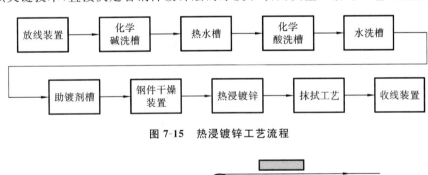

图 7-15　热浸镀锌工艺流程

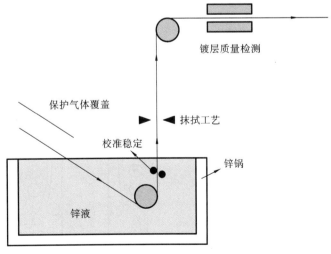

图 7-16　热浸镀锌模型图

热浸镀锌产品表面质量的核心因素。

常规的热浸镀锌抹拭工艺包括石棉簧抹拭法、油木炭抹拭法和气体抹拭法。其中应用最广泛、技术最成熟的是气体抹拭法,如图 7-17 所示。它是将一定量的气体经过压缩由气刀喷嘴喷出,形成高速气流,在尚未凝固的镀锌层表面产生抹拭力,将多余的锌液抹回锌锅。在保证镀锌层表面光滑均匀的同时,通过改变工件运动速度、喷嘴压力的大小、喷嘴到工件的距离以及喷嘴的开度等因素来控制镀锌层的厚度。但是随着生产线速度的提高,气体抹拭法作为一种直接接触的抹拭方法,也产生了一些问题。例如,为了保证锌层厚度符合要求,气压需要随工件运动速度的增加而增加,从而产生较大的扰动,使工件表面锌液飞溅,导致镀锌层厚度不均匀,质量下降。另外,高速气体的流动也导致锌液与空气充分接触,发生氧化反应形成不可重复使用的锌渣,导致金属锌的浪费,即锌的氧化过程。在高速气流的冲击下,锌液也会形成小液滴弥散进入空气中,污染空气,对环境造成严重的不良影响。为防止这些情况的出现,就需要限制气刀的气压,但也限制了生产线的速度且降低了效率。

针对传统气体抹拭法的不足,为了提高生产效率,有学者提出了电磁抹拭技术。电磁抹拭技术是一种新型抹拭方法,利用磁场在镀锌层表面产生洛伦兹力来替代气体抹拭中的射流冲击力,将多余的锌液抹拭下去。相比传统的气体抹拭,电磁抹拭技术只需控制电流、频率等电源参数即可控制洛伦兹力的大小,也可通过调整抹拭装置与工件之间的距离改变镀层厚度。抹拭装置与工件之间只有电磁场的耦合,没有直接接触,不会引入其他元素杂质影响镀层成分,也不需要对抹拭装置进行多余的维护,设备寿命长,性价比高。此外,电磁抹拭技术还具有控制精度高、镀层均匀等优点,并可依据不同形状工件的需求,设计不同的磁体以产生多种位形的磁场,满足实际生产中的多样化需求。在接下来的章节中,以管件和板件的电磁抹拭为例简要介绍电磁抹拭的工作原理。

2. 单相电磁抹拭

单相电磁抹拭技术是一种通过单相交变电流产生交变磁场进而感应产生电磁抹拭力的技术,其常见的结构如图 7-18 所示。感应线圈围绕工件绕制,线圈旋转轴与工件运动方向一致(轴向方向)。当线圈中通以交变电流时,可在线圈内产生主磁通方向同样为轴向的交变磁场。

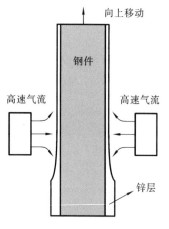

图 7-17　气体抹拭原理图

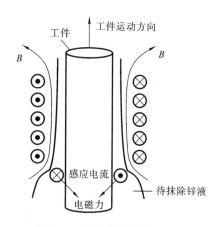

图 7-18　单相电磁抹拭原理图

当表面涂覆有液态镀锌层的工件穿过线圈时,交变磁场可在镀层中感应产生交变电流,使镀锌层受到斜向下的洛伦兹力作用。该洛伦兹力的轴向分量为向下的洛伦兹力,可使镀层有向下运动从而被抹除的趋势;径向分量为向内的洛伦兹力,可使镀层减薄降低厚度,以上两种趋势共同作用可达到抹拭的效果。考虑到洛伦兹力的方向与磁场方向垂直,而锌液所处位置的磁场主磁通方向为轴向,其轴向分量大于径向分量,故锌液所受径向洛伦兹力大于轴向洛伦兹力,变薄趋势明显,但抹除效率较低,易使锌液在装置入口处堆积,且冷却凝固堵塞抹拭装置。

3. 管件的三相电磁抹拭

三相电磁抹拭技术是一种通过三相交变磁场感应产生电磁抹拭力的技术。如图 7-19 所示,在 A、B、C 三相线圈中通入三相交变电流,A 相超前 B 相 120°,B 相超前 C 相 120°。对于纵向磁通连接方式,三相感应线圈产生的主磁场方向与镀锌钢件移动方向平行。由于 A、B、C 相序的关系,三相合成行波磁场的传播方向竖直向下,与镀锌钢件移动方向相反。

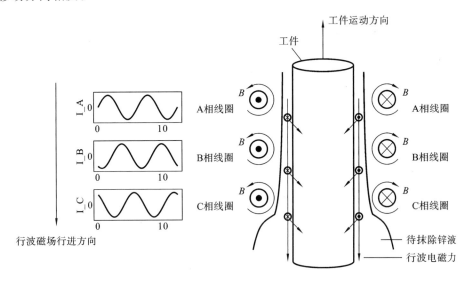

图 7-19 管件三相电磁抹拭原理图

当表面黏附液态镀锌层的镀锌钢件向上穿过三相电磁抹拭装置时,一方面,对于单相交变磁场,能够通过感应出的交变电流在镀锌层上形成斜向下的洛伦兹力,该洛伦兹力既有轴向分量也有径向分量;另一方面,对于三相合成的行波磁场,在镀锌层上感应产生与行波磁场方向相同的行波洛伦兹力,该洛伦兹力仅有轴向分量。在两者合成的洛伦兹力作用下,液态镀锌层向上移动可被抑制,从而克服镀锌层之间的黏附力,将多余的锌液抹拭下去,达到抹拭的效果。

由此可知,三相电磁抹拭装置相比单相电磁抹拭装置,行波磁场所产生的行波洛伦兹力作为洛伦兹力在轴向方向的补充,可以增强洛伦兹力的轴向分量,从而提高抹除效率,并可起到防止锌液在入口处堆积的作用。

4. 板件的三相电磁抹拭

对于前述管件的电磁抹拭来说,更多考虑的是如何设计电磁抹拭装置以提高管件的抹拭均匀性。因此,相对应的磁体常常围绕工件进行设置,以保证工件沿周向洛伦兹力分布均相同,从而达到均匀抹拭的效果。但是对于板件来说,其宽度可达 1 m,厚度仅有若干毫米,更关注沿宽度方向的均匀性,而两侧端部的均匀性则要求不高。因此,可以考虑采用如图 7-20 所示的板件三相电磁抹拭装置。

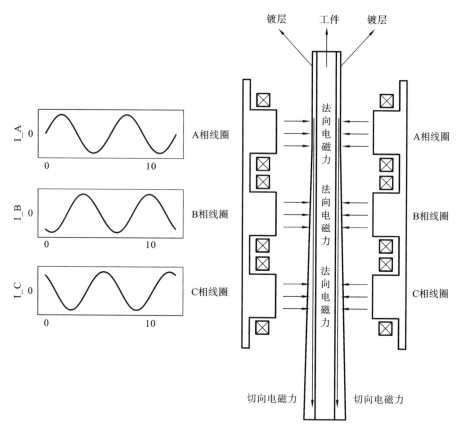

图 7-20 板件三相电磁抹拭原理图

板件电磁抹拭装置中通入的电流相序与管件电磁抹拭装置电流相序相同,也可以产生与板件运动方向相反的行波磁场。其中,板件运动方向称为切向,垂直于板件的方向称为法向。在各相线圈产生的交变磁场作用下,板件表面未凝固的液态镀层感应产生法向向内的洛伦兹力,将镀层压缩以控制板件的镀层厚度;在行波磁场的作用下,镀层上感应产生与板件运动方向相反的切向洛伦兹力,阻止镀层进一步向上运动,克服镀层的黏附力,将多余的镀层液体抹拭除去。在法向和切向洛伦兹力的共同作用下,板件表面的镀层厚度得到有效控制并可回收镀层液体以降低成本。在实际的设计与应用中,磁体需完全覆盖板件的宽度方向,以保证宽度方向各处液态镀层所受洛伦兹力完全相同,从而实现宽度方向的均匀性。

综上可知,无论是单相电磁抹拭还是三相电磁抹拭,均是通过洛伦兹力达到抹拭效果。因此,洛伦兹力是影响镀层厚度和质量的决定性因素,当洛伦兹力增加时,镀层变薄,当洛伦兹力减小时,镀层变厚,通过控制洛伦兹力的大小可以灵活控制镀层厚度。

7.4　电磁制动技术

随着交通技术的迅速发展,车辆的动力性能大幅提高,各种高速、大载荷的汽车不断涌现,汽车的安全性能越来越受到人们的重视。但目前国内大多数汽车的制动方式并没有随着动力性能的提升而有所改变,还仅仅是采用传统的机械摩擦制动器,制动性能也没有得到根本改进和提高。同时轨道交通也在不断提速,对列车制动系统的要求越来越高,制动能力的大小已成为限制列车提速的最大瓶颈之一。

传统的摩擦制动具有结构紧凑、制造过程简单等优点,但是其缺陷也大大限制了它的应用范围。摩擦制动器的制动片在下坡长时间持续制动或频繁制动时都会产生温度过高的现象,导致制动性能下降,严重时甚至会造成制动失效。尤其是制动频繁的城市公交和经常行驶在山区道路的大型重载货车、长途汽车,均存在摩擦制动片磨损快、使用寿命短,由于持续制动带来的制动片热衰退导致制动性能下降,以及轮胎易分层造成早期爆裂的问题,这都可能威胁到乘客的人身财产安全。此外,频繁或长时间地使用摩擦制动器,会导致制动片温度过高,造成摩擦表面物质硬结,制动盘与硬结层摩擦会产生刺耳的噪声。制动片的剧烈摩擦会产生大量粉尘污染四周环境,其中还含有大量致癌物质,危害身体健康。

为了提高车辆的行车安全性和可靠性,不仅要提高摩擦制动器本身的性能,还需要寻找一种更加高效、清洁、安全可靠的新型制动方式。电磁制动是一种使设备在很短时间内停止运转并刹住不动的制动方式,可用来快速降低或调整机器的运转速度。当导体作切割磁力线运动或者对于变化磁场中时,与其交链的磁通量不断变化,根据电磁感应定律,导体中就会产生感应电动势和感应涡流。涡流与磁场的相互作用就会产生电磁制动力。该方法可以实现无摩擦无噪声的高效制动,配合摩擦制动器使用可以有效提高行车的安全性,并大大延长摩擦制动器的使用寿命。

7.4.1　电磁制动技术分类

涡流缓速器是实现电磁制动的装置,按照励磁方式不同可以分为电涡流缓速器和永磁涡流缓速器两类。

(1)电涡流缓速器。利用电磁感应原理把车辆的动能有效转化为焦耳热能散发掉,从而实现制动。在车辆传动轴上装有感应转盘和固定的磁极,只需要为磁极线圈接通直流电源,就能在磁极中产生励磁磁场,磁场经过磁极、气隙、转子和定子磁轭形成回路。当转子转动时,会切割磁力线,从而感应出涡流,涡流再与合成磁场相互作用便能产生制动力矩。电涡流缓速器使用方便有效,是目前使用最为广泛的辅助制动装置。

(2)永磁涡流缓速器。永磁涡流缓速器是为了弥补电涡流缓速器的一些缺点,在20世纪90年代由日本发展起来的新型制动装置,它的最大优势在于不需要励磁电源,完全依靠永磁体提供励磁磁场。

两种涡流缓速器的优缺点与适用范围如表7-1所示。

表 7-1　两种涡流缓速器的对比表

类型	优点	缺点	适用范围
电涡流缓速器	制动力矩大,且制动力矩范围广;可以通过控制励磁电流来迅速地调节制动力矩的大小	体积、质量大;线圈工作温度高,容易老化;线圈维护费用高;存在断电危险,电能消耗大	适用于高速、制动要求高的场合,如高速列车、载重货车
永磁涡流缓速器	结构紧凑、体积小、重量轻;免维护;制动过程中不损耗电能	制动力矩小;制动存在漏磁;高温易退磁;制动分级调节困难	更适合小型车辆

7.4.2　电磁制动系统组成及工作原理

1. 电涡流缓速器

电涡流缓速器的基本结构如图 7-21 所示,图 7-21(a)为装置实物示意图,图 7-21(b)为沿圆周展开后的原理图。转子盘两侧各有四个磁极,线圈中通以可控直流电流,在高磁导率磁极中产生磁场。磁场方向随着磁极交替变化,使得磁力线可以在相邻磁极间形成闭合磁路,整个磁路由磁极、转子盘、气隙、背板构成。当感应盘转动时,励磁磁场相对于感应盘交变,由于趋肤效应,磁力线无法完全穿透转子,转子会在表面感应出涡流。涡流与磁场相互作用可以产生制动力矩,其大小受到涡流路径及穿透深度的影响。

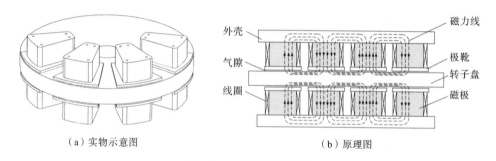

（a）实物示意图　　　　　　（b）原理图

图 7-21　电涡流缓速器

为了获得良好的制动性能,转子盘、极靴、铁芯和外壳等部位应该选择具有高磁导率、高饱和磁感应强度和低矫顽力的材料,并要求材料的磁滞损耗低、电阻率低、便于加工和有较好的机械强度。软磁材料中的 45 号钢的相对磁导率高,当去掉励磁电流后退磁完全,并且机械强度较高,价格便宜,应用最为广泛,非常适合作为转子、极靴和外壳的材料;而铁芯可以采用机械强度稍弱但磁导率更高的电工纯铁来制作,尽可能减小磁路磁阻。

在实际应用的涡流缓速器中,磁极通常被设计成圆形。然而,由于周向涡流产生的径向电磁力对电磁转矩没有任何贡献,所以这部分的涡流路径是无效的。华中科技大学国家脉冲强磁场科学中心研究人员提出了扇形结构的磁极,通过增大转子上感应的径向涡流,减小周向涡流,大幅增加了涡流有效路径,并使其与磁极形状对应,如图 7-22 所示。图 7-23 进一步给出了通过仿真获得的扇形磁极和圆形磁极的制动力矩特性曲线。可以看出,相比圆形磁极,扇形磁极的制动力矩明显提高,相同条件下峰值转矩可从 3140

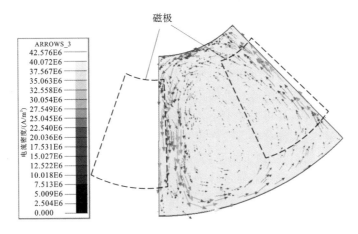

图 7-22   转子仿真结果:涡流密度分布

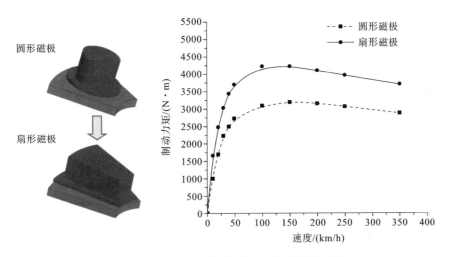

图 7-23   扇形和圆形磁极制动力矩的仿真对比

N·m 提升到 4220 N·m。

2. 永磁涡流缓速器

相比电涡流缓速器,永磁涡流缓速器具有体积小、重量轻、结构紧凑和无需励磁电源等优势,但其应用普遍度仍远不及电涡流缓速器。目前的永磁涡流缓速器主要存在几方面问题:① 受到永磁材料自身特性限制,励磁磁场不高,导致制动力矩不高且调节难;② 制动力矩的分级调节十分困难;③ 非制动状态下存在漏磁。

永磁涡流缓速器按转子鼓形状可分为盘式和鼓式两种类型。盘式永磁涡流缓速器的结构与一般电涡流缓速器的基本相似,这种结构存在体积大,难以安装等问题,但是通过调节永磁体与转子盘的轴向距离,可以很好地实现制动力矩的无级调节;鼓式永磁涡流缓速器结构更为紧凑,便于控制制动和非制动状态的切换,但是制动力矩的无级调节困难。由于在大多数的场合中,留给涡流缓速器的空间不多,所以鼓式涡流缓速器的应用更加广泛。永磁涡流缓速器在进行结构设计时,往往都会去考虑减小非制动时的漏磁问题以及提高制动状态下的气隙磁密。按照非制动状态的漏磁屏蔽方式,鼓式永磁涡流缓速器可分为永磁周向转动式和永磁轴向滑动式两种。其中永磁周向转动式重量轻、结构简单紧凑,非制动状态下漏磁较少,实际应用最为广泛。周向转动结构的永磁涡流缓速器分为以下三种类型。

(1)第一类永磁涡流缓速器。如图 7-24 所示,这种结构的永磁涡流缓速器最为基础,主要由定子和转子鼓两部分组成。转子鼓为圆环型,由高导磁低剩磁的铁磁材料制成;而定子一般分为内圈永磁体和外圈极片两部分,极片是固定的,永磁体可以沿圆周方向均匀布满定子磁轭,并可以随定子铁轭转动。在非制动状态下,如图 7-24(a)所示,极片连接相邻永磁体,大部分磁力线在极片和相邻永磁体间形成回路,不经过转子盘,气隙的磁密很小;在制动状态时,如图 7-24(b)所示,将内圈永磁体旋转半个极距,极片与永磁体位置重合,磁力线只能通过转子盘以形成回路,转子中便会感应出涡流,产生制动力矩。这种结构的缓速器安装简单、操作方便,但由于极片的长度无法完全覆盖永磁体,所以非制动状态下装置漏磁较大。

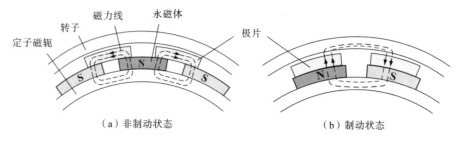

(a)非制动状态　　　　　　　　　(b)制动状态

图 7-24　第一类永磁涡流缓速器原理图

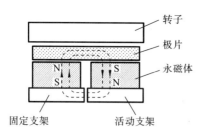

图 7-25　第二类永磁涡流缓速器的轴向视图

(2)第二类永磁涡流缓速器。如图 7-25 所示,它在第一类永磁涡流缓速器的基础上,将内圈永磁体在轴向上分为活动和固定两部分。在非制动状态时,轴向上每对相邻的永磁体极性相反,磁力线主要通过极片形成闭合磁路;切换到制动状态时,活动铁磁支架被转动一个极距,使得轴向相邻的永磁体极性相同,磁力线只能通过转子盘,在周向相邻的永磁体间形成回路,这就与图 7-24(b)中的情形一样了。这种结构的缓速器在非制动状态时,由于极片能够完全覆盖相邻的永磁体对,装置的漏磁更小一些,所以这种结构亦应用得较为广泛。

(3)双层永磁涡流缓速器。图 7-26 所示的是日本五十铃株式会提出的一种新型的双层永磁涡流缓速器结构,该永磁涡流缓速器主要由转子、内外永磁体、活动支架以及气缸等部件组成。定子在径向方向上分为两层,每层都沿整个圆周装有数目相等的永磁体。外层定子固定不动,永磁体均沿周向水平磁化,相邻永磁体极性相反;而内层定子可以沿周向转动一定角度,永磁体磁化方向均沿径向,相邻永磁体极性相反。无论是在制动还是非制动状态下,外层定子内的周向磁化永磁体都处于内层定子中相邻两块径向永磁体之间。

具体工作原理如下:非制动状态时,定子内永磁体位置如图 7-26(a)所示,磁力线仅在内外层定子的永磁体间形成磁回路,此时磁力线几乎不穿过转子鼓,不产生制动力矩;在需要制动时,气缸推动内层定子转动一个极距,使其永磁体位置如图 7-26(b)所

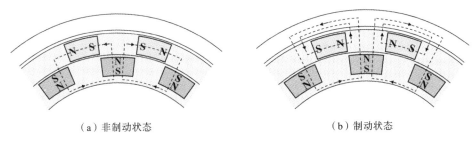

（a）非制动状态　　　　　　　　　　　　（b）制动状态

图 7-26　双层永磁涡流缓速器原理图

示,径向磁化的永磁体与相邻的两个周向磁化永磁体极性相对,此时内外层定子上的永磁体磁力线均只能穿过转子,产生制动力矩。这种新型永磁涡流缓速器的防漏磁效果最好,与前两种结构相比有着明显优势。在非制动状态下,只要合理地设计外圈永磁体的尺寸,就能极大降低转子漏磁;在制动状态下,外圈永磁体的存在又能进一步增大气隙磁密,提高制动力矩。

7.4.3　电磁制动技术其他应用

1. 板坯连铸电磁制动

电磁制动在连铸技术中也有广泛的应用。所谓连铸就是把钢水连续注入连铸机水冷结晶器中,凝固成硬壳后从结晶器出口连续拉出,经喷水冷却,完全凝固后切割成坯料或直接轧制的铸造工艺。它是连接炼钢和轧钢的中间环节,是炼钢生产的重要组成部分。连铸技术是现代材料工业,尤其是钢铁工业不可缺少的重要环节。连铸技术的出现,使得钢产品的生产流程更短,能耗更低,极大地降低了钢铁企业的投资成本,并且提高了铸坯质量,极大地提升了钢材的市场竞争力,对于钢铁工业生产流程的变革、产品质量的提高和结构优化等方面将发挥重要作用。随着连铸技术的不断发展和连铸比的不断提高,生产率和铸坯质量的提高已成为当今板坯连铸技术追求的目标。在连铸生产过程中,结晶器内钢水的流动控制技术对实现高生产率、高品质铸坯起着重要的作用。因为结晶器内的钢水流动不仅支配着其内部夹杂物和气泡的上浮分离,弯月面附近的流动,而且支配着结晶器内保护渣的卷吸以及保护渣层的熔融与铺展。然而,随着连铸拉坯速度的提高,结晶器液面波动会加剧,极易发生表面卷渣,而且浸入式水口钢液出流动能也会增大,将会加剧其对结晶器窄面初生凝固坯壳的冲击,使得初生坯壳发生重熔,增大了拉漏的危险。钢液中夹带的气泡和非金属夹杂物进入结晶器液相穴深处,以至于难以上浮和去除。

在连铸生产过程中应用电磁制动技术可以很好地解决或缓解这些问题。通过在结晶器宽面施加与结晶器内钢液流动方向相垂直的稳恒磁场,产生与钢液流动方向相反的电磁力,不仅可以抑制钢液流动,降低钢液射流对结晶器窄面的冲击强度及冲击深度,还能稳定弯月面波动,降低弯月面波高,促进结晶器内气泡和夹杂物上浮,从而保证结晶器内钢液的洁净度,提高铸坯质量,降低铸坯裂纹缺陷发生的概率;同时也有利于提高拉坯速度及铸机的作业率。

2. 高速列车电磁制动

磁悬浮列车具有很高的运行速度,不仅适用于交通枢纽之间的大客运量快速客运交通,而且适用于中心城市与附近重要城市之间的快速交通联系。同时,磁悬浮列车具有低噪声、行车平稳性高、爬坡能力强和安全可靠等特点,已经逐渐成为各国关注的焦点。磁浮列车的速度高,其制动更加困难,在高速运行的情况下,实现非接触制动控制,对于保证车辆安全可靠、快速舒适地制停尤为重要。

传统列车机械制动方式属粘着制动,其粘着系数随列车速度的提高呈下降趋势,还与气候干湿、接触表面的状态有关,故制动力稳定性能较差。磁悬浮列车采用 3 种制动方式:① 再生制动或电阻制动,一般采用电阻制动;② 机械制动;③ 涡流制动。电阻制动和涡流制动是在高速时用于全程制动;机械制动是一种滑块制动,仅在低速制停时使用。在 TR07 磁悬浮列车上除使用通过反向直线同步电动机的推力来进行制动外,还使用线性涡流制动,利用沿车体前进方向分布的导轨(感应体)中的感应涡流来工作。每节列车中有 2 个涡流制动装置,分布在列车的两侧。每侧涡流制动装置有一个 16 极、长 2048 mm 的电磁铁。每对磁极的磁矩为 128 mm,线圈宽 128 mm。线圈导线是经过阳极化处理的铝带。感应体或电磁铁的宽为 310 mm,如图 7-27 所示。直线式涡流制动装置的电磁铁与轨道作用的简化模型如图 7-28 所示,制动磁极与轨道侧面间形成闭合磁路,当制动电磁铁相对侧轨运动时,侧轨中产生涡流,涡流磁场与励磁磁场相互作用,产生涡流制动力。

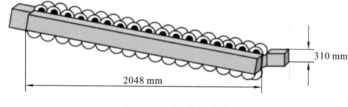

图 7-27 制动电磁铁

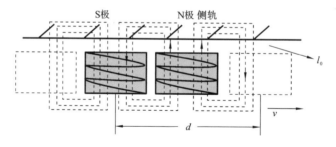

图 7-28 电磁铁与侧轨作用模型

3. 数控车床电磁制动

电磁制动还可广泛应用于建筑、化工、机床、轮船等行业中。现代生产向着高精度、高效率、柔性化、智能化方向发展,大量企业对大批普通车床进行了数控化升级改造。普通车床主轴电机常采用反接制动停转,也有的采用脚踩刹车制动等人工刹车方式。但改为数控车床后,主轴正转、反转和停转后的制动也需要进行数控系统控制实现,否则难以发挥出数控技术提高生产效率的潜力,并且劳动强度大。若单纯用反接制动或机械法使电机断电,由于惯性主轴会再转动一会才停止,影响加工效率,需要数控系统在对电动机断电后立即进行制动,强迫其立即停转,并且制动后还要在尽量短的时间内松开主轴制动恢复自由状态,以便安装工件继续加工。电磁制动的引入可以很好地解决该类问题。如图 7-29 所示,电磁制动器内置直流 24 V 驱动的电磁线圈,接通24 V 直流电源后线圈产生磁场力,使得旋转 V 型带轮向左吸引贴在固定的磁轭 5 上,带轮转动立即被制动停转;当线圈断电时,磁轭上的磁场和磁场力消失,V 型带轮因没有磁场吸住而回复运转,即松开制动。数控系统可方便地实现对线圈的通电和断电,制动力矩大,反应速度极快,只需安装在旋转轴一端或者旋转轮的侧端,安装简单可靠。电磁制动的引入使得数控车床更加智能化。

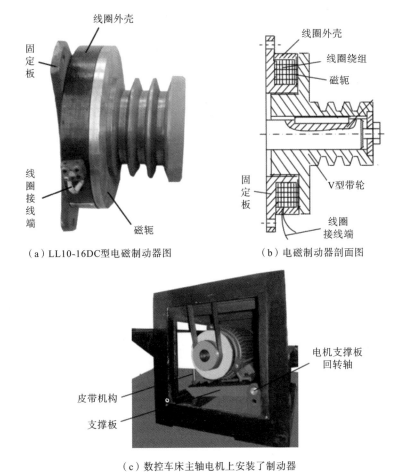

（a）LL10-16DC型电磁制动器图　　　　　（b）电磁制动器剖面图

（c）数控车床主轴电机上安装了制动器

图 7-29　干式单片电磁制动器结构及装配示意图

习题

7.1　请思考电磁成形与电磁炮的相同之处及区别。

7.2　将电磁成形应用于管件胀形时,成形线圈与管件的相对位置是什么?

7.3　请描述电磁成形过程中的能量转换过程。

7.4　请描述集磁器的工作原理。

7.5　请对比分析电磁成形与传统冲压成形的优缺点。

7.6　请概述电磁冶金工作原理及常见工艺。

7.7　电磁搅拌器性能主要受哪些因素影响? 提升性能的手段一般有哪些?

7.8　请比较电涡流缓速器和永磁涡流缓速器的技术特征及应用范围。

7.9　请思考洛伦兹力在日常生活、医疗和工业生产等领域的其他潜在应用，并举例说明。

参考文献

［1］李春峰. 电磁成形［M］. 北京：科学出版社，2020.

［2］Yu H P，Li C F，Zhao Z H，et al. Effect of field shaper onmagnetic pressure in electromagnetic forming［J］. Journal of Materials Processing Technology，2005，168(2)：245-249.

［3］Yu H P，Fan Z S，Li C F. Magnetic pulse cladding of aluminum alloy on mild steel tube［J］. Journal of Materials Processing Technology，2014，214（2）：141-150.

［4］Fan Z S，Yu H P，Li C F. Plastic deformation behavior of bi-metal tubes during magnetic pulse cladding：FE analysis and experiments［J］. Journal of Materials Processing Technology，2016，229：230-243.

［5］Kinsey B L，Nassiri A. Analytical model and experimental investigation of electromagnetic tube compression with axi-symmetric coil and field shaper［J］. CIRP Annals，2017，66(1)：273-276.

［6］Lai Z P，Cao Q L，Zhang B，et al. Radial Lorentz force augmented deep drawing for large drawing ratio using a novel dual-coil electromagnetic forming system［J］. Journal of Materials Processing Technology，2015，222：13-20.

［7］Lai Z P，Cao Q L，Han X T，et al. Investigation on plastic deformation behavior of sheetworkpiece during radial Lorentz force augmented deep drawing process［J］. Journal of Materials Processing Technology，2017，245：193-206.

［8］赖智鹏. 多时空脉冲强磁场金属板材电磁成形研究［D］. 武汉：华中科技大学，2017.

［9］Wu Z L，Cao Q L，Fu J Y，et al. An Inner-field Uniform Pressure Actuator with High Performance and its Application to Titanium Bipolar Plate Forming［J］. International Journal of Machine Tools and Manufacture，2020，155，103570.

［10］Dong P X，Li Z Z，Feng S，et al. Fabrication of titanium bipolar plates for proton exchange membrane fuel cells by uniform pressure electromagnetic forming［J］. International Journal of Hydrogen Energy，2021，46(78)，38768-38781.

［11］李章哲. 氢燃料电池钛双极板匀压力电磁成形方法和工艺研究［D］. 武汉：华中科技大学，2020.

［12］Chen M，Lai Z P，Cao Q L，etal. Improvement on formability and forming accuracy in electromagnetic forming of deep-cavity sheet metal part using a dual-coil system［J］. Journal of Manufacturing Processes，2020，57：209-221.

［13］Ouyang S W，Li C X，Du L M，et al. Electromagnetic forming of aluminum alloy sheet metal utilizing a low-frequency discharge：a new method for attractive forming[J]. Journal of Materials Processing Technology, 2021, 291: 117001.

[14] Zhou Z Y, Fu J K, Cao Q L, et al. Electromagnetic cold-expansion process for circularholes in aluminum alloy sheets[J]. Journal of Materials Processing Technology, 2017, 248: 49-55.

[15] 其芬, 李桦. 磁流体力学[M]. 长沙: 国防科技大学出版社, 2007.

[16] 张晓东. 高等工程流体力学[M]. 北京: 中国电力出版社, 2019.

[17] 陈秉乾, 舒幼生, 胡望雨. 电磁学专题研究[M]. 北京: 北京大学出版社, 2021.

[18] Birat J P, Neu P, Dhuyvetter J C, et al. Operation of IRSID-CEM stirring rolls on USINOR's slab caster for plate grades in Dunkirk[C]. AIME Steelmaking Conference. 1982.

[19] Getselev Z N. Casting in an electromagnetic field[J]. The Journal of The Minerals, Metals & Materials Society, 1971, 23(10): 38-39.

[20] Asai S. Electromagnetic processing of materials[M]. Switzerland: Springer, 2012

[21] 王强, 赫冀成, 刘铁. 电磁冶金新技术[M]. 北京: 科学出版社, 2015.

[22] Lloyd J C, Barker H A, Worner V J. Investigation into magnetic wiping techniques as alternative to gas wiping on hot dip galvanising lines[J]. Ironmaking & steelmaking, 1998, 25(2): 117.

[23] Dumont M, Ernst R, Fautrelle Y, et al. New DC electromagnetic wiping system for hot - dip coating[J]. COMPEL-The international journal for computation and mathematics in electrical and electronic engineering, 2011.

[24] 曾智宇. 电磁擦拭法在钢丝热镀锌中的应用[J]. 金属制品, 2012, 38(01): 27-29.

[25] 韩小涛, 陈威霖, 丁同海, 等. 一种适用于棒状工件的三相电磁抹拭装置: 中国, CN110079755A[P]. 2019-08-02.

[26] Savaresi S M, Tanelli M. Active braking control systems design for vehicles[M]. Springer Science & Business Media Press, 2010.

[27] 胡东海. 汽车摩擦制动与电磁制动的系统集成与协调控制[D]. 镇江: 江苏大学, 2016.

[28] Krishna G L A, Kumar K M S. Experimental investigation of influence of various parameters on permanent magnet eddy current braking system[J]. Materials Today: Proceedings, 2018, 5(P3): 2575-2581.

[29] 陈乔. 涡流缓速器电磁优化设计研究[D]. 武汉: 华中科技大学, 2013.

[30] 李壮. 立式电磁制动结晶器内金属液流动行为的数值模拟与物理实验研究[D]. 沈阳: 东北大学, 2017.

[31] 王宝峰, 李建超. 连铸电磁搅拌和电磁制动的理论及实践[M]. 北京: 冶金工业出版社, 2011.

[32] 小原孝则, 彭惠民. 旋转型永磁涡流制动装置[J]. 国外铁道车辆, 2003, 40(1): 30-33.

［33］张振强. 几种电磁制动下板坯连铸结晶器内钢液流场物理模拟研究［D］. 上海：上海大学，2012.

［34］Guo B Z，Li D S，Shi J R，et al. A performance prediction model for permanent magnet eddy-current coupling based on the air-gap magnetic field distribution［J］. IEEE Transactions on Magnetics，2022，58(5):8000809.

［35］Zhang Z Q，Ding S S，Zhao C L，et al. Development progress of China's 600 km/h high-speed magnetic levitation train［J］. Frontiers of Engineering Management，2022，9(3):509-515.

［36］赵海涛. 中低速磁悬浮列车制动系统性能研究［D］. 成都：西南交通大学，2017.

［37］Zhang G W，Zhu J M，Li Yan，et al. Simulation of the braking effects of permanent magnet eddy current brake and its effects on levitation characteristics of HTS maglev vehicles［J］. Actuators. MDPI，2022，11(10):295.

［38］Solomin A V. The braking service of the linear induction motors with a compound-equalized magnetic flux for magnetic-levitation transport［C］. IOP Conference Series：Materials Science and Engineering，2020，760:012054.

［39］Zhang W，Zhao Q S，Tuo J Z. Research on electrical control system of CNC machine tool based on vector control［J］. Journal of Physics：Conference Series，2021，1982(1):012006.

8

基于磁场力/力矩的强磁场应用

8.1 概述

磁性材料在外加磁场作用下会被磁化,其磁化程度与材料特性直接相关。超顺磁性是指当某些具有磁性的颗粒小于临界尺寸(一般为纳米级别)时,外场产生的磁取向力太小而无法抵抗热扰动的干扰,导致无外加磁场时不表现出磁性,施加外磁场后会沿着磁场方向被磁化。铁磁性是指某些材料在外部磁场的作用下磁化后,即使外部磁场消失,依然能保持一定磁化状态而具有磁性,其磁性特性通常由 B-H 曲线或磁化曲线 M-H 曲线表示,如图 8-1 所示。图中,M_r 是指铁磁性材料内部磁场强度为零时内部的磁化强度,B_r 是指材料内部磁场强度为零时内部的磁感应强度,称为剩余磁通密度。而为了将(零场)磁化强度 M 和磁感应强度 B 减小到零,需要再施加一个反向的矫顽磁场 H_c。值得注意的是,铁磁材料通常可分为软磁材料和硬磁材料两种。对于软磁材料,畴壁易于移动,因此容易被磁化和消磁,磁滞回线具有很小的滞后甚至没有滞后,即 H_c 很小。对于硬磁材料,由于移动畴壁需要大量的能量,因此硬磁材料的磁化强度比较难改变,硬磁材料的 H_c 较大。

磁性材料磁化后,可以与磁场相互作用产生磁力矩或梯度磁场力。其中,磁力矩与外加磁场 B 和材料自身磁矩 m 有关,如图 8-2(a)所示。当磁性材料自身的磁矩方向与

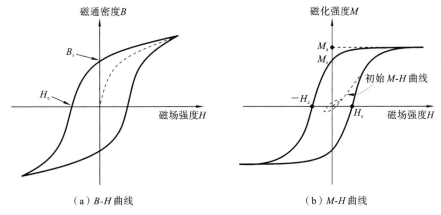

（a）B-H曲线　　　　　　　　　　　（b）M-H曲线

图 8-1　铁磁性材料的 B-H 曲线和 M-H 曲线

所施加的磁场方向不一致时,其磁矩方向会沿着磁场方向偏转,起到磁取向作用,从而可应用于整体充磁、磁控软体机器人等领域。梯度磁场力同样与外加磁场 B 和材料自身磁矩 m 有关,但与磁力矩不同的是,其需要磁场梯度,如图 8-2(b)所示,而前者与是否存在磁场梯度无关。在梯度磁场力作用下,材料会发生定向运动(如空气或水中的磁性材料向磁体表面运动,即从低磁场区域向高磁场区域运动),这种特性已在磁靶向和磁悬浮等多个领域得到了广泛应用。本章将以整体充磁、磁靶向、磁控软体机器人以及负磁泳悬浮等四个典型应用为例,阐述基于磁场力以及磁力矩的强磁场技术原理、设计及应用情况。

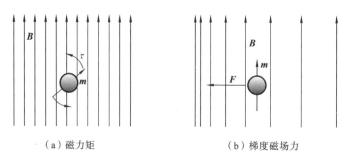

(a)磁力矩　　　　　　　　　　　　(b)梯度磁场力

图 8-2　磁性材料与外加磁场间的作用效果示意图

8.2　整体充磁技术

　　永磁电机以永磁体代替电励绕组,与传统的电励磁电机相比具有功率密度大、功率因数高、起动转矩大等优点,在越来越多的应用场景中替代传统电励磁电机,广泛应用于风力发电、电动汽车、家用电器、工业驱动与控制等领域。永磁磁极作为永磁电机的磁场源,其充磁质量决定了永磁电机的运行性能。目前永磁电机的生产主要采用先充磁后组装的充磁技术,如图 8-3(a)所示,即先将小块永磁体饱和充磁后再进行电机磁极的拼装。由于磁极拼装后还存在其他后续工艺,带磁性的永磁体会与后续工艺相互影响,如转子的热套工艺会使得永磁磁极发生不可逆退磁等,且带磁性的永磁体间存在巨大的吸力或排斥力,使得装配工艺复杂且难以保证精度。整体充磁技术则是先将未充磁的永磁体安装在电机中,在完成组装后将电机整体装入与其匹配的充磁线圈内,通过一次或多次充磁完成电机磁极的饱和磁化,主要包括部分装配后充磁(见图 8-3(b))和完全装配后充磁(见图 8-3(c))两种形式。与先充磁后组装技术相比,整体充磁技术具有以下几个显著优势。

　　(1)能够避免"热套"工艺对永磁体性能的影响:对转子磁极采用外套金属护套来保护高速永磁电机,能够有效避免传统工艺中"热套"过程造成的永磁体高温失磁,保证永磁体性能。

　　(2)能够避免磁场力对装配及转子动平衡的干扰,保证装配质量:永磁电机的装配过程中需要使用黏合剂、卡槽等措施并配合夹具保证装配精度。采用整体充磁技术后,电机装配过程中不存在传统工艺下永磁体间巨大的磁场力,装配精度更易保证,且装配完成的转子动平衡实验也避免了外部环境的干扰,能够有效保证电机的装配质量。

　　(3)能够有效提高电机生产效率,降低生产成本:传统工艺下,永磁电机装配所使

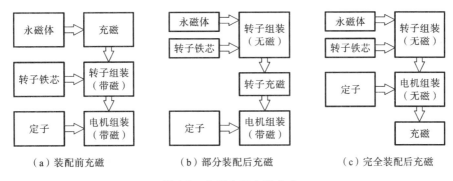

图 8-3　永磁电机充磁方式

用的夹具结构复杂,夹具的装配以及拆卸也十分烦琐,因此生产效率低且生产成本高。整体充磁技术下由于未充磁的永磁体不带磁性,装配所需的夹具结构简单、拆装便捷,能够有效提高电机的生产效率并降低生产成本。

(4)能够有效保证生产人员的安全性及永磁体的稳定性:充磁后的永磁体由于存在巨大的磁力,在运输以及装配过程中需要采取额外的防护措施以保证生产人员的安全,避免撞击造成永磁体损伤甚至失磁。采用整体充磁技术,电机仅在装配并充磁后具有磁性,无需采取额外的保护措施即可保证生产人员的安全性以及永磁体的稳定性。

8.2.1　永磁材料充退磁特性

电机磁极永磁材料的充磁和退磁特性是整体充磁系统设计的基本依据。与传统装配前充磁工艺不同,整体充磁过程中,永磁磁极区域的充磁磁场并非单一方向,其位形复杂,且会经历多次磁化过程。以表贴式永磁电机整体充磁为例,如图 8-4 所示,受电机磁极背板以及磁极加固结构限制,充磁线圈只能贴近磁极表面,且由于大型电机极数多、磁极体积大,受充磁电源能量限制通常一次只能充一个磁极。整体充磁线圈需要依次对①、②、③号磁极充磁,这就导致每个磁极在充磁过程中其内部磁化磁场难以实现均匀化,在永磁磁极的边角位置,磁场方向往往会偏向。此外,在依次充磁过程中,杂散磁场同时作用于已充磁的磁极(如磁极①)和待充磁的磁极(如磁极③),可能会使得磁极①产生不可逆退磁,同时影响磁极③的饱和充磁特性(出现多次磁化)。因此,在进行充磁工艺研究时,需考虑磁场方向、磁化历史等多种因素对永磁磁极饱和充磁性能的影响,以及出现磁极局部不饱和充磁情况下磁极性能的稳定性。

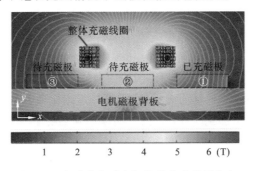

图 8-4　表贴式永磁电机整体充磁磁场分布

1. 磁化历史的影响

图 8-5 所示的为不同磁化历史条件下 N38SH 烧结钕铁硼永磁块的磁化曲线,其中充磁磁场与永磁块的取向方向平行。为了进行比较,采用不同初始状态的永磁块进行开路磁化测试。同时,为了保证样品达到饱和状态,多次提高外加磁场对零状态磁块进行脉冲磁化,直到磁块的磁通基本保持不变。以外加磁场为 3.35 T 时磁化后磁块的剩余磁通作为标准值,可以看到零状态永磁块在外加磁场 1.69 T 时,磁通可达到标准值的 99%,说明磁块完全意义上的饱和磁化是较难达到的。横向对比热退磁后磁块的磁化曲线,其在外加磁场 2.13 T 时磁饱和度达到了 99%,直到外加磁场增大至 3.7 T 时,才达到 100% 磁饱和,相比零状态下的磁块,完全饱和磁化所需的磁场值略微提高。对于经历过 55% 磁饱和度充磁,充磁后振荡退磁以及充磁后 90° 横向退磁的磁块,要达到磁饱和所需的磁场分别为 5 T、5.2 T 和 5.3 T,相比零状态磁块磁饱和所需的外加磁场增加了 50% 以上。因此,相比零磁化状态的永磁块来说,磁化历史会阻碍永磁体的再磁化过程,阻碍程度与磁化历史条件相关。

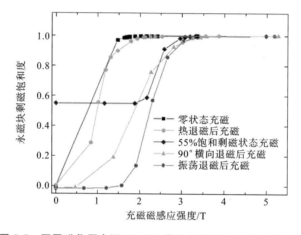

图 8-5 不同磁化历史下 N38SH 烧结钕铁硼永磁块磁化曲线

2. 磁化场方向的影响

钕铁硼作为取向后各向异性极强的永磁体,只有当充磁方向与磁块的易磁化轴方向相平行时才能沿取向方向给磁块充磁。但是当充磁线圈对磁极进行整体充磁时,充磁磁场的方向并不完全平行于磁块的易磁化方向,且磁极较多采用 V 字型的磁块组合而成,这使得在实际工艺中磁极磁块上每一点的磁场方向与取向方向的夹角都有所不同。图 8-6 所示的为不同夹角下 N38SH 烧结钕铁硼永磁块的磁化曲线。可以看出,磁块饱和充磁所需的外加磁场随充磁磁场与取向方向夹角的增大而逐渐提高,但当夹角超过 60° 以后,即使充磁磁场增加到很大也不会饱和。此外,磁饱和所需外加磁场并不与磁场的易磁化轴分量呈正比关系。当夹角为 60° 时,外加磁场达到了 8.4 T,取向方向分量则为 4.2 T,已经超出了之前测得的磁饱和所需的磁场大小。因此,永磁块饱和磁化不仅需要考虑取向方向磁场的大小,还需要考虑磁化轴分量的大小。同时,当夹角为 90° 时,即使外加磁场增加到了 10 T 也只能将磁块磁化到 10% 左右,这说明难磁化轴分量抑制了永磁块磁畴沿易磁化方向转动。

由图 8-4 可知,当对待充磁极进行整体磁化时,磁场会影响到相邻的磁极区域,如果该区域已经充好磁,那么可能会受到磁场的影响从而发生退磁。因此,掌握已充磁

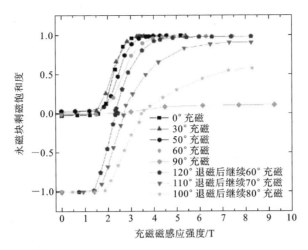

图 8-6 不同夹角下 N38SH 烧结钕铁硼永磁块磁化曲线

块在不同磁场方向下单脉冲放电的退磁特性亦至关重要。如图 8-7 所示,在饱和充磁状态下,施加不同方向、不同大小的退磁场,可以看到,随着退磁场与磁化方向夹角的增大,剩磁出现明显的衰减。当外加磁场与初始磁化方向呈钝角时,能够比较容易使磁块退磁,特别当磁场方向与初始磁化方向完全相反时,只需要约 1.9 T 就可以将剩余磁通几乎退至 0,而小于 90°退磁时,同样的脉冲磁场则无法将磁块完全退磁。与不同方向的充磁实验对比发现,与取向方向呈 90°方向的磁场不能使磁块磁饱和,但能使磁块退磁。

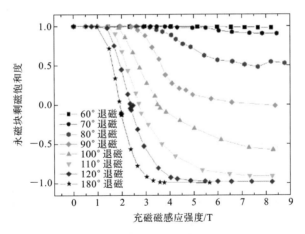

图 8-7 不同夹角下的永磁块退磁曲线

3. 磁化均匀性的影响

整体充磁技术中被充磁磁极的磁场并不是均匀分布的,掌握不同磁化均匀状态下永磁材料的退磁特性对于充磁工艺的优化尤为关键。图 8-8 所示的为均匀磁化与不均匀磁化样品的退磁特性对比结果。其中,均匀磁化样品采用充磁线圈进行均匀充磁,分别取过饱和充磁、接近饱和 99%充磁、不饱和 85%充磁状态下三组样品进行退磁实验。不均匀磁化的实现采用如图 8-9 所示的工装模具,自上到下依次放置硅钢叠片、永磁体、硅钢叠片。通过调整上下两个硅钢叠片的外尺寸,可以相应地调节被充磁磁块的磁场分布。可以看出,当外加磁场为 1.5 T 时,永磁体 Z 方向分量平均值为 1.9 T,大于此值的区域为 50.5％。可见,硅钢片能有效调整磁块磁化过程中的磁场分布,进而可用于调整永磁材料的不均匀磁化状态。由于硅钢片的高导磁性能,样品非均匀磁化饱和点所需外加磁场相比均匀磁化的更小。当外加磁场为 1.115 T 时对应 84.94％充磁,1.731 T 时对应 98.04％充磁,而 3.558 T 时则对应过饱和充磁。同样选取这三种磁饱和状态下的样品进行退磁实验。退磁波形采用了单脉冲非振荡电流以及交流振荡电流,其产生的磁场方向与初始的磁化方向完全相反。其中单脉冲非振荡电流波形与充磁波形相同;交流振荡电流通过更改电容的组合方式,分别在 160 μF、320 μF、640 μF 下产生周期数为 6、8、11 的电流波形。

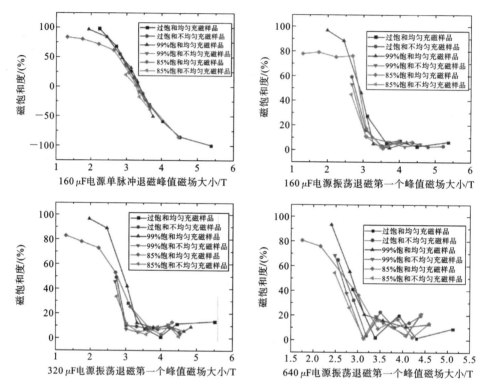

图 8-8　均匀磁化与不均匀磁化样品退磁特性对比

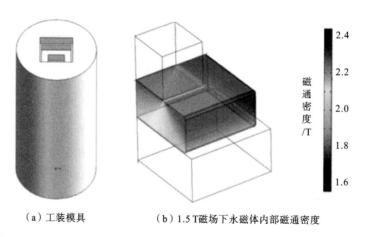

（a）工装模具　　　　（b）1.5 T磁场下永磁体内部磁通密度

图 8-9　不均匀磁化实现方式及效果图

　　将不均匀磁化和均匀磁化样品通过不同方法退磁后,其效果的横向对比如图 8-8 所示。可以看出,两者的退磁特性基本无较大差别,单脉冲退磁均存在着几乎相同的过零点,即存在一个退磁的最优值。振荡退磁在外加磁场第一个峰值大于 3 T 时,基本能退磁至较低水平,且周期数越多,退磁越稳定,退磁后能维持在 5% 磁饱和度附近,而在周期数少(320 μF 和 640 μF)的情况下退磁效果均不稳定,会在一定范围(20%)内剧烈波动。

　　同时,低饱和度磁化的样品在低场下就会退磁,选取单脉冲退磁方法(160 μF)进行对比。首先将每条曲线通过与自己的初始状态相除进行归一化处理,处理后的结果对比如图 8-10 所示。可以看出,低饱和度样品随着外加磁场的增大,在 1.3 T 附近出现了较为明显的退磁,而 99% 饱和度和过饱和的样品则分别需要 2 T 和 2.3 T 才能退磁至相同的程度。通过对比 85% 均匀和不均匀磁化样品的退磁规律发现,由于 85% 不均匀样品局部区域的磁场比平均值小,导致在低外加场下更容易退磁。因此,在进行整体磁化设计时,必须尽可能实现磁极大范围的过饱和磁化,否则会降低电机的可靠性,影响电机的工作性能。

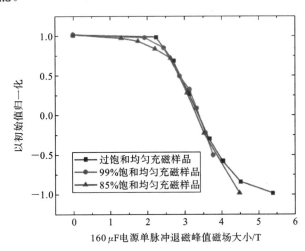

图 8-10　不同饱和状态下归一化退磁特性

4. 磁化温度的影响

　　温度对永磁体磁化的影响,可通过综合物性测量系统 PPMS-VSM 测量不同温度下的磁滞回线来反映。其中,PPMS 主要由超导磁体和温度控制系统组成,而 VSM 主要由检测线圈、传感器和信号处理部分组成。通过 PPMS-VSM 测量的结果如图 8-11 所示。由图 8-11(a)可见,随着温度的升高,磁饱和所需磁场不断减小,在 60 K 时磁场大小约为 300 K 时的 3 倍;剩磁随温度的升高先增大后减小,整体波动范围在 ±10% 以内;对应的内禀矫顽力也逐渐减小。将图 8-11(a)转换成图 8-11(b)中的 B-H 曲线可得到矫顽力的变化,如图 8-11(d)所示,矫顽力随着温度的升高先增大后减小。图 8-11(c)对温度与磁饱和所需磁场进行耦合,结果表明两者具备近似的线性关系,随着温度的升高,永磁体热激活能增大,磁畴壁的运动能力更强,更容易被磁化。

　　由于高温会降低样品饱和磁化对外加充磁磁场大小的要求,样品更容易被磁化,因此通过加热永磁体再进行磁化,可以使得原本利用整体充磁技术中难磁化的区域实现饱和磁化,最终使得永磁体材料的性能得以提升。例如,将永磁材料样品先在 350 K 温

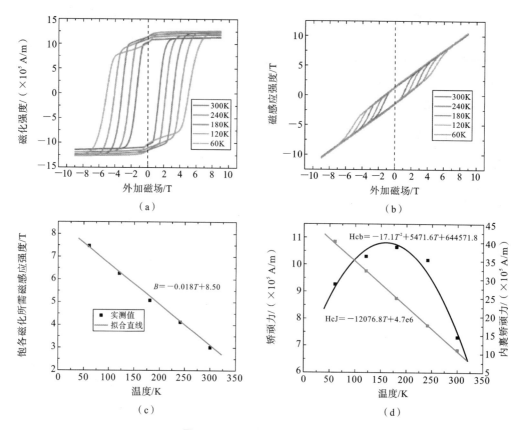

图 8-11 PPMS-VSM 测量结果

度下饱和磁化,随后撤去外加磁场至 0,并将温度逐渐降低至 60 K,获得如图 8-12(a)所示磁矩随温度的变化曲线。结果表明,在 150~350 K,随着温度的下降,永磁材料沿易磁化方向取向度逐步提高,各向异性特性增强,易磁化方向宏观剩磁提高;当温度从 150 K 继续下降时,永磁材料发生了低温自旋再取向效应,易磁化轴偏离了原来的易磁化方向,取向度下降,易磁化方向宏观剩磁降低。此外,高温下永磁材料饱和磁化所需的磁场会更低,所需的磁能更少。因此,对于室温条件下应用的永磁体,可以在高温下磁化,再降低到室温下使用。为了验证这种方法是否会对永磁体的磁性能产生影响,在

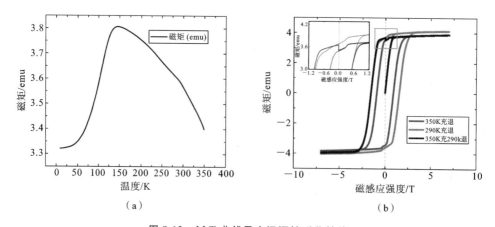

图 8-12 *M-T* 曲线及变温调控磁化性能

350 K 对零状态样品进行磁化,等外加磁场降至零后,降低环境温度至 290 K,再施加反向磁场测量退磁曲线,测试结果如图 8-12(b)所示,与 290 K 室温下的磁化数据相比,350 K 饱和磁化所需磁场降低了约 26.39％,剩磁矩和内禀矫顽力仅分别减小 0.85％ 和0.65％。由此表明,高温条件下,永磁体磁所需饱和充磁磁场降低,但恢复至室温后,其剩磁性能与室温下充磁的基本相同。

8.2.2 应用案例

1. 高矫顽力高速永磁电机整体充磁

高速电机具有能量密度高、体积小、重量轻等优势,在高速机床、微型燃气轮机、离心压缩机以及储能飞轮等领域应用广泛。永磁电机兼具结构简单、功率密度高和无励磁损耗等优点,成为高速电机设计的首选。目前高速永磁电机的制造多采用传统先充磁后组装的方式,其中转子的金属护套与永磁体的过盈配合工艺将产生高温环境,由此极易造成永磁体的高温失磁。

华中科技大学国家脉冲强磁场科学中心针对 300 kW 两极钐钴高速永磁电机转子,在国内首次开发了该类电机转子的整体充磁工艺。在这一先组装后充磁的工艺下,由于永磁体在组装过程中不具有磁性,从根本上解决了热套过程中的高温失磁问题。该充磁工艺的关键和难点在于充磁线圈的结构设计和研制。为此,华中科技大学国家脉冲强磁场科学中心提出了如图 8-13 所示的马鞍形线圈拓扑结构。该结构中充磁线圈为圆弧形,因其与电机转子形状贴合而具有较高的耦合度。同时,该结构中转子能够直接由端部中空区域放置充磁区域内,安装极为方便。然而,由于电机转子形状的制约,马鞍形线圈三维结构类似于细长跑道,这导致其应力分布与传统的螺线管线圈存在巨大差异。其中,线圈的直边由于电磁力作用向两侧水平扩张,特殊的马鞍形端部结构由于直边的扩张变形将向内凹陷,导致线圈截面亦由圆形向椭圆形发展,这使得仅采用传统螺线管线圈的纤维加固结构无法对线圈进行有效加固。为确保马鞍形线圈在充磁过程中不会因受力而损坏,华中科技大学国家脉冲强磁场科学中心进一步设计了如图 8-14 所示的加固结构方案。该加固结构外部采用的是类似于螺线管线圈的纤维周向缠绕加固方式,线圈的类跑道中空区域则采用高强度的 G10 环氧板材进行填充,线圈内部加入了贴合线圈内层的、同轴心的高强度 AISI304 不锈钢筒形结构作为内部支撑。在该加固结构下,筒形结构在线圈直边扩张的过程中能够为外部纤维约束造成的中心

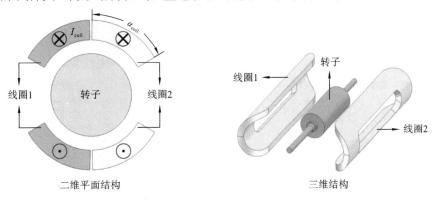

二维平面结构   三维结构

图 8-13 马鞍形线圈拓扑结构

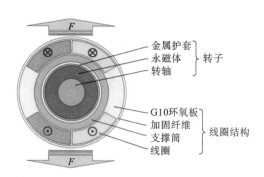

图 8-14 马鞍形线圈加固结构方案

塌陷提供支撑,同时外部纤维加固也能够在内支撑的作用下防止直边外扩。

300 kW 两极钐钴高速永磁电机转子充磁线圈的绕制流程如图 8-15 所示。首先,绕制完成所需的四组共 8 层线圈,并组装不锈钢支撑筒,将不锈钢支撑筒与各层线圈按图 8-15(b)所示完成布置;为提高层间绝缘的可靠性,在不锈钢筒与第一层线圈之间使用环氧浸润的玻璃布填充,各层线圈间也采用类似的方式进行层间绝缘的加强;完成内层结构布置后,在线圈端部采用 G10 环氧板材进行填充,并在最外层进行纤维加固,如图 8-15(c)所示;完成加固结构后对线圈的电极进行安装,如图 8-15(d)所示;最后采用端部法兰、螺杆等对线圈端部进行加强,如图 8-15(e)所示。基于该线圈,实现了百千瓦级高矫顽力钐钴永磁高速电机转子的先组装后整体高效充磁。充磁效果如图 8-16 所示,转子表面剩余磁场强度比国内已有技术充磁结果提高 70%。

图 8-15 线圈总体加工工艺

2. 永磁风力发电机整体充磁

我国现有陆上风电装机容量 2.3 亿千瓦,2030 年将达到 6.7 亿千瓦,海上风力发电的技术可开发潜力超过 20 亿千瓦,风力发电将为我国 2060 年前实现碳中和的目标贡献重要力量。然而,永磁风力发电机体积庞大,特别是直驱永磁风力发电机,现有转

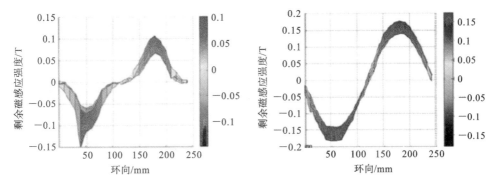

图 8-16 国内某单位(左)和华中科技大学国家脉冲强磁场科学中心(右)充磁效果对比

图 8-17 2.5 MW 直驱永磁风力
发电机转子磁极图

子磁极充磁工序复杂、耗时长。以 2.5 MW 直驱永磁风力发电机为例,如图 8-17 所示,其转子直径超过 4.3 m,高度达 1.5 m,共有 84 个永磁磁极,每个磁极由 20 多个磁钢块拼装而成,传统制造过程中通常需对单个磁钢块充磁使其带磁性后再由人工组装到转子表面,带磁性的磁钢拼装难度大,影响磁极组装质量,且操作危险、生产效率低。

华中科技大学国家脉冲强磁场科学中心将整体充磁技术应用于永磁风力发电机制造中,解决了整体充磁过程中极间相互干扰、涡流去磁效应等问题,开发了高性能的内水冷线圈及高重复频率的大功率脉冲电源系统,整个充磁系统示意图如图 8-18 所示,由待充磁风力发电机转子磁极、可转动充磁线圈和充磁电源组成。其中,整体充磁线圈样机及充磁测试所用转子磁极如图 8-19 所示,转子磁极为简化后的三列磁极所组成,每一列磁极上排布着 30 块永磁体。由于转子表面并不平整,线圈放电过程与磁极之间存在着巨大的电磁力,为了增大线圈与磁极的贴合性即接触面积,避免永磁体局部受力被破坏,加入了贴合转子表面形状的垫板作为缓冲,同时加入了多根高强度螺栓,将线圈四角与转子底部的垫板固定,避免线圈放电过程中发生运动,导致线圈及磁极遭受破坏。

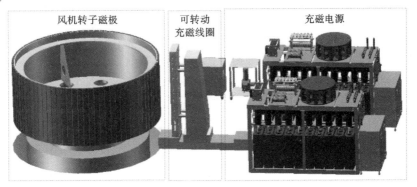

图 8-18 2.5 MW 直驱永磁风力发电机转子整体充磁系统示意图

（a）线圈

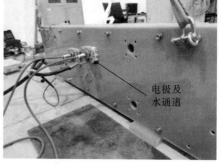

（b）电极和水路分别与电源和水冷机相连

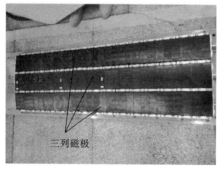

（c）30个磁块组成单磁极

（d）缓冲垫板

图 8-19　充磁线圈结构

在上述基础上,华中科技大学国家脉冲强磁场科学中心于 2021 年 6 月成功研制国内首套大型永磁电机整体充磁装备,完成了 2.5 MW 直驱永磁风力发电机转子的整体充磁。充磁后的永磁风力发电机通过了型式试验,所有测试指标均达到产品技术要求（见表 8-1）,生产效率相比传统制造工艺提高了 8 倍以上,安全性也得到了保证。这是我国大型永磁电机整体充磁技术的重大突破,与国外分段多次充磁方式相比,该装备一次即可实现整极充磁,避免了分段充磁过程中的局部退磁,相关技术及装备研制水平位居世界前列。

表 8-1　传统充磁电机与整体充磁电机型式试验数据对比

额定参数 充磁区域磁场能量/kJ		传统充磁电机试验值		整体充磁电机试验值	
电机型号	TFYD2500-5	电机序号	F2010244	电机序号	F2010245
额定转速	12 r/min	试验转速	12 r/min	试验转速	12 r/min
额定电压	690 V	试验电压	681 V	试验电压	681.2 V
额定电流	2528 A	试验电流	2518.9 A	试验电流	2480 A
额定功率	2750 kW	试验功率	2754.4 kW	试验功率	2750.1 kW
额定频率	8.4 Hz	试验频率	8.4 Hz	试验频率	8.4 Hz
额定效率	93.00%	试验效率	92.90%	试验效率	92.90%

3. 磁浮动子大型拼装磁极整体充磁

大型拼装磁极是航天航空、交通运输装备的重要组成部分,但受传统充磁线圈磁场和孔径限制,该类磁极仅能采用传统的先充磁后组装技术,存在固有的组装难和充磁性能差等问题。华中科技大学国家脉冲强磁场科学中心通过研制大孔径充磁线圈,如图 8-20 所示,解决了充磁过程中构件整体受力与磁块间受力问题,成功实现了 0.4 m×0.45 m 大型拼装磁极的整体充磁。

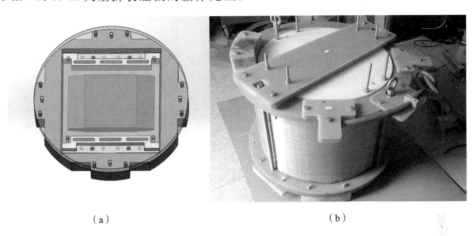

（a）　　　　　　　　　　　　（b）

图 8-20　拼装磁极和充磁线圈

表磁测量采用的是 Lake Shore 410 特斯拉计,磁场分辨率可达 0.1 G,即 0.01 mT;测量误差在 2% 以内。选取磁极上 24 个位置作为测量点,对比先充磁后组装和整体充磁的磁极表磁磁场分布结果,如表 8-2 所示,表磁均值由 171 mT 提高至 211.3 mT,充磁效果提高了 23.5%,填补了国内磁浮动子大型拼装磁极整体磁化方面的空白。

表 8-2　先充磁后组装和整体充磁的磁极表磁磁场对比

	先充磁后组装表磁/mT				整体充磁表磁/mT			
	133	98.9	98.6	145	168	133	123	166
	239	179	179	246	285	219	221	284
	214	142	148	223	270	192	196	256
位置	216	150	139	224	266	198	191	260
	239	177	178	249	292	225	231	293
	143	99	100	145	169	130	132	171

8.3　磁靶向技术

磁靶向是利用梯度磁场力驱动物质定向输送和聚集的一种物质操控方法。随着 20 世纪 80 年代纳米磁性材料的出现,磁性纳米颗粒因具有超顺磁性、良好的生物相容性、稳定性好和易于在表面修饰连接多种功能基团等特点而成为磁靶向系统中的重要磁性载体,促进了磁靶向技术在磁分离、药物/基因靶向输运、肿瘤治疗等领域中的广泛研究与应用。该技术的优势在于:

（1）使用磁场力作为驱动力，磁场发生装置的实现方式灵活多样，磁场力的控制具有很强的灵活性；

（2）可以实现对目标的非接触式控制，极大地降低了交叉污染的可能；

（3）磁场力的大小、磁靶向系统的操控精度和效率等均不受液体表面电荷、溶液pH值、粒子强度和温度等条件的影响；

（4）磁性微粒具有良好的生物相容性，易对其进行多种表面功能化修饰，可以有效地捕获诸如核酸、病毒颗粒、蛋白分子甚至细胞等生物目标，大大拓展磁靶向技术的应用领域；

（5）磁靶向技术采用了超顺磁性的磁性微粒，没有磁滞，当磁场撤除时磁性微粒之间不会相互影响，可以重复使用。

8.3.1 磁靶向理论与模型

本节以一种微血管磁靶向系统为例，如图 8-21 所示，介绍磁靶向过程中与粒子磁化、受力及靶向运动相关的物理特性。

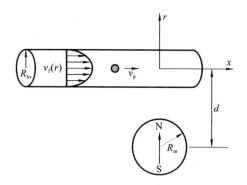

图 8-21 磁靶向模型

在上述模型中，外加磁场源为柱形永磁体，其产生的梯度磁场作用于管道内的磁性微粒，使其朝着永磁体表面发生靶向偏转。在此模型中，微粒可近似为球体，黏滞阻力可用斯托克斯定律近似为在层流场的黏滞阻力，管道被设定为圆柱形且磁流体平行于其轴流动。基于以上近似及简化，本节给出一组解析表达式，以此来预测管道内微粒在磁场下的靶向运动轨迹。

1. 磁场力与黏滞阻力

磁靶向系统中磁性粒子的动力学行为受到黏性流体和磁场中多种物理力的影响，包括：由梯度磁场产生的磁力，流体对运动粒子产生的流体动力（或黏滞阻力），重力、惯性力、布朗运动，粒子-流体水动力相互作用和粒子间相互作用。对于磁性微粒，由于直径较小，惯性力以及重力可忽略不计。对于粒子-流体水动力相互作用和粒子间相互作用，它们往往仅在粒子处于高浓度情况下对靶向过程造成影响，相关物理过程复杂。因此，为了简化模型，进一步忽略上述两类相互作用，只考虑磁场力和黏滞阻力两种主导力场。由牛顿第二定律可得：

$$m_{mp}\frac{\mathrm{d}\boldsymbol{v}_{mp}}{\mathrm{d}t}=\boldsymbol{F}_m+\boldsymbol{F}_f \tag{8-1}$$

式中：m_{mp} 为磁性微粒的质量（$m_{mp} = \rho V_{mp} = \rho \dfrac{4\pi R_{mp}^3}{3}$）。当流体流过静止物体或物体在流体中流动时，流体内各部分流动速度的不同会出现黏滞阻力。根据斯托克斯定律，球形微粒在流体中运动所受到的黏滞阻力可表示为

$$\boldsymbol{F}_f = -6\pi\eta R_{mp}(\boldsymbol{v}_f - \boldsymbol{v}_{mp}) \tag{8-2}$$

式中：R_{mp} 为磁性微粒半径；$\boldsymbol{v}_f$ 为磁流体速度；$\boldsymbol{v}_{mp}$ 为粒子速度；η 为流体的黏性系数。将式(8-2)代入式(8-1)可得：

$$\rho V_{mp}\frac{\partial \boldsymbol{v}_{mp}}{\partial t} = 6\pi R_{mp}\eta(\boldsymbol{v}_f - \boldsymbol{v}_{mp}) + \boldsymbol{F}_m \tag{8-3}$$

对式(8-3)进行积分求解，可得粒子的速度瞬时表达式为

$$\boldsymbol{v}_{mp}(t) = \boldsymbol{v}_{mpt} + (\boldsymbol{v}_{mp0} - \boldsymbol{v}_{mpt})\exp\left(-\frac{t}{\tau}\right) \tag{8-4}$$

式中：$\boldsymbol{v}_{mp0}$ 和 $\boldsymbol{v}_{mpt}$ 分别为粒子的初始速度和加速后达到的速度；τ 为时间常数。

$$\tau = \frac{m_{mp}}{6\pi\eta R_{mp}} = \frac{2\rho R_{mp}^2}{9\eta} \tag{8-5}$$

这里假定磁性微粒的半径为 500 nm，密度为 5×10^3 kg/m³，流体的黏度系数为 0.006 N/m²，则可得式(8-5)中的时间常数 τ 约为 4.6×10^{-14} s。由此可以看出，磁性微粒在流动过程中速度状态转变时间非常短，进而可以忽略加速度项。在计算过程中微粒的速度可以表述为

$$0 = 6\pi R_{mp}\eta(\boldsymbol{v}_f - \boldsymbol{v}_{mp}) + \boldsymbol{F}_m \tag{8-6}$$

在进行磁性微粒的磁场力计算时，可认为其由 N_m 个相同的互不干扰的磁性纳米粒子构成，且每个纳米粒子半径为 R_{mp}，体积为（$4\pi \times R_{mp}^3/3$）。此时，微粒所受磁场力就是分布于微粒内部纳米粒子所受磁场力的总和：

$$F_m = \mu_0 N_m V_{mp}\frac{3\chi_{mp}}{\chi_{mp}+3}(H_a \cdot \boldsymbol{\nabla})H_a \tag{8-7}$$

式中：H_a 为微粒中心的外加磁场强度；$\chi_{mp} = (\mu_{mp}/\mu_0) - 1$，$\mu_{mp}$ 为纳米粒子的磁化率；μ_0 是真空磁导率（等于 $4\pi \times 10^{-7}$ N/A²）。

管道-磁体几何模型简化如图 8-21 所示，R_m 为磁体截面半径，R_{bv} 为管道半径，$V_f(r)$ 代表流体速度分布，v_p 表示微粒运动方向。如图 8-21 所示建立坐标系，第一步需要获取磁体的磁场分布，垂直于管道的柱形磁体的磁场分布可通过下式获得：

$$H_r(r,x) = \frac{M_s R_m^2}{2}\frac{(r+d)^2 - x^2}{(r+d)^2 + x^2} \tag{8-8}$$

$$H_x(r,x) = \frac{M_s R_m^2}{2}\frac{2(r+d)x}{[(r+d)^2 + x^2]^2} \tag{8-9}$$

式中：M_s 表示磁体的磁化强度。将式(8-8)和式(8-9)代入式(8-7)，可得磁场力分量：

$$F_{mr}(r,x) = \mu_0 N_m V_{mp}\frac{3\chi_{mp}}{\chi_{mp}+3}\left[H_r(r,x)\frac{\partial H_r(r,x)}{\partial r} + H_x(r,x)\frac{\partial H_r(r,x)}{\partial x}\right] \tag{8-10}$$

$$F_{mx}(r,x) = \mu_0 N_m V_{mp}\frac{3\chi_{mp}}{\chi_{mp}+3}\left[H_r(r,x)\frac{\partial H_x(r,x)}{\partial r} + H_x(r,x)\frac{\partial H_x(r,x)}{\partial x}\right] \tag{8-11}$$

上述公式可简化为

$$F_{mr} = -\frac{3\mu_0 N_m V_{mp} \chi_{mp} M_s^2 R_m^4}{\chi_{mp}+3} \frac{r+d}{2[(r+d)^2+x^2]^3} \tag{8-12}$$

$$F_{mx} = -\frac{3\mu_0 N_m V_{mp} \chi_{mp} M_s^2 R_m^4}{\chi_{mp}+3} \frac{x}{2[(r+d)^2+x^2]^3} \tag{8-13}$$

鉴于在非侵入性磁靶向治疗等应用中,磁体到管道的距离远远大于管道直径,即 r/d 远小于 1,并且所使用的具有生物应用价值的磁微粒通常使用的材料是 Fe_3O_4(其 χ_{mp} 远大于 1),基于以上假定,式(8-12)和式(8-13)可进一步化简:

$$F_{mr} = -\frac{3\mu_0 N_m V_{mp} M_s^2 R_m^4 d}{2[d^2+x^2]^3} \tag{8-14}$$

$$F_{mx} = -3\mu_0 N_m V_{mp} M_s^2 R_m^4 \frac{x}{2[d^2+x^2]^3} \tag{8-15}$$

因上述公式中的磁场力局限在 r-x 平面内,本节将在二维平面内进行分析计算。运动过程中微粒所受的梯度磁场力可根据上式求出,但是黏滞阻力的求解需要获知流体的速度信息。假定管道为柱形且磁流体流向平行于柱形的中心轴,对于圆柱形管道,圆管截面上层流运动的流体流速分布呈抛物面形状,其中心轴上流速最大($2\times\overline{v_f}$)且自轴线向管壁作抛物线递减,故而管道内流体速度 v_f(距管道中心轴距离 r)可用下式表示:

$$v_f(r) = 2\overline{v_f}\left[1-\left(\frac{r}{R_{bv}}\right)^2\right] \tag{8-16}$$

式中:$\overline{v_f}$ 表示磁流体平均流速;R_{bv} 是管道半径。在 r-x 平面内计算流体力分量,公式如下:

$$F_{fr} = -6\pi\eta R_{mp} v_{mp,r} \tag{8-17}$$

$$F_{fx} = -6\pi\eta R_{mp}\left\{v_{mp,x} - 2\overline{v_f}\left[1-\left(\frac{r}{R_{bv}}\right)^2\right]\right\} \tag{8-18}$$

上述两式中磁流体黏滞系数 η 一般为常数,与流体特性有关。

2. 微粒动力学方程

微粒在管道内的运动方程分量可由式(8-8)、式(8-9)、式(8-14)和式(8-15)代入式(8-2)中得到,r-x 二维平面内微粒的速度分量如下两式:

$$v_{cp,r} = \frac{3\mu_0 N_m V_{mp} M_s^2 R_m^4}{6\pi\eta R_{cp}} \frac{d}{2(d^2+x^2)^3} \tag{8-19}$$

$$v_{cp,x} = \frac{3\mu_0 N_m V_{mp} M_s^2 R_m^4}{6\pi\eta R_{cp}} \frac{x}{2(d^2+x^2)^3} + 2\overline{v_f}\left[1-\left(\frac{r}{R_{bv}}\right)^2\right] \tag{8-20}$$

解出式(8-19)和式(8-20)这对耦合方程组,即可预测出微粒的轨迹($r(t)$, $x(t)$)。通常情况下,需对上述方程组解耦合并进行数值分析。由于在实际磁靶向应用中,$\frac{3\mu_0 N_m V_{mp} M_s^2 R_m^4}{6\pi\eta R_{cp}}$ 远小于 1,可认为微粒速度分量 $v_{cp,x}$ 近似等于磁流体的平均流速,即

$$\overline{v_{cp,x}} = \overline{v_f} \tag{8-21}$$

基于以上假设和近似,可得微粒速度轴分量的轨迹方程:

$$x = x_0 + \overline{v_f}t \tag{8-22}$$

其中,(r_0, x_0)是微粒初始位置。将式(8-22)代入式(8-19)中,可得到:

$$v_{\text{cp},r} = \frac{\mathrm{d}r(t)}{\mathrm{d}t} = \frac{4\mu_0 \lambda R_{\text{cp}}^2 M_{\text{s}}^2 R_{\text{m}}^4}{6\eta} \frac{d}{[d^2+(x_0+\overline{v_{\text{f}}}t)^2]^3} \tag{8-23}$$

式(8-23)中,将纳米磁微粒体积改写为关于微粒体积且体积比为 λ 的关系式:

$$N_{\text{m}} V_{\text{mp}} = \lambda V_{\text{cp}} \quad (0 < \lambda \leqslant 1) \tag{8-24}$$

对式(8-23)积分,得到微粒另一个轴分量轨迹:

$$\int_{r_0}^{r(t)} \frac{\mathrm{d}r(t)}{\mathrm{d}t} = \frac{4\mu_0 \lambda R_{\text{cp}}^2 M_{\text{s}}^2 R_{\text{m}}^4 d}{6\eta} \int_{t_0}^{t} \frac{\mathrm{d}\tau}{[d^2+(x_0+\overline{v_{\text{f}}}\tau)^2]^3} \tag{8-25}$$

可得轨迹方程:

$$r(t) = r_0 + \frac{4\mu_0 \lambda R_{\text{cp}}^2 M_{\text{s}}^2 R_{\text{m}}^4 d}{6\eta} \left\{ \frac{x_0+\overline{v_{\text{f}}}t}{4d^2[d^2+(x_0+\overline{v_{\text{f}}}t)^2]^2} - \frac{x_0}{4d^2(d^2+x_0^2)} \right.$$

$$+ \frac{3}{4d^2} \left[\frac{x_0+\overline{v_{\text{f}}}t}{2d^2(d^2+(x_0+\overline{v_{\text{f}}}t)^2)} - \frac{x_0}{2d^2(d^2+x_0^2)} \right.$$

$$\left. \left. + \frac{1}{2d^3}\arctan\left(\frac{x_0+\overline{v_{\text{f}}}t}{d}\right) - \frac{1}{2d^3}\arctan\left(\frac{x_0}{d}\right) \right] \right\} \tag{8-26}$$

当微粒的初始位置 (r_0, x_0) 给定后,式(8-22)和式(8-26)可用于描述其运动轨迹,仍使用图8-21所用模型,设定当微粒到达磁体正中心轴位置前,运动轨迹到达管道内壁时,即 $x(t) = -R_{\text{bv}}$,即认为微粒被捕获。

3. 磁性微粒占微粒体积比 λ 对捕获的影响

反解式(8-26),微粒初始位置在管道上内壁,即 $r_0 = R_{\text{bv}}$,如果此粒子在磁体正中心 $(x=0)$ 上方被捕获,即粒子的最终位置在 $x=0$,$r(t) = -R_{\text{bv}}$。代入式(8-26)可解得:

$$\lambda = -\frac{3R_{\text{bv}}\eta\overline{v_{\text{f}}}}{\mu_0 R_{\text{cp}}^2 dM_{\text{s}}^2 R_{\text{m}}^4} \left[\frac{x_0}{4d^2(d^2+x_0^2)^2} + \frac{3x_0}{8d^4(d^2+x_0^2)} + \frac{3}{8d^5}\tan^{-1}\left(\frac{x_0}{d}\right) \right]^{-1} \tag{8-27}$$

根据上式,任何起始位置 $(-R_{\text{bv}} < r_0 < R_{\text{bv}})$ 的微粒都会在磁体中心轴左侧 $(x<0)$ 被捕获。λ 可预测微粒在磁体中心左侧或是右侧被捕获,式(8-27)给出了具体的数值计算方法。从公式中也可看出 $\lambda \propto R_{\text{cp}}^{-2}$,即相同的捕获情形,越大的微粒只需要较小的体积比 λ;又有 $\lambda \propto 1/d$,说明磁体越靠近管道表面,体积比 λ 越大,捕获效率也越高。

综上所述,式(8-22)、式(8-26)和式(8-27)可用于管道系统中微粒捕获性能预测。

4. 粒子捕获特性分析

上述模型中,磁体使用稀土钕铁硼永磁体,直径为6 cm($R_{\text{m}}=3$ cm),磁化强度 $M_{\text{s}}=1 \times 10^6$ A/m(剩磁 $B_{\text{r}}=1.256$ T),磁体上表面距离管道中心轴2.5 cm(即图8-21中 $d=5.5$ cm),选取管道半径为 $R_{\text{bv}}=50~\mu\text{m}$,磁流体平均流速 $\overline{v_{\text{f}}}=10$ mm/s,$\eta=0.003$ N/m²。

首先,通过式(8-27)可获取微粒半径在[200 nm,1000 nm]时 λ 的变化图,粒子初始位置选为 $x_0 = -4R_{\text{m}}$。

从图8-22可以看出,当微粒半径小于375 nm时,磁性微粒体积比 λ 必须大于1才能保证微粒被完全捕获,显然磁性微粒体积比 λ 不可能大于1,这意味着只有半径大于375 nm时才能确保完全捕获。此外,还可以看出,未达到完全捕获时,半径越大的微粒,所需的磁性微粒-微粒体积比 λ 越小,这与式(8-27)分析一致。

进一步,通过式(8-22)和式(8-26)可以获得微粒(半径为500 nm)在不同初始位置 (r 轴:$-0.8R_{\text{bv}}$,$-0.6R_{\text{bv}}$,$-0.4R_{\text{bv}}$,$-0.2R_{\text{bv}}$,0,$0.2R_{\text{bv}}$,$0.4R_{\text{bv}}$,$0.6R_{\text{bv}}$,$0.8R_{\text{bv}}$,

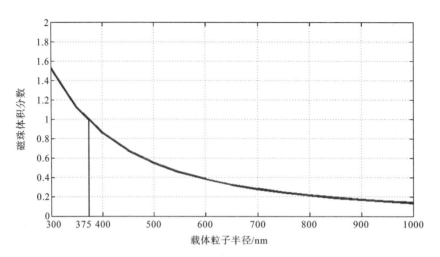

图 8-22 100％捕获时磁珠体积分数与载体磁珠粒子半径的关系图

$1.0R_{\mathrm{bv}}$）时的运动轨迹图。分两种情况分析，磁性微粒-微粒体积比 λ_1 和 λ_2 分别为56％和20％时的结果如图 8-23 和图 8-24 所示。从图 8-23 可以看出，磁性微粒-微粒体积比 $\lambda_1 = 56\%$ 时微粒完全捕获，印证了图 8-22 中全捕获情形下的参数。

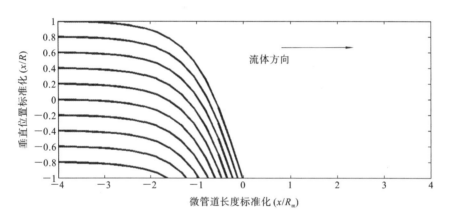

图 8-23 100％捕获情形（$\lambda_1 = 56\%$，微粒半径 $R_{\mathrm{cp}} = 500$ nm，图中 R 即为 R_{bv}，下图同）

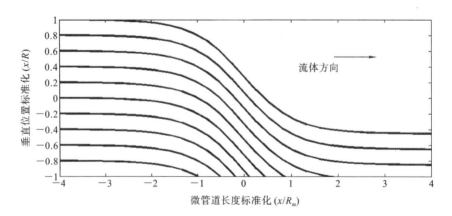

图 8-24 部分捕获情形（$\lambda_2 = 20\%$，微粒半径 $R_{\mathrm{cp}} = 500$ nm）

8.3.2　磁靶向磁体系统

磁靶向过程中,目标物质的靶向传输作用由磁场力特性决定,而磁场力特性(大小、方向等)与外加磁体系统所产生的磁场强度和磁场梯度直接关联。因此,磁体系统(磁场发生装置)是磁靶向系统的核心之一。

根据梯度磁场产生方式的不同,磁靶向磁体系统大体可分为以下两种。

(1) 高梯度磁体系统。一种由外加背景磁场(均匀或弱梯度磁场)磁化内置的高导磁材料而产生局部高梯度磁场的磁场发生系统,其结构如图 8-25(a)所示。该磁场源的显著优点在于其所能提供的磁场梯度很大,如在 1 T 的外加背景磁场作用下,内置铁磁性材料区域的磁场梯度值可达 10^4 T/m 及以上,从而可对粒子产生显著的磁场力作用。该类磁体系统已在磁分离、磁靶向治疗等领域得到了应用。如在磁靶向治疗领域,研究人员构建的磁靶向系统包括外部永磁体构成的背景磁场系统、磁性支架(针状或丝状,用于产生局部梯度磁场)以及磁性颗粒载体,已通过体外实验和理论研究表明其可在靶向肿瘤临床治疗中发挥积极作用;在工业磁分离领域,研究人员通过由水冷线圈或超导磁体(用于产生背景磁场)构成的高梯度磁分离系统来实现选矿或污水处理等。

(2) 开梯度磁体系统。一种由电/永磁体直接产生梯度磁场来实现目标物质靶向的磁场发生系统,其结构如图 8-25(b)所示。其中,永磁体具有结构简单、不发热以及产生的磁场强度和梯度大等优点,同时可根据实际需要组合形成圆柱形、圆锥形和阵列式等形状。而电磁体则可通过外加电流来调整产生的磁场强度和梯度大小以适用不同的靶向需求,此外,也可通过增加铁芯来达到永磁体磁场强度和梯度大的类似效果。但值得一提的是,与高梯度磁体系统相比,开梯度磁体源提供的场强和梯度有限,对于弱磁性或纳米级颗粒物质所产生的磁场力较小。因此,在以下两种情况下不足以对磁性纳米粒子进行有效的靶向:一是在大动脉快速血液流动中实现磁靶向,大型动脉血液的线速度是毛细管中的血流量(0.5～1 mm/s)的 50～100 倍;二是深度磁靶向,由于磁场强度和梯度均随着距离增加而减小,使得靶向位置在距磁源 20 mm 远时已经很难实现粒子聚集。但与高梯度磁场源相比,其在污水处理等领域的应用中具有一定的优势:一

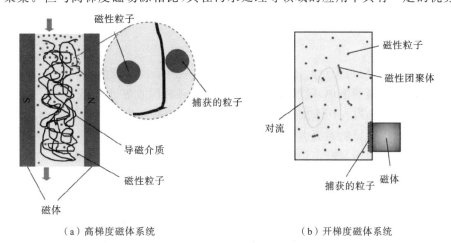

(a) 高梯度磁体系统　　　　　　　　　(b) 开梯度磁体系统

图 8-25　用于磁靶向的两类磁场源系统示意图

方面可避免内置高导磁材料所带来的系列问题,如高导磁材料的剩磁使得吸附在其表面的磁性粒子难以清除或回收,高导磁材料长期使用而引起腐蚀带来污染等;另一方面开梯度磁体结构更为简单,利于建模以实现系统参数优化。此外,随着超导磁体技术的发展,为开梯度磁体源提升其对目标的操控能力以及实现在磁靶向多领域的应用提供了可能。

8.3.3 应用案例

1. 污水处理用磁分离技术

随着工业化、城镇化的加快,污水排放量越来越大,由此造成的淡水资源短缺以及水体污染问题成为制约我国当前国民经济发展和人民生活水平提高的重要因素。因此,一直以来污水处理行业与自来水生产、供水、排水等行业处于同等重要地位。特别是从 2015 年起,我国水环境治理行业政策发布频出,明确提出要深入打好污染防治攻坚战。在此背景下,污水处理刻不容缓。然而,传统的污水处理技术存在能耗高、占地面积大和净化效率不稳定等问题。因此,着力提升污水处理技术,加快污水处理效率,是支撑水资源可持续发展的重要举措和途径。

与传统污水处理技术相比,磁分离技术已被科学实验和工业应用实践证明具有多重优势,包括分离速率快、效率高、无二次污染、占地少、投资低、操作方便等,已成为极具发展前景的新型污水处理技术之一。目前,根据不同的应用对象和场合,磁分离技术在实际水处理中的应用类型主要包括以下几种。

(1)直接磁分离。

直接磁分离是指利用外加梯度磁场直接作用于污水中的磁性污染物/目标物,通过在磁性污染物/目标物中产生梯度磁场力而使其从水中分离出去。由于梯度磁场作用下溶液中磁性物体的磁速度与平均粒径的平方以及磁化率近似成正比,弱磁性粒子、小粒径尤其是纳米尺寸粒子所能获得的运动速度有限而无法克服布朗运动带来的干扰,进而难以通过有效的定向迁移来实现分离。因此,直接磁分离工艺一般应用于尺寸较大或磁性较强的污染物/目标物分离,已被应用于电厂废水、钢渣废水、尾矿废水处理等。值得一提的是,近年来随着超导技术在磁分离设备中的应用,分离用磁场场强较传统的电/永磁体得到了显著提升,从而使得直接磁分离工艺亦有望应用于含弱磁性污染物的污水处理。

(2)磁絮凝分离。

磁絮凝分离一般是针对无磁性或弱磁性的水中污染物实施的一种分离方式,主要包含磁种添加、絮凝剂添加、磁混凝、絮体磁分离及磁种回收等过程,分离工艺如图 8-26 所示。具体来说,通过向污水中投加磁性较高的磁种(常见磁种为磁粉 Fe_3O_4)、混凝剂和助凝剂,使水中污染物絮凝并与磁种结合,由于磁种的重力作用使得絮凝物高效沉淀,经过滤将水中的污絮凝染物除去,磁种经磁分离器回收以循环使用。

磁絮凝分离是目前应用最为广泛的一种工艺,已有相当可观的磁分离装备,并在工业废水、生活污水、河湖水体的水处理中得到了实际应用。该方法对颗粒型污染物、高分子有机物、重金属类物质等具有显著的去除效果。但由于该工艺属于团聚包裹式加速分离模式,无法去除大多数离子及小分子类有机污染物,该技术有待进一步创新改进。

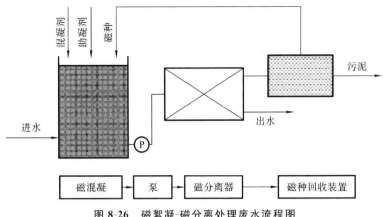

图 8-26 磁絮凝-磁分离处理废水流程图

（3）磁吸附分离。

磁吸附分离是将传统吸附法与磁分离相结合的一种分离手段,主要包括吸附和磁分离两个过程。其中,在吸附方面,利用化学沉积、共沉淀、水热法、包被法等制备优良磁性吸附材料,兼具良好的磁响应特性以及吸附性能,从而可通过物理或化学的方法将水中污染物吸附其表面;在磁分离方面,采用直接磁分离工艺将磁性吸附材料-污染物复合体进行分离。磁吸附分离工艺具有可选择性,可与所需分离的污染物/目标物进行特异性结合达到分离、回收的目的。其与磁絮凝分离工艺可形成互补,已应用于染料污水中重金属以及核废水中污染物的去除。但现有磁性吸附材料往往尺寸较大、稳定性较差、较易团聚、趋于在吸附过程中沉降,极度依赖摇床在实验中发挥作用。这也导致相关的磁吸附分离技术及工艺仍停留在实验室研究层面,距离大规模工业应用还有相当大距离。

2. 靶向肿瘤治疗

自 20 世纪 70 年代以来,我国肿瘤发病及死亡率一直呈上升趋势,至 90 年代我国恶性肿瘤死亡率上升了 29.42%,每年新发病例达 220 万人以上,已成为我国乃至世界范围内严重危害人类健康的常发病之一。目前主要采用手术、放疗和化疗等方式对肿瘤进行治疗。其中,手术治疗对于过大的肿块或与器官直接相连的肿块无法完全切除,而放疗和化疗虽可直接杀死肿瘤细胞,但往往具有很大的毒副作用。例如,传统的化疗主要采用静脉给药方式通过血液循环最终作用于全身各个脏器,由于缺乏对肿瘤部位的特异性,往往需要较大的剂量才能有效杀灭肿瘤。所以,化疗药物在杀灭肿瘤的同时,对人体组织也造成巨大伤害。

磁靶向技术为解决上述问题,实现高效肿瘤治疗提供了有效可行途径,主要包括以下两类方式。

（1）通过将磁性纳米载体与药物相结合,利用外加磁场来定向输送磁性载药颗粒到人体病变区实现靶向治疗,不仅大幅增加了靶区药物浓度,提高了疗效,而且大大降低了药物对病人带来的毒副作用。

（2）将靶向技术与热疗技术相结合,实现无药物治疗。一般来说,肿瘤组织的血管神经发育不良,因此,供氧不足,导致散热功能较差,对 41 ℃～45 ℃的温度较为敏感,而正常细胞可以耐受更高的温度。因此,可通过加热对肿瘤细胞造成不可逆损伤,从而达到消灭肿瘤的目的。早期热疗主要是基于微波和超声等对肿瘤区进行局部热疗，但由于靶向性较差，使得在治疗过程中亦容易导致正常组织受到损伤。借助磁靶向技术，可以将铁磁性纳米颗粒靶向输送到肿瘤组织区，通过外部高频或超高频磁场作用，使得粒子所在的肿瘤组织区加热，从而实现肿瘤治疗。上述基于磁靶向技术的治疗方法，在医学诊疗特别是对恶性肿瘤进行治疗方面具有重要的应用价值。

3. 基因磁转染

基因转染技术是将具有生物功能的核酸转移或输送到细胞内，并使核酸在细胞内维持其生物功能的过程。目前，此项技术已成为进行基因组功能（基因表达调控、信号转导和药物筛选等）和基因治疗（针对肿瘤、艾滋病和遗传病等）研究的一项重要技术手段。传统的基因转染方法可分为物理、生物和化学方法三类。其中，物理方法包括显微注射、粒子轰击（基因枪）、电穿孔、超声波等，但大多存在专业性要求高、不具有体内可行性或效果有限等问题；生物方法通过将病毒作为载体利用其天然的感染性将其携带的基因转入宿主细胞，效率很高，但受限于其宿主依赖性，会导致如病毒毒性、宿主免疫排斥等副作用；化学方法则将如脂质体、阳离子聚合物等非病毒载体与基因在体外结合，并利用其各自特性帮助核酸克服转染过程中的种种障碍。化学方法中的非病毒载体制备简单、易于扩展，不会引发特定的免疫反应，但其转染效率低、转染时间长、靶向性差，难以满足实际应用需求。

随着纳米技术和生物电磁技术的发展，磁性纳米颗粒作为一种特殊的纳米颗粒载体已成为基因载体研究的热点，基于该类载体的新型基因转染技术称为磁转染技术。该技术最早由德国慕尼黑工业大学研究人员提出，其核心在于将传统基因转染技术与磁靶向引导技术相结合。如图 8-27 所示，外加磁体系统所产生的梯度磁场与携带核酸的磁性复合物作用，产生磁场力促使磁性复合物快速向孔板底部运动，实现磁性复合物在细胞表面的定向富集，进而有效增强其与细胞间的作用，显著提升载体的转染效率，缩减转染所需时间和扩展载体宿主嗜性等。由于磁场的生物可穿透性，磁转染技术也为实现体内靶向基因转染提供了一种潜在的实施方案，亦被认为是突破目前基因转染

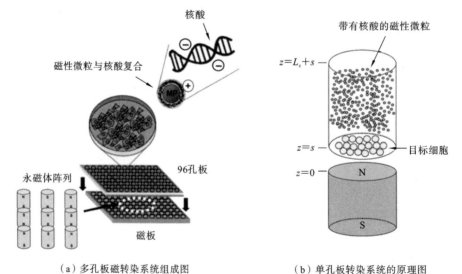

　　（a）多孔板磁转染系统组成图　　　　　　（b）单孔板转染系统的原理图

图 8-27　磁转染系统示意图

困境的最具潜力的方法之一。

8.4　磁控软体机器人技术

软体机器人是指本体或主要功能结构由软体材料(弹性模量介于 $10^4 \sim 10^9$ Pa)构成的一种机器人。相比于传统的刚体机器人,软体机器人具有高变形自由度、强变形能力和强适应性等显著优势,在医疗诊断、康复和仿生等领域具有广阔的应用前景。目前软体机器人的主要驱动方式包括气压驱动、电驱动、光驱动和磁场驱动等。其中,基于磁场驱动的磁控软体机器人技术因具有以下典型特征而最具发展前景:① 可实现无束缚、非接触的远程驱动;② 穿透性能好,驱动磁场可以轻易地穿透大多数非磁性或弱磁性材料以及生物体;③ 可控性高,可通过电流控制的电磁线圈或机械运动控制的永磁体产生多种类型的静态和动态磁场,进而可实现多模态驱动。

目前磁性软体机器人的常用材料由微米级硬磁性材料粒子和硅胶/水凝胶等软体材料构成。其中,所采用的硬磁材料因具有较大的矫顽力(见图 8-28(a)),饱和充磁后可使得软体机器人保持恒定磁性,其剩磁大小往往不受外部驱动磁场(一般低于 0.5 T)的影响。因此,如图 8-28(b)所示,当外部所施加磁场与软体机器人内部剩磁方向不一致时,在磁力矩作用下软体机器人内部磁性材料趋于沿着磁场方向运动,进而促使软体机器人发生变形,这亦是磁性软体机器人的基本变形原理。

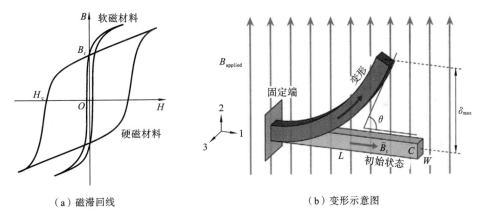

|（a）磁滞回线|（b）变形示意图|

图 8-28　磁性软体机器人磁性特性及变形原理图

8.4.1　磁化和磁驱动方法

磁力矩($T_m = \mu_0 V M \times H_a$)由磁化强度 M 和外加磁场 H_a 共同决定。因此,可通过调控机器人内部磁化特性以及外部驱动磁场特性来实现磁性软体机器人多模态变形和丰富的运动模式。

1. 磁性软体机器人内部磁化特性调控

1)模具辅助调控法

模具辅助调控法采用的磁化磁场类型通常为单向的脉冲强磁场。磁化前采用特定形状的模具约束软体材料形状,磁化后再将形状恢复,进而可产生特定的磁化效果。如图 8-29(a)所示,首先将条状磁性弹性软体材料卷绕在柱状非磁性模具上,然后经单方向磁化并去掉模具,从而获得分布呈类似正弦型特征的复杂磁化特性。具有这一磁化特性的机器人可以在外加磁场下形成不同弯曲方向的 C 字结构变形特征,如图 8-29 (b)所示,进一步可通过外加动态磁场实现其空间位置形态的调控。

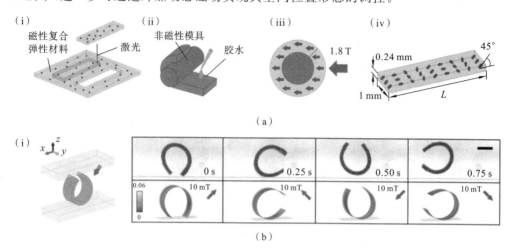

（a）

（b）

图 8-29　基于模具辅助调控法实现的磁性软体机器人

2) 装配辅助调控法

装配辅助调控法是将不同磁化方向的磁性软体进行连接和装配,形成具有特定磁化图案的磁性软体机器人。相关工作原理如图 8-30 所示,采用单向磁场对单片磁性材料进行不同方向(水平向左或向右)磁化后,将不同磁化方向的磁性软体黏合在同一柔软的薄膜材料上,通过设计薄膜结构可以实现对称性连接和非对称性连接,从而在磁场作用下实现多种变形特征。

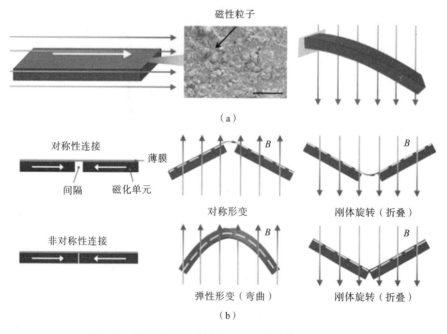

（a）

（b）

图 8-30　基于装配辅助调控法实现的磁性软体机器人

3）外加磁场辅助调控法

外加磁场辅助调控法是利用电磁体或永磁体产生的外部磁场来使得磁化后的粒子实现重取向。该方法最具灵活性，可实现具有不同分布模式的可编程磁化特性。目前这一调控方法主要借助 3D 打印、紫外线固化以及电子束光刻等技术来实现。图 8-31（a）给出了基于外加磁场辅助和 3D 打印技术的可编程磁化方法。其中，在打印过程中，通过在喷管处施加一个磁场，使粒子沿着所施加的磁场方向重新取向，从而可使得打印出来的丝状物具有特定的磁化分布特征。该方法可以用于三维结构中复杂磁化模式的调控，进而为开发复杂且形变可预测的智能可编程磁化软体机器人提供了可能，目前已应用于可重构电子器件、可控抓取快速移动的物体以及携药输送和释放等应用场景，如图 8-31（b）～（e）所示。

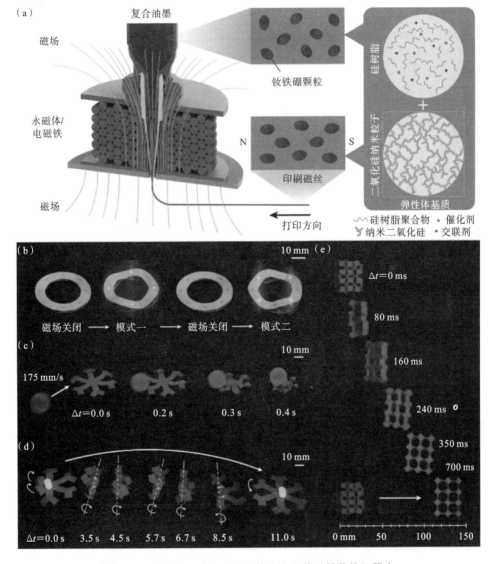

图 8-31　基于外加磁场辅助调控法实现的磁性软体机器人

可以看出，现有的磁性软体机器人磁化技术已从单一磁化模式发展为多维度磁化，但上述提及的磁化技术的调控范畴往往局限于毫米级以下的微型软体机器人，难以满足多尺度磁性软体机器人磁化需求。此外,现有可编程磁化模式受限于固定的模具或制造工艺,难以实现可重构磁化调控。因此,相关磁化技术仍有巨大的研究空间。在这一领域,华中科技大学国家脉冲强磁场科学中心研究人员已开展了积极的探索工作,首创基于集磁器的脉冲强磁场聚焦式直接磁化技术(见图 8-32),实现了磁性软体机器人内部磁化过程与磁性复合材料制备工艺过程的解耦,可完成软体机器人内部磁化路径快速可控编程及重构(毫米级分辨率),是目前唯一无需额外辅助措施(模具、组装或外加取向场等)即可实现小型软体机器人可编程磁化的方法。

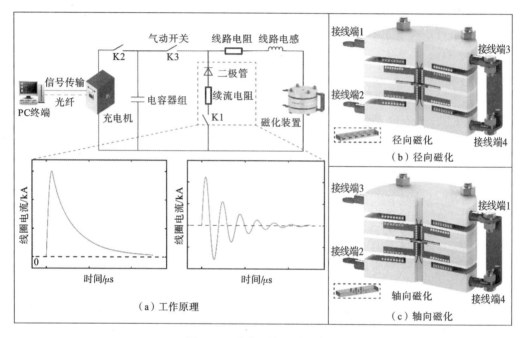

图 8-32　磁化系统原理示意图

2. 磁性软体机器人外加磁场调控

在这一方面,一般是通过调控外加磁场方向的方式来进行,可以使得具有相同磁化特性的软体机器人展现出多模态变形或运动,相关的激励磁场方式有以下两种。

(1)采用运动的永磁体来进行激励,即基于人手或者机械手来操控永磁体进行平移、旋转等来实时改变外加磁场方向。这一激励方式的优点在于永磁体无需供电且产生磁场效率高,不足点在于所施加的磁场大小和方向的调控模式不够灵活(如无法产生梯形波、三角波等),精度亦不高。

(2)采用电磁线圈系统来进行激励,即通过调节电磁线圈中的电流来调控驱动磁场。为了使得样品区域的磁场相对均匀,亥姆霍兹线圈常被用来作为激励源,如图 8-33(a)所示。相较永磁体来说,该激励方法可以输出任意磁场波形,从而为丰富磁场驱动类型提供了有效途径。例如,如图 8-33(b)所示,通过改变线圈系统所产生的时变磁场特征,可以驱动十字型薄膜微型软体机器人分别实现水母式和铲车式的运动模式。但在实际应用中,采用电磁线圈激励需要解决激励线圈磁场空间分布和强度设计、控制精度以及温升等方面的技术难题:一方面,现阶段磁性软体机器人的三维运动特性调控往往需要 6 个以上驱动线圈,在有限布局空间内线圈组间的动态电磁耦合特性复杂,尤其是对于具有非线性磁化特性的铁芯增强型线圈系统而言;另一方面,已有研究所选择的

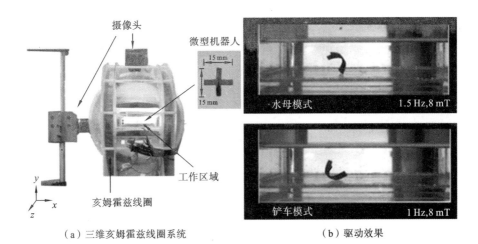

（a）三维亥姆霍兹线圈系统　　　　　　（b）驱动效果

图 8-33　三维亥姆霍兹线圈系统

驱动磁场模式较为单一，不利于实现磁性软体机器人更多运动模态和功能，亟须发展多类型的可控驱动磁场（如均匀磁场、旋转磁场、梯度磁场、振荡磁场、间歇磁场等）。

8.4.2　应用案例

1. 磁控导管导丝机器人

心脑血管疾病是危害人类健康和生命的重大疾病，现有治疗方法主要包括开放性手术治疗和微创介入手术治疗两类。其中，前者具有较大的创伤性，手术中患者出现感染和大出血的危险程度较高，且术后恢复慢，并发症风险高。后者是指在造影机或 CT 影像设备辅助下，通过将导管与导丝推送至患者病变位置，再借助导管将治疗药物或器械输送至该区域的一种治疗方法，可显著减小患者治疗时的痛苦及术前术后的风险。然而，现阶段微创介入手术治疗通常是由医生通过手动操作导丝和导管的方式来进行，临床上存在以下问题。

（1）操作复杂。人体血管弯曲且分支较多，在血管交叉处需要手动旋转导丝使其进入正确分支。但由于导丝与血管壁摩擦的影响，该操作很难一次成功，导致整个手术过程很长，而过慢的缺血部位血液循环重建不利于减少患者脑组织的损伤。

（2）对医生辐射量较大。由于从事该手术的医生常年要在不间断造影下观察导丝前端运行位置，累积起来所受到的辐射会对其身体健康产生影响。

（3）手术依赖有经验的医生。如前所述，现有介入性手术操作复杂，非常考验医生的操作水平，而能熟练操作手术的医生数量远远少于病患所需，尤其是在偏远城市或农村地区。

近年来发展起来的磁控软体导丝导管机器人可通过远程控制外加磁场来驱动导丝导管末端的运动，通过改变磁场强度和方向，可快速引导导丝穿过锐角、分叉病变区域，顺利处理复杂手术，大大缩短手术时间，提高了手术成功率、时效性和安全性。其中，最具代表的一款机器人为麻省理工学院研究人员于 2019 年研发出的磁控软体导丝机器人，其结构、制备及工作原理如图 8-34 所示。通过将钕铁硼颗粒与硅胶基底均匀混合得到液态混合物，并使用脉冲磁场对其初步磁化以将混合物变为糊状物，先将其通过挤压打印法或模具注射法获得内置镍钛合金丝的线状机器人；再将机器人前端部分磁化，

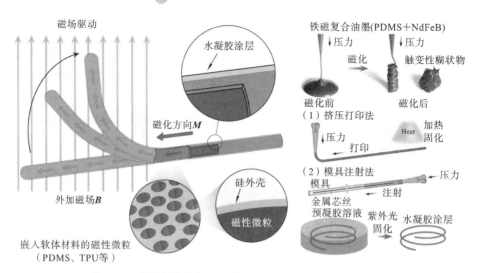

图 8-34　磁控软体导丝机器人结构、制备及工作原理示意图

使其在磁场驱动下可以灵活转向;最后在机器人表面敷上一层水凝胶,以减小其与血管壁的摩擦力。在外加手持式永磁体磁场的驱动下,该款磁性软体导丝机器人可以快速准确地穿越一系列直径为 2~3 mm 的孔洞。同时,该机器人可以在真人大小的脑血管模型(通过 CT 扫描病人脑血管,然后由柔软硅橡胶 3D 打印而成)中快速巡航,如图 8-35 所示。其中,在血管分叉处,外加磁场可远程控制导丝机器人向需要前进的方向偏折,无需手动扭转导丝。在进入预定血管后,导丝机器人前端可恢复成直线形状,减少前进中和血管壁的摩擦。总的来说,磁控导管导丝机器人在心脑血管疾病的微创介入手术治疗应用中优势突出,有望在不久的将来为临床心脑血管疾病治疗提供重要的辅助设备支撑。

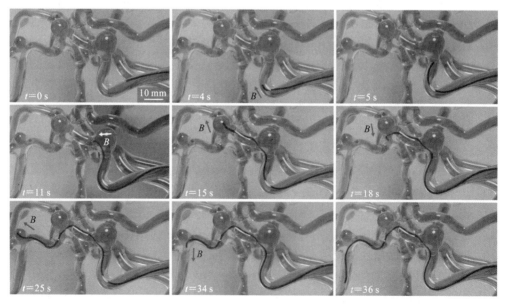

图 8-35　磁控软体导丝机器人结构、制备及工作原理示意图

2. 磁控仿生机器人

在近 40 亿年的生命进化史中,各种生物体和生物系统均以卓越的适应机制和生存

策略发展至今,这些机制和策略远超于现有的发明和解决方案。在这一背景下,仿生学应运而生,其重要研究方向是仿生机器人开发,亦是机器人学的一个重要分支学科。鉴于磁控软体机器人可以通过可控的内部磁化和外部驱动磁场实现丰富多彩的运动模式,为仿生提供了必要的技术支撑。因此,近年来,磁控软体机器人技术在仿生领域中的应用亦得到了广泛关注。

图 8-36 所示的为荷兰屯特大学研究人员开发的三种典型仿生磁性软体机器人,分别通过参考尺蠖、海龟和千足虫形体动作来实现仿生机器人运动。鉴于不同动物结构和运动姿态存在明显差异,机器人的内部磁化特性及外加磁场需要针对性设计。图 8-37 所示的为包括上述三种机器人在内的四种机器人磁化模式及实现方法。

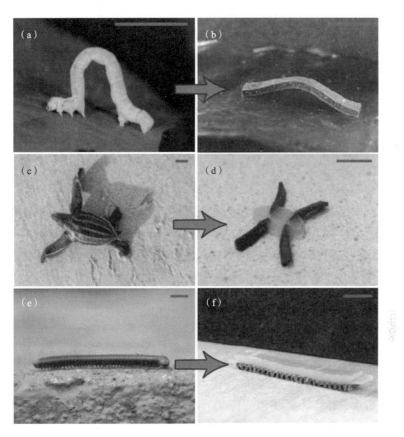

图 8-36　仿生的自然界动物对象及对应的磁性软体机器人

华中科技大学国家脉冲强磁场科学中心研究人员亦成功研制了基于尺蠖推-拉运动模式和非对称磁场驱动的双向爬行磁性软体机器人,实现高达 1.1 body/s 的爬行速度,为同类最快的仿尺蠖磁性软体机器人。除了仿生爬行软体动物外,近年来磁控软体机器人技术亦被应用于水中生物仿生,如德国马克斯普朗克智能系统研究所研究人员开发了一种以钵水母碟状幼体为灵感的无缆软体机器人,施加振荡磁场后,通过可控的收缩-恢复运动,可实现类似水母的游泳模式,且具备运输和钻挖等多种功能。总而言之,磁控软体机器人技术为仿生研究提供了重要途径,未来在仿生器件开发和生物功能研究等方面具有重要的应用前景。

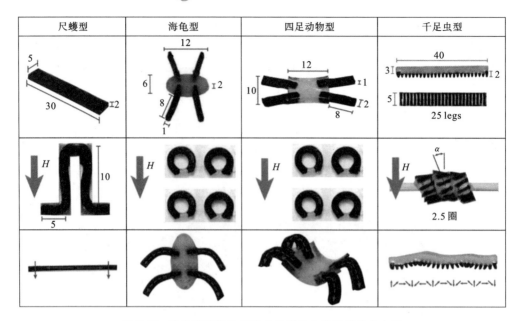

图 8-37　仿生磁性软体机器人的磁化方法及磁化分布图

8.5　负磁泳悬浮技术

与顺磁性及铁磁性物质不同,当抗磁性物质(磁化率为负数)处于外加磁场中时,由于磁化方向与外磁场方向相反,抗磁性物质与磁源之间所产生的梯度磁场力非吸引力,而是排斥力,即抗磁力。基于抗磁力实现物质在恒定磁场中稳定悬浮的技术称为抗磁悬浮技术。传统的抗磁悬浮技术主要是指抗磁性物质在真空条件或空气中的抗磁悬浮,为了悬浮起磁化率极小的抗磁性物质往往需要外加强磁场,极大地增加了悬浮成本与难度。例如,1997 年研究人员基于抗磁悬浮技术首次实现了活体青蛙的稳定悬浮,但需要 16 T 的强磁场实验条件。近年来发展起来的基于磁阿基米德效应的负磁泳悬浮技术有效解决了上述问题,其将抗磁性物质置于顺磁性介质(如 $GdCL_3$ 水溶液和 $MnCL_2$ 水溶液中,利用二者之间的磁化率差异,极大地增加了抗磁性物质所受的磁浮力。在仅使用永磁体作为磁场源的情况下即可实现多类抗磁性物质的悬浮,是目前负磁泳悬浮领域的研究热点和主流发展方向,已在物质密度测量、分离、组装和质量检测等领域展现出广阔的应用前景。

8.5.1　负磁泳悬浮理论

图 8-38 为一种典型的双磁环式轴向负磁泳悬浮系统的示意图和实物图。对于悬浮于顺磁性溶液中的样品,它所受到的力包括其本身的重力与浮力,以及在顺磁性溶液与梯度磁场作用下所产生的负磁泳力。由于这种力的作用方向朝向远离磁场的方向,因此也称其为"磁浮力",物质所受到的梯度磁场力 $\boldsymbol{F}_\mathrm{m}$ 与浮力修正后的重力 $\boldsymbol{F}_\mathrm{g}$(重力与浮力的矢量和)可分别表示为

$$\boldsymbol{F}_\mathrm{m} = \frac{(\chi_\mathrm{s} - \chi_\mathrm{m})}{\mu_0}(\boldsymbol{B} \cdot \boldsymbol{\nabla})\boldsymbol{B}V_\mathrm{s} \tag{8-28}$$

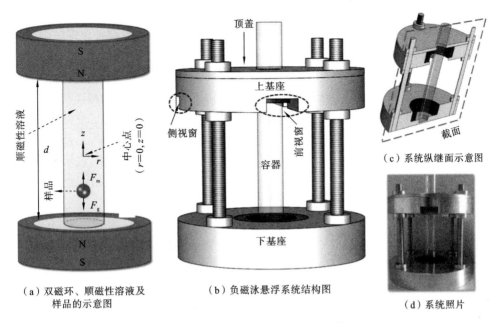

（a）双磁环、顺磁性溶液及　　　（b）负磁泳悬浮系统结构图
样品的示意图

（c）系统纵继面示意图

（d）系统照片

图 8-38　一种双磁环式负磁泳悬浮系统

$$\boldsymbol{F}_{\mathrm{g}} = (\rho_{\mathrm{s}} - \rho_{\mathrm{m}})V_{\mathrm{s}}g\boldsymbol{e}_{\mathrm{z}} \tag{8-29}$$

当它稳定悬浮时,梯度磁场力 $\boldsymbol{F}_{\mathrm{m}}$ 与重力 $\boldsymbol{F}_{\mathrm{g}}$ 的合力为 0,满足以下方程:

$$\boldsymbol{F}_{\mathrm{m}} + \boldsymbol{F}_{\mathrm{g}} = \frac{(\chi_{\mathrm{s}} - \chi_{\mathrm{m}})}{\mu_0}(\boldsymbol{B} \cdot \boldsymbol{\nabla})\boldsymbol{B}V_{\mathrm{s}} - (\rho_{\mathrm{s}} - \rho_{\mathrm{m}})V_{\mathrm{s}}g\boldsymbol{e}_{\mathrm{z}} = \boldsymbol{0} \tag{8-30}$$

式中: χ_{s}、V_{s} 和 ρ_{s} 分别代表磁化率、样品的体积和密度; χ_{m} 和 ρ_{m} 分别表示溶液的磁化率和密度; $\boldsymbol{B}$ 代表磁通密度, μ_0 是真空中的磁导率,其大小为 $4\pi \times 10^{-7}$ N/A²; g 是重力加速度(9.8 m/s²); $\boldsymbol{e}_{\mathrm{z}}$ 表示与重力反方向的单位向量。

样品的密度大小 ρ_{s} 可被表示为

$$\rho_{\mathrm{s}} = \rho_{\mathrm{m}} + \frac{(\chi_{\mathrm{s}} - \chi_{\mathrm{m}})}{g\mu_0}\frac{(\boldsymbol{B} \cdot \boldsymbol{\nabla})\boldsymbol{B}}{\boldsymbol{e}_{\mathrm{z}}} \tag{8-31}$$

由于轴向负磁泳悬浮系统为二维轴对称结构,因此可以进一步采用以下两个磁场力分量进行分析:

$$F_{\mathrm{mr}} = \frac{(\chi_{\mathrm{s}} - \chi_{\mathrm{m}})}{\mu_0}V_s\left(B_{\mathrm{r}}\frac{\partial B_{\mathrm{r}}}{\partial r} + B_{\mathrm{z}}\frac{\partial B_{\mathrm{r}}}{\partial z}\right) \tag{8-32}$$

$$F_{\mathrm{mz}} = \frac{(\chi_{\mathrm{s}} - \chi_{\mathrm{m}})}{\mu_0}V_s\left(B_{\mathrm{r}}\frac{\partial B_{\mathrm{z}}}{\partial r} + B_{\mathrm{z}}\frac{\partial B_{\mathrm{z}}}{\partial z}\right) \tag{8-33}$$

式中: F_{mr} 和 F_{mz} 分别代表径向和轴向方向的磁场力; B_{r} 和 B_{z} 是相应方向的磁通密度分量。径向和轴向磁力共同决定了样品悬浮的最终位置,其中径向磁场力决定了样品是否能够悬浮于图 8-38(a)中试管的中心轴上,而轴向磁场力决定了样品的悬浮高度。为了获得样品的磁场力特性、样品密度和悬浮行为,需要获得样品所处区域的磁场分布。磁场分布一般通过引入磁势 $\boldsymbol{A}$ 进行计算:

$$\boldsymbol{\nabla} \times \left(\frac{1}{\mu_0\mu_{\mathrm{r}}}(\boldsymbol{\nabla} \times \boldsymbol{A}) - \boldsymbol{B}_{\mathrm{rfd}}\right) = \boldsymbol{0} \tag{8-34}$$

$$\boldsymbol{B} = \boldsymbol{\nabla} \times \boldsymbol{A} \tag{8-35}$$

式中：μ_r 是材料的相对磁导率，在仿真中将其设为常数（$\mu_r=1$）；$\boldsymbol{B}_{rfd}$ 为材料的剩磁密度，在没有永磁体的域内其值为零。在仿真模拟中，空气域的外边界设置为磁绝缘，且空气域的尺寸要足够大（一般比磁体系统尺寸大 10 倍以上）以忽略由边界条件引起的误差。

在获得磁场参数的基础上，进一步通过测量样品的悬浮高度 h_s，即可获得悬浮于特定位置的样品密度 ρ_s。因此，在实际应用中，样品悬浮高度的测量精度决定了样品密度计算的精度。对于 h_s 的测量，在实验中可以采用像素计算法。为了获得准确的悬浮高度，在同一位置高质量地拍摄所有图像，然后对图像进行像素分析，通过统计图像的像素点个数，从而推算出样品的实际悬浮高度。如图 8-38(a)所示，d 表示上磁环与下磁环之间的分离距离，实验中样品中心点离建模中心点（$r=0$，$z=0$）的高度为 h_n，其计算方法可表示为

$$h_n = \frac{N_s}{N_d}d - \frac{d}{2} \tag{8-36}$$

式中：N_s 表示样品中心点到下磁环表面的像素个数；N_d 表示分离距离 d 所占的像素个数。

8.5.2   负磁泳悬浮用磁体系统

在负磁泳悬浮技术应用中，其效率和适用性与所采用的永磁体结构直接相关，而目前已发展起来的多类磁悬浮装置的主要区别亦在于永磁体结构的不同。

目前使用最为广泛的负磁泳悬浮磁体结构是由哈佛大学研究人员开发的"标准磁悬浮"结构，如图 8-39(a)所示。该结构主要由两个相同的方块形永磁体同轴对极放置而形成，当磁体的尺寸以及磁体之间的距离满足一定条件时，可以让抗磁性样品稳定悬浮在系统的中轴线上（径向磁场力向内）。其中，若样品的密度大于溶液密度，则其会倾向于向容器底部区域移动，但来自下端磁体的斥力可阻止样品下沉至容器底部，而使其悬浮在容器下半部分的某一处；反之，如果粒子密度小于溶液密度，则会主要受到来自上半部分磁体的斥力，从而使得样品无法继续上浮至溶液表面，而使其悬浮在容器上半部分的某一处。该装置的主要优点是装置成本不高，且形成的线性梯度磁场可用于产生一个线性密度测量区域：以悬浮高度为横坐标，以对应横坐标悬浮高度为平衡位置所对应的物体密度为纵坐标，可以作出呈线性关系的"密度-悬浮高度"曲线，如 8-39(b)所示。因此，该磁体系统作用下，测量过程及后续的数据处理较为简单，但其主要缺点在于上下矩形磁体结构导致对容器中液体及样品进行操作时较为麻烦，需要进行相应的拆卸工作，且测量范围和灵敏度有待提升。

为了解决"标准磁悬浮"加样、取样等操作不便等问题，哈佛大学研究人员进一步开发出了双环磁体结构，如图 8-39(c)所示，其结构与标准型磁体结构类似，但磁体并非实心的矩形，而是圆环。基于这样的结构，可以依旧保持着标准型近似线性的"密度-悬浮高度"曲线以及可中轴线悬浮等优点，且由于为中空结构，可以实现样品、溶液及其容器的简便操作。

此外，为了获得比标准磁悬浮结构更宽的测量范围或更高的灵敏度，近年来亦在"标准磁悬浮"结构基础上发展出几种新型的磁悬浮结构或改进型结构：一是"倾斜磁悬浮"结构，如图 8-39(d)所示，其可以显著扩大测量范围，增强机制在于通过相对于重力方向倾斜"标准磁悬浮"结构以减少重力的影响；二是水平磁阿基米德悬浮法，使用带细绳的塑料架调整与磁场相对的重力场分量，以扩大密度测量范围，其装置示意图如 8-39

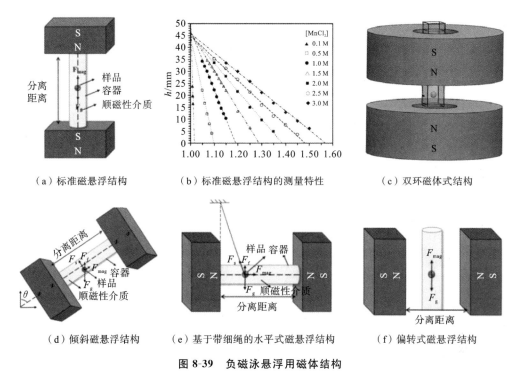

（a）标准磁悬浮结构 （b）标准磁悬浮结构的测量特性 （c）双环磁体式结构

（d）倾斜磁悬浮结构 （e）基于带细绳的水平式磁悬浮结构 （f）偏转式磁悬浮结构

图 8-39 负磁泳悬浮用磁体结构

（e）所示；三是 90°偏转式"标准磁悬浮"结构，如图 8-39（f）所示，通过调整梯度磁场方向，可以在沿着重力方向上产生小梯度、大作用范围的悬浮区域，进而大幅提升灵敏度，较"标准磁悬浮"所能获得的最高灵敏度高出约 100 倍。

8.5.3 应用案例

1. 物质密度测量

在化学、材料科学以及生命科学领域中，物质密度是一个十分重要的特征。所有的物体都具有密度，并且物质的密度往往是独特的，物质密度的变化常常伴随物理过程或化学反应的发生。因此，密度的测定在疾病诊疗以及性能评估等方面是一种简单而有效的方法。目前已有的物质密度测量方法包括使用密度梯度柱和比重计等相对简单的测量设备，以及微通道谐振器和介电泳场流分离等较为专业复杂的仪器进行测量。但已有的测量仪器很少能做到操作简单和高精度的兼顾。同时，对于体积很小的固体，或是数量很少的液滴，难以通过传统的密度测量方法得出其精确的密度值。此外，在实验室条件下，许多样本取样困难且十分稀少，仅使用传统的方法测量会遇到无法收集足够多样本进行测量的问题，而基于负磁泳悬浮技术的密度测量装置不但精度高，操作简单，便于携带，而且不会对被测定的样本造成破坏，可以很好地解决上述问题。与此同时，随着负磁泳悬浮磁体技术的发展，其可测量范围不断增大，如基于"倾斜磁悬浮"式磁体结构可以用于密度从气泡（$\rho \approx 0$）到高密度金属（如锇和铱，密度达 $\rho \approx 23 \ \mathrm{g/cm^3}$）的大范围测量。

2. 基于密度的物质分离和检测

负磁泳悬浮技术极大地提升了磁悬浮的应用空间，降低了对磁体的场强需求，为众多基于密度的物质分离和检测应用提供了方法与手段，如图 8-40 所示。分离对象如塑

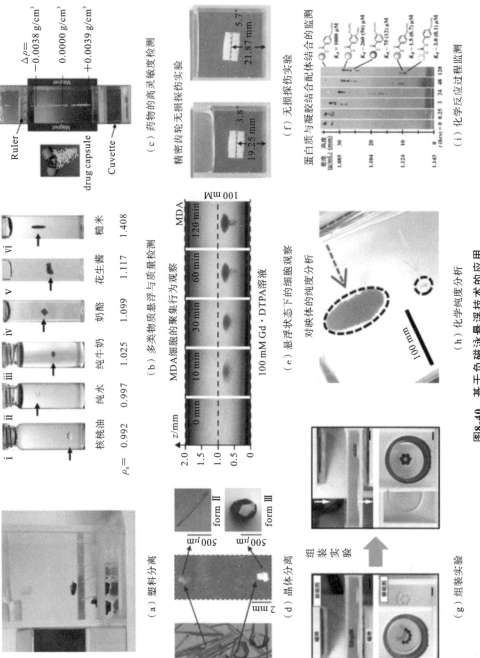

图8-40 基于负磁悬浮技术的应用

料、晶体、药物甚至活细胞,在垃圾分类(包括塑料制品的分类与电子废弃物的回收)的预处理,药物含量的精密检测,细胞的分离与分析中都具有重要的应用。与此同时,负磁泳悬浮在物质检测和分析中也起到重要作用,其应用场景包括注塑部件的质量控制、零件的精密无损探伤、食品安全性分析、刑侦样品的精密检测以及生物物质的变化检测(如种子质量变化检测)等。负磁泳悬浮技术还为 2D 和 3D 的自组装以及其他应用(如定向、捕获和监测化学和生物反应)提供了手段,也成为一种重要的磁操控方法,在多领域都展现了巨大的应用潜力。

习题

8.1 请解释磁场力和磁力矩的产生原理及其对外加磁场的需求。

8.2 何为软磁、硬磁材料?请各列举 2 种常见的软磁和硬磁材料。

8.3 永磁电机磁极的主要充磁方式有哪几类?各自的优缺点是什么?

8.4 永磁体的常见退磁方式有哪几种?请概述相应的退磁原理。

8.5 磁靶向过程中粒子的运动速度与哪些因素有关?

8.6 磁靶向应用于人体肿瘤治疗所面临的挑战有哪些?

8.7 软体材料与刚性材料的判断标准是什么?请描述两种材料的优缺点。

8.8 请概述软体机器人种类、驱动方式及工作原理。

8.9 请思考磁控软体机器人技术在日常生活、医疗和工业生产等领域的潜在应用,并举例说明。

8.10 从磁场力角度阐述现有磁靶向技术和负磁泳悬浮技术的相同点与不同点。

参考文献

[1] Jiles D. Introduction to magnetism and magnetic materials[M]. CRC press,2015.

[2] Aharoni A. Introduction to the Theory of Ferromagnetism[M]. Clarendon Press,2000.

[3] Kim Y,Zhao X H. Magnetic soft materials and robots[J]. Chemical Reviews,2022,122(5):5317-5364.

[4] Lv Y L,Wang G B,Li L. Post-assembly magnetization of a 100 kW high speed permanent magnet rotor[J]. Review of Scientific Instruments,2015,86(3):034706.

[5] Dorrell D G,Hsieh M F,Hsu Y C. Post assembly magnetization patterns in rare-earth permanent-magnet motors[J]. IEEE Transactions on Magnetics,2007,43(6):2489-2491.

[6] 夏东. 300kW 高速永磁电机马鞍形整体充磁线圈研究[D]. 武汉:华中科技大学,2020.

[7] Lv Y L,Yang Y P,Xia D,et al. Saddle-Shaped Post-Assembly Magnetiza-

tion Coil for a 300 kW 2-Pole High-Speed Permanent Magnet Rotor[J]. IEEE Transactions on Applied Superconductivity, 2020, 30(4): 5206705.

[8] Wang Q J, Ding H F, Zhang H, et al. Study of a post-assembly magnetization method of a v-type rotor of interior permanent magnet synchronous motor for electric vehicle[J]. IEEE Transactions on Applied Superconductivity, 2020, 30(4): 19603336.

[9] Furlani E J, Furlani E P. A model for predicting magnetic targeting of multifunctional particles in the microvasculature[J]. Journal of Magnetism and Magnetic Materials, 2007, 312(1): 187-193.

[10] 周信. 微流控系统的磁泳运动仿真和实验研究[D]. 武汉: 华中科技大学, 2014.

[11] 王桢. 微通道磁泳系统中磁性微粒的动态特性和分离行为研究[D]. 武汉: 华中科技大学, 2019.

[12] Leong SS, Yeap S P, Lim J K. Working principle and application of magnetic separation for biomedical diagnostic at high-and low-field gradients[J]. Interface focus, 2016, 6(6): 20160048.

[13] Cao Q L, Han X T, Li L. Enhancement of the efficiency of magnetic targeting for drug delivery: development and evaluation of magnet system[J]. Journal of Magnetism and Magnetic Materials, 2011, 323(15): 1919-1924.

[14] Cao Q L, Han X T, Li L. Numerical analysis of magnetic nanoparticle transport in microfluidic systems under the influence of permanent magnets[J]. Journal of Physics D: Applied Physics, 2012, 45(46): 465001.

[15] 郑利兵, 佟娟, 魏源送, 等. 磁分离技术在水处理中的研究与应用进展[J]. 环境科学学报, 2016, 36(9): 15.

[16] Iranmanesh M, Hulliger J. Magnetic separation: its application in mining, waste purification, medicine, biochemistry and chemistry[J]. Chemical Society Reviews, 2017, 46(19): 5925-5934.

[17] 刘庆祖, 杨慧恺, 刘建恒, 等. 磁性纳米颗粒在肿瘤药物及肿瘤治疗中的研究进展[J]. 解放军医学院学报, 2020(4): 4.

[18] Scherer F, Anton M, Schillinger U, et al. Magnetofection: enhancing and targeting gene delivery by magnetic force in vitro and in vivo[J]. Gene therapy, 2002, 9(2): 102-109.

[19] Furlani E P, Xue X Z. Field, force and transport analysis for magnetic particle-based gene delivery[J]. Microfluidics and nanofluidics, 2012, 13(4): 589-602.

[20] Rus D, Tolley M T. Design, fabrication and control of soft robots[J]. Nature, 2015, 521(7553): 467-475.

[21] Zhao R K, Kim Y, Chester S A, et al. Mechanics of hard-magnetic soft materials[J]. Journal of the Mechanics and Physics of Solids, 2019, 124: 244-263.

[22] Ren Z Y，Zhang R J，Soon R H，et al．Soft-bodied adaptive multimodal locomotion strategies in fluid-filled confined spaces[J]．Science advances，2021，7(27)：eabh2022.

[23] Wu S,Ze Q J，Zhang R D，et al．Symmetry-breaking actuation mechanism for soft robotics and active metamaterials[J]．ACS applied materials & interfaces，2019，11(44)：41649-41658.

[24] Kim Y，Yuk H，Zhao R K，et al．Printing ferromagnetic domains for untethered fast-transforming soft materials[J]．Nature，2018，558(7709)：274-278.

[25] Ju Y W，Hu R，Xie Y，et al．Reconfigurable Magnetic Soft Robots with Multimodal Locomotion[J]．Nano Energy，2021：106168.

[26] Su M,Xu T T，Lai Z Y，et al．Double-modal locomotion and application of soft cruciform thin-film microrobot[J]．IEEE Robotics and Automation Letters，2020，5(2)：806-812.

[27] Kim Y,Parada G A，Liu S D，et al．Ferromagnetic soft continuum robots [J]．Science Robotics，2019，4(33)：eaax7329.

[28] Venkiteswaran V K，Samaniego L F P，Sikorski J，et al．Bio-inspired terrestrial motion of magnetic soft millirobots[J]．IEEE Robotics and automation letters，2019，4(2)：1753-1758.

[29] Ren Z Y，Hu W Q，Dong X G，et al．Multi-functional soft-bodied jellyfish-like swimming[J]．Nature communications，2019，10(1)：2703.

[30] 徐园平，周瑾，金超武，等．抗磁悬浮研究综述[J]．机械工程学报，2019，55(2)：9.

[31] Simon M D,Geim A K．Diamagnetic levitation：Flying frogs and floating magnets[J]．Journal of applied physics，2000，87(9)：6200-6204.

[32] 丁安梓．基于负磁泳的双磁环式磁悬浮技术及应用研究[D]．武汉：华中科技大学，2021.

[33] Cao Q L，Ding A Z，Liu J L，et al．Density-based high-sensitivity measurement and separation via axial magnetic levitation[J]．IEEE Sensors Journal，2020，20(23)：14065-14071.

[34] Mirica K A，Shevkoplyas S S，Phillips S T，et al．Measuring densities of solids and liquids using magnetic levitation：fundamentals[J]．Journal of the American Chemical Society，2009，131(29)：10049-10058.

[35] Ge S C，Whitesides G M．"Axial" magnetic levitation using ring magnets enables simple density-based analysis，separation，and manipulation[J]．Analytical chemistry，2018，90(20)：12239-12245.

[36] Nemiroski A，Kumar A A，Soh S，et al．High-sensitivity measurement of density by magnetic levitation[J]．Analytical chemistry，2016，88(5)：2666-2674.

[37] Zhang C Q，Zhao P，Xie J，et al．Enlarging density measurement range for

polymers by horizontal magneto-Archimedes levitation[J]. Polymer Testing, 2018, 67: 177-182.

[38] Ge S C, Wang Y Z, Deshler N J, et al. High-throughput density measurement using magnetic levitation[J]. Journal of the American Chemical Society, 2018, 140(24): 7510-7518.

[39] Ge S C, Nemiroski A, Mirica K A, et al. Magnetic levitation in chemistry, materials science, and biochemistry[J]. Angewandte Chemie International Edition, 2020, 59(41): 17810-17855.

9

其他磁场应用

在本书的第 7 章、第 8 章，我们从磁场与物质间的力效应出发，简要介绍了基于洛伦兹力和磁场力/力矩的各种磁场应用。但是，磁场与物质间的关系不仅仅局限于力的效用，还有磁热效应，电磁的生物效应、第 Ⅱ 类超导体的量子化磁通钉扎效应等。基于这些效应又可衍生出各种不同磁场应用。为此，本章将主要介绍与之相关的磁制冷技术、电经颅磁刺激技术以及轨道交通磁悬浮技术等。

9.1 磁制冷技术

磁制冷技术基于材料的磁热效应，通过磁场控制磁热材料的励磁/退磁过程，使之产生熵变与外界进行热交换实现制冷，是一种绿色环保、高效节能的新型制冷技术，具有广阔的应用前景。与传统的气体压缩制冷相比，磁制冷技术具有以下优势。

（1）绿色环保：磁制冷工质为固体材料，传热流体采用水、氦气等环保介质，具有零 GWP(global warming potential)、零 ODP(ozone depletion potential)的特点，避免了传统制冷剂带来的温室效应，以及有毒、易泄露、易燃易爆等缺陷。

（2）高效节能：磁制冷的循环效率可达卡诺循环的 $30\% \sim 60\%$，而气体压缩制冷的循环效率一般仅有 $5\% \sim 10\%$。

（3）稳定可靠：磁制冷系统无需压缩机，运动部件较少且转速缓慢，结构简单，可靠性高，能大幅降低振动和噪声。

低温区(20 K 以下)的磁制冷技术在 20 世纪 80 年代已趋于成熟，利用顺磁盐的绝热退磁是获取 mK 级以下超低温的常用手段。但受限于材料制约，中低温区(20～250 K)的磁制冷技术的研究与应用相对较少。室温磁制冷因其良好的应用前景备受关注，2015 年海尔集团推出了无压缩机、零噪声的磁制冷酒柜功能样机产品(见图 9-1)，表明磁制冷技术进入家庭、实现应用成为可能。本节主要围绕室温磁制冷技术展开讨论。

9.1.1 磁致冷材料与制冷循环

1. 磁热效应和磁致冷材料

磁热效应(magnetoclaric effect，MCE)是指磁性材料在变化的磁场作用下其磁矩有序度发生变化而导致的热现象。磁性物质是由原子或具有磁矩的磁性离子组成的结晶体，存在一定程度的热运动或振动。当无外加磁场时，磁性材料内部磁矩处于混乱无

图 9-1 海尔集团 2015 年推出的磁制冷酒柜

序状态,磁熵较大。当外界施加磁场时,磁性材料被磁化,磁矩沿磁化方向择优取向(电子自旋系统趋于有序化),磁矩有序度增加,磁熵减小,温度上升,向外界放热;当外界撤去磁场后,磁矩又恢复无序状态,磁矩有序度下降,磁熵增大,从外界吸热,如图 9-2 所示。

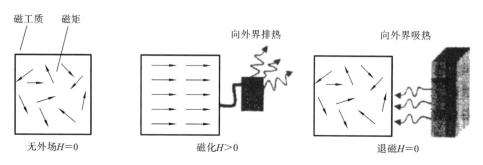

图 9-2 顺磁物质磁热效应原理示意图

磁致冷材料的性能主要取决于磁有序温度(磁相变点,如居里温度 T_c、奈尔点 T_N 等)、磁有序温度附近的磁热效应等。磁有序温度是指从高温冷却时,发生磁有序(相变)的转变温度,如顺磁→铁磁、顺磁→亚铁磁等。磁热效应一般用外加磁场变化下的磁有序温度点的等温熵变 ΔS_M 或在该温度下绝热磁化时材料的温度变化 ΔT_{ad} 来表征。图 9-3 示意性地给出了 ΔS_M 和 ΔT_{ad} 以及各热力学量之间的关系。一般对于同一磁致冷材料,外加磁场强度越高,磁热效应也越大,但增幅随磁场增大会趋于平缓;不同磁致冷材料在相同外加磁场强度变化下,在各自居里点处的 ΔS_M 或 ΔT_{ad} 越大,表明该材料的磁热效应越显著。

磁致冷材料的性能直接影响到磁制冷系统的功率和效率等性能,对于磁制冷系统

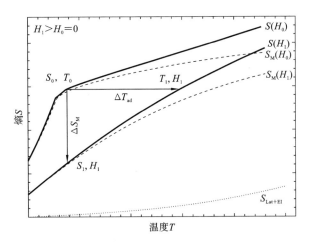

图 9-3　不同磁场状态磁致冷材料熵 S 与温度 T 的关系示意图

的磁工质而言,除需具有较大的磁熵变外,还应具备以下特征:

(1) 较合适的德拜温度 θ_D(特别是对高温区间, θ_D 较高时可使晶格熵相应减小);

(2) 较宽的磁热效应作用温区(有利于拓展制冷系统的工作温度);

(3) 近零磁滞效应(如二级磁相变材料);

(4) 低比热、高热导率(磁工质有明显的温度变化并能快速进行热交换);

(5) 良好的成形加工性能(能够制造出适合磁制冷系统的快速换热结构);

(6) 高的电阻率(避免产生涡流效应带来热量)。

1976 年,美国 NASA 中心的 Brown 等人经过对多种铁磁性金属与合金的比较研究,发现金属单质 Gd($T_c = 293$ K,二级相变)具有诸多优点,是最适合室温区的磁致冷材料,并发布了首台室温磁制冷样机,实现了 80 K 制冷温跨、8 W 制冷功率,引发了国际上对于室温磁制冷技术的研发热潮。目前,国内外室温磁致冷材料的研究主要集中在 Gd 金属及其合金(GdEr、GdSiGe 等)、La-Fe-Si 基金属化合物(LaFeSiH、LaFeCoSi 等)、Mn 基化合物(MnAs、MnFePAs 等)。过去二三十年间,国内外学者对新型巨磁热效应材料的探索,尤其是一级相变室温巨磁热效应材料的发现,为推动室温磁制冷技术应用奠定了良好的基础。然而,一级相变巨磁热材料的滞后损耗大,材料普遍延展性较差、加工困难,这些都是发展室温磁致冷材料亟须解决的问题。

2. 磁制冷技术的制冷循环过程

磁致冷材料经历励磁和退磁会产生放热和吸热的效果,将磁化放热与退磁吸热两个过程连接起来,形成一个可逆循环,通过控制外加磁场实现磁工质的吸放热控制,再通过热交换循环将热量传递到外界环境而将冷量累积就实现了制冷效果。循环过程为:当磁工质励磁被磁化时,磁熵降低,磁工质对外放热使换热流体温度升高,冷流体变为热流体,此时通过热端换热器将热量带走,将热流体还原为冷流体;当磁场撤去后,磁工质磁熵增加,从换热流体吸热,冷流体温度进一步降低,此时通过冷端换热器对负载吸热。

磁制冷与传统的气体压缩制冷的循环过程类似,但在原理和工质特性上存在较大差异,如图 9-4 所示。磁制冷利用磁场控制工质的励磁、退磁,其作用类似于气体压缩制冷的压缩机。磁制冷工质为固体,无毒、无温室效应、不破坏臭氧层,对于环境保护优势显著。而且,磁工质具有较高的熵密度(产生相同的熵变,磁工质体积约只需气体制

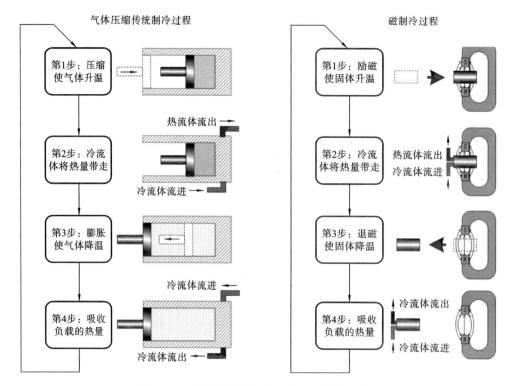

气体压缩传统制冷过程

磁制冷过程

第1步：压缩使气体升温

第2步：冷流体将热量带走

热流体流出 →
← 冷流体流进

第3步：膨胀使气体降温

第4步：吸收负载的热量

冷流体流进 ←
冷流体流出 ←

第1步：励磁使固体升温

第2步：冷流体将热量带走

热流体流出 →
冷流体流进 →

第3步：退磁使固体降温

第4步：吸收负载的热量

↑ 冷流体流出
↓ 冷流体流进

图 9-4 气体压缩制冷与磁制冷过程比较示意图

冷剂体积的 1/100），非常适合用于小型、大功率的制冷系统。表 9-1 所示的为磁制冷与气体压缩制冷的概括性比较结果。

表 9-1 磁制冷与气体压缩制冷比较

制冷方式	制冷工质		驱动方式		
	工质	熵密度	驱动形式	驱动装置	工质状态
磁制冷	磁性材料(固体)	高	磁场	磁体及驱动装置	励磁、去磁
气体压缩制冷	气体	低	压力	压缩机	压缩、膨胀

　　磁制冷循环中的四种典型基本循环如图 9-5 所示。磁 Carnot 循环由两个绝热过程与两个等温过程构成，磁 Stirling 循环将等熵过程替换成等磁矩过程。在磁 Carnot 循环和磁 Stirling 循环中励磁过程与去磁过程各由两个子过程构成，磁场强度 H 一直处于变化的状态。而磁 Brayton 循环与磁 Ericsson 循环的励磁/退磁过程由单一过程构成，更有利于简化对外磁场的控制要求，磁场可以保持最大或最小的状态，没有中间变化的梯度过程，更有利于系统在升磁场和退磁场过程形成较大的温跨。

　　假设图 9-5 中四种基本循环的低温端 a 点与高温端 c 点温度值固定，磁 Brayton 循环中高温端与低温端之间的温度跨度最大，但其与外界热量交换过程为等温热交换过程，存在温差换热的不可逆因素；磁 Ericsson 循环高温端、低温端与外界的热交换过程不存在温差换热的不可逆因素，制冷量较大，但其励磁/去磁过程的实现比磁 Brayton 循环更困难。

　　对于实际应用而言，磁工质的磁热效应仍然偏小，为了更有效地积累制冷量，研究

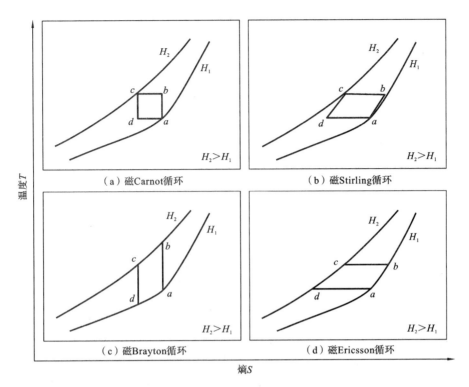

图 9-5　四种磁制冷基本循环

人员将磁制冷基本循环与主动磁回热器（active magnetic regeneration，AMR）结合形成主动磁制冷循环，能够显著增加磁制冷机的循环温跨。以主动磁 Brayton 循环为例（见图 9-6），整个磁回热器可以视为由无数个不同温区的小磁 Brayton 循环构成，分别由轴向方向不同位置的不同温区连接起来。

初始阶段，整个回热器处于相同的环境温度和状态，经过一次循环中的等磁场过程，回热器两端会出现不同的温度趋势，分为一个低温端和一个高温端，控制热交换流体循环过程与磁场变化时间匹配，回热器由轴向方向会积累产生明显的温度梯度，最后形成一个低温区吸热、高温区放热的稳定状态和制冷循环 a_3—b_3—c_1—d_1，这个温度梯度的跨度远大于相同磁场变化下由磁工质本身产生的绝热温变 ΔT_{ad}。如果沿回热器轴向方向分别布置不同居里温度的材料，则可以发挥各自温区最大的磁热效应，提高循环的制冷量。

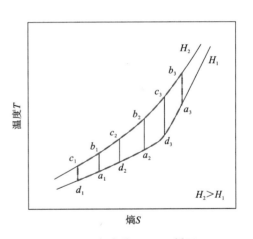

图 9-6　主动磁 Brayton 循环

9.1.2　室温磁制冷系统

磁制冷系统由若干子系统构成，主要包括：提供变化磁场的磁场源系统、发生磁热效应的磁回热器系统以及传递热量的流体回路系统等。室温磁制冷技术根据磁场源的不同分为永磁式与电磁式(包括超导磁体),其中永磁体构造简单、稳定性高,是最常用的磁场源类型,但受限于永磁体材料属性,其磁场强度一般在 1.5 T 以下;电磁铁一般效率低、能耗高,超导磁体虽然磁场强度较高(0~7 T),但其运行本身依赖于低温条件,一旦室温超导材料能够实现应用,将极大推动室温磁制冷技术的发展。

空温磁制冷样机核心部件是磁场源系统和磁回热器系统。磁制冷工质的充退磁过程通过磁回热器与磁体的相对运动来实现,根据运动形式可将磁制冷系统分为往复式和旋转式两大类。

1. 往复式磁制冷系统

往复式磁制冷系统通过磁体或回热器的往复运动实现磁工质的充退磁控制,如图9-7 所示。往复磁体的磁制冷系统,磁体进行往复运动,回热器保持静止,该系统结构简单,流体系统可保持静止,不易泄漏;低场区域可接近零磁场,能充分发挥材料的磁热效应;在采用双回热器反向工作的结构中可保证磁体较高的利用率。但由于磁体质量较大,需要大功率电机驱动,同时往复运动的运行频率也不易提高,整机制冷性能参数并不显著。

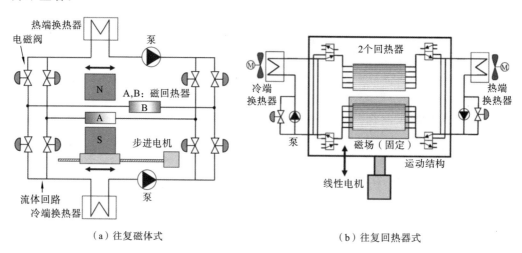

(a) 往复磁体式   (b) 往复回热器式

图 9-7   往复式磁制冷系统

往复回热器是当前室温磁制冷系统中采用最多的运转方式。该类型的样机一般具有1~2 个回热器,回热器沿轴向做往复运动,其工质填充量为几十至几百克。相比于磁体质量,回热器质量较小,因此驱动系统功耗较小。回热器的运动增加了流体回路系统设计和安装的困难,还需考虑防止流体泄漏等问题。

2. 旋转式磁制冷系统

旋转式磁制冷系统一般对磁体进行旋转,相对于往复式系统可大大提高运行频率。图 9-8(a)所示的为一台旋转磁体的室温磁制冷样机,该系统采用 3 层同心嵌套式 Halbach 永磁组产生交变磁场,每组圆筒式嵌套磁体由 12 段构成。产生 1/2 磁场强度的内层磁体组保持静止,分别产生 1/4 磁场强度的最外层与中间层磁体组以相反方向进行运转,最终在中心部位形成 0.29~1.54 T 正弦变化的磁场,并且磁场方向保持不变。回热器两端可借助单向阀使换热流体单向流动,以减小换热流体的余隙效应,提高换热效率。相比于往复磁体的磁制冷系统,旋转磁体的磁制冷系统结构更紧凑、运行频率更

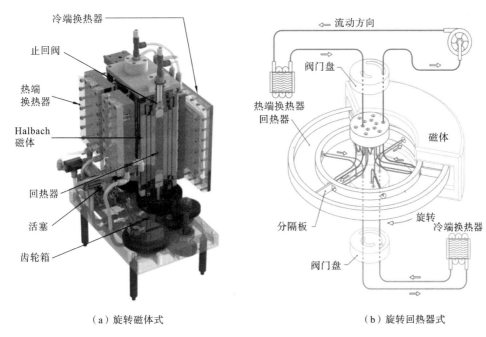

（a）旋转磁体式　　　　　　　　　　（b）旋转回热器式

图 9-8　旋转式磁制冷系统

高,但对于 Halbach 磁体的利用率不高。

　　旋转回热器式的室温磁制冷系统,一般回热器或磁极的数量较多,当回热器旋转时,系统 AMR 的运行频率将成倍增加,容易在低驱动功耗下获得更好的制冷性能。与往复回热器系统类似,存在连接点多、管路复杂等问题,对流体回路系统的结构设计要求较高。

　　不同运转形式的磁制冷系统在结构上差异较大,很大程度上影响着磁制冷系统的整体性能。表 9-2 所示的为往复式与旋转式结构的主要优缺点。

表 9-2　室温磁制冷系统的运转方式比较

运转形式		优点	缺点
往复式 (线性运动)	往复磁体	结构简单;流路静止;低场区域接近零	体积大、磁体重;驱动电机力矩要求高;运行频率低
	往复回热器	结构简单;驱动功耗小;低场区域接近零	一般回热器数量不超过 2 个;运行频率低;流路系统需优化布置
旋转式 (周向运动)	旋转磁体	结构紧凑;流路静止;运行频率高	驱动电机力矩要求高;Halbach 磁体利用率低
	旋转回热器	结构紧凑;回热器数量多;运行频率高	结构复杂;流路系统连接多、易泄漏

　　除了运转结构和流体流动形式间的差异,磁工质的不同特性(种类、形状、层数等)也是影响制冷性能的关键因素。当前室温磁致冷材料的研究主要集中在稀土钆基、镧铁硅基、钙钛矿锰氧化物以及过渡金属化合物为主的合成材料等,而实际磁制冷样机使用的磁工质则集中于前两种类型的材料。

　　稀土钆基包括 Gd 单质、GdEr 合金、GdSiGe 合金等,钆单质等材料具有二级相变,其延展性、可塑性高,热导率较高,可制备成多种规格的填料形状,如球状、屑状与平板状等;镧铁硅基包括 LaFeSi 合金、LaFeSiH 合金与 LaFeCoSi 合金等,具有一级相变,其脆性、耐冲击性与机械稳定性较差,可制成球状颗粒或采用烧结、粘接等方法制成平板状。对比这两类磁工质而言,板装结构的钆基回热器填料更容易获取较大的制冷温跨,而采用镧铁硅基的磁制冷样机更容易实现较大的冷量。

9.1.3　强磁场在磁制冷技术中的应用

1. 磁热效应的测量

磁致冷材料的磁热效应是磁制冷技术的核心。磁热效应一般用等温熵变 ΔS_M 或绝热温变 ΔT_{ad} 来表征。目前对磁热效应的测量主要有两种方法:直接测量法和间接测量法。直接测量法通过测量样品在磁场内的绝热温度 T_1 和磁场外的绝热温度 T_2 得到 ΔT_{ad},这种测量方法比较简单,但只能得到绝热温变而无法得到磁熵变,且对测量仪器精度要求较高。间接测量法通过测量不同温度下的磁化强度曲线 M-H 或不同磁场强度(含零磁场)下的比热容曲线 C_m-T,进而可以计算材料的等温熵变 ΔS_M 和绝热温变 ΔT_{ad}。磁化强度法因其可靠性高、可重复性好、操作简单而被广泛使用,通过测量磁化曲线,再通过式(9-1)来计算得到磁熵变 ΔS_M,然后通过零磁场下的比热,根据式(9-2)可以确定 ΔT_{ad},此方法的精度主要取决于磁力矩、温度和磁场测量的精度。

$$\Delta S_M = \frac{\Delta \int_{H_1}^{H_2} M dH}{\Delta T} \tag{9-1}$$

$$\Delta T_{ad} = -\frac{T}{C_H} \Delta S_M \tag{9-2}$$

材料的磁热效应随着磁场强度的提高而增大,为了能激发巨磁热材料的一级相变,磁场强度必须达到 2 T 以上,因此强磁场技术对于磁热效应的测量十分重要。

(1)利用脉冲磁场测量磁热效应。

图 9-9 所示的为脉冲强磁场磁热测量系统。测量的基本过程是:将 220 V 的交流电升压至 5000 V 高压,再用高压整流桥把交流转为直流并对电容器组充电,待充电完毕后再借助晶闸管对磁体放电,这时大电流会在脉冲磁体线圈中产生较强的磁场。用探测线圈将脉冲磁体的磁场与电压对应进行标定,控制样品处于不同温度状态,调节电容器的充电电压对磁体线圈放电产生不同强度的磁场 H,此时利用探测线圈感应不同电压实现材料磁化强度 M 的测量。采集的数据经电子积分电路积分,积分器分别连接装在放电架上的磁场、磁化强度采样线圈和补偿线圈上,负责采集与恢复并放大来自采集线圈的微弱信号,并转换成数字信号传送到计算机上进行记录和存储。

(2)利用超导磁场测量磁热效应。

综合物性测量系统(physical property measurement system,PPMS)的磁学测量选件——振动样品磁强计(VSM)是一种测量磁化曲线的有效设备。PPMS 的 VSM 背景磁场由超导磁体提供,其磁场强度最高可达 16 T,且磁场均匀度很高。借助于 PPMS 提供的高精度温度控制和磁场平台,可以获得理想的磁化数据。图 9-10 所示的为 VSM 测量得到金属 Gd 材料的磁化曲线。需要注意的是,由于 PPMS 系统中磁场值不是由霍尔片等磁场传感器测量的,而是由超导磁体的电流乘以磁体常数计算得到,在超

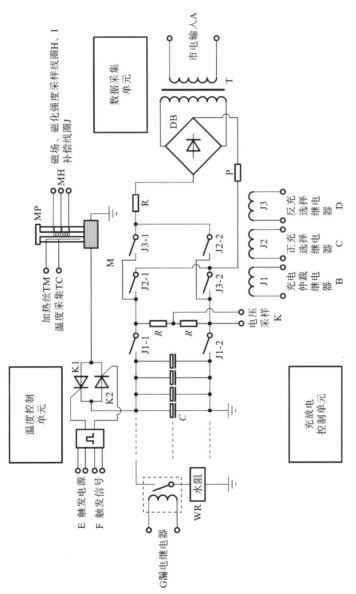

图9-9 脉冲强磁场磁热测量系统

导磁体电流为零时,由于冻结磁通,剩余磁场的磁感应强度可达几十高斯,这可能造成测量错误,因此每次测量必须注意清除剩余磁场。

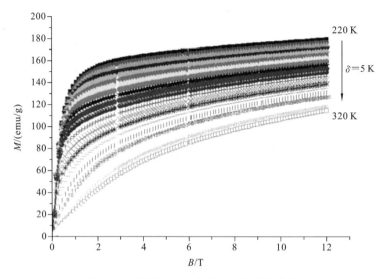

图 9-10 利用 PPMS 测量 Gd 的磁化曲线

2. 静止式室温磁制冷技术

目前磁制冷机主要采用永磁体作为磁场源,磁工质的充退磁过程通过磁回热器与永磁体的相对运动来实现。但不管是往复式还是旋转式的磁制冷系统都因为运动部件的存在而降低了系统稳定性,增加了流体换热过程与工质充退磁过程匹配的复杂程度。

利用脉冲磁体对永磁体进行充退磁的控制,间接控制磁工质的励磁与去磁过程,能够保持永磁体与回热器的位置相对静止,如图 9-11 所示。为实现脉冲磁体线圈对永磁体进行充磁和退磁,脉冲磁体电源系统的续流回路中采用晶闸管代替传统的二极管,通过控制晶闸管触发信号来控制续流回路的通断,从而可产生充、退磁分别所需的非振荡和振荡式磁场。然而,由于线圈放电时振荡周期短、峰值衰减较大、永磁体趋肤效应等因素,退磁时气隙中还存在剩磁,这将影响磁热效应的利用。同时,磁

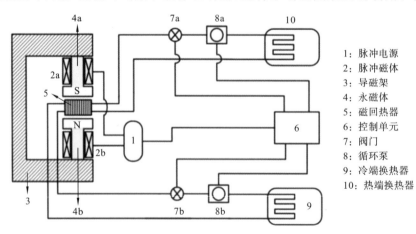

图 9-11 静止式室温磁制冷机原理示意图

制冷机工作需要进行高频持续重复的充退磁过程,对使用的脉冲磁体、电源及控制电路等都需要特别的优化设计才能实现。

脉冲磁体亦可直接作为磁场源使用以实现静止式磁制冷,利用重复脉冲磁体周期性放电产生强磁场,配合流体回路的控制实现磁制冷循环,如图 9-12 所示。磁致冷工质所填充的磁回热器安装于脉冲磁体内孔中,磁工质与磁体都处于静止状态,工质在脉冲磁场下经历温度变化,与此同时通过时序控制阀门的动作使流体在适当的时间与磁回热器进行热量交换。由于脉冲磁场脉宽时间极短,换热过程很难充分进行,需要结合 AMR 主动式磁回热器增强换热效果。

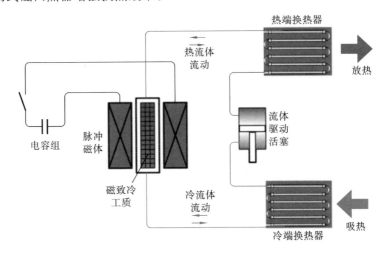

图 9-12 重复脉冲式磁制冷循环示意图

对于重复脉冲式磁制冷系统,既要求有比较长的脉冲宽度时间来提高换热能力,又需要实现高频率的重复放电,对磁体的设计和绕制要求较高,需兼顾大电感和快速冷却特性。重复脉冲电源则需保证充电机对电容器组正向充电前提下,脉冲放电后能量回馈尽量多,提高充电效率。重复脉冲电源电路如图 9-13 所示,相比于传统的脉冲电路,取消续流回路,使用双向反并联晶闸管引导双向脉冲电流放电,使用隔离电路确保充电机电压恒为正且尖峰电压能够很好地被吸收。

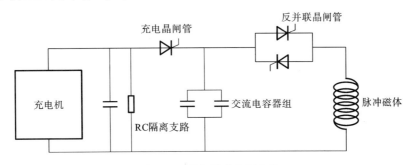

图 9-13 重复脉冲电源电路

室温磁制冷技术推向应用将是影响人类生活的变革性技术。虽然目前室温磁制冷系统的最大制冷量达到了 3 kW 以上,但其最大制冷量多是在较小制冷温跨时获得,仍面临温跨加大时制冷效率偏低,磁热材料与磁路仍需改进及磁制冷系统成本高等问题,与实际应用还有距离。作为结合了材料、电磁学、热学、流体力学等多领域的绿色制冷技术,磁制冷技术未来仍需探索新型磁热材料,并在磁热材料制备、回热器工质成形、永磁磁路设计与关键部件的相对运动等方面不断完善。

9.2　非侵入式经颅电磁刺激技术

电磁研究蓬勃发展的今天,电磁学在电气自动化、机械控制、生物医学工程等诸多领域得到了非常广泛的应用,以研究电磁场与生物系统相互作用为主要内容的新兴领域——生物电磁学应运而生。非侵入脑刺激(non-invasive brain stimulation,NIBS)技术依靠电磁原理产生大脑皮层电场,非侵入性地影响神经活动。目前经颅电刺激(transcranial electric stimulation,tES)和经颅磁刺激(transcranial magnetic stimulation,TMS)技术应用最为广泛,因而本节将主要对tES、TMS及两者的联合刺激技术进行介绍。

9.2.1　经颅电刺激

1. 经颅电刺激简介

经颅电刺激是通过放置在头皮上的两个或多个电极向脑部注入特定波形的微弱电流(一般小于 4 mA),在大脑中产生特定电场,从而实现无创调节靶区神经电活动的目的。经颅电刺激最初用来治疗脑部损伤患者,如脑卒中患者等。随着科学技术的发展,研究者发现将经颅电刺激施加在不同脑区,能够影响健康受试者的神经认知表现。现如今,经颅电刺激技术已经被广泛应用于增强语言能力、数学运算能力、注意力、记忆能力和协调能力等众多神经认知科学领域。

使用经颅电刺激进行临床治疗可以追溯至 18 世纪 50 年代。1755 年法国医师Charles 将电极放置在一位盲人的前额眼眶部恢复视力,依据电刺激能够使视网膜产生兴奋的原理,对患者进行了 12 次经颅电刺激,然而治疗并没有取得明显效果。1874 年美国神经科学家、著名外科医师 Bartholow 首次在手术中直接对一位颅骨有破孔患者的大脑皮层施加了电刺激,发现微弱电流刺激能够使患者从麻醉状态中清醒,且大脑皮层的某些区域被电刺激时,能够引起患者不同部位肌肉的收缩反应。1980 年英国剑桥大学的 Merton 与 Morton 首先实现了经颅电刺激,以非入侵式方法直接经过颅骨刺激运动皮质,引起了对侧手肌肉的抽动,成功记录到了由手部肌肉收缩产生的运动诱发电位(motor evoked potential,MEP)。从第一例实验成功发展至今,相关研究表明,经颅电刺激技术可以在一系列的认知任务中提升受试者的行为表现,并广泛应用于感知觉的科学研究中,如增强认知训练(cognitive training,CT),持续改善神经认知功能等。

2. 经颅电刺激分类

根据注入电流波形的不同,经颅电刺激主要有经颅直流电刺激(transcranial direct current stimulation,tDCS)、经颅交流电刺激(transcranial alternating current stimulation,tACS)、经颅随机噪声刺激(transcranial random noise stimulation,tRNS)和调幅经颅电刺激等。tES 各类型的波形如图 9-14 所示。

1) 经颅直流电刺激

tDCS 是目前临床使用和研究最广泛的 tES 技术形式,主刺激阶段维持固定的幅值,其刺激效果取决于刺激强度、持续时间和刺激极性。刺激强度取决于刺激电流的大

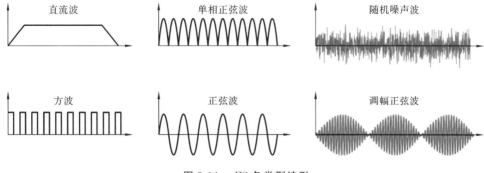

图 9-14 tES 各类型波形

小,若刺激电流未达到运动诱发电位,则不能产生即时的刺激效果。持续时间指施加刺激的时间。经颅直流电刺激对于神经细胞的作用在刺激结束后依然可以保持一段时间,当对受试者施加 10 min 左右电刺激后,其皮质兴奋性可以继续持续 1 h。相关研究表明,经颅直流电刺激的这种效应与神经可塑性中的长时程增强(long-term potentiation,LTP)以及长时程抑制(long-term depression,LTD)原理具有共同之处。刺激极性主要有:阳极刺激、阴极刺激、伪刺激。阳极刺激属于正刺激,能够引起细胞膜静息电位的去极化(depolarize),使神经元兴奋性增加并允许更多细胞进行自发放电;阴极刺激属于负刺激,会引起细胞膜静息电位的超极化(hyperpolarize),使神经元兴奋性降低,细胞的自发放电会相应减少;进行伪刺激时,设备仅发射一次短暂的电流刺激,在余下的时间内不发射任何刺激。伪刺激可以作为对照组,用于排除受试者心理作用等因素对实验结果产生的影响。目前已有大量研究把 tDCS 作为治疗各种神经系统疾病的工具,主要用于治疗抑郁症、吸烟成瘾、疼痛、癫痫、帕金森病和中风后运动及言语功能康复。此外,已有研究证明 tDCS 可被用于改善健康受试者的认知能力,对于记忆功能也有增强作用。

2) 经颅交流电刺激

经颅交流电刺激与经颅直流电刺激不同,这种技术是使用特定频率的振荡电流对神经元膜电位产生影响,其主要参数为频率和电流强度。经颅交流电刺激能够调节参与认知过程的神经振荡的振荡节律(rhythmic oscillations),从而改变神经兴奋性、连接性,对学习、记忆等认知活动产生作用。目前 tACS 遵循的准则是 Arnold tongue,如图 9-15 所示,只有图中红色区域才能产生刺激效果,这个准则描述的是刺激强度和频率决定了刺激的有效性。目前临床实验研究的 tACS 常用频率一般小于 200 Hz,参照 EEG 节律信号的命名方式,根据波形频率范围的不同可以分为 theta-tACS(4~8 Hz)、alpha-tACS(8~13 Hz)、beta-tACS(13~30 Hz)、gamma-tACS(30~50 Hz)。

3) 经颅随机噪声电刺激

经颅随机噪声电刺激是将无规律的微弱电流作用在受试者的大脑皮层上,其主要参数为刺激频率与电流强度,按照工作频段可以分成高频 tRNS(101~640 Hz)和低频 tRNS(0.1~100 Hz)。在调节神经兴奋性方面,最早在 2008 年高频 tRNS 就被证明在用于左运动皮层刺激时,可以引起持续 60 min 的皮层兴奋性增强。在调节认知和感觉能力方面,一系列的临床实验表明特定刺激模式的 tRNS 可以提高视觉任务的表现,减弱视觉运动适应,增强感知学习(HF-机制)和算术能力等,但在工作记忆方面并没有明

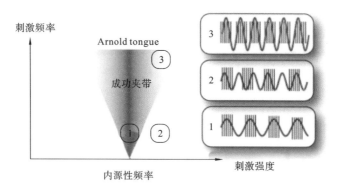

图 9-15 Arnold tongue 准则

显的改善作用。

3. 经颅电刺激设备装置

经颅电刺激技术所需设备较为简单,仅需要两个电极(阳极与阴极)及一个电源装置即可,通常选用一对浸有生理盐水的海绵或者导电凝胶作为电极,在需要复杂次序的刺激中,加入相应控制装置产生所需波形的刺激电流。

市面上的电刺激仪各具特色。图 9-16 所示的是国产多通道经颅电刺激仪,可与放大器结合,搭建无线神经采集/电刺激混合系统,能灵活调整刺激位置和参数,直观地记录 EEG 和 tDCS 刺激信号。它配有高精度聚焦电极,包含 tDCS、tACS、tRNS 多种刺激模式,由电池供电,可实时监控阻抗状况,并锁定最大电流值,保证被试者安全。

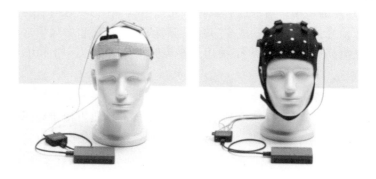

图 9-16 多通道经颅电刺激仪

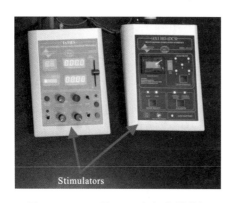

图 9-17 1×1 及 4×1 经颅电刺激仪

图 9-17 所示的为国外的 1×1 及 4×1 经颅电刺激仪,它具有 2~5 个通道,电流精度 1%,具有 tDCS、tACS、tPCS、tRNS 等多个刺激模式,搭配了 5 个直径为 12 mm 的 Ag/Ag-CI 环形高精度电极,与传统海绵电极片相比提高了刺激的精度,可与 EEG、PET、MEG、Eye-tracking、NIR、fMRI、MRI 等兼容。

电极拓扑对 tES 装置的刺激性能起决定作用。传统的两电极拓扑具有简单、易实现等优点,但其刺激性能较差。高精度聚焦电极

(HD-tES)（又称 N×1 电极拓扑）能够显著改善传统两电极拓扑在聚焦性方面的性能，目前已得到广泛应用和临床证实。HD-tDCS 在调制初级运动皮层兴奋性，提高青少年注意力缺陷和多动症的治疗效果，以及促进执行功能任务等方面均取得显著效果。

4. 经颅电刺激的安全性

由于皮肤的电流密度远比靶区的高，轻微的不耐受主要发生在头皮表面，包括皮肤感觉（刺痛、发痒、灼热感等）和红斑。为了尽可能减小经颅电刺激对受试者产生的影响，研究人员进行了大量实验以确定最佳刺激强度和刺激时间。目前普遍接受的最大刺激电流强度为 2 mA。场分布仿真可以为刺激前电流密度和电荷密度的可视化定量分析提供手段。电极阻抗在线测量可以对刺激过程中电极-皮肤接触状态全过程实时监测，保证了电刺激的安全性。

5. 经颅电刺激的应用

经颅电刺激在认知运动学习能力强化、神经增强、精神疾病的治疗等方面均有着广泛的应用。图 9-18 所示的为使用了经颅电刺激耳机的士兵。研究发现，tDCS 可以影响视觉、体感、听觉等通路的感知过程，提升运动、学习能力，增强注意力和记忆能力。针对儿科方面的疾病，比如小儿脑瘫、抽动症、多动症、自闭症、儿童智力低下、发育迟缓等，tDCS 技术也已有相关应用。此外，tDCS 对于脑卒中后的肢体运动障碍、认知障碍、失语症，以及老年痴呆、帕金森病、脊髓神经网络兴奋性改变都有不同的治疗效果，能够显著改善人们的生活状态。近年来的研究也发现，tDCS 对于肌纤维疼痛综合征、神经痛及下背痛等也有一定的治疗作用。精神科方面，在慢性抑郁、药

图 9-18 使用 Peltor 电刺激耳机的士兵

物成瘾、新型毒品成瘾者的毒品渴望和自我概念的干预等疾病的治疗中，tDCS 也扮演着重要的角色。

9.2.2 经颅磁刺激

经颅磁刺激（transcranial magnetic stimulation，TMS）是在电刺激的基础上衍生出来的一种神经调节技术。TMS 实施过程中刺激线圈靠近头部目标靶区放置，利用储能电容对刺激线圈放电，在刺激线圈内产生时变脉冲电流，并在线圈周围空间形成一次感应磁场。由于颅内生物组织电导率、磁导率不为零，一次感应磁场在颅内靶区诱导二次感应电场，该感应电场作用于神经元，改变神经元膜电位，起到神经调节的作用。相比于电刺激，磁刺激具有无侵入性的特点，操作简单，不适感较小，更具有临床实用优势。由于机体组织均为非铁磁材料，对磁场阻碍作用较小，磁刺激更容易到达深度靶区。

1. 经颅磁刺激技术发展

1974 年，英国谢菲尔德大学 AT. Baker 等通过对人体外周神经施加磁场，在刺激对象手部观察到轻微的肌肉抽搐。1985 年，AT. Baker 等将单圆形多匝多层刺激线圈置于人体头部上方，并向刺激线圈以低于 0.3 Hz 的重复频率通入交变电流，在刺激线圈周围空间产生瞬变的感应电磁场，刺激人体大脑皮质运动区，最终在刺激对象的对

侧手部观测到完整、清晰的 MEP,标志着 TMS 系统的顺利诞生。1987 年,AT. Baker 等成立了英国 Magstim 公司,开始研究面向市场的经颅磁刺激仪。1988 年,华中科技大学同济医院廖家华团队研制出国内第一台手动调制单脉冲经颅磁刺激样机,可以完成大脑功能区定位以及 MEP 检测。1992 年,世界上第一台重复性经颅磁刺激仪在美国 Cadwell Laboratories 公司研制成功,标志着经颅磁刺激技术进入临床诊断和治疗的新阶段。O'Reardon 等人于 2007 年发表在 Biological Psychiatry 期刊上的多中心临床研究文章,用实例证明了 TMS 治疗抑郁症的有效性、安全性。2008 年,由于在抑郁症治疗中取得显著成果,TMS 获得美国食品药品监督管理局(Food and Drug Administration,FDA)认证,使之成为抑郁症的常规治疗手段。

2. 经颅磁刺激器系统

TMS 系统主要包括脉冲充电电路、刺激线圈、脉冲放电电路及控制电路,其中刺激线圈、脉冲放电电路是 TMS 系统的核心部分,如图 9-19 所示。颅内感应电场的空间分布特性(包括刺激强度、聚焦性、正负峰值比、纵向衰减率等),主要由刺激线圈几何结构决定。刺激强度指刺激线圈工作时在其表面产生的磁感应强度。在实际应用中,刺激强度指刺激线圈对神经系统刺激的作用强度,通常有运动阈值(motor threshold,MT)和光幻阈值(phosphine threshold,PT)两种计量方法。颅内感应电场的时间分布特性(包括幅值、脉宽、各相持续时间、重复频率等),主要由脉冲放电电路拓扑决定。颅内感应电场的形成是 TMS 系统各部分协同工作的结果,刺激线圈几何结构影响颅内感应电场空间分布,同时刺激线圈的电感、电阻也是脉冲放电电路的重要参数。

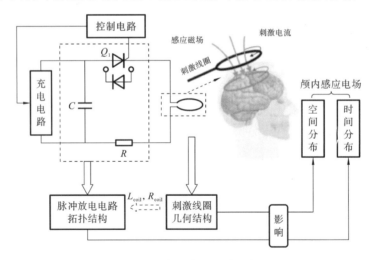

图 9-19 经颅磁刺激系统示意图

3. TMS 刺激线圈

TMS 刺激线圈的形状和结构决定了其产生磁场的空间分布,进而决定空间感应电场的分布。TMS 的刺激强度与刺激深度等均与刺激线圈的形状有着密切的关系,因此根据需要选择适合的线圈是十分必要的。实际中用得较多的线圈有圆形线圈、8 字形线圈和 V 形线圈,如图 9-20 所示。单圆形刺激线圈结构简单、易于操作,但是其在颅内形成的感应电场呈涡流状,不利于聚焦。为改善颅内感应电场的聚焦性,研究者提出 8 字形刺激线圈(figure of eight coil,FOE),并应用在青蛙外周肌肉神经刺激实验中,验证了 FOE 的可行性。FOE 由两个相同的单圆形刺激线圈组成,FOE 产生的颅内感应电场分布呈双涡流状,两个涡流交汇部分感应电场分布具有高度统一的方向性,形成感应电场正峰,实现了聚焦的磁刺激感应场分布。为进一步提高经颅磁刺激的聚焦性以及刺激深度,后续研究者不断对刺激线圈进行优化。据统计,现今已有超过 50 种 TMS 刺激线圈优化设计,其中 Slinky 刺激线圈较明显地改进了聚焦性,H 线圈显著提高了线圈的刺激深度。

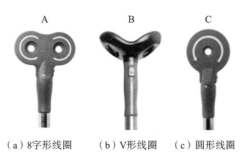

(a) 8字形线圈　　(b) V形线圈　　(c) 圆形线圈

图 9-20　TMS 刺激线圈

4. TMS 充放电电路

TMS 充电电路用于给图 9-19 中的电容器 C 充电,为磁刺激提供动力,相当于经颅磁刺激系统的"心脏",每"跳动"一次,脉冲放电电路在刺激线圈中产生一个刺激脉冲,可使用多种充电形式。

TMS 放电电路用于产生脉冲电流,经由刺激线圈产生交变磁场,在靶区产生感应电场,是磁刺激对于中枢神经系统发挥作用的载体。常见的是 LC 振荡电路,相比于刺激线圈丰富的结构优化方法,TMS 脉冲放电电路自从 1985 年被提出后,一直没有较大改变,但针对不同 TMS 刺激模式也会有不同的放电电路。

5. TMS 刺激模式

经颅磁刺激(TMS)有单脉冲 TMS、成对脉冲 TMS、重复性 TMS、模式化重复性TMS、伪刺激 TMS 等多种模式,下面逐一进行介绍。

1) 单脉冲经颅磁刺激

单脉冲经颅磁刺激(single-pulse TMS,spTMS)模式每次只发出一个脉冲,依赖于事件或者手动控制。这种刺激模式一般采用手持操作,主要用于电生理检查、测量运动阈值或诱发运动电位、测量外周神经的传导速度等。

2) 成对脉冲经颅磁刺激

成对脉冲经颅磁刺激(paired-pulse TMS,ppTMS)模式中,脉冲以配对形式发放,两个脉冲之间的时间间隔非常短(几毫秒至几十毫秒不等),通常由手动控制。成对的两个脉冲可以输出到同一个刺激线圈对同一部位进行刺激,也可以分别输出到两个线圈对不同部位进行刺激。

3) 重复性经颅磁刺激

重复性经颅磁刺激(repetitive TMS,rTMS)模式中,磁脉冲以固定的频率在一个固定靶点上输出。通常情况下,重复频率高于 1 Hz 的,称为高频 rTMS,频率低于 1 Hz 的,称为低频 rTMS。rTMS 对受试者的影响具有持久性,即当刺激停止后,其作用依然可以保持一段时间。rTMS 的持久效应可以表现在运动皮层区,延伸至枕叶、前额叶、顶叶及小脑区,针对其研究涉及认知科学的众多方面(如感觉、注意、语言、学习、记忆和意识等),以及多种精神疾病(如抑郁症、躁狂症、强迫症、创伤后应激障碍以及精神分裂症等)。

4) 模式化重复性经颅磁刺激

模式化重复性经颅磁刺激(patterned rTMS,prTMS)是常规 rTMS 模式的改进,将固定刺激频率单脉冲、固定刺激时间、固定刺激间歇的刺激模式提升为多脉冲或爆发性丛状脉冲,增加丛内频率、丛间频率、丛内脉冲数等参数,其中丛内频率是指每一丛刺激中,刺激脉冲的出现频率;丛间频率是指每一丛刺激的出现频率;丛内脉冲数指每一丛中包含的刺激脉冲数量。

丛状刺激模拟的是中枢神经系统生理动作电位爆发性的放电模式,现在常用的 θ 丛状刺激(theta burst stimulation,TBS)即丛间频率为 5 Hz、丛内频率为 50 Hz 左右的混合性刺激模式,其中 5 Hz 的丛间频率与海马和皮质回路在处理学习、运动、记忆等过程中经常出现的内源性振荡,即 θ 波的频率一致,故称 θ 丛状刺激。θ 丛状刺激有以下两种刺激模式:连续 θ 丛状刺激(continuous theta burst stimulation,cTBS)是连续重复频率为 5 Hz 的丛状刺激模式;间歇 θ 丛状刺激(intermittent theta burst stimulation,iTBS)是在每两丛脉冲间都有一定时长休息的刺激模式。丛状刺激模式与传统刺激模式的不同之处有以下几方面:① 刺激强度小,仅需要运动阈值的 80% 就能够使神经系统产生足够的兴奋性;② 总刺激时间短,仅需要传统刺激时长的 10%;③ 对神经的调制效果明显,副作用小。

图 9-21 所示的为单脉冲经颅磁刺激(spTMS)、刺激频率为 1 Hz 及 10 Hz 重复性经颅磁刺激(rTMS)、连续 θ 丛状刺激(cTBS)、间歇 θ 丛状刺激(iTBS)的时序关系,其中 iTBS 的刺激时间为 2 s,间歇时间为 8 s。

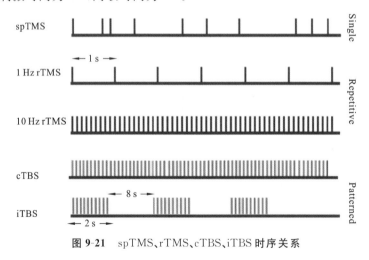

图 9-21　spTMS、rTMS、cTBS、iTBS 时序关系

5) 伪刺激

伪刺激能够在几乎不对大脑施加任何能量的基础上产生与正常经颅磁刺激相同的物理影响,减少受试者感知过程中的干扰源。有了伪刺激的对照,才能更为精准地确定经颅磁刺激的作用。施加伪刺激有两种方法:一种是对用于施加伪刺激的线圈进行特殊设计,使其外形、重量、刺激时的声响等均与"真线圈"完全吻合,但伪刺激线圈不能产生磁场;另一种是直接使用"真线圈"进行刺激,但在刺激过程中,通过改变刺激的角度、

距离等方式,使之几乎不会对受试者产生刺激作用。

6. 经颅磁刺激的安全性分析

一般来讲,单脉冲 TMS 安全性较高,而 rTMS 有一定概率引起潜在副作用,如头疼等轻微不适。rTMS 产生的噪声有时也会对受试者的听觉产生轻微影响,所以若受试者对声音较为敏感,可以在进行 rTMS 时佩戴耳塞。现有研究表明,rTMS 引发的最严重不良反应是癫痫,且引发癫痫的 rTMS 脉冲频率多为高频(通常在 10 Hz 以上),刺激强度也多在运动阈值以上。尽管公认 TMS 是安全的,但有几类人群不能进行 TMS 刺激:① 体内有金属植入物的不能接受 TMS;② 癫痫、严重心脏疾病、严重躯体疾病、颅内压增高的患者不能接受 TMS,研究表明,对具有癫痫家族史的个体进行 TMS 而诱发癫痫的概率更高;③ 孕妇、儿童不宜使用经颅磁刺激进行研究和治疗。

研究者在对受试者进行经颅磁刺激时需要严格遵循相关规则。首先,应对参加研究和治疗的人员进行资格审查,了解受试者的病史和禁忌症,并请受试者签署知情同意书;在刺激参数的选择上需要注意频率、强度、时程的安全范围;实验中需要对受试者的生理信息、心理状态信息进行监控和记录,对潜在危险必须有应急预案,如受试者突发癫痫等。

7. 经颅磁刺激技术的应用

在临床诊断中,TMS 可用来获得 MEP,以检测运动神经系统的完整性、灵敏性;在临床治疗中,TMS 可用于精神科(治疗抑郁症、焦虑症、精神分裂症等)、神经康复科(治疗中风、脊髓损伤、帕金森等)、耳鼻喉科(治疗耳鸣);在科学研究中,TMS 用于研究皮层功能定位、皮质内抑制与异化等。

近年来,将 TMS 与其他神经影像技术相结合的研究日益增多,在认知研究中更是得到了广泛应用。经颅磁刺激技术最大的优势是可以无创地激活脑神经元,通过 TMS 创造的暂时性"虚拟损伤"可直接干预大脑皮层反应,这是到目前为止其他成像技术所不能实现的。目前,TMS 与在认知神经科学领域使用较多的神经影像技术相结合的研究,主要体现在以下几个方面:脑电图和诱发电位(evoked potentials,EP)技术能够以毫秒级的时间分辨率记录大脑的神经活动,可为 TMS 提供精准的时间信息,确保在最优的时刻对大脑施加刺激脉冲;功能磁共振成像技术能够提供相当高的空间分辨率,可为 TMS 提供精准的空间定位;正电子发射计算机断层成像技术能够计算受体对葡萄糖、神经递质等物质的摄入量,这些物质摄入量能够反映外界刺激对大脑神经活动的影响;神经活动的复杂性使得 TMS 与脑成像技术的结合成为探究大脑内部秘密的重要创新研究工具。

9.2.3 经颅电磁联合刺激

经颅电磁联合刺激是较新的神经联合调控方法。由于经颅电刺激和经颅磁刺激都能以一定的方式调节神经活动,将两者联合使用,以期达到更好的调控效果。目前科研人员开展了一系列临床试验研究。

1. 经颅电磁联合刺激的应用

经颅电磁联合刺激目前主要用于中风的治疗。在中风后失语症方面,TMS 联合 tDCS 治疗可以降低 TMS 治疗后引起手麻痹的风险;在中风后记忆功能障碍方面,

rTMS 结合 tDCS 不仅可以显著改善中风患者的整体记忆功能,在延迟记忆上也有改善效果;针对耳鸣患者,tDCS-TMS 联合治疗效果最好。对于帕金森疾病,经过 tDCS 预处理运动皮层后的 rTMS 是治疗步态障碍的一种很有前景的方法。此外,tACS 与 TMS 联合作用时,研究人员还发现特定频率(20 Hz)的 tACS 在刺激过程中可以降低 TMS-phosphene 的阈值(即增加了视觉皮层的兴奋性)。以上研究表明,经颅电磁联合刺激具有良好的应用前景,有望成为未来研究的主要领域之一。

图 9-22 双电极 tDCS 和 V 型 TMS 刺激线圈联合刺激示意图

2. 经颅电磁联合刺激的关键

经颅电刺激和经颅磁刺激的联合使用如图 9-22 所示。两者从时空关系上来看,存在同时同靶区、同时不同靶区、不同时同靶区、不同时不同靶区四种可能性。

针对不同的疾病或者神经调控,靶区的选择显得尤为重要。电刺激既可以作为磁刺激的辅助手段,也能作为主要治疗手段,临床试验是研究最基本、最直接的方法。对于同时同靶区的联合使用模式,需要考虑的不仅有治疗效果,还有两种设备的抗互干扰能力,避免磁刺激的脉冲感应电流损坏电刺激设备。Angel V. Peterchev 等人在大鼠 TMS-tDCS 联合研究中发现感应电流与 tDCS 电流相当。为了减小感应电流,由 tDCS 电极引线形成的回路面积应最小化,tDCS 电路在 TMS 脉冲频率(1~10 kHz)下的阻抗应最大化。

9.3 轨道交通磁悬浮技术

随着社会经济飞速发展带来的人口增长和城市扩张,交通网络对运输速度的需求与日俱增。轨道交通作为地面交通中最具备长距离运输能力的交通方式,在交通网络体系中占据着重要的、不可替代的位置。然而,传统轮轨交通的运营速度受轮轨间粘着作用及摩擦损耗的影响较大,为了解决轮轨铁路所存在的问题,增强地面轨道交通的提速潜力,磁悬浮轨道交通技术应运而生。

9.3.1 轨道交通磁悬浮原理

为了使磁悬浮列车能够安全可靠运行,需要解决列车在三个维度的受力控制问题。如图 9-23 所示,在垂直地面方向,需要产生稳定的悬浮(levitation)力用以克服重力,保障车辆具有稳定的悬浮高度;在垂直于轨道方向需要导向(guidance)力,克服列车的横向位移,确保列车运行于导轨中心;在沿轨道方向,需要推进(propulsion)力和制动力,使列车加速或减速。下面详细介绍悬浮力、导向力和推进力的产生原理。

1. 悬浮和导向原理

悬浮力和导向力虽然方向不同,但产生原理类似,下面结合介绍。悬浮方式主要分为电磁悬浮(electromagnetic suspension,EMS)或称电磁引力悬浮、电动悬浮(electro-magnetic suspension,EDS)或称电磁斥力悬浮,以及高温超导磁通钉扎悬浮。需说明的是,前两类悬浮方式中力场产生原理是前述章节中提到的磁场力和洛伦磁力,但为了

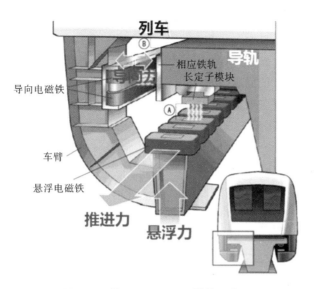

图 9-23 德国 Transrapid 铁轨示意图

便于对轨道交通磁悬浮技术进行介绍,本书将这两类悬浮技术与磁通钉轧悬浮技术放在本节中一起阐述。

1)电磁悬浮原理

电磁悬浮方式通过导轨与车辆电磁铁之间的磁吸引力实现悬浮,如图 9-24 所示。由于悬浮力和气隙长度呈反比关系,因此该悬浮系统在竖直方向是非自稳定的,如气隙长度减小会导致悬浮力上升而引发气隙长度进一步减小。因此,电磁悬浮系统需要精确、实时的控制系统。电磁悬浮系统通常用于 ± 10 mm 这样的小气隙,随着速度的提高,维持系统的稳定变得困难。该系统可同时提供导向力,并且在横向具有自稳定特性。如图 9-24 所示,当列车相对轨道发生横向偏移时,磁路的磁阻有增大趋势,车辆与导轨之间的横向磁吸引力倾向于将列车拉回横向平衡状态。值得注意的是,悬浮和导向二者可以如图 9-24 所示一体化实现,也可分离实现。前者减少了电磁铁和控制器的数量,并由磁阻差自动产生导向力,有利于低成本和低速运行。后者悬浮和导向互不干扰,有利于高速运行,但控制器的数量有所增加。

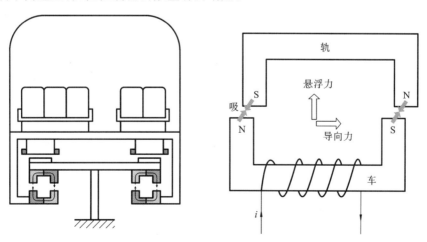

图 9-24 电磁引力悬浮和导向原理示意图

2）电动悬浮原理

电动悬浮系统基于电磁感应原理，当列车相对于导轨运动时，位于列车上的磁铁在位于导轨上的闭合感应线圈或导电片中产生感应电动势和感应电流，感应电流产生的磁场方向与列车上磁铁的磁场方向相反，二者产生的排斥力使列车悬浮，如图 9-25 所示。电动斥力同样可用于导向，一种典型的设计如图 9-26 所示。当车辆位于轨道中心时，列车上的电磁铁在轨道左右导向线圈产生的感应电动势相互抵消，导向线圈中无电流，列车横向不受力；当列车在横向向一侧发生偏移时，电磁铁在该侧导向线圈的感应电动势大于另一侧，将在闭合的导向线圈中感应出电流，该感应电流与列车电磁铁产生的电磁力使列车重新回到横向平衡位置。

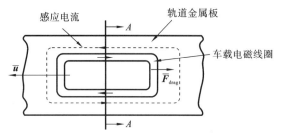

（a）运动的电磁体在其下方的金属片中感应出电流

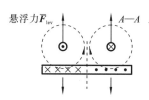

（b）电磁铁磁场和金属片感应电流磁场产生电磁斥力

图 9-25　电动悬浮原理示意图

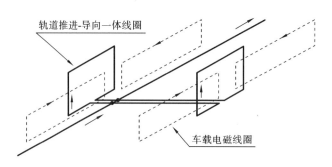

图 9-26　磁悬系统电动斥力导向系统原理示意图

电斥力悬浮和电动斥力导向二者可以分离实现亦可一体化实现。图 9-27 所示的为日本 MLX 磁悬浮系统所应用的电动斥力悬浮和导向一体化系统，该系统的轨道两侧布置了很多闭合的"8"字形线圈，列车上的电磁铁产生的磁场为水平方向。当列车电磁铁轴线在竖直方向与"8"字形线圈中心线重合时，其在"8"字形线圈中感应电流为零，竖直方向的悬浮力为零；当列车电磁铁轴线低于"8"字形线圈中心线时，其将在"8"字形线圈感应出屏蔽电流，该屏蔽电流在"8"字形线圈下部感应出与电磁铁极性相同的磁场，在"8"字形线圈上部感应出与电磁铁极性相反的磁场，两个磁场与电磁铁磁场相互作用产生竖直方向的悬浮力。导轨左右两侧的"8"字形线圈相互连接，如图 9-27（a）所示，其效果与图 9-26 所示的导向系统相同，当列车发生横向位移时，"8"字形线圈将产生水平方向的电磁力使列车回归到轨道中心。

电磁斥力悬浮具有自稳定特性，能够可靠应对负载的变化，无需控制气隙；气隙可达 100 mm 左右，悬浮力强，因此电磁斥力悬浮系统非常适合高速运行和货运。电磁斥

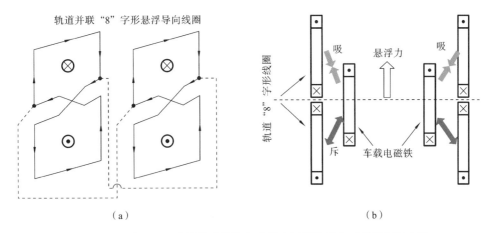

轨道并联"8"字形悬浮导向线圈

（a）　　　　　　　　　　　　（b）

图 9-27　日本 MLX 磁悬浮系统的电动斥力悬浮和导向系统原理示意图

力悬浮系统需要足够的速度来获得足够的感应电流,当列车速度过低时悬浮力将无法克服重力,因此列车在启动和低速运行时需要辅助轮支撑,直至达到临界速度。

3）高温超导磁通钉扎悬浮原理

高温超导磁通钉扎悬浮基于高温超导体极强的量子化的磁通钉扎效应。在外磁场中,已经被高温超导体俘获的磁力线难以逃脱钉扎中心的束缚而运动,未被高温超导体俘获的自由磁力线难以穿透到超导体内部,即高温超导体具有很强的保持磁通恒定的能力,如图 9-28 所示。当高温超导体受到的外磁场发生变化时,会在其表层产生超强感应电流阻碍其内部的磁通变化。如果这种磁场变化是超导体相对于磁场位置改变所致,感应的超导电流与外磁场将相互作用,宏观上产生电磁力使高温超导体自动回归到稳定位置,可以同时起到提供竖直方向的悬浮力和水平方向导向力的作用。高温超导磁通钉扎悬浮具有上述被动自稳定的特点,无需控制即可实现稳定工作,较电磁悬浮更为简单;同时感应电流的大小仅与高温超导体的位置偏移量有关,而与运动速度无关,因此在静止和低速运行工况下均可可靠运行,与电动悬浮必须工作在高速条件下相比具有明显优势。高温超导磁通钉扎悬浮的主要缺点在于磁通钉扎效应在实际应用中并非理想,在变化的外磁场作用下磁通可能逃离钉扎中心,使得悬浮力逐渐衰减。

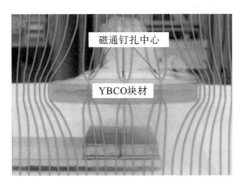

图 9-28　高温超导磁通钉扎悬浮被动自稳定系统原理示意图

2. 推进和制动原理

磁悬浮列车的推进基于直线电机。直线电机的运行原理和旋转电机类似,二者的关联可由图 9-29 描述。它相当于一个传统的旋转电机,其定子、转子和绕组被切开并平铺,放置在导轨上。与传统的旋转电机不同的是,直线电机不使用机械联轴器做直线运动。因此与旋转电机相比,其结构简单、鲁棒性强。在直线悬浮运动的情况下,直线电机优于旋转电机,因为由螺丝、链条和齿轮箱的零件机械接触造成的振动和噪声更少。直线电机的缺点是由于定子或转子不是无限长,会产生"末端效应"降低推进的平滑程度和效率。直线电机同样由定子(一次侧)和转子(二次侧)构成,其中一次侧的交变电流产生行波磁场。需要注意的是,在轨道磁悬浮系统中,定子既可以安装在列车上,也可以安装在轨道上,转子亦然。应用于磁悬浮列车的直线电机可分为直线感应电机(LIM)和直线同步电机(LSM)两种。

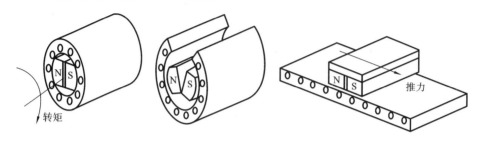

图 9-29 直线电机的概念(源于旋转电机)

直线感应电机有两种类型:短定子型(SP,定子线圈在列车上,转子在导轨上)和长定子型(LP,定子线圈在导轨上,转子在列车上)。短定子型感应电机的原理如图 9-30 所示,其固定在列车上的定子三相绕组产生行波磁场,置于导轨上的铝板在行波磁场的作用下感应出涡流,该涡流磁场与行波磁场的相互作用力推动列车向相反方向运动。通过调节行波磁场的幅值和频率即可实现列车的调速。SP 型 LSM 很容易在导轨上铺设铝板,从而降低施工成本。列车上的定子需要通过集电器从电网取电,使得该技术不适用于高速运行列车系统。此外 SP 型 LSM 运行过程中会吸收大量无功,且无功随气隙的增大而增加,降低系统的功率因数,因此一般应用于气隙不超过 20 mm 的电磁式悬浮系统中。

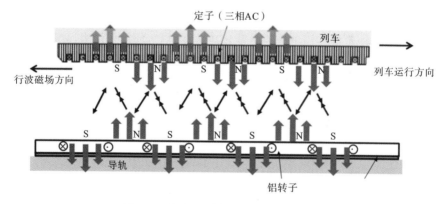

图 9-30 短定子型直线感应电机原理图

直线同步电机同样分为长定子型和短定子型两种。对于高速磁浮系统,一般采用长定子型直线同步电机,即定子三相绕组固定在铁轨上,而转子磁极固定在列车上,其原理如图 9-31 所示。列车转子磁极受到定子三相行波磁场的作用力实现加速或减速,稳定运行在同步速度时不存在转差。该系统功率因数比感应电机的高,且列车转子不需要从列车取电,适合运行在高速磁悬浮系统中。转子磁极可采用铁芯电磁铁(德国 Transrapid)、空心超导磁铁(日本 MLX)或永磁体。通过调节三相行波磁场的幅值、频率、电流角、方向等参数,可以控制车辆的速度、加速度。

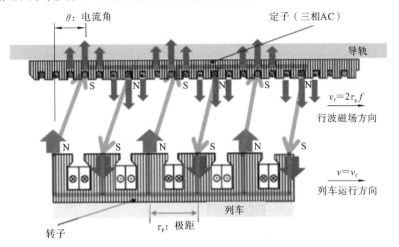

图 9-31　长定子直线同步电机示意图

　　磁悬浮列车的制动亦可由直线电机实现,此外基于感应涡流的制动技术(参见第 7 章)也日趋成熟。

9.3.2　磁悬浮技术方案简介

1. 常导电磁悬浮技术

　　电磁悬浮是最为流行的轨道磁悬浮方案。考虑到能耗和铁磁材料的饱和特性,系统的悬浮气隙一般控制在 10 mm 左右。依靠电磁吸力的电磁悬浮系统不具有自稳定性,即悬浮力对气隙长度的导数小于零,如图 9-32(a)所示的开环运行曲线所示。然而在列车运行过程中会受到各种扰动,如载重的变化、气动阻力变化、轨道的安装误差等。为了保持列车悬浮的稳定性,需要较为复杂的反馈控制系统,如图 9-32(b)所示。

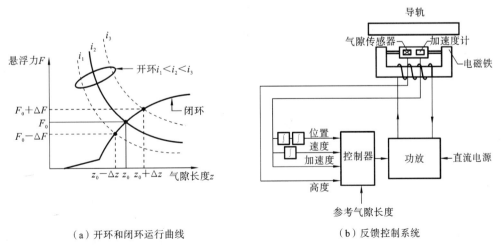

（a）开环和闭环运行曲线　　　　　　（b）反馈控制系统

图 9-32　电磁悬浮系统的悬浮特性和反馈控制系统逻辑结构示意图

在该反馈控制系统中,气隙传感器和加速度传感器用于实时获得列车的悬浮高度信息和加速度信息,通过积分计算可以得到列车的速度和位置信息,将这些信息输入控制器可以实时调节电磁铁输出电流的大小从而实现悬浮系统的稳定运行,如图 9-32(a)所示的闭环控制曲线。为了减小电磁铁在产生悬浮力时的焦耳损耗,可采用永磁体和电磁铁混合的方式实现电磁悬浮,即用永磁体产生的磁吸引力与车辆的重力大致平衡,再叠加电磁铁产生的额外磁吸力用于气隙长度的调节。相比于电动悬浮系统和超导磁通钉扎悬浮系统,常导电磁悬浮系统造价低,同时易于控制车辆运行的阻尼,减小系统的谐振,使得乘坐更为舒适。目前绝大多数磁悬浮系统均采用了常导磁吸式技术路线,这就包括目前世界上唯一商用的高速磁悬浮系统——2003 年上海引进的德国 Transrapid 磁悬浮列车系统,到目前为止已运行接近 20 年,最高运行时速达到 430 千米。

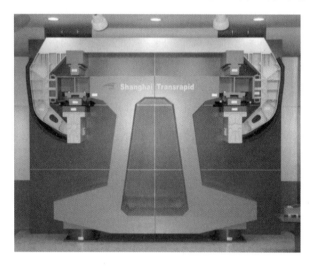

图 9-33 上海 Transrapid 常导磁吸式悬浮系统的截面模型照片

2. 超导电动悬浮技术

对于电动悬浮系统,需要很强的车辆磁场才能在轨道感应出足够大的电流,可以用超导磁体予以实现。图 9-34 所示的为日本 MLX 超导电动磁悬浮系统的轨道和机车的主要构成。在机车的两侧分布有大量的低温超导强磁体,最高场强可达 5 T。该超导磁体利用多芯 NbTi 合金制作,由循环液氦冷却,在 4.2 K 工作稳定。超导磁体工作在

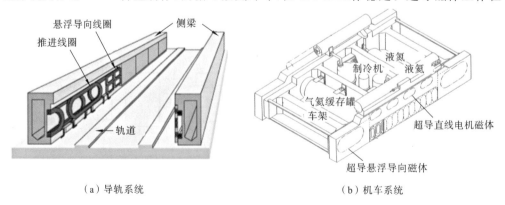

（a）导轨系统   （b）机车系统

图 9-34 日本 MLX 超导电斥力磁悬系统示意图

闭环恒流模式,强大的电流无损耗地在超导磁体中与外界无电接触。工作中产生的热量会使液氦汽化,车载磁体单元均安装制冷机,将气氦重新液化实现氦的循环利用。液氦与室温之间通过液氮和热屏蔽层进行隔热以减少热交换。由于超导磁体的磁场较强,会在车厢产生杂散磁场,可能会危害乘客健康,因此列车还加装了磁屏蔽层以使磁场降低到对人体无害的水平。由于受到悬浮和导向线圈、推进线圈变化磁场的影响,车载超导线圈存在失超风险。经过大量努力,工程师已基本解决了超导磁体的失超风险问题,该 MLX 系统已经实现了连续 10000 h 不间断工作。

3. 高温超导磁通钉扎悬浮技术

高温超导磁通钉扎磁悬浮系统通常采用钉扎力较强的钇钡铜氧(YBCO)块材作为超导磁体材料,用钕铁硼永磁体作为导轨。相较于低温超导材料,YBCO 一方面钉扎力较强,能够产生很大的悬浮力;另一方面可以工作在常压液氮温度(77 K),使制冷成本和复杂度大大降低。在系统运行之前,YBCO 块材需要预先磁化以俘获一定量的磁通,一般通过场冷方式实现,即首先在临界温度之上将块材置于外磁场中(需要抬高到高于悬浮高度),然后降温到超导态。图 9-35 为液氮冷却的 YBCO-钕铁硼永磁体磁通钉扎悬浮系统示意图。我国的西南交通大学于 2000 年在国际上首次实现了能够载人的磁通钉扎磁悬浮样车"世纪号"。在此基础上,西南交通大学又开发了超低气压环形管道高温超导磁通钉扎磁悬浮样车,如图 9-36 所示。该样车载重可达 1 吨,管道长 45 m,气压仅为大气压的十分之一,可有效减小高速运行时的空气阻力。该技术方案较其他方案运行能耗低,但由于钕铁硼永磁体本身价格较高,长距离轨道系统需考虑价格问题。

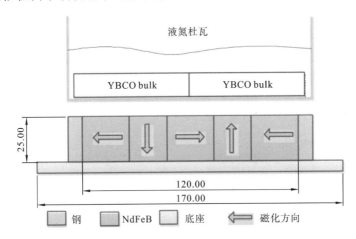

图 9-35 YBCO-钕铁硼磁通钉扎磁悬浮系统示意图

图 9-36 西南交通大学高温超导磁通钉扎磁悬浮列车和低气压管道轨道系统

9.3.3　磁悬浮列车的发展历程及展望

磁悬浮列车的发展历程可以追溯到 1934 年,当时德国的赫尔曼·肯珀申请了相关的专利。20 世纪 60 年代是磁悬浮列车发展的加速期,七八十年代是磁悬浮列车发展的成熟期,90 年代是磁悬浮列车的试运行期,德国、日本、中国的上海相继建立了磁悬浮列车用于公共交通。

轨道磁悬浮系统按照运行速度可分为低速磁悬浮系统和高速磁悬浮系统,低速磁悬浮系统的速度在 100 km/h 左右,高速磁悬浮系统的速度超过 300 km/h。目前在运行的低速磁悬浮线路共 5 条,均采用电磁悬浮原理和短定子感应电机推进技术,造价相对较低。位于日本爱知县的 HSST 系统始建于 1975 年,目前线路长度为 8.9 km,运行速度可达 100 km/h,加速度为 4 m/s²,每日运送乘客 16000 人左右。韩国目前有两条低速磁悬浮线路在运行,分别是始建于 1992 年的大田广域市线路和 2016 年开始运行的仁川机场线路,运行长度分别为 1 km 和 6.1 km,时速 100 km/h 左右。我国目前有两条低速磁悬浮线路在运行,分别是长沙磁悬浮线路和北京磁悬浮线路。长沙磁悬浮线路于 2016 年开始运行,长度达到 18.5 km,速度达 140 km/h,单次可载 363 人;北京磁悬浮线路是北京地铁网的一部分,于 2017 年开始投运,满载 1032 名乘客时速度可达 100 km/h。

高速磁悬浮中技术最成熟的包括德国的 Transrapid 系统和日本的 JR-MLX 系统,二者典型的加速曲线如图 9-37 所示。Transrapid 系统最早开始于 1969 年,采用了常导电磁悬浮和长定子同步直线电机驱动技术。经过数十年的研发,多个型号的列车测试下线。但在 2006 年,一辆 Transrapid 列车以 170 km/h 时速撞击了静止的维修车,导致 23 人死亡,这也是磁悬浮列车第一次出现死亡事故。在此之后的 2011 年,德国停止了 Transrapid 线路的运行。早在 2002 年,我国将 Transrapid 系统引入上海,建成了 30.5 km 长的浦东机场快线。该线路在 2003 年测试速度达到了 501 km/h,最高运行时速达到 430 km/h,且至今保持零伤亡记录。日本的 JR-MLX 磁悬浮系统始于 20 世

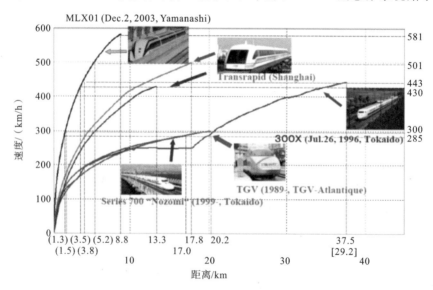

图 9-37　典型高速磁悬浮列车系统的加速曲线

纪 60 年代,1977 年实现了 517 km/h 的测试速度。在 2003 年基于低温超导电动悬浮和长定子直线同步电机的 MLX01 测试车实现了 581 km/h 的速度,在 2016 年 L0 测试车在山梨县的测试线路上实现了 603 km/h 的速度,并保持超过 10 s。2014 年日本政府批准了连接东京和名古屋并延伸到大阪的磁悬浮新干线,全长 505 km,设计时速 500 km,预计 2027 年建成。

　　除此之外,在研磁悬浮系统还包括设计时速 500 km/h 的瑞士 Swissmetro 系统,设计时速 500 km/h、基于 Halback Array 的美国 Inductrack,法国的 TGV 系统,我国西南交通大学的基于低压管道和高温超导磁通钉扎悬浮原理的悬浮系统,美国在研的维珍超环系统(见图 9-38)等。其中维珍超环在接近真空的管道中运行,设计速度高达 1200 km/h。

（a）位于美国内华达州的500 m测试管道　　　　　　　　（b）管道内部

图 9-38　美国 Hyperloop 系统测试轨道

　　与传统轮轨比较,磁悬浮轨道交通的轨道与车体之间无机械接触,从而可以大大降低轮轨粘着和摩擦损耗对行驶速度、运行损耗和车辆稳定性的影响,具有行驶振动小、噪声小等技术优势。然而近年来高铁技术实现了长足进步,时速 350 km/h 运行已较为普遍,测试速度更是达到 500~600 km/h。磁悬浮系统不仅建设成本远远高于高铁,运行能耗也高于高铁 50% 以上,单纯提高 20% 运行速度需要的成本增加远远高于 20%。因此,从性价比角度看,高速磁悬浮技术并不具有商业吸引力,这也是尽管磁悬浮技术发展几十年而商业高速磁悬浮线路只有上海一条的重要原因。值得注意的是,在列车超高速运行中,空气阻力会显著增加,远大于轨道阻力,因此传统磁悬浮系统相较于轮轨高铁从理论上速度提升空间有限。单从技术层面看,利用真空管道的磁悬浮系统最有望将地面交通的运行速度提升到与飞机接近的程度,是未来交通磁悬浮技术的重要发展趋势。

习题

9.1　磁制冷技术的基本原理和循环过程是什么?

9.2　磁致冷材料有哪些特点?

9.3　如何表征与测量材料的磁热效应?

9.4　如何设计一套室温磁制冷系统?

9.5　经颅电刺激技术和经颅磁刺激技术的原理有何异同?

9.6　经颅电刺激技术和经颅磁刺激技术分别主要有哪些刺激模式?

9.7　经颅电磁联合刺激有哪些注意事项？

9.8　轨道交通磁悬浮原理分为哪几类？分别简述每类原理及其特点。

9.9　与传统的轮轨列车相比，磁悬浮列车有哪些优势与不足？

参考文献

[1] 陈远富，陈云贵，滕保华，等. 磁制冷发展现状及趋势：Ⅱ磁制冷技术[J]. 低温工程，2001(2):57-63.

[2] Brown G V. Magnetic heat pumping near room temperature[J]. Journal of Applied Physics，1976，47(8):3673-3680.

[3] 李振兴，李珂，沈俊，等. 室温磁制冷技术的研究进展[J]. 物理学报，2017，66(11):1-17.

[4] Zimm C，Boeder A，Chell J，et al. Design and performance of a permanent-magnet rotary refrigerator[J]. International Journal of Refrigeration，2006，29(8):1302-1306.

[5] Tura A，Rowe A. Permanent magnet magnetic refrigerator design and experimental characterization[J]. International Journal of Refrigeration，2011，34(3):628-639.

[6] 刘金荣，黄焦宏，金培育，等. 磁制冷材料在不同温度下的 M-H 曲线测量方法及设备的研究[J]. 稀土，2001，22(006):38-40.

[7] 吴俊杰. 永磁静止式磁制冷用电磁系统的研究[D]. 武汉：华中科技大学，2016.

[8] 明东. 神经工程学（下册）[M]. 北京：科学出版社，2019.

[9] McKinley R A，Bridges N，Walters C M，et al. Modulating the brain at work using noninvasive transcranial stimulation[J]. Neuroimage，2012，59(1):129-137.

[10] Peterchev A V，Dhamne S C，Kothare R，et al. Transcranial magnetic stimulation induces current pulses in transcranial direct current stimulation electrodes[C]//2012 Annual International Conference of the IEEE Engineering in Medicine and Biology Society. IEEE，2012:811-814.

[11] Cohen S L，Bikson M，Badran B W，et al. A visual and narrative time line of US FDA milestones for Transcranial Magnetic Stimulation (TMS) devices[J]. Brain Stimulation：Basic，Translational，and Clinical Research in Neuromodulation，2022，15(1):73-75.

[12] Truong D Q，Khadka N，Peterchev A V，et al. Transcranial electrical stimulation devices[M]. Second Edition. The Oxford Handbook of Transcranial Stimulation.

[13] Truong D Q，Bikson M. Physics of transcranial direct current stimulation devices and their history[J]. The journal of ECT，2018，34(3):137-143.

[14] Labruna L，Jamil A，Fresnoza S，et al. Efficacy of anodal transcranial di-

rect current stimulation is related to sensitivity to transcranial magnetic stimulation [J]. Brain stimulation, 2016, 9(1): 8-15.

[15] Galhardoni R, Correia G S, Araujo H, et al. Repetitive transcranial magnetic stimulation in chronic pain: a review of the literature[J]. Archives of physical medicine and rehabilitation, 2015, 96(4): S156-S172.

[16] Guadagnin V, Parazzini M, Fiocchi S, et al. Deep transcranial magnetic stimulation: modeling of different coil configurations[J]. IEEE Transactions on Biomedical Engineering, 2015, 63(7): 1543-1550.

[17] 魏庆朝,孔永健,时瑾. 磁浮铁路系统与技术[M]. 北京:中国科学技术出版社,2010.

[18] Lee H W, Kim K C, Lee J. Review of maglev train technologies[J]. IEEE transactions on magnetics, 2006, 42(7): 1917-1925.

[19] Sen P. On linear synchronous motor (LSM) for high speed propulsion[J]. IEEE Transactions on Magnetics, 1975, 11(5): 1484-1486.

[20] Sakamoto T, Shiromizu T. Propulsion control of superconducting linear synchronous motor vehicle[J]. IEEE Transactions on Magnetics, 1997, 33(5): 3460-3462.

[21] Lee H W, Kim K C, Ju L. Review of maglev train technologies[J]. IEEE Transactions on Magnetics, 2006, 42(7):1917-1925.

[22] 王家素,王素玉.高温超导磁悬浮列车研究综述[J].电气工程学报,2015,10(11):1-10.

[23] 翟婉明,赵春发.现代轨道交通工程科技前沿与挑战[J].西南交通大学,2016,51(2):209-226.

[24] Han H S, Kim D S. Magnetic Levitation: Maglev Technology and Applications[M]. Switzerland: Springer, 2016.

[25] Deng Z G, Zhang W H, Zheng J, et al. A High-Temperature Superconducting Maglev-Evacuated Tube Transport (HTS Maglev-ETT) Test System[J]. IEEE Transactions on Applied Superconductivity, 2017, 27(6): 3602008.

[26] Cassat A, Bourquin V. MAGLEV-Worldwide Status and Technical Review [R]. Belfort: Electrotechique Du Futur, 2011.

[27] Boldea I. Linear Electric Machines, Drives, and MAGLEVs Handbook [M]. New York: CRC Press, 2012.

[28] Liu Z D, Stichel S, Berg M. Overview of Technology and Development of Maglev and Hyperloop Systems[R]. Stockholm: KTH Royal Institute of Technology,2021.